应用型高等院校改革创新示范教材

数字设计基础及应用

主　编　余建坤

副主编　李　剑

中国水利水电出版社
www.waterpub.com.cn
·北京·

内 容 提 要

本书与传统数字技术方面的教材相比，除了介绍数字电路与逻辑设计的基本理论知识外，更注重介绍数字系统设计和现代最新技术与器件的应用。本书将基本数字电路内容、数字系统设计和基于EDA的复杂系统仿真与设计有机融合，也就是将数字电路与逻辑设计和EDA合并成一门课。

本书共有11章，分别是数字信号与数字系统、逻辑代数与逻辑门、组合逻辑电路、触发器、时序逻辑电路、脉冲的产生和整形电路、存储器电路、模/数和数/模转换电路、大规模可编程逻辑器件及边界扫描电路、VHDL编程、数字系统的设计与应用。为了便于学生自学及双语教学，本书在每章之前，给出了本章提要、教学建议、学习要求和中英文关键词，且每章都配有一定量的习题。

本书可以作为电子信息类、计算机类、电气工程类和自动化类等电类本科专业的数字系统及其设计方面的入门教材，也可作为非电类专业学生学习数字设计基础的教材，还可作为相关专业工程技术人员的学习与参考用书。全书参考学时数为80学时，只学数字电路与逻辑设计部分，或EDA部分的建议学时为48学时。

数字设计具有很强的实践性，必须有一定量的实验和实践教学环节相配合，建议开设32课时实验课程，有条件的可另开设综合实验或课程设计课程。

图书在版编目（CIP）数据

数字设计基础及应用 / 余建坤主编. -- 北京 : 中国水利水电出版社, 2018.11
应用型高等院校改革创新示范教材
ISBN 978-7-5170-7141-9

Ⅰ. ①数… Ⅱ. ①余… Ⅲ. ①数字电路－电路设计－高等学校－教材 Ⅳ. ①TN79

中国版本图书馆CIP数据核字(2018)第258841号

策划编辑：周益丹　责任编辑：周益丹　加工编辑：胡　辉　封面设计：李　佳

书　名	应用型高等院校改革创新示范教材 数字设计基础及应用 SHUZI SHEJI JICHU JI YINGYONG
作　者	主　编　余建坤 副主编　李　剑
出版发行	中国水利水电出版社 （北京市海淀区玉渊潭南路1号D座　100038） 网址：www.waterpub.com.cn E-mail：mchannel@263.net（万水） sales@waterpub.com.cn 电话：（010）68367658（营销中心）、82562819（万水）
经　售	全国各地新华书店和相关出版物销售网点
排　版	北京万水电子信息有限公司
印　刷	三河市鑫金马印装有限公司
规　格	184mm×260mm　16开本　19.75印张　488千字
版　次	2018年11月第1版　2018年11月第1次印刷
印　数	0001—3000册
定　价	48.00元

前　　言

本书的目的是为电子信息类、计算机类、电气工程类和自动化类本科学生学习提供一门数字系统及其设计方面的入门课程。本书具有很强的实践性，通过对常用电子器件、数字逻辑电路及其系统分析和设计的学习，使学生获得数字逻辑电路方面的基本知识、基本理论和基本技能，具有数字逻辑系统的分析与设计的基本能力，为深入学习复杂数字逻辑系统的分析与设计打下基础。

数字技术是所有现代技术里面发展最快、应用最广泛的技术之一。现代电子信息系统、电气工程、计算机工程的实现都离不开数字技术。它的发展历经电子管、晶体管分立元件、中小规模集成电路、大规模集成电路等多个阶段。2017 年，传统数字电路课程中的中小规模集成电路已经停产，因此，本书试图将基本数字电路内容、数字系统设计和基于 EDA（电子设计自动化）的复杂系统仿真与设计有机融合，也就是将数字电路与逻辑设计和 EDA 合并成一门课。学生需要了解 EDA 技术的发展过程及数字电子技术的新发展、新技术，熟悉 EDA 技术和 Quartus II 等常用 EDA 开发工具，熟悉常用的逻辑器件及其中大规模逻辑器件的应用和 VHDL 硬件描述语言。通过本课程的教学，学生能够分析由多个数字电路单元组成的较复杂的数字系统，掌握逻辑电路的分析与设计方法，熟练应用 VHDL 硬件描述语言实现组合逻辑电路、时序电路及电子系统设计与仿真，具备分析与设计较大规模的数字电路系统和解决复杂工程问题的初步能力。本书的内容可以作为一学期的教学教材，也可以分解成数字电路与逻辑设计和 EDA 两个模块分两学期讲解。

2017 年，新工科建设横空出世，代表我国高等工程教育的中国梦，其终极目标是中国工程教育要达到世界先进水平，引领世界潮流。行动目标中明确了要“大力发展大数据、云计算、物联网应用、人工智能、虚拟现实、基因工程、核技术等新技术和智能制造、集成电路、空天海洋、生物医药、新材料等新产业相关的新兴工科专业和特色专业集群”。目前大数据和人工智能等在硬件上都需要 FPGA 的支撑，因此，将 EDA 和 FPGA 引入到本课程中，弱化中小规模专用芯片的内容，增加硬件描述语言和 FPGA 的内容，这与当下新工科建设的目标是相吻合的。

自从国家级精品资源共享课和国家级精品在线开放课程建设以来，数字设计基础课程的在线资源日益丰富，开放课程也越来越多，这些都为课程学习带来很大方便。本书编写时，为学习者利用这些资源提供了便利和指引。

为了便于学生自学及双语教学，本书在每章之前，给出了本章提要、教学建议、学习要求和中英文关键词。带*章节为选讲内容。

本书共 11 章，第 1 章数字信号与数字系统，主要讲述数字信号在电子信息系统中的表现形式，数字信号的获得、传输与处理，数字信号在分析设计时的描述方法，数字信号的特点；数字电路与数字系统的组成、特点与应用；数制与编码；数字系统设计流程和 EDA。

第 2 章逻辑代数与逻辑门，主要讲述的就是逻辑代数的基本规律、逻辑运算与逻辑门的对应关系及硬件描述语言描述方法。本章对于电子信息类专业外的其它专业学生来说可以不讲或少讲。

第 3 章组合逻辑电路，主要讲述常用组合逻辑电路的功能、分析和设计方法及应用。

第 4 章触发器，主要讲述常用触发器的功能、描述方法、电路结构、工作原理、特性及应用。

第 5 章时序逻辑电路，主要讲述同步、异步时序电路的构造、分析设计方法。

第 6 章脉冲的产生和整形电路，主要讲述的就是脉冲产生和整形电路，涉及 555 定时器及其应用。

第 7 章存储器电路，主要讲述 MOS 存储单元的基本工作原理，ROM、RAM 的电路结构、工作原理和扩展存储容量的方法，以及 ROM 实现组合逻辑函数的方法和利用 ROM、RAM 实现时序逻辑函数的方法。

第 8 章模/数和数/模转换电路，主要讲述 D/A、A/D 转换器的原理与技术指标；D/A 转换器的基本工作原理、倒 T 形电阻网络 D/A 转换器、权电流网络 D/A 转换器、集成 D/A 转换器及应用、A/D 转换器的基本工作原理、并行比较型 A/D 转换器、逐次渐近型 A/D 转换器、双积分型 A/D 转换器、集成 A/D 转换器及应用、采样/保持电路。

第 9 章大规模可编程逻辑器件及边界扫描电路，主要讲述的就是可编程逻辑器件及其发展、CPLD 和 FPGA 的基本结构、数字电路中的边界扫描技术及 CPLD/FPGA 的测试技术和 CPLD 和 FPGA 的应用。

第 10 章 VHDL 编程，讲述的是最早标准化且目前还在广泛使用的一种硬件描述语言——VHDL 语言编程的方法及一种集成开发工具——Quartus II 的使用。

第 11 章数字系统的设计与应用，以设计示例的形式，使学生掌握 EDA 设计方法与设计流程，具备数字系统设计与应用的初步能力。

本书的特点如下：

（1）契合现代电子设计的实际需求，将传统数字电路与逻辑设计的精髓和 EDA 技术有机结合起来，使读者能够体验从概念到实际设计开发的完整过程，不再像以前的教材一样，只讲概念、理论、方法，而和实际设计脱节。

（2）注重教学选材的新颖性、针对性、完整性，教学内容组织的模块化。教学内容选材依据教育部电工电子基础课程教学指导委员会颁布的《“数字电路与逻辑设计”课程教学基本要求》《“数字电子技术基础”课程教学基本要求》，吸收教育部电工电子基础课程教学指导委员会新工科研究与实践项目——“面向新工科建设的电工电子信息类基础课程构建”的最新成果，完全满足电子信息类专业的“数字电路与逻辑设计”和电子电气信息类专业的“数字电子技术基础”课程教学的需要，也可供非电类专业学生参考。教学内容按模块组织，基本上和两门课程教学基本要求的条款一一对应。

（3）适应专业基础和专业课程提前的发展趋势。以前数字技术课程一般安排在大二（第四学期），EDA 一般安排在大三；但现在的教学安排，大四基本没有理论课程，全部是实践环节，有的要到企业培养一年。因此，原来的教学安排已经难以适应新形势下的教学要求。本书可以在大一第二学期开设电路的前提下，把专业课程教学提前到大二第一学期。这样的课程安排，我校曾在 2012 级人才培养时进行过实践，效果良好，证明是可行的。

本书由邵阳学院余建坤副教授任主编。各章编写分工如下：前言、第 1 章到第 5 章、第 7 章到第 9 章由余建坤编写，第 6 章、第 10 章、第 11 章由李剑讲师编写。林铁军讲师参与了本书大纲讨论，并提供了第 2 章到第 5 章的部分初稿，谨在此表示感谢。

本书的顺利出版，得益于邵阳学院相关教学改革项目（2017JG32）、研究成果和邵阳学院信息工程学院相关项目的支持，以及中国水利水电出版社的大力合作，在此表示衷心的感谢。

编　者

2018 年 7 月

目　　录

第 1 章　数字信号与数字系统

本章提要：数字信号指自变量（时间）用整数表示，因变量（取值）也用有限数字中的一个数字来表示的信号。能够传送、变换、处理数字信号的电路称为数字电路，这样构成的系统称为数字系统。本章主要讲述的就是数字信号、数字电路与数字系统的特点，并对 EDA 技术进行了简单的介绍。

教学建议：本章重点讲授数字信号与数字系统的特点、应用与描述方法。建议教学时数：3 学时。

学习要求：①了解数字信号与数字系统的基本概念；②掌握数字信号和数字系统的应用领域与特点；③掌握数字信号和数字系统的实现方法；④理解数制的概念；⑤掌握二进制、十六进制数与十进制数的相互转换；⑥掌握 8421 码的编码方法，了解其他常用编码。

关键词：数字信号（Digital Signal）；数字电路（Digital Circuit）；数字系统（Digital System）；数制（Number System）；十进制（Decimal）；十六进制（Hexadecimal）；八进制（Octal）；二进制（Binary）；编码（Code）；原码（Original Code）；二进制补码（Two's Complement）；二进制反码（One's Complement）；BCD 码（Binary-Coded Decimal）；格雷码（Gray Code）

1.1　数字信号与模拟信号

信号通常是一个自变量或几个自变量的函数。信号的自变量，有多种形式，可以是时间、距离、温度、电压等，一般地把信号看作时间的函数。信号是客观存在。在人类社会活动中，信号通常作为消息的载体，常常借助于某种便于处理、交换和传输的物理量作为运载手段。在电子信息系统中，是以电信号作为信息的载体的。电信号一般有两种形式：模拟信号和数字信号。电信号通常是时间的函数，其图形表示称为波形或波形图，如正弦波表示正弦信号。在前期学习过的电路与模拟电子学中，主要涉及的是模拟信号。模拟信号一般在时间和取值上都是连续的，但在通信系统中，只要信号的幅度取值连续且有无穷个状态就叫模拟信号，模拟信号的取值在时间上不一定都连续，如 PAM（脉冲振幅调制）信号。自然界中的物理量一般都是模拟量，表现为信号就是模拟信号，如图 1.1 所示。

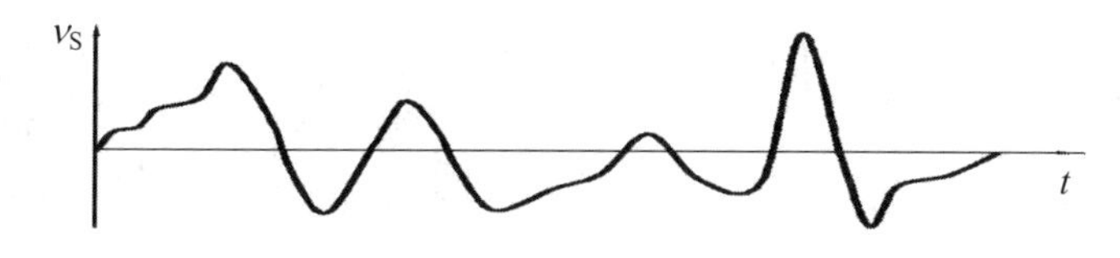

图 1.1　模拟电压信号

模拟信号是信号的一般形式，广泛存在于自然界和电路系统中。模拟电信号的特点是任何微小的变化都会体现出来，因此模拟电信号容易受到电磁干扰。

数字信号是幅度取值离散且为有限个值的信号，一般在时间上也是离散的。但在通信系统中，数字信号的取值在时间上不一定都离散，如 FSK（频移键控）信号。一般数字信号二值数字系统中，只有 0 和 1 两个取值，表现为方波信号（矩形波），如图 1.2 所示。

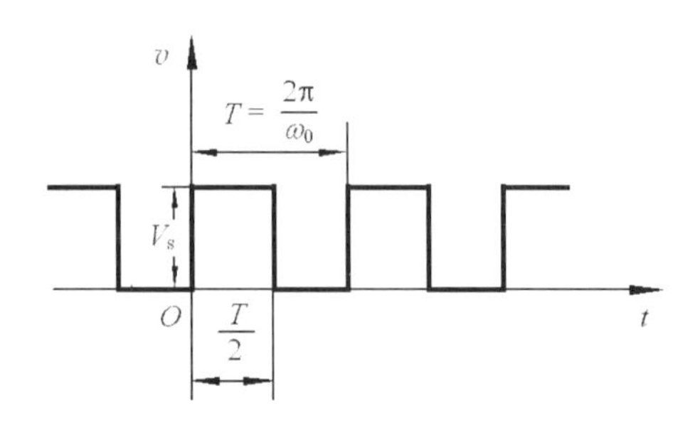

图 1.2　方波信号

数字信号和模拟信号在产生、存储、传输、处理和输入/输出上都有很大不同。数字信号和模拟信号相比，其主要特点有：

（1）电信号一般是通过传感器获取的，传感器是把非电量转换成电量的装置。如温度传感器把温度信号转变为电压信号，从传感器出来的信号一般是模拟信号，需要通过模/数（A/D）转换器转换成数字信号。

（2）数字信号和模拟信号相比，由于只有“1”“0”两个状态，易于存储。任何具有二值状态的单元都可以存储数字信号，专用于存储数字信号的装置称为存储器。

（3）数字信号的传输通常有两种波形，电平型和脉冲型。电平型是将一个时间节拍内高低电平表示为“1”“0”，且每个“1”或“0”持续相同的时间。如图 1.2 所示的波形，可以解读为“1”“0”“1”“0”……（以 T/2 为一拍），脉冲型是将一个时间节拍内有无脉冲分别表示为“1”或“0”，如图 1.2 所示的波形，可以解读为“1”“1”“1”“1”……（以 T 为一拍）。

在通信系统中，数字信号的传输通常需要叠加在基波上，即发送时进行调制，接收后再还原，即解调。如图 1.3 所示为调制过程，解调则相反。

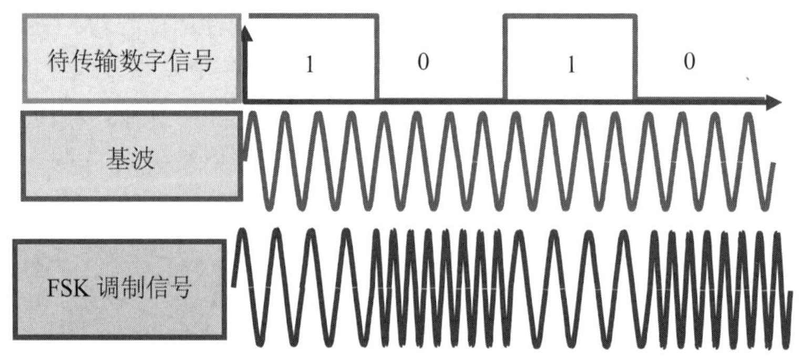

图 1.3　FSK 调制

（4）数字信号处理和模拟信号也有很大不同。数字信号处理易于实现算术运算和逻辑运算，模拟信号处理主要是放大、滤波等。

（5）数字信号的输入/输出和模拟信号相比也方便很多，在正逻辑系统中，高电平为“1”，低电平为“0”。接收时，为得到完整的数字波形，要进行整形。

1.2 数字电路与数字系统

1.2.1 数字电路

电子电路的主要作用是处理信息。在电子信息系统中，信息是用电信号来表示的。与电路所采用的信号形式相对应，将传送、变化、处理模拟信号的电子电路称为模拟电路，将传送、变化、处理数字信号的电子电路称为数字电路。最早发展起来的电子电路大部分是模拟电路，但现在单纯应用模拟电路的系统越来越少，很多都被数字电路代替。数字电路和数字技术应用越来越广泛，如电话、电视等原来都是模拟电路构成的，现在都变为了由数字电路构成的数字电话、数字电视。

数字电路和模拟电路在工作信号、研究对象、分析/设计方法以及所用的数学工具上都有显著的不同。数字电路之所以得到广泛应用，主要是和模拟电路相比，具有以下优点。

1. 抗干扰能力强

由于数字电路传送、变换、处理的是二值信号，在电压上是高低电平，外界干扰必须达到规定阀值才能起作用，所以不易受外界干扰。

2. 具有算术运算和逻辑运算功能

数字信号能够表示二进制数。数字电路具有对二进制数进行算术运算的功能，即完成加、减、乘、除等基本算数操作的功能。在二值逻辑中，0 和 1 表示逻辑假和真（正逻辑系统）。数字电路具有根据逻辑变量取值进行逻辑判断和逻辑推理的功能，也就是逻辑运算的功能，所以数字电路又称为逻辑电路。现在市面上用的计算机，都是数字计算机。

3. 便于长期保存，保密性能好，可靠性高，通用性强

数字电路具有记忆功能，能够长期存储数字信号，并可进行加密处理，保密性好，电路工作的可靠性高。数字电路由基本的门电路和触发电路构成，都是标准电路，通用性好。

4. 工作速度快，精度高

数字电路在时钟脉冲驱动下工作，主频达到 G 级，运算和处理速度高。只要增加二进制数码的位数，其处理精度就可以轻易提高。

5. 功耗小，集成度高，可编程

数字电路中，半导体三极管工作的开关状态一般只有饱和和截止两个状态，数字电路的基本单元简单，功耗低，集成度高。其典型产品——PC 机的 CPU 是目前集成度最高的产品之一。

现在中小规模的数字器件都已经停产，在设计研发时广泛使用可编程逻辑器件来构造数字系统，可以采用编程的方法设计硬件。当然，包含处理器的计算机系统，还要编写相应的软件。

6. 电路的设计、维修、维护灵活方便

由于数字电路都是标准电路，其设计标准化程度高，适用于电子设计自动化。数字电路只有两种电平，所以查找故障方便，维护简单。

1.2.2 数字系统及其结构

数字系统是由实现各种功能的数字逻辑电路连接而成，是能够实现规定功能的一个整体，是电子信息系统的一种。如数字计算机就是一种典型的数字系统，也是构成电子信息系统的基础。

数字系统通常用于完成控制及计算任务。

数字系统有计算功能，并能根据计算结果采取相应控制动作。数字系统处理信号的流程如图 1.4 所示。

图 1.4 数字系统信号处理流程

数字系统的结构有层次结构和组成结构两种。从系统层次上来说，数字系统可以分解成子系统级、部件级和元件级三个层次。大的系统，还可以在系统之下增加子系统，如图 1.5 所示。

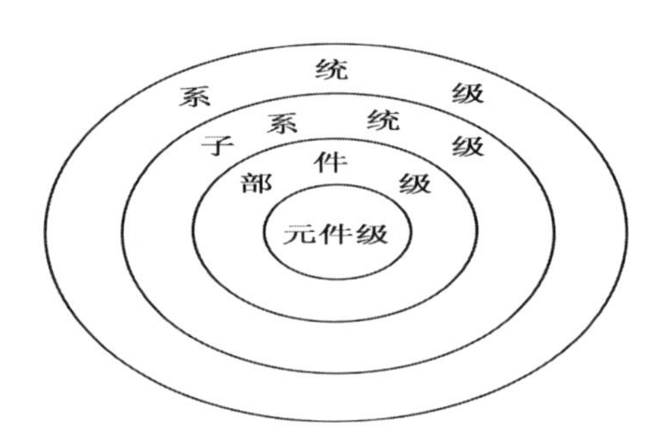

图 1.5 数字系统的层次结构

一般来说，一个复杂的数字系统可以分解成若干个子系统。其中每个子系统又由若干个部件（功能模块）组成，而部件由若干电子元器件组成。

从组成结构上看，数字系统主要由时基电路、处理电路、控制电路、输入/输出电路五大部分组成。各部分具有相互独立性，相互连接成一个完成特定功能的整体，如图 1.6 所示。

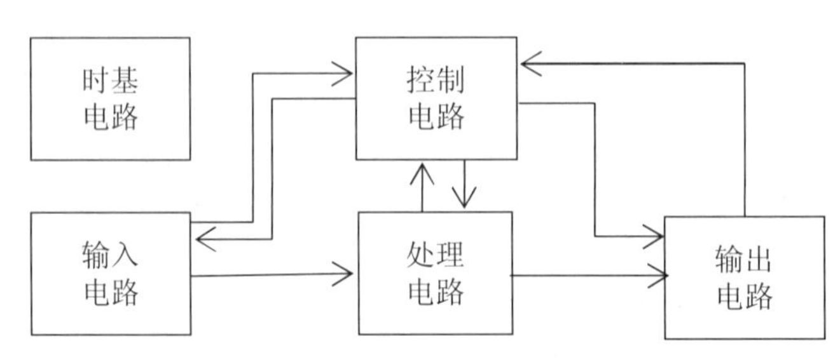

图 1.6 数字系统组成框图

其中时基电路产生系统工作的同步时钟信号，使整个数字系统在时钟信号的作用下一步一步顺序完成各种操作，也称时钟电路。

输入电路将各种外部信号变换成数字电路能够接收和处理的数字信号。外部信号通常有模拟信号和开关信号两类，都要通过输入电路变换成数字电路能够接收和处理的二进制逻辑电平。

处理电路也叫单元处理电路或子系统，是对输入信号进行算术或逻辑运算、传输等处理的电路。根据系统实现功能，可以一一对应，所以系统可以有多个相对独立的处理电路。

控制电路将输入电路和各处理电路送来的信号进行分析、综合，生成控制信号控制系统各部分的动作，是整个系统的核心。现代数字系统中，很多情况下使用计算机作为控制器，把数字信号的处理和系统控制集成在一起，最终整合成单片系统（System on Chip，SoC）。

输出电路将经过数字电路处理的数字信号变换成模拟信号或开关信号，去推动执行机构或驱动输出设备。如果功率不够，需要将功率放大后再输出。

1.2.3　数字系统应用与分类

数字系统与数字信号处理技术已广泛应用于工业、农业、医疗、环保、国防、交通运输、航空航天、家用电器等各个部门，与人们的生产、生活息息相关。常见产品如电话、电视、手机、电子计算机，已是人们不可或缺的工具；雷达、卫星、通信网络已成为国家必不可少的基础设施。数字系统与数字信号处理技术在信息通信、电气工程、机械工程、交通运输工程、勘探冶金、航空航天等各个科学技术领域都得到广泛应用，是装备制造业的核心技术。

根据所完成任务的性质不同，数字系统可分为自动控制系统、电子测量系统、计算机系统、通信系统等。如图 1.7 所示的是一个典型的数字测量系统原理框图。

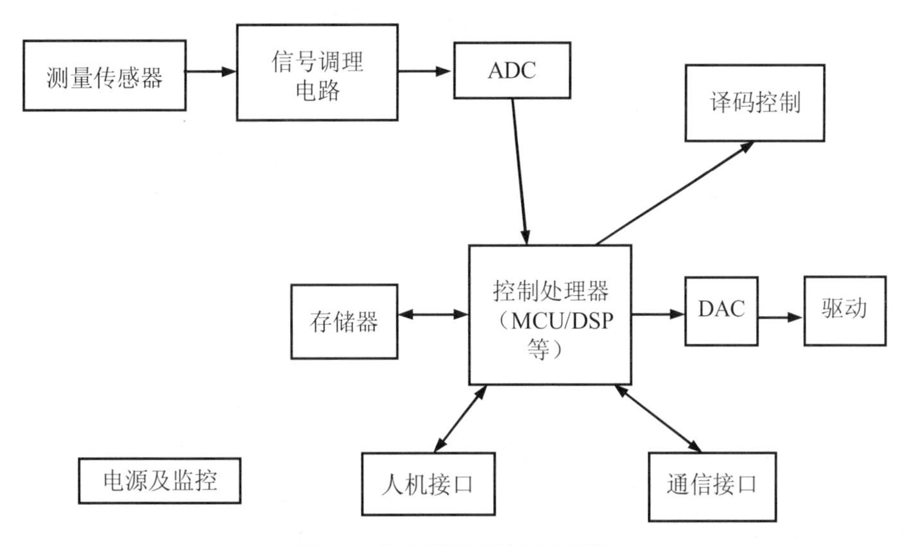

图 1.7　数字测量系统原理框图

根据系统中有无可编程器件，数字系统可分为可编程和不可编程两大类。其中可编程系统又分为硬件可编程和软件可编程两类。软件可编程主要是采用微处理器的电路，除了硬件之外，必须有相应的软件才能工作，而硬件可编程使硬件主要功能可通过编程的方法来设置。

1.3 数字系统设计流程与方法*

数字设计可以在不同层次上进行，不同层次的设计流程与方法也不同。数字系统的逻辑功能可以用逻辑函数表达式表示，用逻辑门实现。从逻辑函数表达式得到逻辑门实现的电路图是数字电路设计的基本内容。本节主要讨论数字系统设计。

1.3.1 数字系统设计流程

数字系统设计，就是根据设计要求完成必要的硬件（电路）设计和软件设计（编程）。由于数字系统种类繁多，功能各异，结构和复杂程度千差万别，其具体设计方法也各不相同，但其设计步骤大体相同。主要步骤如下。

1. 分析设计要求，明确系统功能和性能指标

数字系统设计工作的第一步是仔细分析设计要求，明确系统的设计任务、系统的功能要求和技术性能指标要求等。必须明确做什么，做到什么程度，明确设计关键，同时注意分析每一个细节，尽量考虑得周到、完善。

2. 系统总体方案设计与论证

明确设计要求后，应考虑如何实现，即采用哪种电路来完成系统的设计任务。该阶段的主要任务有方案论证、系统原理方框图设计等。综合比较各种方案的可行性、先进性、可靠性、经济性（或性价比）或设计任务的具体要求等，选择合适的方案，设计相应的系统原理方框图。一般要求明确各方框图的输入/输出信号性能指标或要求，以明确各部分的性能指标划分。在这个过程中，系统的方案选择与系统原理方框图的设计往往难分先后，经常交叉进行。

3. 设计各子系统或单元电路

根据系统原理方框图的功能和技术性能指标要求，选取或设计符合设计要求的子系统或单元电路，并完成相应的功能调试和性能测试。子系统或单元电路尽量选用高性能、控制简单、集成度高、应用广泛的新产品。这一步需要设计人员会查数据手册，明确什么是关键指标，如何去选择代用品等。

4. 组成系统，系统联调和优化

组成系统时，还需要考虑布局是否合理，如能否满足电磁兼容等；调测是否方便，如有无必要留出测试点等。

系统联调时，可能会遇到很多问题，此时可以按下列次序进行错误定位：①原理图是否正确；②接线是否符合图纸要求，接线有无折断；③是否有短路现象；④是否有开路现象；⑤接插点、焊点是否牢靠；⑥芯片及元件是否有损坏，方向和极性是否正确；⑦是否超出元件的负载能力；⑧问题是否来自干扰。在调试及对问题的解决过程中，可根据现实的情况对系统进行优化。

5. 系统功能和性能测试

系统功能和性能测试主要包括三部分的工作：①系统故障诊断与排除；②系统功能测试；③系统性能指标测试。若系统功能或性能指标达不到任务要求，则必须修改电路设计。

6. 撰写设计文件

整理撰写设计文件，其内容应主要有：总体方案的构思与选定（画出系统框图）、单元电路的设计（包括元器件选定和参数计算）、绘制总电路原理图（系统详尽的软硬件资料）、软件设计流程、元器件清单、功能和性能测试结果、组装调试的注意事项、使用说明、设计方案的优缺点以及收获体会总结等。

1.3.2 数字系统设计方法

数字电路系统的设计方法有试凑法、自上而下法和组合法。

1. 数字系统设计的试凑法（自下而上法，Bottom to Up）

这种方法的基本思想是：把系统的总体方案分成若干个相对独立的功能部件，然后用组合逻辑电路和时序逻辑电路的设计方法分别设计并构成这些功能部件，或者直接选择合适的SSI、MSI、LSI器件实现上述功能，最后把这些已经确定的部件按要求拼接组合起来，便构成完整的数字系统。

试凑法的优点是：可利用前人的设计成果；在系统的组装和调试过程中十分有效。

试凑法的具体步骤：

（1）分析系统的设计要求，确定系统的总体方案。

（2）划分逻辑单元，确定初始结构，建立总体逻辑图。

（3）选择功能部件去构成逻辑单元。

（4）将功能部件组成数字系统。

2. 数字系统自上而下（Top to Down）的设计方法

自上而下（或自顶向下）的设计方法适用于规模较大的数字系统。这里的上（或顶）是指系统的功能，底是指最基本的元器件，甚至是版图。

这种方法的基本思想是：把规模较大的数字系统从逻辑上划分为控制器和受控制器电路两大部分，采用逻辑流程图、ASM图或MDS图来描述控制器的控制过程，并根据控制器及受控制电路的逻辑功能，选择适当的SSI、MSI功能器件来实现。而控制器或受控制器本身又可以分别看成一个子系统，逻辑划分的工作还可以在控制器或受控制器内部多重进行。按照这种设计思想，一个大的数字系统，首先被分割成属于不同层次的许多子系统，再用具体的硬件实现这些子系统，最后把它们连接起来，得到所要求的完整的数字系统。

自上而下设计方法的步骤如下：

（1）明确待设计系统的逻辑功能。

（2）拟定数字系统的总体方案。

（3）逻辑划分。

（4）设计受控电路及控制器。

自顶向下设计方法的优点：尽量运用概念（抽象）描述、分析设计对象，不过早地考虑具体的电路、元器件和工艺；易于抓住主要矛盾，不纠缠在具体细节上，有效控制设计的复杂性。

3. 组合法（TD&BU Combined）

以自顶向下方法为主导，并结合使用自下而上的方法。

为实现设计的可重复使用以及对系统进行模块化设计测试，现代数字系统设计通常采用以自顶向下法为主，结合使用自下而上法的方法。

1.4 EDA 技术概述*

1.4.1 EDA 技术及其发展

电子设计有一个从手工设计向自动设计发展的过程。伴随着计算机、集成电路、电子系统设计的发展，现代电子设计技术的核心已日趋转向基于计算机的电子设计自动化技术——EDA（Electronic Design Automation）技术。现代电子设计经历了三个发展阶段：EDA 技术雏形—计算机辅助设计阶段（Computer Aided Design，CAD）、EDA 技术基础形成—计算机辅助工程阶段（Computer Assist Engineering，CAE）和 EDA 技术成熟与实用阶段。

1. 20 世纪 70 年代的计算机辅助设计阶段

电子系统硬件设计最早采用分立元件。随着集成电路的出现和应用，硬件设计大量选用中小规模的标准集成电路，将这些器件焊接在电路板上，做成初级电子系统。对电子系统的调试是在组装好的 PCB（Printed Circuit Board）板上进行的。

计算机技术的发展，使得计算机辅助设计开始出现。将产品设计过程中高度重复性的繁杂劳动，如布图布线工作，用二维图形编辑与分析的 CAD 工具替代，最具代表性的产品是美国 ACCEL 公司开发的 Tango 布线软件。但由于 PCB 布图布线工具受到计算机工作平台的制约，其支持的设计工作有限且性能比较差。

2. 20 世纪 80 年代的计算机辅助工程阶段

20 世纪 80 年代初，伴随计算机和集成电路的发展，电子设计技术进入到计算机辅助工程阶段。推出的设计工具则以逻辑模拟、定时分析、故障仿真、自动布局和布线为核心，重点解决电路设计在没有完成之前的功能检测等问题。利用这些工具，设计师能在产品制作之前预知产品的功能与性能，能生成产品制造文件，在设计阶段对产品性能的分析前进了一大步。

3. 20 世纪 90 年代开始 EDA 技术成熟和实用阶段

20 世纪 90 年代，设计师逐步从使用硬件转向设计硬件，从单个电子产品开发转向系统级电子产品开发（片上系统集成，System on A Chip）。因此，设计工具是以系统级设计为核心，包括系统行为级描述与结构综合、系统仿真与测试验证、系统划分与指标分配、系统决策与文件生成等一整套的电子系统设计自动化工具。这时的 EDA 工具不仅具有电子系统设计的能力，而且能提供独立于工艺和厂家的系统级设计能力，具有高级抽象的设计构思手段。例如，提供方框图、状态图和流程图的编辑能力，具有适合层次描述和混合信号描述的硬件描述语言（如 VHDL、AHDL 或 Verilog-HDL），同时含有各种工艺的标准元件库。只有具备上述功能的设计工具，才能够使电子系统工程师在不熟悉各种半导体工艺的情况下，完成电子系统的设计。

进入 21 世纪后，EDA 技术得到普及，其发展表现在以下几个方面：①使电子设计成果以自主知识产权（IP）的方式得以明确表达和确认成为可能；②在仿真验证和设计两方面都支持标准硬件描述语言的功能强大的 EDA 软件不断推出；③电子技术全方位进入 EDA 时代；④电子领域各学科的界限更加模糊，更相互包容；⑤FPGA 成为了大规模可编程逻辑器件的主流，新器件不断被推出；⑥基于 EDA 工具的用于 ASIC 设计的标准单元已涵盖大规模电子系统及复杂 IP 核模块；⑦软硬 IP 核在电子行业的产业领域广泛应用；⑧SoC 高效低成本设计技术日益成熟；⑨复杂电子系统的设计和验证趋于简单，新的硬件描述语言（如 System Verilog、System C）加强了系统验证方面的功能。

1.4.2 EDA 技术的涵义

什么叫 EDA 技术？EDA 技术有狭义和广义之分。狭义的 EDA 技术，是指以大规模可编程逻辑器件为设计载体，以硬件描述语言为系统逻辑描述的主要表达方式，以计算机、大规模可编程逻辑器件的开发软件及实验开发系统为设计工具，通过有关的开发软件，以软件方式设计电子系统硬件的技术，系统的逻辑编译、逻辑化简、逻辑分割、逻辑综合及优化、逻辑布局布线、逻辑仿真，直至对于特定目标芯片的适配编译、逻辑映射、编程下载等工作都由计算机自动完成，最终形成集成电子系统或专用集成芯片，或称为 IES/ASIC 自动设计技术。

广义的EDA技术，除了狭义的EDA技术外，还包括计算机辅助分析CAA技术（如PSPICE、EWB、MATLAB 等）、印刷电路板计算机辅助设计 PCB-CAD 技术（如 Altuim Designer、ORCAD 等）。在广义的 EDA 技术中，CAA 技术和 PCB-CAD 技术不具备逻辑综合和逻辑适配的功能，不是真正意义上的 EDA 技术，因此，本书中 EDA 技术是指狭义的 EDA 技术。

利用 EDA 技术进行电子系统的设计，具有以下几个特点：① 用软件的方式设计硬件；② 用软件方式设计的系统到硬件系统的转换是由有关的开发软件自动完成的；③ 设计过程中可用有关软件进行各种仿真；④ 系统可现场编程，在线升级；⑤ 整个系统可集成在一个芯片上，体积小、功耗低、可靠性高；⑥从以前的“组合设计”转向真正的“自由设计”；⑦设计的移植性好、效率高；⑧非常适合分工设计、团体协作。

1.4.3 EDA 技术的主要内容

EDA 技术涉及面广，内容丰富，从教学和实用的角度看主要应掌握如下四个方面的内容：①大规模可编程逻辑器件；②硬件描述语言；③软件开发工具；④实验开发系统。其中，大规模可编程逻辑器件是利用 EDA 技术进行电子系统设计的载体，硬件描述语言是利用 EDA 技术进行电子系统设计的主要表达手段，软件开发工具是利用 EDA 技术进行电子系统设计的智能化的自动化设计工具，实验开发系统则是利用 EDA 技术进行电子系统设计的下载工具及硬件验证工具。为了使读者对 EDA 技术有一个总体印象，下面对 EDA 技术的主要内容进行介绍。

1. 大规模可编程逻辑器件

可编程逻辑器件（PLD）是一种由用户编程以实现某种逻辑功能的逻辑器件。FPGA 和 CPLD 分别是现场可编程门阵列和复杂可编程逻辑器件的简称。FPGA 和 CPLD 器件的应用十分广泛，已成为电子设计领域的主角。国际上生产 FPGA/CPLD 的主流公司，并且在国内占有市场份额较大的主要是 Xilinx、Intel（Altera）、Lattice 三家公司。

FPGA/CPLD 的特点是高集成度、高速度和高可靠性，其时钟延时可小至 ns 级。结合其并行工作方式，在超高速应用领域和实时测控方面有着非常广阔的应用前景。在高可靠应用领域，如果设计得当，将不会存在类似于 MCU 的复位不可靠和 PC 可能跑飞等问题。FPGA/CPLD 的高可靠性还表现在几乎可将整个系统下载于同一芯片中，实现所谓的片上系统。

与 ASIC 设计相比，FPGA/CPLD 显著的优势是开发周期短、投资风险小、产品上市速度快、市场适应能力强和硬件升级回旋余地大，而且当产品定型和产量扩大后，可将在生产中达到充分检验的 VHDL 设计迅速实现 ASIC 投产。

2. 硬件描述语言

主要的硬件描述语言有 VHDL、Verilog 和 ABEL 语言。VHDL 语言起源于美国国防部的 VHSIC，Verilog 语言起源于集成电路的设计，ABEL 语言则来源于可编程逻辑器件的设计。下面从使用方面将三者进行对比。

（1）逻辑描述层次：硬件描述语言一般可以在行为级、RTL 级和门电路级三个层次上进行电路描述。VHDL 语言是一种高级描述语言，适用于行为级和 RTL 级的描述，最适用于描述电路的行为。Verilog 语言和 ABEL 语言是一种较低级的描述语言，适用于 RTL 级和门电路级的描述。

（2）设计要求：VHDL 语言进行电子系统设计时可以不了解电路的结构细节，设计者所做的工作较少；Verilog 语言和 ABEL 语言进行电子系统设计时需了解电路的结构细节。

（3）综合过程：任何一种语言源程序，最终都要转换成门电路级才能被布线器或适配器所接受。因此，VHDL 语言源程序的综合通常要经过行为级→RTL 级→门电路级的转化，VHDL 语言几乎不能直接控制门电路的生成。而 Verilog 语言和 ABEL 语言源程序的综合过程要稍简单，即经过 RTL 级→门电路级的转化，易于控制电路资源。

（4）对综合器的要求：VHDL 描述语言层次较高，不易控制底层电路，因而对综合器的性能要求较高。Verilog 语言和 ABEL 语言对综合器的性能要求较低。

（5）支持的 EDA 工具：支持 VHDL 语言和 Verilog 语言的 EDA 工具很多，支持 ABEL 语言的综合器仅 Dataio 一家。

（6）标准化程度：VHDL 语言和 Verilog 语言已成为 IEEE 标准，ABEL 语言是企业标准。VHDL 语言与 Verilog 语言承担了几乎全部的数字系统设计任务，其中 VHDL 语言与 Verilog 语言大概为 3 比 7。

3. 软件开发工具

（1）主流厂家的 EDA 集成软件工具。目前比较流行的、主流厂家的 EDA 的软件工具有 Intel（Altera）的 Quartus II 和 Quartus Prime，Lattice 的 ispEXPERT，Xilinx 的 Foundation Series、ISE/Vivado Design Suite。这些软件的基本功能相同，主要差别在于：① 面向的目标器件不一样；② 性能各有优劣。

Quartus II 和 Quartus Prime：都是 Intel（Altera）公司推出的 EDA 软件工具，其设计工具完全支持 VHDL、Verilog 的设计流程，内部嵌有 VHDL、Verilog 逻辑综合器。第三方的综合工具，如 Leonardo Spectrum、Synplify Pro、FPGA Compiler II 有着更好的综合效果，因此通常建议使用这些工具来完成 VHDL/Verilog 源程序的综合。Quartus II 可以直接调用这些第三方工具。同样，Quartus II 具备仿真功能，但也支持第三方的仿真工具，如 Modelsim。此外，Quartus II 为 Altera DSP 开发包进行系统模型设计提供了集成综合环境，它与 MATLAB 和 DSP Builder 结合可以进行基于 FPGA 的 DSP 系统开发，是 DSP 硬件系统实现的关键 EDA 工具。Quartus II 还可与 SOPC Builder 结合，实现 SOPC 系统开发。Quartus Prime 是 Quartus II 的升级版本，目前主推版本为 18.0，详细介绍和下载见 https://www.intel.cn/content/www/cn/zh/software/programmable/quartus-prime/download.html。

ispEXPERT：是美国 Data I/O 公司推出的支持 Lattice 器件的一个世界级的强有力的用于可编程逻辑器件的数字系统设计软件，ispEXPERT System 是 ispEXPERT 的主要集成环境。通过它可以采用原理图、硬件描述语言（VHDL、Verilog 及 ABEL）、混合输入三种方式完成设计输入、综合、适配、仿真和在系统下载。ispEXPERT System 是目前流行的 EDA 软件中最容易掌握的设计工具之一，界面友好，操作方便，功能强大，与第三方 EDA 工具兼容良好。

Foundation Series：是 Xilinx 公司以前集成开发的 EDA 工具，采用自动化的、完整的集成设计环境。Foundation 项目管理器集成了 Xilinx 实现工具，并包含了强大的 Synopsys FPGA Express 综合系统，是业界最强大的 EDA 设计工具之一。

ISE Design Suite 和 Vivado® Design Suite：ISE Design Suite 是 Xilinx 公司推出的 EDA 集成软件开发环境（Integrated Software Environment，ISE），目前版本是面向 Windows 10 的 ISE Design Suite-14.7，仅支持 Spartan®-6。Xilinx 现在推荐采用面向 Virtex®-7、Kintex®-7、Artix®-7 和 Zynq®-7000 全新设计的 Vivado Design Suite，其下载和使用详见网站 https://china.xilinx.com/support/download/index.html/content/xilinx/zh/downloadNav/vivado-design-tools.html。

以前常用 ISE 6.1i 操作，简易方便，其提供的各种最新改良功能能解决以往各种设计上的瓶颈，加快了设计与检验的流程，如 Project Navigator（先进的设计流程导向专业管理程式）让顾客能在同一设计工程中使用 Synplicity 与 Xilinx 的合成工具，混合使用 VHDL 及 Verilog HDL 源程序，让设计人员能使用固有的 IP 与 HDL 设计资源达至最佳的结果。使用者亦可链接与启动 Xilinx Embedded Design Kit（EDK）XPS 专用管理器，以及使用新增的 Automatic Web Update 功能来监视软件的更新状况并向使用者发送通知，以及让使用者进行下载更新档案，以令其 ISE 的设定维持最佳状态。ISE 6.1i 版提供各种独特的高速设计功能，如新增的时序限制设定。先进的引脚锁定与空间配置编辑器（Pinout and Area Constraints Editor，PACE）提供操作简易的图形化界面引脚配置与管理功能。经过大幅改良后，ISE 6.1i 加入 CPLD 的支持能力。Xilinx 被业界公认在半导体元件与软件范畴上拥有领先优势，加速业界从 ASIC 转移至 FPGA 技术。新版套装软件配合 Xilinx 主打产品 Virtex-II Pro FPGA 后，能为业界提供成本最低的设计解决方案，其表现效能较其他竞争产品高出 31%，而逻辑资源使用率则高出 15%，让 Xilinx 的客户享有比其他高密度 FPGA 多出 60%的价格优势。ISE 6.1i 支持所有 Xilinx 产品系列，包括 Virtex-II Pro 系列 FPGA、Spartan-3 系列 FPGA 和 CoolRunner-II CPLD。各版本的 ISE 软件皆支持 Windows 2000、Windows XP 操作系统。

（2）第三方 EDA 工具。在基于 EDA 技术的实际开发设计中，由于所选用的 EDA 工具软件的某些性能受局限或不够好，为了使自己的设计整体性能最佳，往往需要使用第三方工具。全球第三方 EDA 工具提供商主要有铿腾电子科技有限公司（Cadence Design Systems，Inc.）、新思科技（Synopsys,Inc.）和明导（Mentor Graphics）；逻辑综合性能最好的 EDA 工具是 Synplify；仿真功能最强大的 EDA 工具是 ModelSim。

Synplify 系列软件：它是 Synplicity 公司（该公司现在是 Synopsys 的子公司）的著名产品。它是一个逻辑综合性能最好的 FPGA 和 CPLD 的逻辑综合工具。它支持工业标准的 Verilog 和 VHDL 硬件描述语言，能以很高的效率将它们的文本文件转换为高性能的面向流行器件的设计网表；在综合后还可以生成 VHDL 和 Verilog 仿真网表，以便对原设计进行功能仿真；具有符号化的 FSM 编译器，以实现高级的状态机转化，并有一个内置的语言敏感的编辑器；其编辑窗口可以在 HDL 源文件高亮显示综合后的错误，以便能够迅速定位和纠正所出现的问题；具有图形调试功能，在编译和综合后可以以图形方式（RTL 图、Technology 图）观察结果；具有将 VHDL 文件转换成 RTL 图形的功能，这十分有利于 VHDL 的速成学习；能够生成针对以下公司器件的网表：Actel，Altera，Lattice、Lucent、Philips、Quicklogic、Vantis（Amd）和Xilinx；支持 VHDL 1076-1993 标准和 Verilog 1364-1995 标准。

ModelSim：它是 Model Technology 公司（该公司现在是 Mentor Graphics 的子公司）的著名产品，支持 VHDL 和 Verilog 的混合仿真。使用它可以进行三个层次的仿真，即 RTL（寄存器传输层次）、Functional（功能）和 Gate-Level（门级）。RTL 级仿真仅验证设计的功能，没有时序信息；功能级是经过综合器逻辑综合后，针对特定目标器件生成的 VHDL 网表进行仿真；而门级仿真是经过布线器、适配器后，对生成的门级 VHDL 网表进行的仿真，此时在 VHDL 网表中含有精确的时序延迟信息，因而可以得到与硬件相对应的时序仿真结果。ModelSim VHDL 支持 IEEE 1076-1987 和 IEEE 1076-1993 标准。ModelSim　Verilog 基于 IEEE 1364-1995 标准，在此基础上针对 Open Verilog 标准进行了适当的扩展。此外，ModelSim 支持 SDF1.0、2.0 和 2.1，以及 VITAL 2.2b 和 VITAL'95。

4. 实验开发系统

实验开发系统提供芯片下载电路及 EDA 实验/开发的外围资源（类似于用于单片机开发的仿真器），以供硬件验证用。一般包括：①实验或开发所需的各类基本信号发生模块，如时钟、脉冲、高低电平等；②FPGA/CPLD 输出信息显示模块，如数码显示、发光管显示、声响指示等；③监控程序模块（提供“电路重构软配置”）；④目标芯片适配座以及上面的 FPGA/CPLD 目标芯片和编程下载电路。

1.4.4　EDA 的工程设计流程及工具

1. 应用于 FPGA/CPLD 的 EDA 工程设计流程

EDA 的工程设计流程：第一，需要进行“源程序的编辑和编译”——用一定的逻辑表达手段将设计表达出来；第二，要进行“逻辑综合”　——将用一定的逻辑表达手段表达出来的设计，经过一系列的操作，分解成一系列的基本逻辑电路及对应关系（电路分解）；第三，要进行“目标器件的布线/适配”——在选定的目标器件中建立这些基本逻辑电路及对应关系（逻辑实现）；第四，要进行“目标器件的编程/下载”——将前面的软件设计经过编程变成具体的设计系统（物理实现）；第五，要进行“硬件仿真/硬件测试”——验证所设计的系统是否符合设计要求。同时在设计过程中要进行有关“仿真”——模拟有关设计结果与设计构想是否相符。其流程如图 1.8 所示。

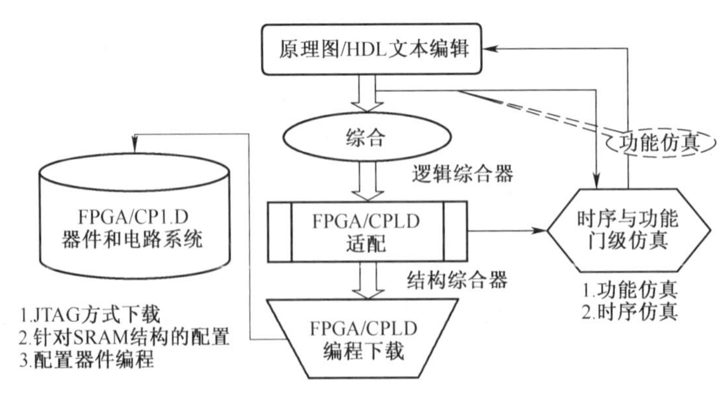

图 1.8　EDA 工程设计流程

（1）源程序的编辑和编译。利用 EDA 技术进行一项工程设计，首先需利用文本编辑器或图形编辑器将它用文本方式或图形方式表达出来，输入电脑进行排错编译，为进一步的逻辑综合做准备。常用的源程序输入方式有三种。

原理图输入方式：利用 EDA 工具提供的图形编辑器以原理图的方式进行输入，比较容易掌握，直观且方便。所画的电路原理图与传统的器件连接方式完全一样，很容易被人接受，而且编辑器中有许多现成的单元器件可以利用，自己也可以根据需要设计元件（注意，这种原理图与利用 Protel 画的原理图有本质的区别）。然而原理图输入法的优点同时也是它的缺点：① 随着设计规模增大，设计的易读性迅速下降，对于图中密密麻麻的电路连线，极难搞清电路的实际功能；② 一旦完成，电路结构的改变将十分困难，因而几乎没有可再利用的设计模块；③ 移植困难、入档困难、交流困难、设计交付困难，因为不可能存在一个标准化的原理图编辑器。

状态图输入方式：输入以图形的方式表示的状态图。当填好时钟信号名、状态转换条件、状态机类型等要素后，就可以自动生成 VHDL 程序。这种设计方式简化了状态机的设计。

HDL 软件程序的文本方式：最一般化、最具普遍性的输入方法，任何支持 HDL 的 EDA 工具都支持文本方式的编辑和编译。

（2）逻辑综合和优化。硬件描述语言开始时，主要用于电路逻辑的建模和仿真，Synopsys 推出 HDL 综合器之后，才能把 HDL 的软件设计与硬件的可实现性挂钩。所谓逻辑综合，就是将电路的高级语言描述（如 VHDL、原理图或状态图形的描述）转换成低级的，可与 FPGA/CPLD 或构成 ASIC 的门阵列基本结构相映射的网表文件。逻辑映射的过程，就是将电路的高级描述，针对给定硬件结构组件，进行编译，优化、转换和综合，最终获得门级电路甚至更底层的电路描述文件。一般要经过两个步骤：第一步对 HDL 源程进行分析处理，将其转换成相应的电路结构或模块，相当于设计出通用电路原理图，与实际硬件实现无关；第二步，对实际实现的目标器件的结构进行优化，并使之满足目标器件硬件特征的各种约束条件，优化关键路径。

逻辑综合输出的网表文件是按照某种规定描述电路的基本组成及如何相互连接的关系的文件，如 EDIF（Electronic Design Interchange Format）格式文件，或者 VHDL/Verilog 标准格式文件，或者是对应器件厂家的网表文件（Xilinx 的 XNF 网表文件和 Intel VQM 网表文件）。HDL 综合及其与软件编译比较如图 1.9 所示。

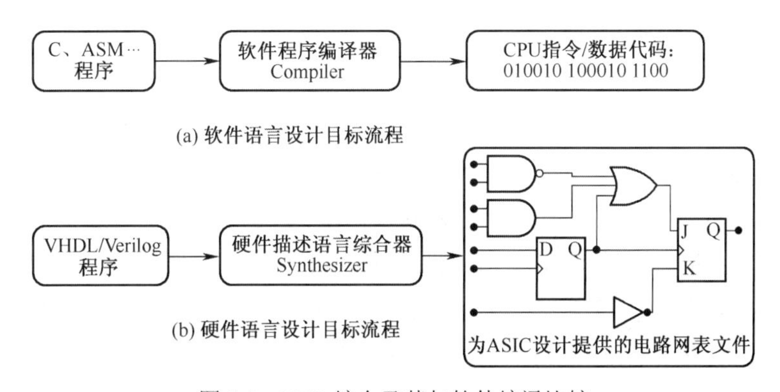

图 1.9　HDL 综合及其与软件编译比较

由于 VHDL 仿真器的行为仿真功能是面向高层次的系统仿真，只能对 VHDL 的系统描述作可行性的评估测试，不针对任何硬件系统，因此基于这一仿真层次的许多 VHDL 语句不能被综合器所接受。这就是说，这类语句的描述无法在硬件系统中实现。这时，综合器不支持的语句在综合过程中将被忽略掉。综合器对 VHDL 源文件的综合是针对某一 PLD 供应商的产品系列的，因此，综合后的结果是可以为硬件系统所接受，具有硬件可实现性。

常用的 HDL 综合工具有以下几种：用于 FPGA 开发的 Synopsys 的 Synplify Pro 和 DC-FPGA、Mentor 的 Leonardo Spectrum 和 Precision RTL Synthesis，用于 ASIC 开发的 Synopsys 的 Design Compiler 和 Cadence 的 Synergy。

（3）仿真。仿真利用仿真器完成，仿真器有基于元件（逻辑门）和基于 HDL 之分，Model Technology 的 ModelSim 是一款基于 HDL 的支持 VHDL 和 Verilog 的混合仿真器。

（4）设计过程中的有关仿真。设计过程中的仿真有三种，它们是行为仿真、功能仿真和时序仿真。

所谓行为仿真，就是将 VHDL 设计源程序直接送到 VHDL 仿真器中所进行的仿真。该仿真只是根据 VHDL 的语义进行的，与具体电路没有关系。在这时的仿真中，可以充分发挥 VHDL 中的适用于仿真控制的语句及有关的预定义函数和库文件。

所谓功能仿真，就是将综合后的 VHDL 网表文件再送到 VHDL 仿真器中所进行的仿真。这时的仿真仅对 VHDL 描述的逻辑功能进行测试模拟，以了解其实现的功能是否满足原设计的要求。仿真过程不涉及具体器件的硬件特性，如延时特性。该仿真的结果与门级仿真器所做的功能仿真结果基本一致。综合之后的 VHDL 网表文件采用 VHDL 语法，首先描述了最基本的门电路，然后将这些门电路用例化语句连接起来。描述的电路与生成的 EDIF/XNF 等网表文件一致。

所谓时序仿真，就是将布线器/适配器所产生的 VHDL 网表文件送到 VHDL 仿真器中所进行的仿真。该仿真已将器件特性考虑进去了，因此可以得到精确的时序仿真结果。布线/适配处理后生成的 VHDL 网表文件中包含了较为精确的延时信息，网表文件中描述的电路结构与布线/适配后的结果是一致的。

需要注意的是，图 1.8 中有两个仿真器，一是 VHDL 仿真器，另一个是门级仿真器，它们都能进行功能仿真和时序仿真。所不同的是仿真用的文件格式不同，即网表文件不同。这里所谓的网表（Netlist），是特指电路网络，网表文件描述了一个电路网络。目前流行多种网表文件格式，其中最通用的是 EDIF 格式的网表文件，Xilinx XNF 网表文件格式也很流行，不过一般只在使用 Xilinx 的 FPGA/CPLD 时才会用到 XNF 格式。VHDL 文件格式也可以用来描述电路网络，即采用 VHDL 语法描述各级电路互连，称为 VHDL 网表。

（5）逻辑适配。逻辑适配也就是目标器件的布线/适配，由适配器将由综合器产生的网表文件针对某一具体的目标器件进行逻辑映射操作，其中包括底层器件配置、逻辑分割、逻辑优化、布线与操作等，配置于指定的目标器件中，适配器能输出多种用途的文件，如时序仿真文件、适配技术报告文件、面向第三方 EDA 工具的输出文件 EDIF、FPGA/CPLD 下载文件（如用于 CPLD 编程的 JEDEC、POF、ISP 等格式的文件，用于 FPGA 下载的 SOF、JAM、POF、BIT 等格式的文件）。

适配所选定的目标器件（FPGA/CPLD 芯片）必须属于原综合器指定的目标器件系列。

对于一般的可编程模拟器件所对应的 EDA 软件来说，一般仅需包含一个适配器就可以了，如 Lattice 的 PAC-DESIGNER。通常，EDA 软件中的综合器可由专业的第三方 EDA 公司提供，而适配器则需由 FPGA/CPLD 供应商自己提供，因为适配器的适配对象直接与器件结构相对应。

（6）目标器件的编程/下载。如果编译、综合、布线/适配和行为仿真、功能仿真、时序仿真等过程都没有问题，满足设计要求，就可以通过下载器将由 FPGA/CPLD 布线/适配器产生的配置/下载文件载入目标芯片 FPGA 或 CPLD 中。

（7）硬件仿真/硬件测试。所谓硬件仿真，就是在 ASIC 设计中，常利用 FPGA 对系统的设计进行功能检测，通过后再将其 VHDL 设计以 ASIC 形式实现。这一过程称为硬件仿真。

所谓硬件测试，就是把 FPGA 或 CPLD 直接用于应用系统的设计中，将下载文件下载到 FPGA 后，对系统的设计进行的功能检测。这一过程称为硬件测试。

硬件仿真和硬件测试是为了在更真实的环境中检验 VHDL 设计的运行情况，特别是对于在 VHDL 程序设计上不是十分规范、语义上含有一定歧义的程序。一般的仿真器包括 VHDL 行为仿真器和 VHDL 功能仿真器。它们对于同一 VHDL 设计的“理解”，即仿真模型的产生，与 VHDL 综合器的“理解”，即综合模型的产生，常常是不一致的。此外，由于目标器件功能的可行性约束，综合器对于设计的“理解”常在一有限范围内选择，而 VHDL 仿真器的“理解”是纯软件行为，其“理解”的选择范围要宽得多，结果这种“理解”的偏差势必导致仿真结果与综合后实现的硬件电路在功能上的不一致。当然，还有许多其他的因素也会产生这种不一致，由此可见，VHDL 设计的硬件仿真和硬件测试是十分必要的。

2. ASIC 工程设计流程

ASIC（Application Specific Integrated Circuits，专用集成电路）是相对于通用集成电路而言的。ASIC 主要指用于某一专门用途的集成电路。ASIC 分类大致可分为数字 ASIC、模拟 ASIC 和数模混合 ASIC。

对于数字 ASIC，其设计方法有多种。按版图结构及制造方法分，有全定制（Full-Custom）和半定制（Semi-Custom）两种方法。

全定制方法是一种基于晶体管级的，手工设计版图的制造方法。设计者需要使用全定制版图设计工具来完成，必须考虑晶体管版图的尺寸、位置、互连线等技术细节，并据此确定整个电路的布局布线，以使设计的芯片的性能、面积、功耗、成本达到最优。但在全定制设计中，人工参与的工作量大，设计周期长，而且容易出错。在通用中小规模集成电路设计、模拟集成电路，包括射频级集成器件的设计，以及有特殊性能要求和功耗要求的电路或处理器中的特殊功能模块电路的设计中被广泛采用。

半定制法是一种约束设计方式，约束的目的是简化设计，缩短设计周期，降低设计成本，提高设计正确率。半定制法按逻辑实现的方式不同，可再分为门阵列法、标准单元法和可编程逻辑器件法。

门阵列（Gate Array）法是较早使用的一种 ASIC 设计方法，又称为母片（Master Slice）法。它预先设计和制造好各种规模的母片，其内部成行成列，并等间距的排列着基本单元的阵列。除金属连线及引线孔以外的各层版图图形均固定不变，只剩下一层或两层金属铝连线及孔的掩膜需要根据用户电路的不同而定制。每个基本单元是以三对或五对晶体管组成，基本单元的高度、宽度都是相等的，并按行排列。设计人员只需要设计到电路一级，将电路的网表文件交给IC厂家即可。IC厂家根据网表文件描述的电路连接关系，完成母片上电路单元的布局及单元间的连线。然后对这部分金属线及引线孔的图形进行制版、流片。这种设计方式涉及的工艺少、模式规范、设计自动化程度高、设计周期短、造价低，且适合小批量的ASIC设计。门阵列法的缺点是芯片面积利用率低，灵活性差，对设计限制得过多。

标准单元（Standard Cell）法必须预建完善的版图单元库，库中包括以物理版图级表达的各种电路元件和电路模块"标准单元"，可供用户调用以设计不同的芯片。这些单元的逻辑功能、电性能及几何设计规则等都已经过分析和验证。与门阵列单元不同的是，标准单元物理版图将从最低层的各层版图设计都包括在内。在设计布图时，从单元库中调出标准单元按行排列，行与行之间留有布线通道，同行或相邻行的单元相连可通过单元行的上、下通道完成。隔行单元之间的垂直方向互连则必须借用事先预留在"标准单元"内部的走线道（Feed-Through）或单元间设置的"走线道单元"（Feed-Through Cell）或"空单元"（Empty Cell）来完成连接。

标准单元设计ASIC的优点是：①比门阵列法具有更加灵活的布图方法；②"标准单元"预先存在单元库中，可以极大地提高设计效率；③可以从根本上解决不通率问题，可以极大地提高设计效率；④可以使设计者更多地从设计项目的高层次关注电路的优化和性能问题；⑤标准单元设计模式自动化程度高、设计周期短、设计效率高，十分适合利用功能强大的EDA工具进行ASIC设计。因此标准单元法是目前ASIC设计中应用最广泛的设计方法之一。但标准单元法存在的问题是，当工艺更新之后，标准单元库要随之更新，这是一项十分繁重的工作。

门阵列法或标准单元法设计ASIC共存的缺点是无法避免冗杂繁复IC制造后向流程，而且与IC设计工艺紧密相关，最终的设计也需要集成电路制造厂家来完成。一旦设计有误，将导致巨大的损失。另外还有设计周期长、基础投入大、更新换代难等缺陷。

可编程逻辑器件法是用可编程逻辑器件设计用户定制的数字电路系统。可编程逻辑器件芯片实质上是门阵列及标准单元设计的延伸和发展。可编程逻辑器件是一种半定制的逻辑芯片。但与门阵列标准单元法不同，芯片内的硬件资源和连线资源是由厂家预先制定好的，可以方便地通过编程下载获得重新配置。这样，用户就可以借助EDA软件和编程器在实验室或车间中自行进行设计、编程或电路更新。而且如果发现错误，则可以随时更改，完全不必关心器件实现的具体工艺。用可编程逻辑器件法设计ASIC（或称可编程ASIC），设计效率大为提高、上市的时间大为缩短。当然，这种用可编程逻辑器件直接实现的ASIC在性能、速度和单位成本上相对于全定制或标准单元法设计的ASIC都不具备竞争性。此外，也不可能用可编程ASIC去取代通用产品，如CPU、单片机、存储器等的应用。

目前，为了降低单位成本，可以在用可编程逻辑器件实现设计后，用特殊的方法转成ASIC电路，如Altera的部分FPGA器件在设计成功后可以通过HardCopy技术转成对应的门阵列ASIC产品。

一般的ASIC从设计到制造，其工程设计流程（图1.10）如下：

（1）系统规范说明（System Specification）。分析并确定整个系统的功能、要求达到的性能、物理尺寸，确定采用何种制造工艺、设计周期和设计费用。建立系统的行为模型，进行可行性验证。

（2）系统划分（System Division）。将系统分割成各个功能子模块，给出子模块之间信号连接关系。验证各个功能块的模型，确定系统的关键时序。

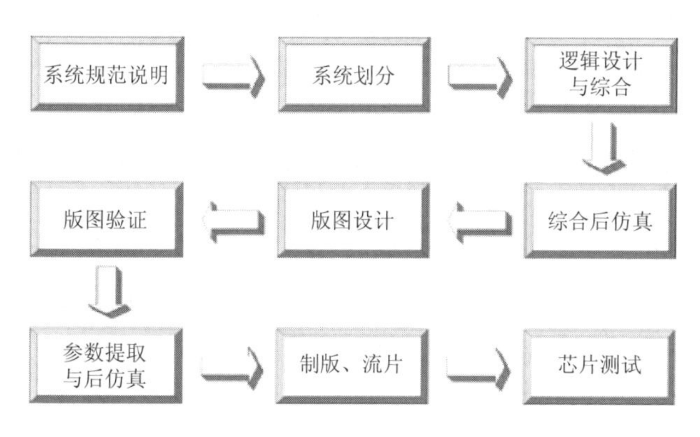

图 1.10　ASIC 设计流程图

（3）逻辑设计与综合（Logic Design and Synthesis）。将划分的各个子模块用文本（网表或硬件描述语言）、原理图等进行具体逻辑描述。对于硬件描述语言描述的设计模块需要用综合器进行综合而获得具体的电路网表文件，对于原理图等描述方式描述的设计模块经简单编译后得到逻辑网表文件。

（4）综合后仿真（Simulate after Synthesis）。根据逻辑综合后得到的网表文件，进行仿真验证。

（5）版图设计（Layout Design）。版图设计是将逻辑设计中每一个逻辑元件、电阻、电容等以及它们之间的连线转换成集成电路制造所需要的版图信息。可手工或自动进行版图规划（Floorplanning）、布局（Placement）、布线（Routing）。这一步由于涉及逻辑设计到物理实现的映射，又称物理设计（Physical Design）。

（6）版图验证（Layout Verification）。版图验证主要包括版图原理图比对（LVS）、设计规则检查（DRC）、电气规则检查（ERC）。在手工版图设计中，这是非常重要的一步。

（7）参数提取与后仿真。版图验证完毕后，需进行版图的电路网表提取（NE）、参数提取（PE），把提取出的参数反注（Back-Annotate）至网表文件，进行最后一步仿真验证工作。

（8）制版、流片。送 IC 生产线进行制版、光罩和流片，进行实验性生产。

（9）芯片测试。测试芯片是否符合设计要求，并评估成品率。

1.4.5　EDA 技术的应用形式

随着 EDA 技术的深入发展和 EDA 技术软硬件性能价格比的不断提高，EDA 技术的应用将向广度和深度两个方面发展。根据利用 EDA 技术所开发的产品的最终主要硬件构成来分，EDA 技术的应用有如下几种形式。

1. CPLD/FPGA 系统

使用 EDA 技术开发 CPLD/FPGA，使自行开发的 CPLD/FPGA 作为电子系统、控制系统、信息处理系统的主体。

2. “CPLD/FPGA+MCU” 系统

使用 EDA 技术与单片机相接结合，使自行开发的“CPLD/FPGA+MCU”作为电子系统、控制系统、信息处理系统的主体。

3. “CPLD/FPGA+专用 DSP 处理器”系统

将 EDA 技术与 DSP 专用处理器配合使用，使自行开发的“CPLD/FPGA+专用 DSP 处理器”构成一个数字信号处理系统的整体。

4. 基于 FPGA 实现的现代 DSP 系统

基于 SOPC（System On a Programmable Chip）技术、EDA 技术与 FPGA 技术实现方式的现代 DSP 系统。

5. 基于 FPGA 实现的 SOC 片上系统

使用超大规模的 FPGA 实现的，内含 1 个或数个嵌入式 CPU 或 DSP，能够实现复杂系统功能的单一芯片系统。

6. 基于 FPGA 实现的嵌入式系统

使用 CPLD/FPGA 实现的，内含嵌入式处理器，能满足对象系统要求实现的特定功能，能够嵌入到宿主系统的专用计算机应用系统。

1.4.6 EDA 技术的发展趋势

1. 应用越来越广泛

EDA 技术将广泛应用于教学、科研、专用集成电路开发、新产品研发和老产品的升级换代、技术改造等。

2. 在一个芯片上完成系统级的集成

集成度的提高、内部资源和接口的丰富，使得在一个芯片上完成系统级的集成成为可能。

3. 可编程逻辑器件开始进入传统的 ASIC 市场

由于高端专用集成电路生产线成本越来越高，小批量 ASIC 的生产价格提高，而可编程逻辑器件的批量越来越大，价格走低，可编程逻辑器件开始进入传统的 ASIC 市场。

4. EDA 工具和 IP 核应用更为广泛

高性能的 EDA 工具的长足发展，自动化和智能化程度不断提高，使得 EDA 工具和 IP 核应用更为广泛。

5. 计算机硬件平台性能大幅度提高，为复杂的 SOC 设计提供了物理基础

SystemVerilog 和 System C 及系统级混合仿真工具，可以在同一个平台上完成高级语言和 HDL 语言的混合仿真。另一方面，OpenCL 在 FPGA 应用开发上得到越来越广泛的应用，使得其软件开发人员能为高性能计算服务器、桌面计算系统、手持设备编写高效轻便的代码，使得 FPGA 适用于多核心处理器（CPU）、图形处理器（GPU）、Cell 类型架构以及数字信号处理器（DSP）等并行处理器应用场合，在游戏、娱乐、科研、医疗等各种领域得到广阔的发展。

1.5 数制与编码

在数字系统中，所有信息都以高、低电平的形式存在，在机器中数字是以二进制形式存在的，其他信息则用二进制编码来表示。

1.5.1 数制

数制：人类表示数值大小的各种方法的统称。

1. 数的表示方法

位置记数法 ：$N_R=(r_{n-1}r_{n-2}\cdots r_1r_0r_{-1}r_{-2}\cdots r_{-m})_R$，其中 R 称为进制数的基数。

多项式表示法：

$$N_R=\sum_{i=-m}^{n-1}R^i\times r_i \tag{1-1}$$

权：一种数制中某位为“1”时所表示的数值大小，称为该位的“权（Weight)”。R 进制数中第 i 位的“权”为 R^i。

记数法举例：$(765.75)_{10}$

位置计数法，十进制 765.75，采用多项式记数法，按权展开式如下：

$10^2\times7+10^1\times6+10^0\times5+10^{-1}\times7+10^{-2}\times5$

2. 常用数制

（1）十进制（Decimal)。

基数为 10，采用 0、1、2、3、4、5、6、7、8、9 共 10 个符号表示数字。

进位规则：逢 10 进 1。

十进制是人们日常生活中常用的数制。

（2）二进制（Binary)。

基数为 2，采用 0、1 共 2 个符号表示数字。

进位规则：逢 2 进 1。

二进制数最左边的位叫最高有效位（Most Significant Bit，MSB)，最右边的位叫最低有效位（Least Significant Bit，LSB)。

二进制数不同数位的权及其对应的十进制数见表 1.1 和表 1.2。

表 1.1 二进制数不同数位的权及其对应的十进制数（整数部分）

2^{10}	2^9	2^8	2^7	2^6	2^5	2^4	2^3	2^2	2^1	2^0
1024	512	256	128	64	32	16	8	4	2	1

表 1.2 二进制数不同数位的权及其对应的十进制数（小数部分）

2^{-1}	2^{-2}	2^{-3}	2^{-4}	2^{-5}	2^{-6}	2^{-7}	2^{-8}
0.5	0.25	0.125	0.0625	0.03125	0.015625	0.0078125	0.0039625

二进制是数字电路中能直接接受的数字，也是计算机能直接处理的机器数，但由于基数太小，读写不方便，所以，数字系统中常用十六进制数字或八进制数字表示。

（3）十六进制（Hexadecimal）和八进制数（Octal)。

十六进制数的基数为 16，采用 0、1、2、3、4、5、6、7、8、9、A、B、C、D、E、F 共 16 个符号表示数字。

进位规则：逢 16 进 1。

1 位 16 进制数能表示 4 位 2 进制数，其对应关系见表 1.3。

表 1.3　二进制数与十六进制数的关系表

D_{16}	D_2	D_{16}	D_2	D_{16}	D_2	D_{16}	D_2
0	0000	4	0100	8	1000	C	1100
1	0001	5	0101	9	1001	D	1101
2	0010	6	0110	A	1010	E	1110
3	0011	7	0111	B	1011	F	1111

八进制数基数为 8，采用 0、1、2、3、4、5、6、7 共 8 个符号表示数字。

进位规则：逢 8 进 1。

与十六进制数类似，八进制数与二进制数之间也存在对应关系。只是 1 位 8 进制数对应的是 3 位二进制数，其对应关系见表 1.4。

表 1.4　二进制数与八进制数的关系表

D_8	D_2	D_8	D_2	D_8	D_2	D_8	D_2
0	000	2	010	4	100	6	110
1	001	3	011	5	101	7	111

2. 数制转换

（1）任意进制数转换为十进制数。

方法：按权展开，十进制求和。

例 1-1　将二进制数$(1011001.001)_2$和$(AD5.C)_{16}$转换成十进制数。

解：采用按权展开，十进制求和计算可得：

$(1011001.001)_2=(89.125)_{10}$

$(AD5.C)_{16}=(2773.35)_{10}$

（2）二进制数与十六进制数、八进制数之间的互换。

方法：从小数点开始往两边把 4 位（3 位）二进制数对应于 1 位十六进制数（八进制数）进行转换，位数不够时在前面（整数部分）或后面（小数部分）补零。

例 1-2　完成下列二进制数与十六进制数、八进制数之间的互换。

解：采用按位对应法进行转换，结果如下：

$(01011101.1010)_2=(5D.A)_{16}$

$(3AB.C8)_{16}=(11\ 1010\ 1011.1100\ 1)_2$

$(001\ 010\ 011)_2=(123)_8$

$(456)_8=(100\ 101\ 110)_2$

（3）十进制数转换为二进制数、八进制数、十六进制数。

十进制数转换成二进制数分整数和小数分开转换，而十进制数转换为八进制、十六进制则可以先转换成二进制数再由二进制数转换为八进制数、十六进制数。十进制整数转换为二进制整数的方法是除 2 取余法：除 2 取余，先余为低。可以列竖式连除。

$N_{10}=N_2=2^{n-1}\times b_{n-1}+\cdots+2^1\times b_1+2^0\times b_0$

例 1-3　将十进制数 173 转换为二进制数。

解：采用除 2 取余法，转换结果如下：

$$(173)_{10}=(10101101)_2$$

除数	被除数		余数
2	173	……	余数=1=k_0
2	86	……	余数=0=k_1
2	43	……	余数=1=k_2
2	21	……	余数=1=k_3
2	10	……	余数=0=k_4
2	5	……	余数=1=k_5
2	2	……	余数=0=k_6
2	1	……	余数=1=k_7
	0		

十进制小数转换为二进制小数的方法是乘 2 取整法：乘 2 取整，先整为高。

$N_{10}=N_2=2^{-1}\times b_{-1}+2^{-2}\times b_{-2}+\cdots+2^{-m}\times b_{-m}$

例 1-4　将十进制小数 0.6875 转换为二进制小数。

解：采用乘 2 取整法，结果如下：

$$(0.6875)_{10}=(0.1011)_2$$

大多数 10 进制数转换成二进制数时，并不能精确转换。这时可以根据精度要求保留若干位小数，保留时采用 0 舍 1 入原则。

例 1-5　将十进制数 0.4 转换为二进制数，保留 5 位小数。

解：采用乘 2 取整法，结果如下：

	整数部分
$0.4\times2=0.8$	0
$0.8\times2=1.6$	1
$0.6\times2=1.2$	1
$0.2\times2=0.4$	0
$0.4\times2=0.8$	0
$0.8\times2=1.6$	1

$(0.4)_{10}\approx(0.01101)_2$

只计算到第六位即可。第 5 位为 0，第 6 位为 1，按 0 舍 1 入原则保留 5 位小数，第 5 位进位为 1。

1.5.2　带符号数的表示法

前面按位计数法实际是无符号数的表示方法，对于有符号数，其数据格式：

符号位	数值位

通常 0 表示正号（+），1 表示负号（−）。带符号二进制数的表示方法有三种：原码表示法、反码表示法和补码表示法。

1. 原码表示法

符号位：+用 0 表示，－用 1 表示。

数值位：不变，满足位数要求即可。对于 0 有两种表示（+0，–0），所以 n 位二进制原码可表示十进制数范围：$-(2^{n-1}-1)\sim+(2^{n-1}-1)$。

例 1-6 求出 $X_{真值}=(+13)_{10}$、$Y_{真值}=(-13)_{10}$ 的 8 位二进制原码。

$X_{原}=(00001101)_2$，$Y_{原}=(10001101)_2$

2. 反码表示法

符号位：+用 0 表示，－用 1 表示。

数值位：正数不变，负数按位取反。由于 0 有两种表示（+0，–0），所以 0 的反码也有两个：全 0 和全 1。因此 n 位二进制反码可表示十进制数范围与原码相同：$-(2^{n-1}-1)\sim+(2^{n-1}-1)$。

例 1-7 求出 $X=(+13)_{10}$、$Y=(-13)_{10}$ 的 8 位二进制反码。

$X_{反}=(00001101)_2$、$Y_{反}=(11110010)_2$

3. 补码表示法

基数为 R，位数为 n 的原码 N，定义其补码为

$$N_{补}=R^n-N \tag{1-2}$$

对于有符号数，其符号：+用 0 表示，–用 1 表示。

数值位：正数不变，负数按位取反、末位加 1。0 的补码表示只有一种全 0，所以 n 位二进制补码可表示十进制数范围：$-(2^{n-1})\sim+(2^{n-1}-1)$。

例 1-8 求出 $X=(+13)_{10}$、$Y=(-13)_{10}$ 的 8 位二进制补码。

解： 首先将十进制的 13 转换成二进制数为$(1101)_2$，再扩展到 7 位二进制数为$(0001101)_2$，把(+13)10 符号改为 0，变成 8 位原码为$(00001101)_2$，把$(-13)_{10}$符号改为 1，变成 8 位原码为$(10001101)_2$，正数的补码与原码相同，可得

$$X_{补}= (00001101)_2$$

负数的补码为原码按位取反，末位加 1，可得

$$Y_{补}=(11110011)_2$$

$(+13)_{10}$与$(-13)_{10}$各种表示方法的结果比较见表 1.5。

表 1.5 有符号数三种表示方法比较结果表

$(+13)_{10}$	$=(00001101)_{原}$	$=(00001101)_{反}$	$=(00001101)_{补}$
$(-13)_{10}$	$=(10001101)_{原}$	$=(11110010)_{反}$	$=(11110011)_{补}$

从表 1.5 归纳可知：正数的原码、反码、补码相同，符号位为 0，数值就是该符号的二进制数的绝对值；负数的原码、反码、补码不同，符号位为 1，原码的数值位是该符号的二进制数的绝对值，反码的数值位是原码数值位的按位取反，补码数值位是反码数值位的末位加 1。

对于带符号的二进制小数，其符号位仍用最高位表示，构建原码、反码、补码的规则也一样，要注意的是补码数值位是反码数值位的末位加 1。

例 1-9 计算八位二进制有符号小数$(+0.01101)_2$和$(+0.01101)_2$的原码、补码和反码。

解： $(+0.01101)_2=(0.0110100)_{原码}=(0.0110100)_{反码}=(0.0110100)_{补码}$

$(-0.01101)_2=(1.0110100)_{原码}=(1.1001011)_{反码}=(1.1001100)_{补码}$

1.5.3 二进制数的算术运算

二进制算术运算规则与十进制算数类似，主要是进位或借位时把逢 10 进 1 改为逢 2 进 1。

特点：加、减、乘、除运算全部可以用移位和相加这两种操作实现，简化了电路结构。所以数字电路中普遍采用二进制算数运算。

1. 无符号二进制数的算术运算

加减法规则：0±0=0，0±1=1，1±0=1，1+1=10，1−1=0；

乘法规则：0×0=0，0×1 =0，1×0=0，1×1=1；

除法规则：0÷1=0，1÷1=1，除数不能为 0。

无符号二进制数的算术运算可以和十进制数的算术运算一样列竖式计算。

2. 带符号二进制数的算术运算

正数的运算规则和无符号二进制数的算术运算是一致的，只是符号位不参加运算。对于负数，在数字电路或系统中，为了简化电路，常用补码表示，因为通过补码，能够将减一个数用加上该数的补码来实现。补码运算时，注意位数相同，符号位对齐。

例 1-10 用补码实现$(1011)_2-(0111)_2$运算。

解：$(1011)_2-(0111)_2=(1011)_2+(1001)_{补}=(10100)_2=(0100)_2$（舍弃进位），其中$(0111)_2$是$(-1001)_2$对模 $2^4(16)$的补码。

两个补码表示的二进制数相加时，可能发生符号的变化，将两个加数的符号位和来自最高位数字位的进位相加，结果就是和的符号。

例 1-11 利用二进制补码运算求 13＋10、13－10、－13＋10、－13－10

解：

+ 13	0	01101	+ 13	0	01101
+ 10	0	01010	− 10	1	10110
+ 23	0	10111	+ 3	0	00011
− 13	1	10011	− 13	1	10011
+ 10	0	01010	− 10	1	10110
− 3	1	11101	− 23	1	01001

两个补码表示的二进制数相加时，还有可能产生溢出。所谓溢出是指运算结果超出了给定位数带符号数的表示范围。为了防止溢出，在运算之前可以进行位扩展，也就是数值位最高位前补一个 0。

当运算后的进位位与和数的符号相反时，可以判定产生溢出。运算时，同号相减、异号相加不会发生溢出；同号相加、异号相减有可能发生溢出；正数加正数或正数减负数结果应为正数，负数加负数或负数减正数结果应为负数，否则，即为溢出。

1.5.4 信息的二进制编码表示

什么是编码？编码就是用一组符号按一定规则表示给定数字、字母、符号或其他信息的过程，编码的结果称为代码。编制代码时遵循的规则称为码制（Code System）。与编码相反，将代码还原成所表示的数字、字母、符号或其他信息的过程称为解码或译码。

设待编码信息个数为 m，编码符号数为 k，编码长度为 n，则 m、k、n 之间一般满足下面关系：

$$kn-1 < m \leqslant kn \tag{1-3}$$

特别地，当用二进制符号来编码时，有

$$2^n-1 < m \leqslant 2^n \tag{1-4}$$

可知，如果所需编码的信息有 N 项，则需要二进制数码的位数 n 必须满足：

$$N \leqslant 2^n \tag{1-5}$$

1. 二进制代码表示的十进制数

二进制代码表示的十进制数编码方法有多种，各有特点，其中常用的编码方法有格雷码（Gray Code）和 BCD 码（二一十进制码，Binary-Coded Decimal）。

（1）格雷码。二进制数字表示中用 N 位 0、1 可以表示 2^N 个十进制数，是一种有权重方法，如 4 位二进制数可以表示 0～15 共 16 个数字，而格雷码是用 0、1 的另一种组合来表示数字，4 位格雷码也可以表示 16 个十进制数字见表 1.6。

表 1.6　位格雷码表

十进制数	4 位格雷码	十进制数	4 位格雷码
0	0000	8	1100
1	0001	9	1101
2	0011	10	1111
3	0010	11	1110
4	0110	12	1010
5	0111	13	1011
6	0101	14	1001
7	0100	15	1000

与二进制数相比，格雷码具有以下特点：

1）相邻性：相邻的代码中，只有 1 位取值不同。

2）循环性：每一位的状态变化都按一定的顺序循环，首尾两个代码也相邻。

3）反射性：对称位置的代码仅最高位不同。

格雷码的这些特点，使它在代码形成和传输时引起的误差较少，常用于将模拟量转换成用连续的二进制数字序列表示数字量的系统中，或应用于减少过渡噪声。

格雷码的缺点是无权码不能直接进行算术运算，因为它每一位的权值不是固定的。格雷码和二进制码之间经常需要转换。二进制码到格雷码的转换方法如下：

1）格雷码与二进制码的最高位相同。

2）从左到右，逐一将二进制码相邻的两位相加（舍去进位），作为格雷码的下一位。

格雷码到二进制码的转换方法如下：

1）二进制码与格雷码的最高位相同。

2）将产生的每一位二进制码与下一位相邻的格雷码相加（舍去进位），作为二进制码的下一位。

学习逻辑代数以后，格雷码和二进制码之间的转换还可以通过异或操作实现。

格雷码表示 0 是全 0，从 0 开始，利用格雷码的反射特性，可用如图 1.11 所示的方法来完成格雷码的构造。

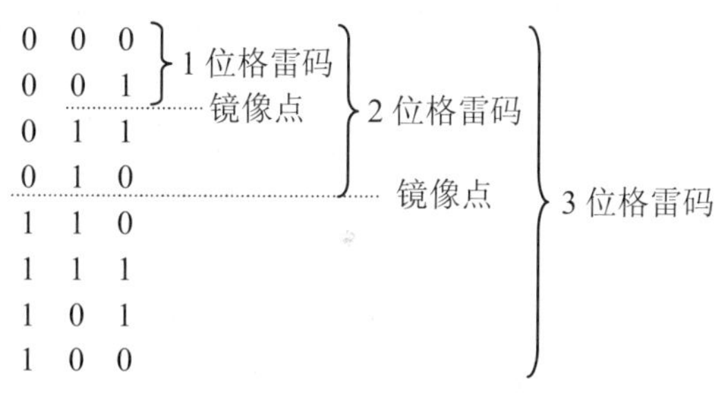

图 1.11　1～3 位格雷码构造示意图

（2）BCD 码。十进制数除了用等值二进制数加以表示之外，还可以用二－十进制码表示，这种代码简称 BCD 码。该方法将一个具体十进制数看作十进制字符的组合，而不是看作一个数值，每个字符用编码表示。例如十进制数 359 可以看作 3 个十进制字符 3、5、9 的组合，分别用二进制代码 0011、0101、1001 表示，这种方法避免了十进制数到二进制数繁琐的转换过程，更为直观、方便。

十进制数用 0～9 共 10 个数字来表示数字，对这 10 个符号进行编码，至少需要 4 位二进制代码，而 4 位二进制代码有 16 种组合。所以采用 BCD 码时，要舍弃 6 组编码组合。根据舍弃方法不同，得到不同的 BCD 码。数字系统中常用的 4 位 BCD 码有 8421BCD 码、5421BCD 码、2421BCD 码、余 3 码和余 3 循环码，见表 1.7。

表 1.7　常用 BCD 码表

十进制数	8421 码	5421 码	2421 码	余 3 码	余 3 循环码
0	0000	0000	0000	0011	0010
1	0001	0001	0001	0100	0110
2	0010	0010	0010	0101	0111
3	0011	0011	0011	0110	0101
4	0100	0100	0100	0111	0100
5	0101	1000	1011	1000	1100
6	0110	1001	1100	1001	1101
7	0111	1010	1101	1010	1111
8	1000	1011	1110	1011	1110
9	1001	1100	1111	1100	1010

8421BCD 码和二进制数编码一样，只是舍弃了后面 6 组二进制数编码，是一种有权码。其权重也和二进制数一样为 8、4、2、1，所以称为 8421 码。与此相类似，5421 码、2421 码也都是权重码，可以利用公式计算出其十进制数。

从表中可以看出，5421 码的特点是前 5 位最高位为 0，后 5 位最高位为 1，其余 3 位是 0 到 4 的二进制代码。在使用 5421 计数时，能产生对称方波。

2421 码是一种自补码，将 D 的代码各位取反，正是 9-D 的代码。

余 3 码、余 3 循环码都是无权码。余 3 码的码字比对应的 8421 码的码字大 3，这是其名称的由来，是把二进制数代码舍弃头尾 3 组编码得到的。余 3 码也是一种自补码。

余 3 循环码和余 3 码类似，是由格雷码舍弃头尾 3 组编码得到的，且保留了循环特性，因此得名。

除了采用 4 位 BCD 码外，也有些 BCD 码是 5 位的。5 位二进制代码有 32 种组合，舍弃的组合有 22 个，编码方案更多，如 5 位右移码、5 中取 2 码等。

2. ASC II 码

除了数字外，字符也用二进制编码表示。其中最常用的美国信息交换标准码（American Standard Code for Information Interchange），简称 ASC II 码。ASC II 是一组七位二进制代码，共 128 个，包括 95 个可打印字符、10 个数字、26 个大写和 26 个小写英文字母、33 个标点符号。ASS II 码在计算机和通信领域得到广泛应用，计算机键盘上输入的西文字符和符号。实际上计算机在接受的时候，都是解析为 ASC II 码。完整的 ASC II 表见表 1.8。

表 1.8 ASC II 表

$B_6B_5B_4$ / $B_3B_2B_1B_0$	000	001	010	011	100	101	110	111
0000	NUL	DLE	SP	0	@	P	`	p
0001	SOH	DC1	!	1	A	Q	a	q
0010	STX	DC2	"	2	B	R	b	r
0011	ETX	DC3	#	3	C	S	c	s
0100	EOT	DC4	$	4	D	T	d	t
0101	ENQ	NAK	%	5	E	U	e	u
0110	ACK	SYN	&	6	F	V	f	v
0111	BEL	ETB	’	7	G	W	g	w
1000	BS	CAN	(	8	H	X	h	x
1001	HT	EM	)	9	I	Y	i	y
1010	LF	SUB	*	:	J	Z	j	z
1011	VT	ESC	+	;	K	[	k	{
1100	FF	FS	,	<	L	\	l	|
1101	CR	GS	-	=	M	]	m	}
1110	SO	RS	.	>	N	^	n	~
1111	SI	US	/	?	O	_	o	DEL

3. 奇偶校验码（Parity Check Code）

奇偶校验码是在信息传输时最简单的检错码，其构成是在信息码组中增加 1 位奇偶校验位，特点是增加校验位后的整个码组具有奇数个 1——奇校验码或偶数个 1——偶校验码。例如“7”的 8421BCD 码“0111”，其奇校验码为 00111，校验位为 0，偶校验码为 10111，校验位为 1，奇偶校验码只能发现奇数个码元错误。

习题 1

1.1 什么是模拟信号？什么是数字信号？试举出实例。

1.2 数字逻辑电路具有哪些主要特点？

1.3 数字逻辑电路的组成结构是怎样的？各部分的主要功能是什么？

1.4 试述数字系统设计的主要主要步骤和内容。

1.5 EDA 的英文全称是什么？EDA 的中文含义是什么？

1.6 利用 EDA 技术进行电子系统的设计有什么特点？

1.7 常用的硬件描述语言有哪几种？这些硬件描述语言在逻辑描述方面有什么区别？

1.8 名词解释：逻辑综合、逻辑适配、行为仿真、功能仿真、时序仿真。

1.9 目前比较流行的、主流厂家的 EDA 的软件工具有哪些？这些开发软件的主要区别是什么？

1.10 把下列不同进制数写成按权展开形式。

（1）$(4517.239)_{10}$　（2）$(10110.0101)_2$　（3）$(325.744)_8$　（4）$(785.4AF)_{16}$

1.11 将下列二进制数转换成十进制数、八进制数和十六进制数。

（1）1110101　（2）0.110101　（3）10111.01

1.12 将下列十进制数转换成二进制数、八进制数和十六进制数（精确到小数点后 4 位）。

（1）29　（2）0.27　（3）33.33

1.13 写出下列各数的原码、反码和补码。

（1）0.1011　（2）−10110

1.14 已知 $X=(-92)_{10}$，$Y=(42)_{10}$，利用补码计算 X＋Y 和 X－Y 的数值。

1.15 将下列余 3 码转换成十进制数和 2421 码。

（1）011010000011　（2）01000101.1001

1.16 试用 8421 码和格雷码分别表示下列各数。

（1）$(111110)_2$　（2）$(1100110)_2$

第 2 章　逻辑代数和逻辑门

本章提要：本章以逻辑代数为基础，介绍了逻辑代数的基本概念、定律、规则、逻辑函数的表示、逻辑函数的化简及常见逻辑门。为后续学习组合逻辑电路和时序逻辑电路的分析和设计奠定坚实基础。

教学建议：本章重点逻辑代数公理、定理及其应用，常用逻辑门电路的结构特点，用逻辑代数处理简单的组合门电路。建议教学时数：7 学时。

学习要求：①掌握逻辑代数的基本定理、定律和运算方法，掌握对简单逻辑问题建立函数的基本方法；②掌握逻辑函数的几种描述方式，含表达式、表格、图形、硬件描述语言，掌握简化逻辑函数的基本方法；③掌握常用逻辑门的输入输出逻辑代数关系及其电路符号；④掌握逻辑门电路的外特性与主要参数。

关键词：逻辑代数（Logic Algebra）；逻辑变量（Logic Variable）；逻辑函数（Logic Function）；逻辑表达式（Logic Expression）；逻辑图（Logic Diagram）；逻辑代数的公理和定理数制（The Axioms and Theorems of Logic Algebra）；正逻辑（Positive Logic）；负罗辑（Negative Logic）；对偶定理（Duality Theorems）；反演定理（Complement Theorems）；真值表（Truth Table）；卡诺图（Karnaugh Maps）；最小项（Minterm）；最大项（Maxterm）；逻辑门（Logic Gates）；逻辑电平（Logic Level）；噪声容限（Noise Margin）；三极管-三极管逻辑（Transistor-Transistor Logic，TTL）；金属氧化半导体门（Metal Oxide Silicon Gates，MOS 门）；P 型金属氧化半导体管（P-type MOS Transistor ，PMOS 管）；N 型金属氧化半导体管（N-type MOS Transistor，NMOS 管）；互补金属氧化半导体（Complementary MOS，CMOS）

2.1　逻辑代数

2.1.1　逻辑代数的基本概念

逻辑是指事物间存在的因果关系，当然这里指的是形式逻辑。逻辑判断与逻辑推理等概念，大家在高中时就接触过。人们很早就用数学方法研究逻辑或形式逻辑，这叫做数理逻辑。计算机诞生以后，由于计算机具有数学运算和逻辑运算的能力，二值逻辑引起人们的重视，本节要学习的逻辑代数，就是二值逻辑运算的数学基础。逻辑代数，是英国数学家乔治·布尔（George Boole）于 1849 年提出来的，因此也叫布尔逻辑，它研究的是逻辑变量和逻辑运算的基本关系，最早用于开关和继电器网络的分析和化简，现在已经成为分析和设计逻辑电路不可缺少的数学工具。

一个代数体系中最基本的问题就是变量和运算。逻辑代数中的变量称为逻辑变量。逻辑变量用字符或字符串表示。逻辑变量只有两种可能的取值：0 和 1。这两个取值称为逻辑值，代表逻辑变量的两种不同状态（假或真），本身既无数值含义也无大小关系，且无论自变量还是因变量，都只能取 0 和 1 两种值。

数字电路是实现逻辑代数的物理基础，有时候也称为数字逻辑电路、逻辑电路或开关电路。数字电路中是用电平的高低来表示 1 和 0 两种值的。正逻辑中 0 为低电平、1 为高电平，负逻辑中 0 为高电平、1 为低电平。如无特殊说明，一律使用正逻辑。

2.1.2　逻辑代数的基本运算与逻辑门

逻辑运算是一种函数关系，可以用由逻辑变量和逻辑运算符构成的逻辑关系表达式来描述，当然，也可以用语言来描述，数字逻辑中常用硬件描述语言，如 VHDL 描述，还可以用表格或图形来描述。输入逻辑变量的所有取值的组合与其对应的输出逻辑函数值构成的表格，称为真值表。用规定的逻辑符号表示的图形称为逻辑图。

逻辑代数定义了三种基本的逻辑运算：与逻辑、或逻辑、非逻辑，见表 2.1。

表 2.1　三种基本的逻辑运算

名称	代数式	真值表	逻辑门符号	VHDL 描述
与运算	$L=A\cdot B=AB$	A B | L 0 0 | 0 0 1 | 0 1 0 | 0 1 1 | 1	A, B → [&] → L	L<=A AND B
或运算	$L=A+B$	A B | L 0 0 | 0 0 1 | 1 1 0 | 1 1 1 | 1	A, B → [≥1] → L	L<=A OR B
非运算	$L=\overline{A}$	A | $\overline{A}$ 0 | 1 1 | 0	A → [1]o → $\overline{A}$	$\overline{A}$ <=NOT A

需要注意的是，逻辑符号有多个版本，表 2.1 中给出的是中国国家标准 GB/T4728.12-1996 采用的矩形符号，与国际电工委员会（International Electrotechnical Commission，IEC）的 IEC617-12 标准一致，而在美国电气和电子工程师协会（Institute of Electrical and Electronics Engineers，IEEE）标准中，则有矩形符号和特异型符号两种。几种常用运算符号如图 2.1 所示。

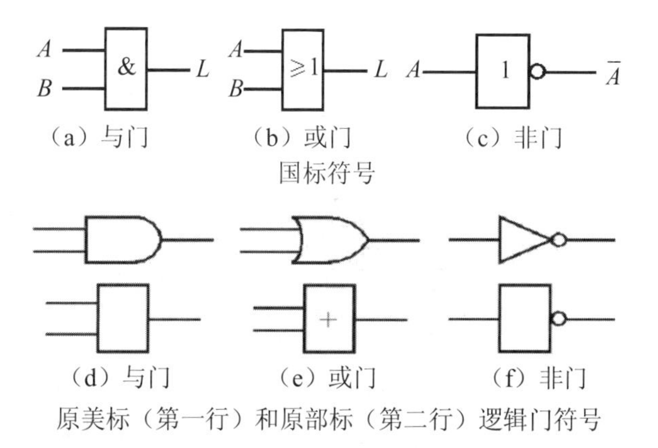

（a）与门　（b）或门　（c）非门

国标符号

（d）与门　（e）或门　（f）非门

原美标（第一行）和原部标（第二行）逻辑门符号

图 2.1　几种常用的基本逻辑运算符

运算符还有优先级别，三种基本的逻辑运算次序由高到低依次为与运算、或运算、非运算。

用开关电路就可实现基本逻辑运算，如图 2.2 所示。

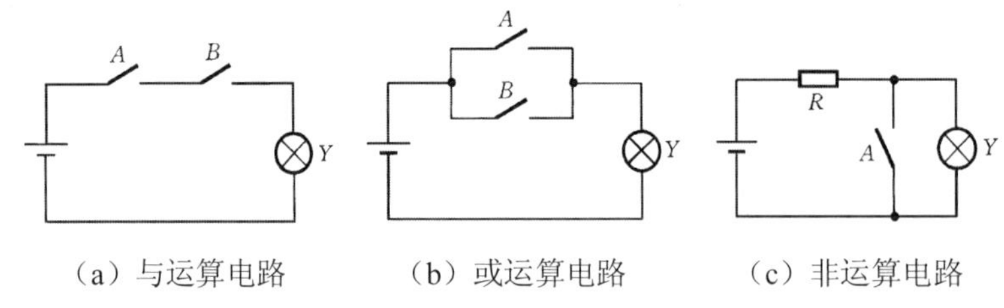

（a）与运算电路　（b）或运算电路　（c）非运算电路

图 2.2　用开关电路实现基本逻辑运算

其中（a）（b）（c）分别实现与运算、或运算和非运算。以 A=1 表示开关 A 合上，A=0 表示开关 A 断开；以 Y=1 表示灯亮，Y=0 表示灯不亮。

从逻辑表达式可知，逻辑变量通过逻辑运算构成逻辑函数。如 $L=A\cdot B$ 中，A、B 为自变量，L 为函数。

2.1.3　复合逻辑运算常用逻辑门

虽然与、或、非三种基本运算构成了代数运算的完备集，但实际应用中，常常利用与门、或门、非门构成复合门电路，实现一些复杂的逻辑运算。常用的复合逻辑运算有与非运算、或非运算、与或运算、异或运算和同或运算等，见表 2.2。

表 2.2　常用复合逻辑运算

运算名称	逻辑表达式	真值表	逻辑门符号	运算特征
与非	$F=\overline{A\cdot B}$	A B	F 0 0	1 0 1	1 1 0	1 1 1	0	A, B — & — F A, B — F A, B — F	输入全为 1 时，输出 F=0
或非	$F=\overline{A+B}$	A B	F 0 0	1 0 1	0 1 0	0 1 1	0	A, B — ≥1 — F A, B — F A, B — + — F	输入全为 0 时，输出 F=1
与或非	$F=\overline{AB+CD}$	AB CD	F 0 0	1 0 1	0 1 0	0 1 1	0	A, B, C, D — & ≥1 — F A, B, C, D — + — F	与项全为 0 时，输出 F=1

续表

运算名称	逻辑表达式	真值表	逻辑门符号	运算特征
异或	$F = A \oplus B$ $= \overline{A}B + A\overline{B}$	A B F 0 0 0 0 1 1 1 0 1 1 1 0	=1 ⊕	输入奇数个 1 时，输出 F=1
同或（异或非）	$F = A \odot B$ $= \overline{A \oplus B}$ $= AB + \overline{A}\overline{B}$	A B F 0 0 1 0 1 0 1 0 0 1 1 1	=1 ⊙	输入偶数个 0 时，输出 F=1

“逻辑门符号”栏中三种运算符号分别是现在的国标、原来的美国标准和原来的部标符号。

从表中可以看出，除了非运算是单变量运算符，其余运算符都是多变量运算符。

与运算与非运算复合而成的逻辑运算称为与非逻辑运算，相当于与运算后面再进行一次非运算，实现与非运算的逻辑电路称为与非门。

或运算与非运算复合而成的逻辑运算称为或非逻辑运算，相当于或运算后再进行一次非运算，实现或非运算的逻辑电路称为或非门。

与运算、或运算和非运算复合而成的逻辑运算称为与或非逻辑运算，相当于与运算后再进行或运算和非运算，实现与或非运算的逻辑电路称为与或非门。

异或运算是指当两个输入逻辑变量值相同时输出为 0，不同时输出为 1，实现异或运算的逻辑电路称为异或门。

同或运算是指当两个输入逻辑变量值相同时输出为 1，不同时输出为 0，实现同或运算的逻辑电路称为同或门。

2.1.4　逻辑代数的基本定律与运算规则

1. 逻辑代数的基本定律

逻辑代数根据三种基本的“与”“或”和“非”运算可以推导出逻辑代数的基本定律和运算规则。这些定律可以通过真值表或公式推导来进行证明。常用基本定律见表 2.3。

表 2.3　逻辑代数的基本定律

名称	公式 1	公式 2
交换律	$A+B=B+A$	$AB=BA$
结合律	$A+(B+C)=(A+B)+C$	$A(BC)=(AB)C$

续表

名称	公式 1	公式 2
分配律	$A+BC=(A+B)(A+C)$	$A(B+C)=AB+AC$
互补律	$A+\overline{A}=1$	$A\cdot\overline{A}=0$
0-1 律	$A+0=A$	$A\cdot 1=A$
	$A+1=1$	$A\cdot 0=0$
对合律	$\overline{\overline{A}}=A$	$\overline{\overline{A}}=A$
重叠律	$A+A=A$	$A\cdot A=A$
吸收律	$A+AB=A$	$A(A+B)=A$
	$A+\overline{A}B=A+B$	$A(\overline{A}+B)=AB$
	$AB+A\overline{B}=A$	$(A+B)(A+\overline{B})=A$
	$AB+\overline{A}C+BC=AB+\overline{A}C$	$(A+B)(\overline{A}+C)(B+C)=(A+B)(\overline{A}+C)$
反演律	$\overline{A+B}=\overline{A}\,\overline{B}$	$\overline{AB}=\overline{A}+\overline{B}$

例 2.1 用真值表证明摩根定律：$\overline{AB}=\overline{A}+\overline{B}$。

证明：列出真值表，见表 2.4。

表 2.4 真值表

A B	$\overline{AB}$	$\overline{A}+\overline{B}$
0 0	1	1
0 1	1	1
1 0	1	1
1 1	0	0

由表 2.4 可知，等式的左边和右边在变量 A、B 的不同取值下结果完全相同，可以证明摩根定律成立。

2. 运算规则

逻辑代数的运算规则较多，其中代入规则、对偶规则、反演规则最重要，展开规则较重要。它们在逻辑运算中十分有用，可以将原有的定律和公式加以扩展。

（1）代入规则。

对于任何一个逻辑等式，以某个逻辑变量或逻辑函数同时取代等式两端的任何一个逻辑变量 A 后，等式依然成立。代入规则可以用来扩展公式。

例如，在等式 $\overline{AB}=\overline{A}+\overline{B}$ 中，若用 $F=BC$ 来代替等式中的 B，根据摩根定律：

左边= $\overline{AF}=\overline{A(BC)}=\overline{A}+\overline{BC}=\overline{A}+\overline{B}+\overline{C}$

右边= $\overline{A}+\overline{F}=\overline{A}+\overline{BC}=\overline{A}+\overline{B}+\overline{C}$

显然，等式仍然成立。

（2）对偶规则。

对偶式：将函数 F 中的“·”换成“+”互变，常量 0、1 互变，所得式子 F' 称为 F 的对偶式。F 的对偶式有时也用 Fd 表示。

对偶规则：如果两个函数 F=G，则有 $F' = G'$ 。对偶规则可以用来减少公式记忆量。

例如，已知函数 $F = A + BC$ ，求出函数 F 的对偶式为 $F' = A \cdot (B + C)$ 。

（3）反演规则。

反演规则是指对于一个逻辑函数 F，如果将函数中所有“·”换成“+”、“+”换成“·”，0 换成 1、1 换成 0，原变量换成反变量、反变量换成原变量，则所得到的逻辑函数表达式就是逻辑函数 F 的反函数，写作“$\overline{F}$”。反演规则可以用来快速求得 $\overline{F}$ 的表达式。

注意：运算的先后顺序为，先括号内，然后按先“与”再“或”的顺序变换，而且两个及两个以上变量的“非”号应保持不变。

例如，若已知函数 $F = \overline{A + B} \cdot \overline{B + \overline{C}}$，求出其反函数为 $\overline{F} = \overline{\overline{A}\,\overline{B}} + \overline{\overline{B}C}$ 。

（4）展开规则。

对于任一个逻辑函数 $F = f(A_1, A_2, \cdots, A_n)$ ，可以将其任意一个变量（如 A_1 ）分离出来，并展开如下：

$$
\begin{aligned}
F &= f(A_1, A_2, \cdots, A_n) \\
&= \overline{A_1} f(0, A_2, \cdots, A_n) + A_1 f(1, A_2, \cdots, A_n) \\
&= [A_1 + f(0, A_2, \cdots, A_n)][\overline{A_1} + f(1, A_2, \cdots, A_n)]
\end{aligned}
$$

例 2.2　化简逻辑函数 $F = A[AB + \overline{A}C + (A + D)(\overline{A} + E)]$ 。

解：根据展开规则有

$$
\begin{aligned}
F &= \overline{A}\{0[0B + 1C + (0 + D)(1 + E)]\} + A\{1[1B + 0C + (1 + D)(0 + E)]\} \\
&= 0 + A(B + E) \\
&= A(B + E)
\end{aligned}
$$

2.2　逻辑函数的描述方式

2.2.1　逻辑函数及其特点

逻辑函数就是把函数关系表述为变量的与、或、非等运算的形式。

逻辑函数的定义与数学中函数定义相似，但又具有其自身的特点：

（1）逻辑变量和逻辑函数的取值只有 1 和 0 两种。

（2）逻辑函数与逻辑变量之间的关系由与、或、非三种基本运算决定。

设某一逻辑电路的输入变量为 A、B、C……，输出变量为 F，当变量的取值确定下来后，函数值也被唯一确定下来，则称 F 是 A、B、C……的逻辑函数，记为

$$F = f(A, B, C \cdots\cdots)$$

2.2.2　逻辑函数相等

如果两个逻辑函数的逻辑变量相同，且任意一组变量取值、函数值都相等，那么这两个逻辑函数就相等。

2.2.3 逻辑函数的表示方法

逻辑函数的表示方法有很多，逻辑函数两种基本的描述方法是表达式和逻辑真值表，除此之外，把逻辑代数应用于数字电路时，还有逻辑电路图表示法、波形图表示法以及为了实现电路化简而使用的卡诺图表示法、EDA 中的描述方式如 HDL、EDIF、DTIF 等，同时这些表示方法之间还可以相互转换。

1. 逻辑表达式

逻辑表达式就是用逻辑运算来表示逻辑变量之间关系的式子，也称为逻辑函数表达式。例如 $F(A,B)=\overline{A}B$ 为两变量逻辑函数，$F(A,B,C,D)=\overline{AB+CD}$ 为四变量逻辑函数等。

2. 逻辑真值表

用来描述逻辑函数各输入变量和输出变量之间逻辑关系的表格，称为逻辑真值表。是用逻辑代数描述实际设计问题的基本方法。已知逻辑表达式求解真值表基本过程如下：

（1）根据输入变量的个数（n）来确定输入取值组合（2^n）。

（2）将输入的取值代入逻辑函数，求出对应的输出值。

（3）填写真值表。

3. 逻辑图

逻辑图是指用逻辑符号连接所构成的反映逻辑变量关系的图形。例如，逻辑函数 $F=AB+C$ 的逻辑电路图如图 2.3 所示。

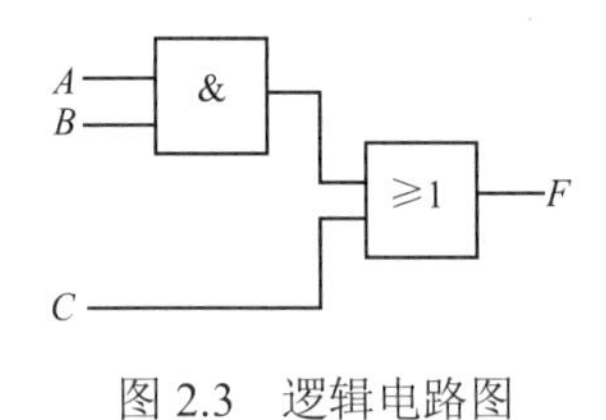

图 2.3 逻辑电路图

4. 波形图

波形图是指输出变量波形随输入变量波形变化而变化的图形。例如，$F=AB+C$ 的波形如图 2.4 所示。

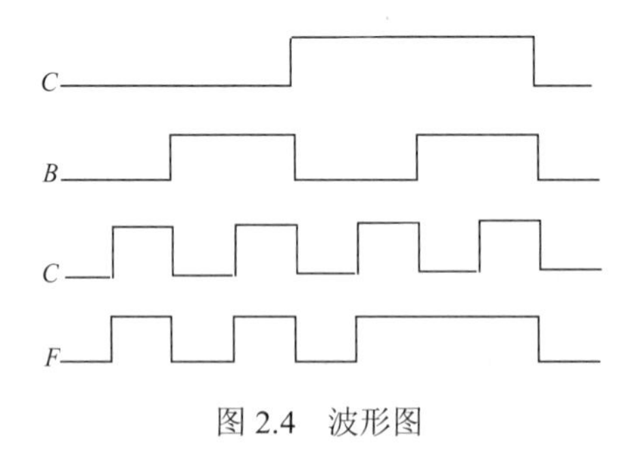

图 2.4 波形图

5. 卡诺图

美国工程师卡诺（Karnaugh）率先提出把输入变量的各种取值组合所对应的输出函数值填入特殊的方格图中，即得到该逻辑函数的卡诺图，卡诺图可以很方便地对逻辑函数进行化简。

2.2.4 各种表现形式的相互转换

1. 真值表与逻辑表达式间转换

根据逻辑表达式写真值表的方法在讲真值表时已经讲过，而根据真值表求逻辑表达式的方法可以概括如下：

（1）找出真值表中使 Y=1 的输入变量取值组合。

（2）每组输入变量取值对应一个乘积项，其中取值为 1 的写原变量，取值为 0 的写反变量。

（3）将这些变量相加即得 Y。

例 2.3 已知奇偶判别函数的真值表见表 2.5，求其逻辑表达式。

表 2.5 奇偶判别函数的真值表

A	B	C	Y
0	0	0	0
0	0	1	0
0	1	0	0
0	1	1	1
1	0	0	0
1	0	1	1
1	1	0	1
1	1	1	0

解：

（1）找出真值表中使 Y=1 的输入变量取值组合，每组输入变量取值对应一个乘积项，其中取值为 1 的写原变量，取值为 0 的写反变量，得到：

$A=0,B=1,C=1$ 使 $A'BC=1$

$A=1,B=0,C=1$ 使 $AB'C=1$

$A=1,B=1,C=0$ 使 $ABC'=1$

这三种取值的任何一种都使 Y=1。

（2）将这些变量相加即得 Y，所以

$Y=A'BC+AB'C+ABC'$，这里 A' 表示 A 的反变量，其余表述类似。

2. 逻辑表达式与逻辑图间的转换

逻辑表达式转逻辑图的方法：

（1）用图形符号代替逻辑式中的逻辑运算符。

（2）把各逻辑门连线，标上输入输出信号。

逻辑图转逻辑表达式，只要从输入到输出逐级写出每个图形符号对应的逻辑运算式，最后的输出就是该图的逻辑表达式。

例 2.4 已知 $Y = A \cdot (B + C)$ 为逻辑表达式，画出其逻辑图。

解：用与门和或门代替表达式中的逻辑运算符，再把其输入输出连接起来就可得电路图，如图 2.5 所示。

3. 真值表与逻辑图间转换

通常不能从给定的真值表直接转换成逻辑图，要先根据真值表写出逻辑表达式，然后用公式法或卡诺图法进行化简，根据简化的逻辑表达式画出逻辑图。从逻辑图到真值表的转换，就是把前面的过程倒过来。

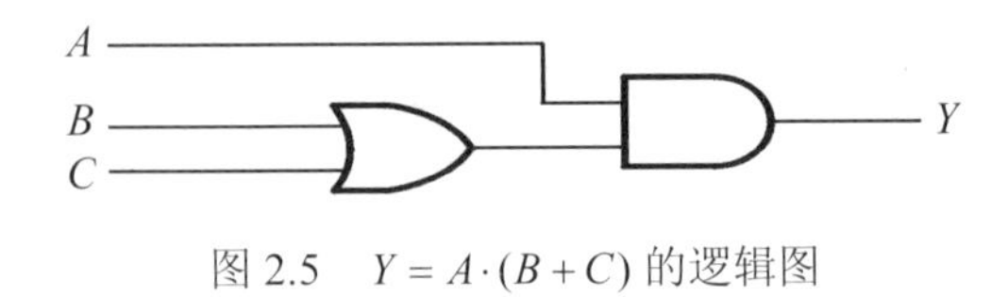

图 2.5　$Y = A \cdot (B + C)$ 的逻辑图

2.2.5　逻辑函数的两种标准形式

1．逻辑函数的基本形式

任意一个逻辑函数对应一个唯一的真值表，但其逻辑表达式却不是唯一的。对于同一个逻辑函数表达式有很多种形式，如：与或式、与非式、或与式、或非式、与或非式等，其中与或表达式和或与表达式是两种最基本形式。

$Z=A(B+C)$，这样的形式，称之“或与式”“和之积式”，其特点是一个逻辑函数表达式包含若干个“与项”，每个“与项”中可有一个或多个以原变量或反变量形式出现的字母。所有这些“与项”的“或”就构成了该逻辑函数的与或表达式。

将上式展开后得到 $Z=AB+AC$，这样的形式，称之“与或式”“积之和式”，其特点是一个逻辑函数表达式包含若干个“或项”，每个“或项”中可有一个或多个以原变量或反变量形式出现的字母。所有这些“或项”的“与”就构成了该逻辑函数的或与表达式。

除了这两种最基本形式，当然也有其他形式，如以下表达式：

$$F(A,B,C,D) = (\overline{A}B + C\overline{D})(ACD + \overline{B}C)$$

2．逻辑函数的标准积之和式

（1）标准积项。

标准积项是全部输入变量均以原变量或反变量的形式出现 1 次且仅出现 1 次的乘积项（与项），也称最小项，并以 m_i 简记。n 变量函数最多可以有 2^n 个最小项。比如 3 变量函数有 8 个最小项，见表 2.6。

表 2.6　三变量函数的最小项

最小项	变量取值 $A\ B\ C$	编号
$\overline{A}\overline{B}\overline{C}$	0 0 0	m_0
$\overline{A}\overline{B}C$	0 0 1	m_1
$\overline{A}B\overline{C}$	0 1 0	m_2
$\overline{A}BC$	0 1 1	m_3
$A\overline{B}\overline{C}$	1 0 0	m_4
$A\overline{B}C$	1 0 1	m_5
$AB\overline{C}$	1 1 0	m_6
ABC	1 1 1	m_7

最小项的性质：

1）每个最小项都与一组变量取值相对应，该组变量取值使且仅使该最小项取值为1。

2）任意两个不同的最小项的乘积恒为0。

3）全部最小项之和恒为1。

4）当变量组合顺序确定后，按照最小项中的原变量记为1，反变量记为0就可得到一个二进制数，这个二进制数所对应的十进制数就为i的值。

5）对于n变量的逻辑函数，两个相邻的最小项之和可以化简得到n-1个变量的乘积项，即消去一个变量。相邻最小项指两个最小项之间只有一个变量互反，其余相同。

6）任一个n变量的最小项，都有n个相邻的最小项。

（2）标准积之和式。

全部由标准积项逻辑加而构成的与或型逻辑表达式。也叫最小项表达式。

最小项表达式除了写成乘积项外，还有两种简写形式如下：

$$
\begin{aligned}
L(A,B,C) &= \overline{A}\overline{B}\overline{C} + A\overline{B}C + ABC \\
&= m_0 + m_5 + m_7 \\
&= \sum m(0,5,7)
\end{aligned}
$$

（3）最小项表达式与真值表的关系。

最小项表达式之所以称为函数的标准表达式，是因为每个函数的最小项表达式是唯一的，和真值表有一一对应关系，并且可以方便在两者之间转换。

从真值表写最小项表达式方法：

1）找出F=1的行。

2）对每个F=1的行，取值为1的变量用原变量表示，取值为0的变量用反变量表示，然后取其乘积，得到最小项。

3）将各个最小项进行逻辑加，得到标准积之和式。

例2.5 求逻辑函数 $F(A,B,C) = A\overline{B} + B\overline{C}$ 的最小项表达式。

解 列出函数 Y 的真值表，如表2.7所示。

表2.7 逻辑函数 $F(A,B,C) = A\overline{B} + B\overline{C}$ 的真值表

输入			输出
A	B	C	Y
0	0	0	0
0	0	1	0
0	1	0	1
0	1	1	0
1	0	0	1
1	0	1	1
1	1	0	1
1	1	1	0

由表可知，逻辑函数 $F(A,B,C)=A\overline{B}+B\overline{C}$ 函数值为 1 的有 3、5、6、7 行，所对应的最小项是 m_2、m_4、m_5、m_6，则逻辑函数的标准与或表达式如下：

$$F(A,B,C)=A\overline{B}+B\overline{C}=\sum m(2,4,5,6)$$

3. 逻辑函数的标准和之积式

（1）标准和项。

全部输入变量均以原变量或反变量的形式出现 1 次且仅出现 1 次的和项（或项）。也称最大项，并以 M_i 简记。

n 变量函数最多可以有 2^n 个最大项。当变量组合顺序确定后，按照最大项中的原变量记为 0，反变量记为 1 就可得到一个二进制数，这个二进制数所对应的十进制数就为 i 的值。3 个输入变量的最大项编号见表 2.8。

表 2.8 三变量的最大项及编号

最小项	变量取值 A B C	编号
$A+B+C$	0 0 0	M_0
$A+B+\overline{C}$	0 0 1	M_1
$A+\overline{B}+C$	0 1 0	M_2
$A+\overline{B}+\overline{C}$	0 1 1	M_3
$\overline{A}+B+C$	1 0 0	M_4
$\overline{A}+B+\overline{C}$	1 0 1	M_5
$\overline{A}+\overline{B}+C$	1 1 0	M_6
$\overline{A}+\overline{B}+\overline{C}$	1 1 1	M_7

最大项主要性质如下：

1）在输入变量的任何取值下，必有一个，且仅有一个最大项的值为 0。

如三变量 ABC=101，则

$$AB+A\overline{B}=A$$

2）任意两个不相同的最大项之和为 1。

$$M_i+M_j=1(i\neq j)$$

3）全体最大项之积为 0，例：

$$F(A,B)=(A+B)(A+\overline{B})(\overline{A}+B)(\overline{A}+\overline{B})$$
$$=(A+A\overline{B}+AB)(\overline{A}+\overline{A}\cdot\overline{B}+\overline{A}B)=A\cdot\overline{A}=0$$

4）只有一个变量不同的两个最大项的乘积等于各相同变量之和，即消去一个变量。

例：$(A+B+C)(A+B+\overline{C})=A+AB+A\overline{C}+AB+B+B\overline{C}+AC+BC=A+B$

5）$M_i=\overline{m_i}$

例：$m_0=\overline{A}\cdot\overline{B}\cdot\overline{C}$，$M_0=\overline{m_0}=\overline{\overline{A}\cdot\overline{B}\cdot\overline{C}}=A+B+C$

（2）标准和之积式。

标准和之积式是全部由“标准和”项逻辑与而构成的或与型逻辑表达式，也叫最大项表达式。

最大项表达式除了写成“标准和”项外，也有两种简写形式如下：

$$
\begin{aligned}
Z(A,B,C) &= (A+B+\overline{C})(\overline{A}+\overline{B}+C)(\overline{A}+\overline{B}+\overline{C}) \\
&= M_1 M_6 M_7 \\
&= \prod M(1,6,7)
\end{aligned}
$$

（3）最大项表达式与真值表的关系。

与最小项表达式一样，最大项表达式和真值表也一一对应。

最大项表达式中的每个最大项都对应于真值表中的一行，该行的自变量取值等于该最大项的下标，该行的函数值为0。

从真值表写最大项表达式方法：

1）找出F=0的行。

2）对每个F=0的行，取值为0的变量用原变量表示，取值为1的变量用反变量表示，然后取其和，得到最大项。

3）将各个最大项进行逻辑乘，得到标准和之积式。

例2.6　求逻辑函数$F(A,B,C)=\overline{A}C+A\overline{B}\overline{C}$的标准或与表达式。

解：列出函数F的真值表，见表2.18。

表2.9　逻辑函数$F(A,B,C)=\overline{A}C+A\overline{B}\overline{C}$的真值表

输入			输出
A	B	C	Y
0	0	0	0
0	0	1	1
0	1	0	0
0	1	1	1
1	0	0	1
1	0	1	0
1	1	0	0
1	1	1	0

由表可知，逻辑函数$F(A,B,C)=\overline{A}C+A\overline{B}\overline{C}$函数值为0的行有1、3、6、7、8行，所对应的最大项是M_0、M_2、M_5、M_6、M_7，则逻辑函数的标准或与表达式如下：

$$F(A,B,C)=\overline{A}C+A\overline{B}\overline{C}=\Pi M(0,2,5,6,7)$$

4．最小项表达式与最大项表达式的关系

同一函数的两种不同表示形式，序号间存在一种互补关系，即最小项表达式中未出现的最小项的下标必然出现在最大项表达式中，反之亦然。相同自变量、相同序号构成的最小项表达式和最大项表达式互为反函数。

5. 逻辑函数一般表达式转换成标准形式方法

逻辑函数一般表达式转换成标准形式有两种方法：代数转换法和真值表转换法。真值表转换法是先根据表达式写出真值表，再利用真值表和标准式之间的一一对应关系完成转换，方法在前面都已清楚了。

代数转换法是先将函数表达式化成一般与或式或者或与式，再反复利用公式$1=A+\overline{A}$或$A=A+B\overline{B}=(A+B)(A+\overline{B})$，将表达式转换成标准形式。

$$F(A,B,C)=AB+\overline{A}\overline{B}\overline{C}=AB(C+\overline{C})+\overline{A}\overline{B}\overline{C}=AB\overline{C}+ABC+\overline{A}\overline{B}\overline{C}=\Sigma m(0,6,7)$$

$$\begin{aligned}F(A,B,C)&=\overline{AB+\overline{A}C}+\overline{B}C\\&=(\overline{A}+B)(A+\overline{C})+\overline{B}C\\&=[(\overline{A}+\overline{B})(A+\overline{C})+\overline{B}][(\overline{A}+\overline{B})(A+\overline{C})+C]\\&=(\overline{A}+\overline{B}+\overline{B})(A+\overline{C}+\overline{B})(\overline{A}+\overline{B}+C)(A+\overline{C}+C)\\&=(\overline{A}+\overline{B})(A+\overline{B}+\overline{C})(\overline{A}+\overline{B}+C)\\&=(\overline{A}+\overline{B}+C\overline{C})(A+\overline{B}+\overline{C})(\overline{A}+\overline{B}+C)\\&=(\overline{A}+\overline{B}+C)(\overline{A}+\overline{B}+\overline{C})(A+\overline{B}+\overline{C})(\overline{A}+\overline{B}+C)\\&=(A+\overline{B}+\overline{C})(\overline{A}+\overline{B}+C)(\overline{A}+\overline{B}+\overline{C})\\&=M_3+M_6+M_7\\&=\Pi M(3,6,7)\end{aligned}$$

其实，有了标准与或表达式，就可以方便地转换为标准或与表达式。可以利用“若干最小项之和等于全部最小项中其余最小项之和的非”这一性质来求标准或与表达式。例如上例的标准与或表达式：

$$F=\Sigma(m_0,m_6,m_7)$$

可以转换为标准或与表达式：

$$\begin{aligned}F&=\Sigma(m_0,m_6,m_7)=m_0+m_6+m_7=\overline{m_1+m_2+m_3+m_4+m_5}\\&=\overline{m_1}\cdot\overline{m_2}\cdot\overline{m_3}\cdot\overline{m_4}\cdot\overline{m_5}\\&=M_1M_2M_3M_4M_5=\Pi M(1,2,3,4,5)\\&=(A+B+\overline{C})(A+\overline{B}+C)(A+\overline{B}+\overline{C})(\overline{A}+B+C)(\overline{A}+B+\overline{C})\end{aligned}$$

2.3 逻辑函数的化简

2.3.1 逻辑函数化简的基本思想

同一逻辑功能可以用不同的逻辑函数表达式来描述，而逻辑函数表达式与逻辑电路一一对应，当函数表达式越简单时相应的逻辑电路也越简单。逻辑电路简单不仅可节省电路中的元器件，降低成本，还能提高工作电路的可靠性。因此用逻辑电路实现逻辑函数时有必要对逻辑函数表达式进行化简。

逻辑函数最简的标准：以与或型逻辑函数为例：①与项最少；②每个与项中的变量数最少。

逻辑函数常用的化简方法有代数化简法、卡诺图化简法和计算机辅助法。

2.3.2 代数化简法（公式化简法）

代数化简法是利用逻辑代数的公理、定律和规则对逻辑函数表达式进行化简，常用方法如下。

（1）并项法：利用公式 $A+\overline{A}=1$，将两项合并为一项，并消去一个变量。例如：

$$Y=\overline{A}\overline{B}C+\overline{A}\overline{B}\overline{C}=\overline{A}\overline{B}(C+\overline{C})=\overline{A}\overline{B}$$

（2）消元法：利用公式 $A+\overline{A}B=A+B$，消去多余因子。例如：

$$Y=AB+\overline{A}C+\overline{B}C=AB+C(\overline{A}+\overline{B})=AB+\overline{AB}C=AB+C$$

（3）消项法：利用公式 $A+AB=A$，吸收多余项。例如：

$$Y=\overline{A}B+\overline{A}BC(D+E)=\overline{A}B$$

（4）配项法：利用公式 $A+\overline{A}=1$，增加必要的因子，然后再同其他项的因子进行化简。例如：

$$\begin{aligned}Y&=AB+\overline{A}\overline{C}+B\overline{C}\\&=AB+\overline{A}\overline{C}+(A+\overline{A})B\overline{C}\\&=AB+\overline{A}\overline{C}+AB\overline{C}+\overline{A}B\overline{C}\\&=AB(1+\overline{C})+\overline{A}\overline{C}(1+B)\\&=AB+\overline{A}\overline{C}\end{aligned}$$

化简时其他常用公式：

$\overline{AB}=\overline{A}+\overline{B}$

$\overline{A+B}=\overline{A}\cdot\overline{B}$

$1+A=1$

$A+A=A$

$A\cdot A=A$

$A\cdot\overline{A}=0$

$0\cdot A=0$

化简时没有特定的模式，而是综合运用以上公式和方法进行化简，方法不同，结果不同，只要能得到最简结果就是对的。

例 2.7 化简逻辑函数 $F=(A+B)(A+\overline{B})(B+C)(A+C+D)$。

解：逻辑函数 F 的对偶函数为

$F'=AB+A\overline{B}+BC+ACD=A+BC+ACD=A+BC$

再对 F' 求对偶可得 $F=A(B+C)$

2.3.3 卡诺图化简法

1. 卡诺图的结构

卡诺图是由 2^n 个小方格构成的正方形或长方形图形，其中 n 表示变量的个数。把所有最小项按一定顺序排列起来，每一个小方格对应一个最小项。两变量的卡诺图如图 2.6（a）所示。图中第一行表示 $\overline{A}$，第二行表示 A；第一列表示 $\overline{B}$，第二列表示 B。这样四个小方格就由四个最小项分别对号占有，行和列的符号相交就以最小项的与逻辑形式记入该方格中。

有时为了更简便，我们用 1 表示原变量，用 0 表示反变量，这样就可以将图 2.6（a）改画成图（b）或（c）的形式，图（b）（c）四个小方格中右下角的数字 0、1、2、3 就代表最小项的编号。

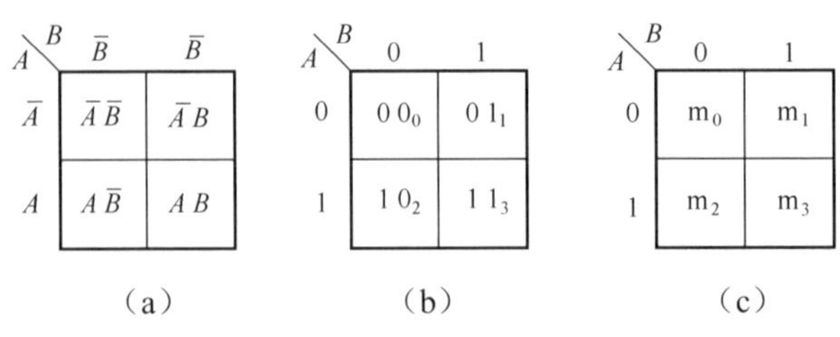

图 2.6　两变量卡诺图

三变量的卡诺图如图 2.7 所示，方格编号即最小项编号。最小项的排列要求每对几何相邻方格之间仅有一个变量变化成它的反变量，或仅有一个反变量变化成它的原变量，这样的相邻又称为逻辑相邻。逻辑相邻的小方格相比较时，仅有一个变量互为反变量，其他变量都相同。逻辑相邻的最小项排列起来就形成循环码。

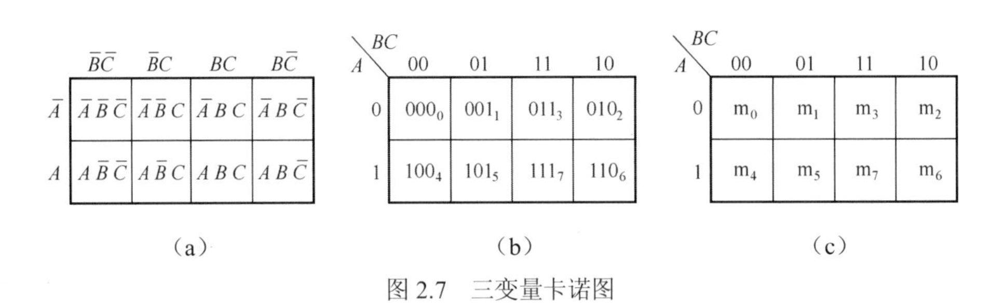

图 2.7　三变量卡诺图

四变量的最小项图如图 2.8 所示，几何相邻小方格都满足逻辑相邻条件，例如图 2.8 中，不但 m_0 与 m_4，而且 m_0 与 m_1 之间、m_0 与 m_2 之间也都满足逻辑相邻关系，同一列的第一行和最后一行，同一行的第一列和最后一列之间也满足逻辑相邻，好象卡诺图首尾相连卷成了圆筒。这种由满足逻辑相邻条件的最小项小格排列的图称为卡诺图（Karnaugh Map）。

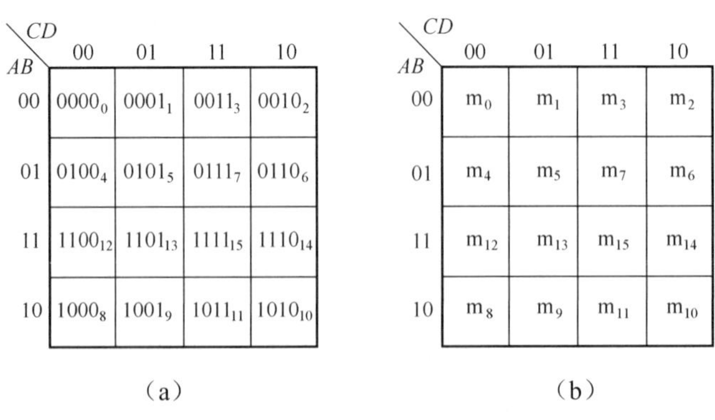

图 2.8　四变量最小项图

掌握卡诺图的构成特点，就可以从印在表格旁边的 AB、CD 的 0、1 值直接写出最小项的文字符号内容。例如图 2.8 中，第四行第二列的小方格，表格第四行的 AB 标为 10，应记为 $A\overline{B}$，第二列的 CD 标为 01，应记为 $\overline{C}D$，所以该小格为 $A\overline{B}\overline{C}D$。

五变量的最小项图如图 2.9 所示。它是由四变量最小项图构成的，将左边的一个四变量卡诺图按轴翻转 180° 而成。左边的一个四变量最小项图对应变量 E=0，轴左侧的一个对应 E=1。这样一来除了几何位置相邻的小方格满足邻接条件外，以轴对称的小方格也满足邻接条件，这一点需要注意。图中最小项编号按变量高低位的顺序为 $EABCD$ 排列时，所对应的二进制码确定。

	$\overline{E}$				轴 E			
AB \ CD	00	01	11	10	10	11	01	00
00	0	1	3	2	18	19	17	16
01	4	5	7	6	22	23	21	20
11	12	13	15	14	30	31	29	28
10	8	9	11	10	26	27	25	24

图 2.9 五变量最小项图

2. 卡诺图化简逻辑函数的原理

注意表达式 $AB+AB=A$ 和 $(A+B)(A+B)=A$。这样任意两个只有 1 个变量取值不同的最小项或最大项结合，都可以消去取值不同的那个变量而合并为 1 项。所以，在卡诺图中只要将相邻最小项组合，就可能消去一些变量，使逻辑函数得到化简。卡诺图相邻有 3 种形式：

（1）几何相邻：是指几何位置相邻，如 m_0 和 m_1，m_4 相邻，如图 2.10 所示。

（2）相对相邻：是指同一行的两端或同一列的两端，如 m_0 和 m_2、m_0 和 m_8 等，如图 2.11 所示。

（3）重叠相邻：对于 5 个及以上变量的卡诺图，除了上面两种相邻外，还有重叠相邻，在这里不作详细描述。

F AB \ CD	00	01	11	10
00	m_0	m_1		
01	m_4			
11				
10				

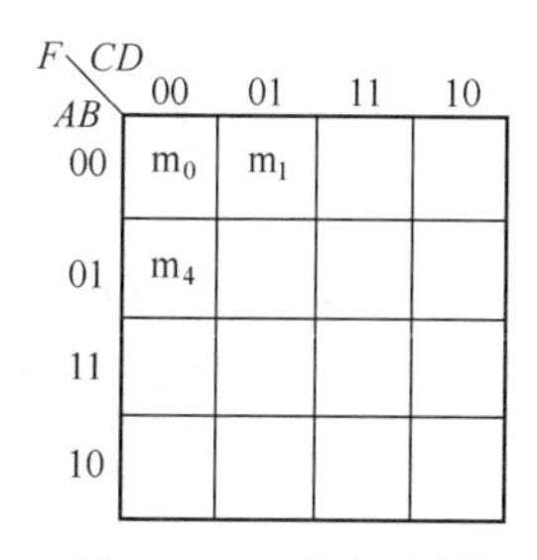

图 2.10 几何相邻图

F AB \ CD	00	01	11	10
00	m_0			m_2
01				
11				
10	m_8			

图 2.11 相对相邻图

3. 卡诺图的表示

下面介绍逻辑函数的卡诺图表示常见的几种形式。

（1）最小项表达式。如果逻辑函数是用最小项的或表示，则每个最小项所对应的方格填1，其他填0。

例 2.8 画出逻辑函数 $F=(A,B,C,D)=\sum m(1,3,6,7)$ 的卡诺图。

解：先画四变量的卡诺图，在最小项 m_1、m_3、m_6、m_7 对应的方格填 1，其他填 0，如图 2.12 所示。

F AB\CD	00	01	11	10
00	0	1	1	0
01	0	0	1	1
11	0	0	0	0
10	0	0	0	0

图 2.12　卡诺图

（2）最大项表达式。根据编号相同的最小项和最大项的互补关系，如果逻辑函数是用最大项的与表示，则每个最大项所对应的方格填 0，其他填 1。

例 2.9 画出逻辑函数 $F=(A,B,C,D)=\prod M(3,4,8,9,11,15)$ 的卡诺图。

解：先画四变量的卡诺图，在最小项 M_3、M_4、M_8、M_9、M_{11}、M_{15} 对应的方格填 0，其他填 1，如图 2.13 所示。

F AB\CD	00	01	11	10
00	1	1	0	1
01	0	1	1	1
11	1	1	0	1
10	0	0	0	1

图 2.13　卡诺图

（3）任意与或表达式。对于任意的与或表达式，可以先将其转换为标准的与或表达式，再按最小项表达式的方法填入卡诺图，也可直接填写。方法：先分别将每个与项的原变量用 1 表示，反变量用 0 表示，在卡诺图上找出交叉的小方格并填入 1，没有交叉的小方格填 0。

例 2.10 画出逻辑函数 $F=(A,B,C,D)=AB+BC+CD$ 的卡诺图。

解：先画四变量的卡诺图，与项 AB 用 11 表示，对应的最小项为 m_{12}、m_{13}、m_{14} 和 m_{15}，在卡诺图对应的小方格填 1。与项 BC 用 11 表示，对应的最小项为 m_6、m_7、m_{14} 和 m_{15}，在卡诺图对应的小方格填 1。与项 CD 用 11 表示，对应的最小项为 m_3、m_7、m_{11} 和 m_{15}，在卡诺图对应的小方格填 1。所以该逻辑函数包含的最小项有 m_3、m_6、m_7、m_{11}、m_{12}、m_{13}、m_{14} 和 m_{15}，其卡诺图如图 2.14 所示。

（4）任意或与表达式。对于任意的或与表达式，可以先将其转换为标准的或与表达式，再按最大项表达式的方法填入卡诺图，也可直接填写。方法：先分别将每个或项的原变量用 0 表示，反变量用 1 表示，在卡诺图上找出交叉的小方格并填入 0，没有交叉的小方格填 1。

例 2.11　画出逻辑函数 $F=(A,B,C,D)=(A+C)(\overline{B}+\overline{D})(C+D)$ 的卡诺图。

解： 先画四变量的卡诺图，或项 $A+C$ 对应的最大项为 M_0、M_1、M_4 和 M_5，在卡诺图对应的小方格填 0。或项 $\overline{B}+\overline{D}$ 对应的最大项为 M_5、M_7、M_{13} 和 M_{15}，在卡诺图对应的小方格填 0。或项 $C+D$ 对应的最大项为 M_0、M_4、M_8 和 M_{12}，在卡诺图对应的小方格填 0。所以该逻辑函数包含的最大项有 M_0、M_1、M_4、M_5、M_7、M_8、M_{12}、M_{13} 和 M_{15}，其卡诺图如图 2.15 所示。

F AB \ CD	00	01	11	10
00	0	0	1	0
01	0	0	1	1
11	1	1	1	1
10	0	0	1	0

图 2.14　卡诺图

F AB \ CD	00	01	11	10
00	0	0	1	1
01	0	0	0	1
11	0	0	0	1
10	0	1	1	1

图 2.15　卡诺图

4. 卡诺图上合并最小项（最大项）的规律

采用公式化简法化简逻辑函数时，不仅要求熟练掌握逻辑代数的基本定律和规则，而且还需要有一定的经验和技巧，即便如此往往也很难确定是否为最简的化简结果。卡诺图化简法，能较为方便地得到逻辑函数的最简“与或”式。

具体方法：

1）画出逻辑函数的卡诺图。

2）画卡诺圈。即圈 1，将满足 2^m 个相邻项为 1 的方格圈起来；卡诺圈必须尽可能的大；卡诺圈的个数要尽可能的少。

3）读结果。将卡诺圈中最小项的共有变量（与项）保留，把所有与项相“或”即得到化简结果。

卡诺图上 2 个相邻的最小项（最大项）结合，可以消去 1 个取值不同的变量而合并为 1 项，如图 2.16 所示。

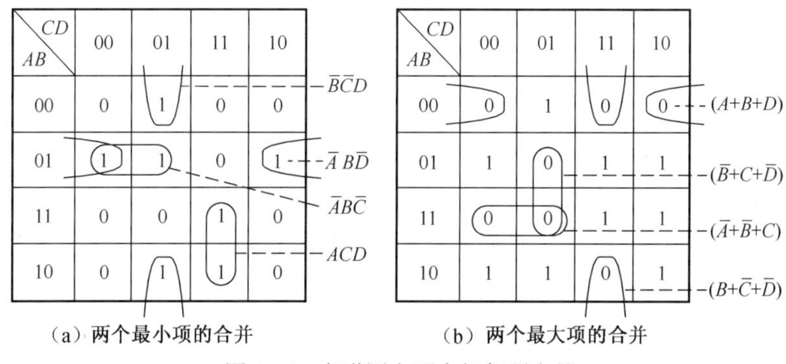

（a）两个最小项的合并　（b）两个最大项的合并

图 2.16　卡诺图上两个相邻项合并

卡诺图上 4 个相邻的最小项（最大项）结合，可以消去 2 个取值不同的变量而合并为 1 项，如图 2.17 所示。以此类推，卡诺图上 8 个相邻的最小项（最大项）结合，可以消去 3 个取值不同的变量而合并为 1 项。

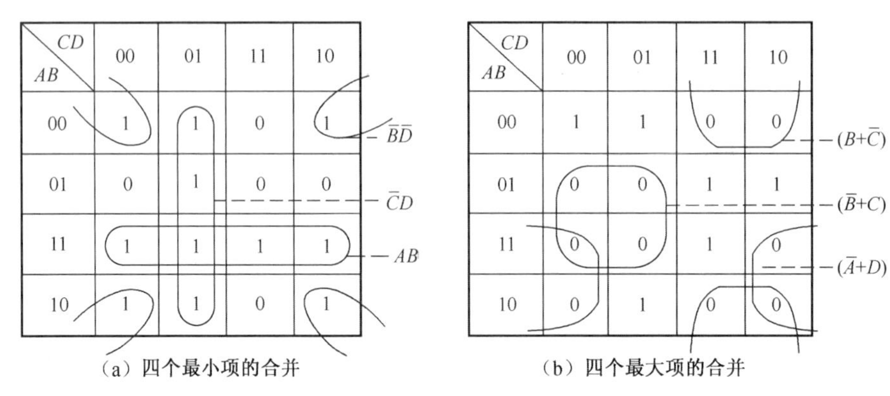

图 2.17　卡诺图上四个相邻项合并

结论：2^n 个最小项（最大项）结合，可以消去 n 个取值不同的变量而合并为 1 项。同一个最小项（最大项）可以多次使用。

5. 卡诺图上合并最小项（最大项）的原则

（1）从只有一种圈法或最少圈法的项开始。

（2）圈要尽可能大，圈的个数要尽可能少。但圈内必须是 2^n 个相邻项，且至少有一个最小项（最大项）未被别的圈圈过。

（3）卡诺图上所有的最小项（最大项）均被圈过。

例 2.12　用卡诺图化简逻辑函数 $Y=\sum m(1,3,4,6,9,11,12,14)$。

解：画卡诺图，如图 2.18 所示。

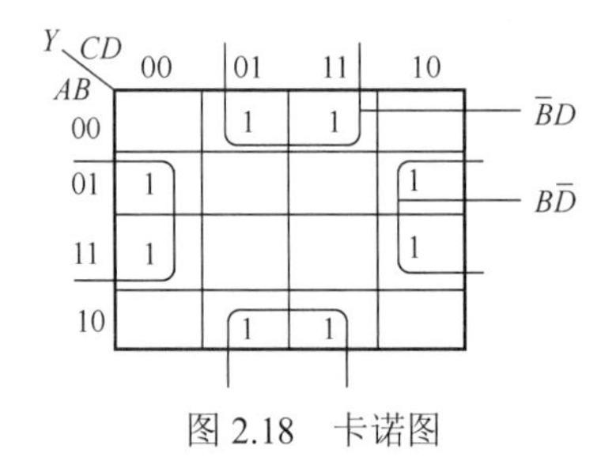

图 2.18　卡诺图

从图 2.18 可知，共有 2 个卡诺圈。每个卡诺圈合并的结果分别为 $\bar{B}D$、$B\bar{D}$，所以逻辑函数化简的结果为 $Y=\bar{B}D+B\bar{D}$。

例 2.13　用卡诺图化简逻辑函数 $Y=\sum m(1,5,6,7,11,12,13,15)$。

解：画卡诺图，如图 2.19 所示。

从图 2.19 可知，逻辑函数化简的结果为 $Y=AB\bar{C}+\bar{A}\bar{C}D+\bar{A}BC+ACD$。

在卡诺图化简时应注意以下几个问题：

（1）画卡诺圈时，小方格中的 1 不可漏掉。

（2）每个卡诺圈至少有 1 个 1 不被别的卡诺圈使用，否则该圈多余。

（3）用卡诺图化简所得到的最简“与或”式结果往往不唯一。

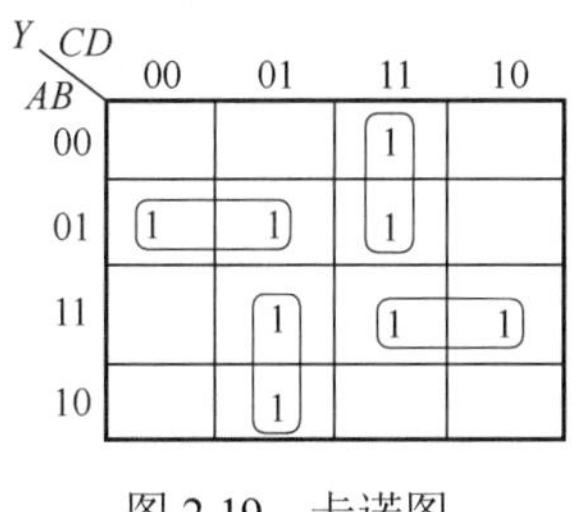

图 2.19　卡诺图

2.3.4　非完全描述逻辑函数及其化简

上面讨论的函数都是完全描述逻辑函数，也就是对于自变量的任意取值，都有确定的函数值。

非完全描述逻辑函数：①不是所有的自变量取值都有意义；②对于某些自变量取值，相应的函数值没有定义，被称为“任意项”或“无关项”，表示为Φ。

1. 带有任意项逻辑函数的表示方法

带有任意项逻辑函数的表示方法有三种。

（1）最小项表达式（括号内为标准项序号，下同）：

$F=\sum m(\qquad)\sum\Phi(\qquad)$

或 $F=\sum m(\qquad)$

约束条件　$\sum\Phi(\qquad)=0$

（2）最大项表达式：

$F=\prod M(\qquad)\cdot\prod\Phi(\qquad)$

或 $F=\prod M(\qquad)$

约束条件　$\prod\Phi(\qquad)=1$

（3）非标准表达式。

2. 化简方法及举例

（1）具有约束项的卡诺图化简方法。

1）画逻辑函数的卡诺图。

2）在卡诺图中填入约束项（约束项用“×”来表示）。

3）画卡诺圈（能使结果更简化就将约束项看作 1，否则看作为 0）；

4）写出化简结果。

例 2.14　用卡诺图化简逻辑函数 $Y=\sum m(0,1,4,6,9,13)+\sum d(3,5,7,11,15)$。

解：画卡诺图，如图 2.20 所示。

画卡诺圈后得到逻辑函数表达式：$Y=D+\overline{A}B+\overline{AC}$

约束条件：$\sum d(3,5,7,11,15)=0$

（2）多输出逻辑函数的化简。

前面系统讨论了单输出逻辑函数的化简，但实际问题中存在多输出这种情况。对于多输出不能孤立地分别对不同输出进行化简，然后直接并接在一起，这样就不能保证整个电路最简。因为各输出函数之间往往存在可以共享的部分，这样就要求在化简时把多个输出函数看成一个整体，以整体最简为目标。

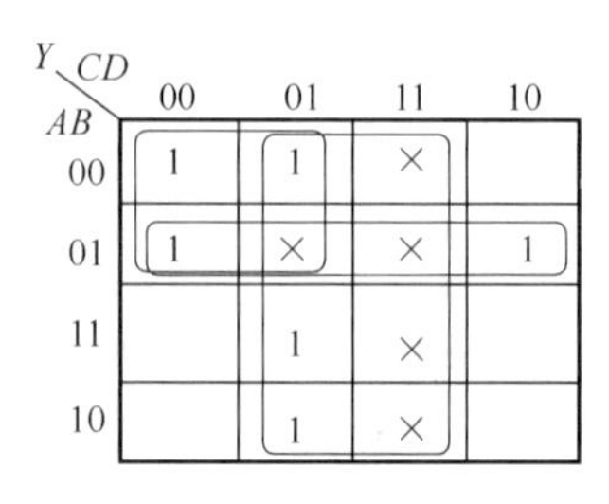

图 2.20　卡诺图

衡量多输出函数最简的标准：

1）所有逻辑表达式中包含的不同与项总数最少。

2）在满足 1）的前提下，各与项中所含的变量数最少。

多输出函数化简的关键是充分利用各函数间可共享的部分。如某个逻辑电路有两个输出函数：$F_1 = A\overline{B} + A\overline{C}$ 和 $F_2 = AB + BC$。作出两函数的卡诺图，如图 2.21 所示。

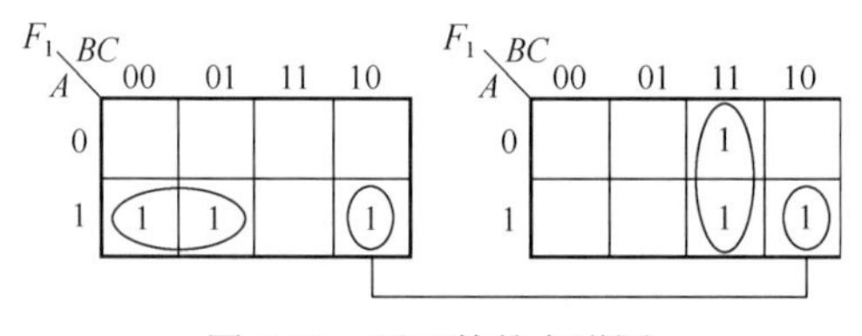

图 2.21　两函数的卡诺图

$F_1 = A\overline{B} + AB\overline{C}$，$F_2 = BC + AB\overline{C}$。

这样，两个函数式共享 $AB\overline{C}$，使电路得到简化。图 2.22 给出合并公共项前和合并公共项后的电路对比图。

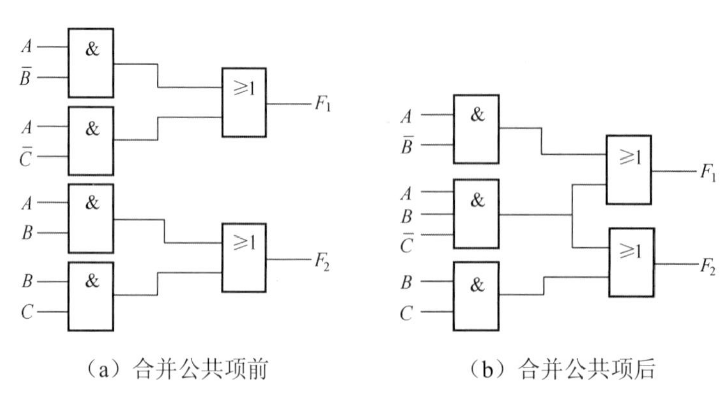

（a）合并公共项前　（b）合并公共项后

图 2.22　合并公共项前和合并公共项后的电路图

例 2.15 化简如下逻辑函数：

$F_1 = \sum m(2,3,5,7,8,9,10,11,13,15)$

$F_2 = \sum m(2,3,5,6,7,10,11,14,15)$

$F_3 = \sum m(6,7,8,9,13,14,15)$

解：画出三个函数的卡诺图，画卡诺圈，如图 2.23 所示，注意公共部分。

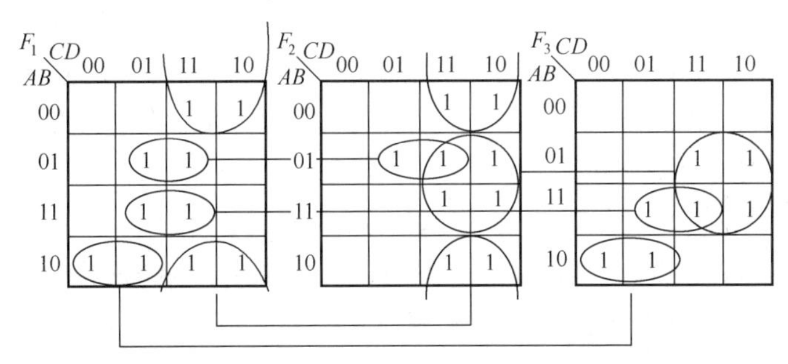

图 2.23 三个函数卡诺图

根据卡诺图可得化简后的逻辑函数：

$F_1 = \overline{A}BD + ABD + A\overline{B}\cdot\overline{C} + \overline{B}C$

$F_2 = \overline{A}BD + \overline{B}C + BC$

$F_3 = ABD + A\overline{B}\cdot\overline{C} + BC$

2.4 集成逻辑门

2.4.1 概述

1. 门电路与集成逻辑门

门电路是实现基本运算、复合运算的单元电路，如与门、与非门、或门，门电路中以高、低电平表示逻辑状态的 1、0，获得高、低电平的基本原理是通过开关改变电路状态，高、低电平都允许有一定的变化范围，且不同器件高、低电平值和范围不同，如 TTL 高电平为 5V。

实现开关逻辑电路的方法很多，最早用真空电子管，后来出现半导体分立元件，现在则使用集成门电路，而集成电路根据集成规模不同，又经过 SSI、MSI、LSI、VLSI、ULSI、GSI 等发展阶段。2017 年 SSI、MSI 芯片已经停产，现在常用的是 PLD 芯片，都是 VLSI、ULSI、GSI 器件。

常见的集成逻辑门电路按制作工艺和工作机理不同可以分为以下几类：

（1）晶体管-晶体管逻辑（TTL）电路。TTL 是双极型逻辑门，有两种载流子导电，是 20 世纪 60 年代第一个成功的商用数字集成电路系列，在 70 年代和 80 年代占据统治地位。该电路特点是具有中等开关速度，扇出系数一般为 8，电路功耗大（5～10mW），综合考虑性价比高。所谓逻辑系列（Logic Family）是一些集成电路芯片的集合，同一系列芯片有类似的输入、输出和内部电路特征，但逻辑功能不同，如原来最常用的 74 系列 TTL 芯片。同一系列芯片可以通过相互连接实现各种逻辑功能，而不同系列芯片不能随意连接，因为电源电压、逻辑电平可能都不同。

（2）发射极耦合逻辑（Emitter Coupled Logic，ECL）电路。也是由双极型晶体管构成的集成电路，电路特点是速度快，电路速度可达 ns 量级，功耗大，负载能力强，具有互补输出，在高速应用领域一枝独秀，但要考虑抗干扰能力。

（3）MOS 逻辑（MOSL）电路。MOS 是由单极性场效应管构成的集成电路，单极型逻辑门，只有一种载流子导电，有 NMOS、PMOS 和 CMOS 三种，目前 CMOS 集成电路已经基本取代 TTL 集成电路的市场地位。现在几乎所有的 CPU、存储器、PLD 器件和专用集成电路（ASIC）都采用 CMOS 工艺制造。

CMOS 器件最大特点是功率低，集成度高，价格低。

在数字系统中，除了实现逻辑电路的逻辑门之外，还要用到开关电路，早期的开关电路是由继电器构成的，现在多用 BJT 或 MOS 管作为开关。

2. 集成逻辑门的主要电气指标

（1）逻辑电平。

输入逻辑电平有 V_{IL}、V_{ILMAX}、关门电平 V_{OFF} 和 V_{IH}。

输出逻辑电平有 V_{OL}、V_{IHMIN}、开门电平 V_{ON} 和 V_{OH}。

逻辑电平典型值见表 2.10。

表 2.10

		CMOS(5V)	TTL
输入逻辑电平	V_{IL} 和 V_{ILMAX}	0, 1.5	0.3, 0.8
	关门电平 V_{OFF}	1.5	0.8
	V_{IH} 和 V_{IHMIN}	5, 3.5	3.6, 2.0
	开门电平 V_{ON}	3.5	2.0
输出逻辑电平	V_{OL} 和 V_{OLMAX}	0, 0.1	0.3, 0.5
	V_{OH} 和 V_{OHMIN}	5, 4.9	3.6, 2.4

与之有关的还有关门电阻 R_{OFF} 与开门电阻 R_{ON}。

将逻辑门的一个输入端通过电阻 R_i 接地，逻辑门的其余输入端悬空，则有电源电流从该输入端流向 R_i，并在 R_i 上产生压降 V_i。使 $V_i=V_{OFF}$ 时的输入电阻 R_i 称为逻辑门的关门电阻 R_{OFF}，使 $V_i= V_{ON}$ 时的输入电阻 R_i 称为逻辑门的开门电阻 R_{ON}。$R_i<R_{OFF}$ 时关门，$R_i>R_{ON}$ 时开门。

TTL 门：$R_{OFF}\approx0.7k\Omega$，$R_{ON}\approx1.5\ k\Omega$。

（2）噪声容限（抗干扰容限）。

低电平输入时的噪声容限 V_{NL}，高电平输入时的噪声容限 V_{NH}。

$V_{NL}=V_{ILMAX}-V_{OLMAX}$

$V_{NH}=V_{OHMIN}-V_{IHMIN}$

（3）输出驱动能力（负载能力）。

有两种方法表示，一种方法是用输出电流衡量，高电平输出电流 I_{OH}，低电平输出电流 I_{OL}，通常，高电平输出时的驱动能力强。另一种方法是用扇出系数 N_0 衡量。

低电平输出时的驱动能力：$N_{OL} \leqslant I_{OL} / I_{IL}$。

高电平输出时的驱动能力：$N_{OH} \leqslant I_{OH} / I_{IH}$。

$N_0 = \min(N_{OL}, N_{OH})$

（4）功耗：分为静态功耗和动态功耗。低速电路主要是静态功耗，高速电路主要是动态功耗。

CMOS 功耗非常小，TTL 功耗中等，ECL 功耗最大。

（5）时延：分上升时延 t_{PLH}、下降时延 t_{PHL} 和平均时延 t_{PD}。

$$t_{PD} = \frac{t_{PHL} + t_{PLH}}{2}$$

3. 逻辑电路的特殊输出结构

（1）三态输出结构。三态：高电平状态，低电平状态，高阻状态（Z 状态）。

（2）漏极（集电极）开路输出结构。漏极（集电极）开路逻辑门，即 OD（OC）门，能实现线与功能。线与，即逻辑门输出端直接相连实现“逻辑与”功能。

2.4.2 二极管（Diode）构成的逻辑门电路

半导体二极管的结构可以用“PN 结+引线+封装”构成，其图形符号就是这样抽象出来的。半导体二极管的外特性表现为单向导通，可以作为开关使用，能够构成门电路。

1. 三种基本逻辑门电路

（1）与门：实现与逻辑运算的电路，如图 2.24（a）所示。图 2.24（b）所示为与门的逻辑符号。

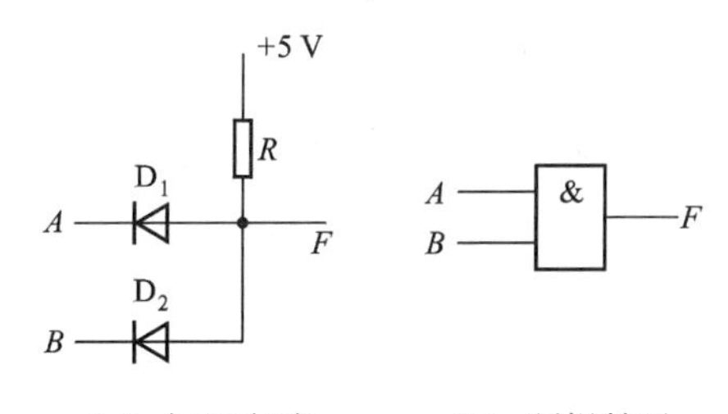

（a）与门电路　　（b）逻辑符号

图 2.24　二极管与门电路和逻辑符号

（2）或门：实现或逻辑运算的电路，如图 2.25（a）所示。图 2.25（b）所示为或门的逻辑符号。

（3）非门：实现非逻辑运算的电路，如图 2.26（a）所示。图 2.26（b）所示为非门的逻辑符号。

2. 复合逻辑门

将与、或、非三种基本逻辑门适当组合可形成几种基本的复合逻辑门，实现这些逻辑关系的集成电路是最基本的逻辑元件。常见的复合门有以下几种。

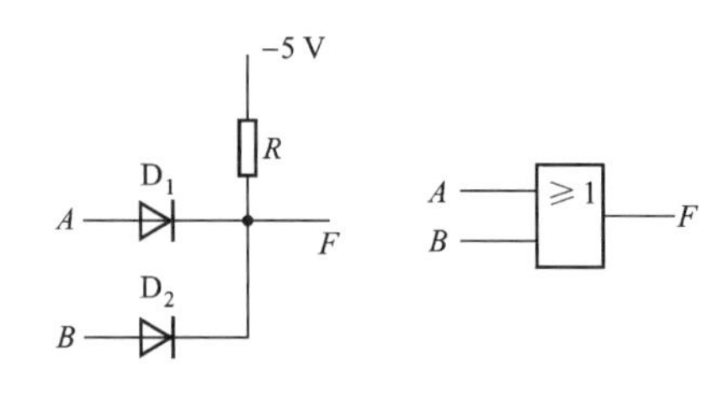

（a）或门电路　　（b）逻辑符号

图 2.25　二极管或门电路和逻辑符号

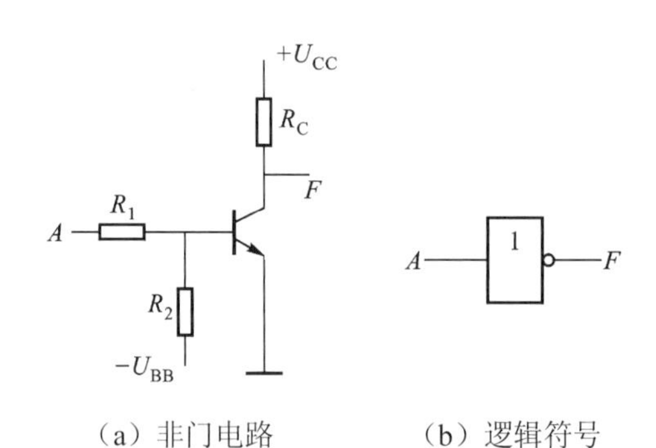

（a）非门电路　　（b）逻辑符号

图 2.26　三极管非门电路和逻辑符号

（1）与非门电路相当于一个与门和一个非门的组合，可完成以下逻辑表达式的运算：

$$F = \overline{AB}$$

特点：仅当所有的输入端是高电平时，输出端才是低电平；只要输入端有低电平，则输出必为高电平。可以“有 0 出 1，全 1 出 0”来记忆。与非门用图 2.27（a）所示的逻辑符号表示。

（2）或非门电路相当于一个或门和一个非门的组合，可完成以下逻辑表达式的运算：

$$F = \overline{A + B}$$

特点：仅当所有的输入端是低电平时，输出端才是高电平；只要输入端有高电平，输出必为低电平。可以“有 1 出 0，全 0 出 1”来记忆。或非门用图 2.27（b）所示的逻辑符号表示。

（3）与或非门可完成以下逻辑表达式的运算：

$$F = \overline{AB + CD}$$

与或非门用图 2.27（c）所示的逻辑符号表示。

（4）异或门电路可以完成逻辑异或运算，运算符号用“⊕”表示。异或运算逻辑表达式：

$$F = A \oplus B \text{ 或 } F = A\overline{B} + \overline{A}B$$

异或门用图 2.27（d）所示的逻辑符号表示。当变量中 1 的个数为偶数时，运算结果为 0；1 的个数为奇数时，运算结果为 1。对于二变量输入的异或门，当两输入的值相同时，输出为 0；当两输入的值相异时，输出为 1。

（5）同或门用来完成逻辑同或运算，运算符号是“⊙”。同或运算的逻辑表达式：

$$F = A \odot B \text{ 或 } F = AB + \overline{A}\overline{B}$$

同或运算的规则正好和异或运算相反，同或门用图 2.27（e）所示的逻辑符号表示。

二极管构成的门电路的缺点：电平有偏移，带负载能力差，只用于 IC 内部电路。

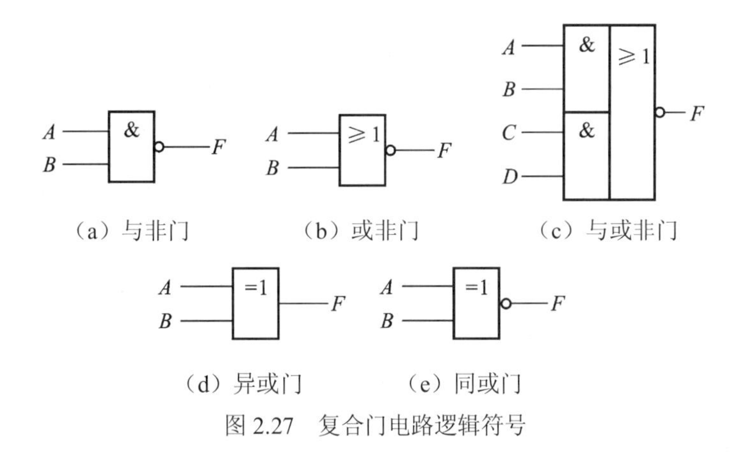

图 2.27　复合门电路逻辑符号

2.4.3　TTL 集成门电路

TTL 电路是目前双极型数字集成电路中用得最多的一种。在门电路的定型产品中除了与非门以外，还有与门、或门、非门、或非门和异或门等几种常见的类型。尽管它们逻辑功能各异，但输入端、输出端的电路结构形式、特性及参数和与非门基本相同，所以本节以 TTL 与非门为例，介绍集成门电路的特性和参数。

1. TTL 电路的结构与工作原理

TTL 电路是利用双极型三极管（Bipolar Junction Transistor，BJT）的开关特性而工作的。

TTL 与非门是一种典型的集成逻辑门电路，它的功能及电路符号同前面介绍的分立元件门电路相同，在实际中应用较多，其输出高电平 U_{OH}=3.6V，输出低电平 U_{OL}=0.3V，即所谓的 TTL 电平。

图 2.28 是最常用的 TTL 与非门电路及其逻辑符号。T_1 是多发射极晶体管，可把它的集电结看成一个二极管，而把多发射结看成与前者背靠背的几个二极管，如图 2.29 所示。从图中看到 T_1 的作用和前述的二极管与门的作用完全相似。下面对输入输出的关系做详细分析。

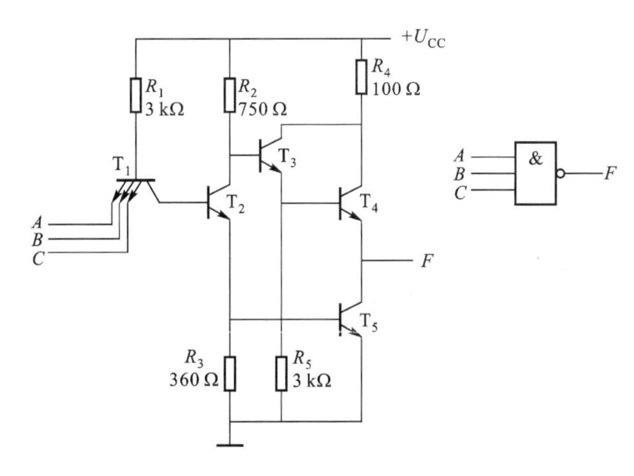

图 2.28　TTL 与非门电路及其逻辑符号

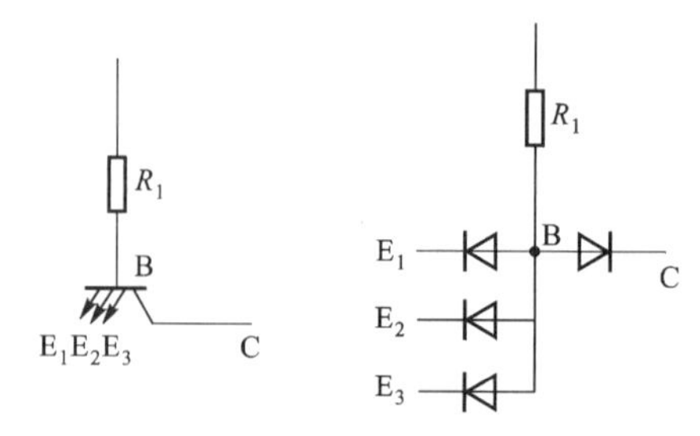

图 2.29 TTL 与非门电路中的多发射极晶体管及其等效电路

（1）输入端不全为 1 的情况。

当输入端中有一个或几个为 0（将在后面的推导中得出约为 0.3V）时，则 T_1 的基极与 0 输入端的那个发射极间处于正向偏置而导通，电源通过 R_1 为 T_1 提供基极电流。T_1 的基极电平约为 1V（0.3V 加二极管的导通电压 0.7V），它不足以向 T_2 提供正向基极电流，因为从 T_1 基极到 T_2 发射极经过 T_1 的集电结，即图 2.29 中 B 和 C 之间的二极管和 T_2 的发射结，须约 1.4V 才能使它们导通，所以 T_2 截止，以致 T_5 也截止。由于 T_2 截止，其集电极电平很高，足以使 T_3 和 T_4 导通，所以输出端的电平为

$$U_F=U_{CC}-R_2I_{B3}-U_{BE3}-U_{BE4}$$

因为 I_{B3} 很小，可以忽略不计，电源电压 U_{CC}=5V，故

$$U_F=(5-0.7-0.7)\text{V}=3.6\text{V}$$

即输出为 1，并且由于 T_5 截止，当接负载后，电流是从电源 U_{CC} 经 R_4 流向每个负载门，这种电流称为拉电流。

（2）输入端全为 1 的情况。

当输入端全为 1（由上面分析约为 3.6V）时，T_1 基极在开始时为 4.3V（3.6V 加二极管的导通电压 0.7V），足以使 T_2 和 T_5 导通，此时 T_1 的基极电压被钳位在

$$U_{B1}=U_{BC1}+U_{BE2}+U_{BE5}=(0.7+0.7+0.7)\text{V}=2.1\text{V}$$

因而 T_1 的发射结反向偏置而截止，于是电源通过 R_1 和 T_1 的集电极向 T_2 提供足够的基极电流，使 T_2 饱和，同时 T_2 的发射极电流在 R_3 上产生的压降又为 T_5 提供足够的基极电流，使 T_5 也饱和，所以输出端的电平为

$$U_F=0.3\text{V}$$

即输出为 0。

T_2 的集电极电平为

$$U_{C2}=U_{CE2}+U_{BE5}\approx(0.3+0.7)\text{V}=1\text{V}$$

这也是 T_3 的基极电平，所以 T_3 可以导通。但 T_4 截止，因为其基极电位即为 T_3 的发射极电位，约为 0.3V（1V–0.7V=0.3V）。由于 T_4 截止，当接负载后，T_5 的集电极电流全部由外接负载门灌入，这种电流称为灌电流。

由以上分析可知，图 2.28 所示电路在稳定状态下 T_4 和 T_5 总是一个导通一个截止，这就有效地降低了输出级的静态功耗，并提高了驱动负载的能力。

2. TTL 逻辑门的外特性

TTL 与非门有多种系列，参数很多，下面列出几个反映其性能的主要参数，以便于今后使用。图 2.30 是 TTL 与非门的电压传输特性，它反映的是输出电压 U_O 随输入电压 U_I 变化的

关系。当某一输入端的电压由零逐步增大时，输出电压由高到低的过程(其他输入端接高电平)。

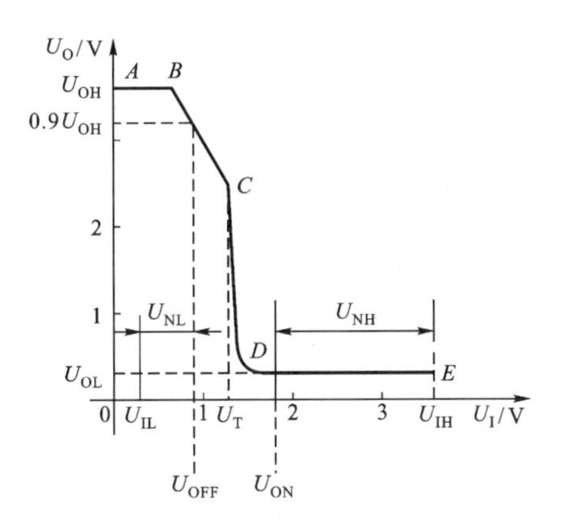

图 2.30　TTL 与非门的电压传输特性

（1）输出高电平电压 U_{OH} 和输出低电平电压 U_{OL}。当 U_I<0.7V 时，输出电压 U_O≈3.6V，即图中的 AB 段。当 0.7V<U_I<1.3V 时，U_O 随 U_I 的增大而线性地减小，即 BC 段。当 U_I 增至 1.4V 左右时，T_5 开始导通，输出迅速转为低电平，U_O≈0.3V，即图中的 CD 段。当 U_I>1.4V 时，保持输出为低电平，即 DE 段。输出高电平电压 U_{OH} 是对应于 AB 段的输出电压；输出低电平电压 U_{OL} 是对应于 DE 段的输出电压，它是通过实验在额定负载下测出的。一般通用的 TTL 与非门，其 U_{OH}≥2.4V，U_{OL}≤0.4V。

（2）关门电平 U_{OFF}。输出电平 U_O=0.9U_{OH} 时的输入电平 U_I 称为关门电平 U_{OFF}，当 U_I≤U_{OFF} 时，门肯定是“关”的。它与输入低电平 U_{IL} 之差表征了输入为低电平时的抗干扰能力，称为低电平噪声容限电压，即 U_{NL}=U_{OFF}−U_{IL}。

（3）开门电平 U_{ON}。在额定负载下，保持输出为低电平 U_{OL} 所需输入的最低输入信号电压 U_{ON} 称为开门电平，U_I≥U_{ON} 时，门肯定是“开”的。它与输入高电平 U_{IH} 之差表征了输入为高电平时的抗干扰能力，称为高电平噪声容限电压，即 U_{NH}=U_{IH}−U_{ON}。图 2.30 所示曲线上 C 点对应的输入电压 U_T 称为阈值电压或门槛电压，一般为 1.4V。

（4）输入电流。当输入高电平时，输入电流 I_{IH} 是由前级门的 T_4 管流出的，对前级门是一种“拉电流”负载。当输入低电平时，输入电流 I_{IL} 实际上是流入前级门的 T_5 管的，对前级门是一种“灌电流”负载。I_{IH}≤540μA，I_{IL}≤1.6mA。

（5）扇出系数 N_0。

N_0 是一个门的输出端能带同类门输入端的个数。由于 I_{IH}≤I_{IL}，所以 N_0 主要取决于输出端允许的灌电流大小，一般最大输出灌电流 $I_{OL\max}$≥12.8mA，因此

$$N_0=\frac{I_{0L\max}}{I_{IL}}=\frac{12.8}{1.6}=8$$

（6）平均传输延迟时间 t_{PD}。

理论上门的输入和输出波形均应为矩形波，但实际波形如图 2.31 所示。在开门和关门时均有延迟，其中 t_{PD1} 称为上升延迟时间，t_{PD2} 称为下降延迟时间，二者的平均值为

$$t_{PD}=\frac{1}{2}(t_{PD1}+t_{PD2})$$

称为平均传输延迟时间，一般在几十纳秒（ns）以下。

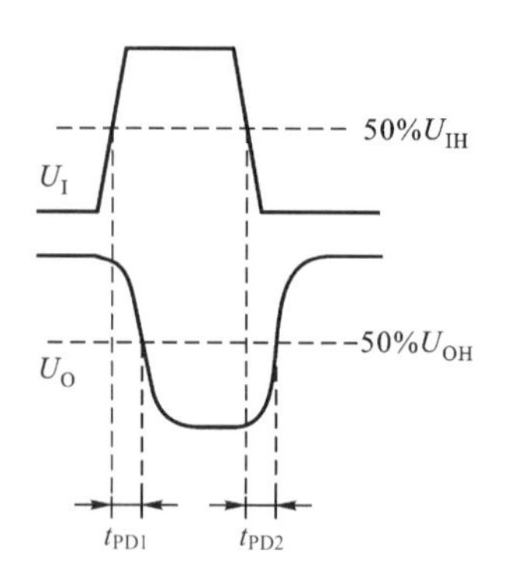

图 2.31　表示延迟时间的输入输出电压波形

（7）输入端负载电阻。

在具体使用门电路时，有时需要在输入端与地之间或者输入端与信号的低电平之间接入电阻 R_P，如图 2.32（a）所示。因为输入电流流过 R_P，就必然会在 R_P 上产生压降而形成输入端电平 U_I。U_I 随 R_P 变化的规律，即输入端负载特性可表示为

$$u_I=\frac{R_P}{R_I+R_P}(U_{CC}-U_{BEI})$$

上式表明，在 $R_P<<R_I$ 的条件下，U_I 几乎与 R_P 成正比，但是当 U_I 上升到 1.4V 以后，T_2 和 T_5 的发射结同时导通，将 U_{B1} 钳位在 2.1V 左右，所以即使 R_P 再增大，U_I 也不会再升高了。这时 U_I 与 R_P 的关系也就不再是这种关系，特性曲线趋近于 U_I=1.4V 的一条水平线。输入端负载特性曲线如图 2.32（b）图所示。

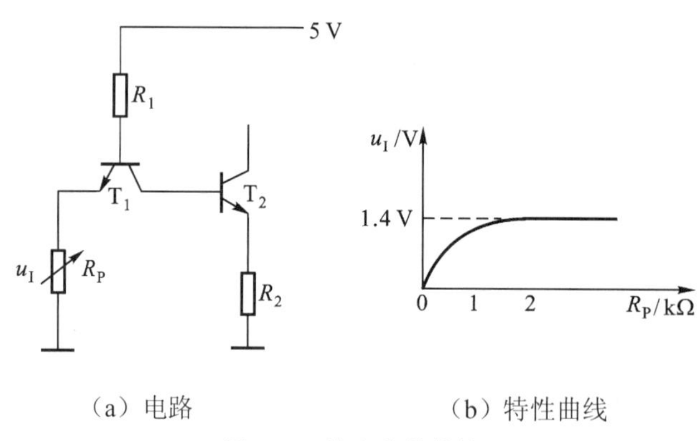

（a）电路　　（b）特性曲线

图 2.32　输入负载特性

由以上分析可以看到，输入电阻的大小会影响非门的输出状态。保证输出为低电平时，允许的最小电阻称为开门电阻，用 R_{ON} 表示。由特性曲线可以看到 R_{ON} 大约为 2kΩ。保证输出为高电平时，允许的最大电阻称为关门电阻，用 R_{OFF} 表示。由特性曲线可以看到，对应 U_I 为 0.8V 时的 R_{OFF} 大约为 700～800Ω。从这也可看到，输入端悬空，R_P 相当于无穷大，即相当于输入高电平。

使用时应注意，电源电压 U_{CC}=+5V 不得超过+10%；两个门的输出端不得短接，以免烧

坏；输入端开路等于输入高电平，实际上输入端对地所接电阻大于 1.0454kΩ时，输出即为低电平，相当于输入高电平。

除了与非门之外，TTL 集成门电路原来还常用有 TTL 反相器、或非门、异或门等，以上这些都是推拉式结构输出电路，其局限性如下：

1）输出电平不可调。

2）负载能力不强，尤其是高电平输出。

3）输出端不能并联使用。

为了克服这些缺点，可以使用集电极开路的门电路（Open Collector Gate，OC 门）。OC 门可以实现线与操作，即两个器件的输出并联实现输出信号与操作。

TTL 集成门电路现在已较少使用了，要了解详细情况，请查这些器件的数据手册。

2.4.4 CMOS 门电路

1. MOS 管的开关特性

（1）MOS 管的结构。

MOS 管的结构如图 2.33（a）所示，分为 N 沟道和 P 沟道两种，电子参与导电，称为 NMOS 管；空穴参与导电，称为 PMOS 管。NMOS 和 PMOS 又都有增强型和耗尽型两种类型，其中增强型的 NMOS 管和 PMOS 管的符号如图 2.33（b）和（c）所示。

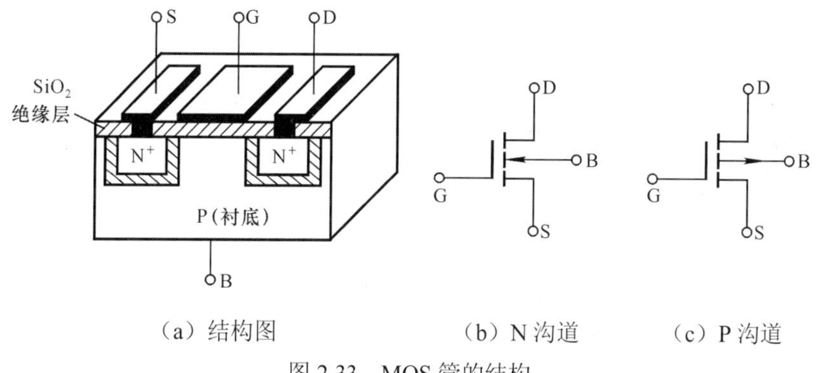

（a）结构图　（b）N 沟道　（c）P 沟道

图 2.33　MOS 管的结构

图 2.33 中 S（Source）为源极，G（Gate）为栅极，D（Drain）为漏极，B（Substrate）为衬底。NMOS 管的控制栅极和源极之间的电压 U_{GS} 可以控制漏极和源极之间的电阻 R_{DS}，若是 U_{GS} 增加，R_{DS} 减小，正常情况下，增强型 NMOS 管的 U_{GS} 应该大于 0 或是正值。当 $U_{GS}=0$ 时，R_{DS} 电阻很大，实际的至少有 $10^9\Omega$。当 U_{GS} 增加到足够大，R_{DS} 可以很小，小到 10Ω以下。

PMOS 管的栅极与源极之间的电压 U_{GS} 也可以控制漏极和源极之间的电阻，但是在正常使用中源极电压高于漏极电压，所以增强型 PMOS 管的 U_{GS} 电压正常值是 0 或是负值。当 $U_{GS}=0$ 时，R_{DS} 电阻很大，至少有 $10^9\Omega$。当 U_{GS} 减小到足够小，R_{DS} 可以很小，小到 10Ω以下。

综上所述，MOS 晶体管可以模型化为可变电阻。输入电压可以控制电阻 R_{DS} 的阻值不是很大（OFF）就是很小（ON）。

以 N 沟道增强型为例：

当加$+V_{DS}$，$V_{GS}=0$ 时，D-S 间是两个背向 PN 结串联，$i_D=0$。

加上$+V_{GS}$，且足够大至$V_{GS}>V_{GS(tH)}$，D-S间形成导电沟道（N型层）。

（2）输入特性和输出特性。

输入特性：直流电流为0，看进去有一个输入电容C_I，对动态有影响。

输出特性：$i_D=f_{(VDS)}$对应不同的V_{GS}下得一族曲线，N沟道增强型MOS管特性曲线如图2.34（b）所示。

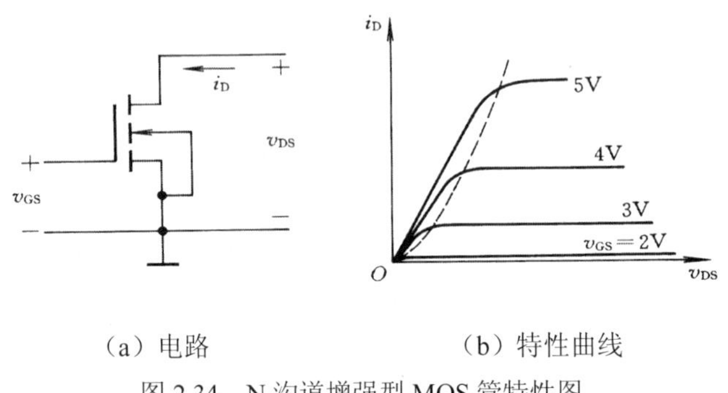

（a）电路　　　　　　（b）特性曲线

图2.34　N沟道增强型MOS管特性图

其漏极特性曲线（分三个区域）：截止区、恒流区、可变电阻区。

截止区：$V_{GS}<V_{GS(tH)}$，$i_D=0, R_{OFF}>10^9\Omega$。

恒流区：i_D基本上由V_{GS}决定，与V_{DS}关系不大。

$$i_D = I_{DS}\left(\frac{V_{GS}}{V_{GS(th)}}-1\right)^2$$

当$V_{GS} \gg V_{GS(th)}$时，$i_D \propto V_{GS}^2$

变电阻区：当V_{DS}较低（近似为0），V_{GS}一定时，这个电阻受V_{GS}控制、可变。

（3）MOS管的基本开关特性。

因为$R_{OFF}>10^9\Omega$，$R_{ON}<1\text{K}\Omega$

只要$R_{ON}<<R_D<<R_{OFF}$，则：

当$V_I=V_{IL}<V_{GS(th)}\longrightarrow$T截止$\longrightarrow V_O=V_{OH}\approx V_{DD}$

当$V_I=V_{IH}>V_{GS(th)}\longrightarrow$T导通$\longrightarrow V_O=V_{OL}\approx 0$

所以MOS管D-S间相当于一个受V_I控制的开关。

2. CMOS反相器

（1）工作原理。

CMOS反相器是最简单的CMOS逻辑门，它是由一个NMOS和一个PMOS管组成的，PMOS管作为负载管，NMOS管作为驱动管，导通电阻750Ω，截止电阻500MΩ。CMOS反相器电路符号如图2.35（c）所示，其电源电压范围U_{DD}为2～6V，但是为和TTL电路比较，选择U_{DD}=5V。NMOS管的开启电压为+1.5V，PMOS管的开启电压为−1.5V。

在理想情况下，该非门的工作情况可以分为两种，如图 2.35（b）所示。当 U_I 是 0V 时，NMOS 管的 U_{GS}=0V，所以截止；而 PMOS 管由于 U_{GS}=−5V，所以导通。此时由于 PMOS 管的 U_{GS} 的绝对值远大于开启电压的绝对值，故导通后的 T_2 管呈现小的电阻，使输出 $U_O \approx U_{DD}$=5V。当 U_I 是 5V 时，PMOS 管由于 U_{GS}=0V，所以截止，而 NMOS 管的 U_{GS}=5V，其值远大于开启电压，所以导通后的 T_1 管呈现小的电阻，使输出 $U_O \approx$0V。由此可见图 2.35（a）所示电路具有非逻辑的功能，其符号如图 2.35（c）所示。

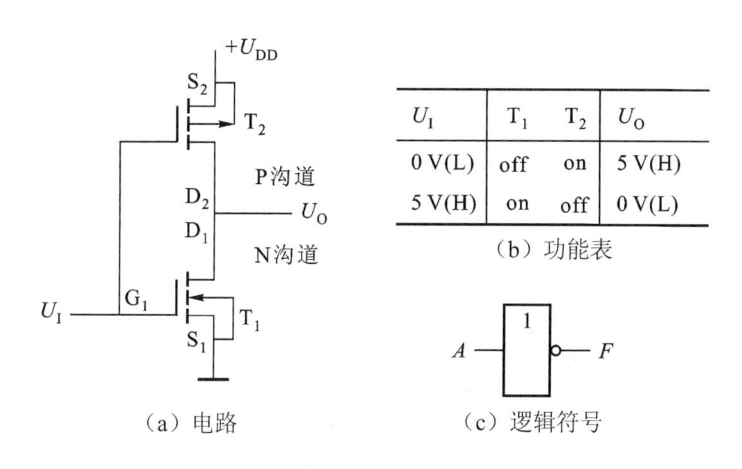

U_I	T_1	T_2	U_O
0 V(L)	off	on	5 V(H)
5 V(H)	on	off	0 V(L)

（a）电路　（b）功能表　（c）逻辑符号

图 2.35　CMOS 非门的电路、功能表和逻辑符号

（2）具有逻辑行为的 MOS 管符号图。

如果把 CMOS 中的 PMOS 和 NMOS 管抽象成开关，分析电路时会更容易一些。

CMOS 反相器抽象成开关的等效电路如图 2.36 所示，其中图 2.36（a）是输入信号 U_I 为低电平的情况，图 2.36（b）是 U_I 为高电平的情况。

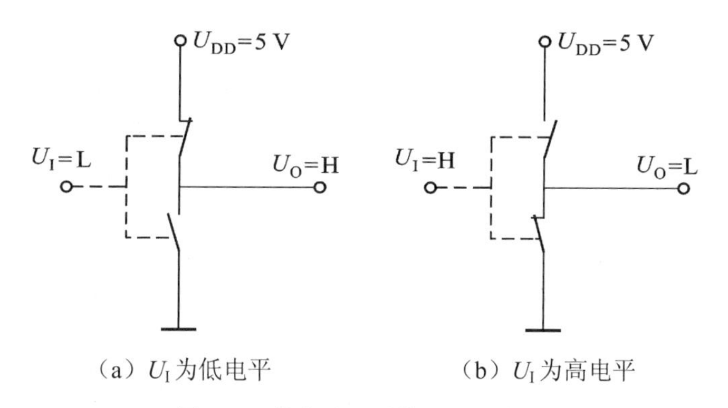

（a）U_I 为低电平　（b）U_I 为高电平

图 2.36　抽象成开关的反相器电路

如果用不同的符号代替 PMOS 管和 NMOS 管，而这些符号可以描述它们的逻辑行为，则可以使 CMOS 逻辑电路的功能分析更加简单。图 2.37 就是使用这种符号的反相器电路。在图中可以看出，PMOS 和 NMOS 管的符号除了在 PMOS 管的栅极加一个小圈以外是完全相同的。如果小圈代表该管在低电平输入电压时漏极和源极之间导通，而没有小圈代表在高电平输入电

压时漏极和源极导通，则可以容易地知道：在 U_I=L 时，T_2 导通，T_1 截止，U_O=H；在 U_I=H 时，T_1 导通，T_2 截止，U_O=L。在后面的介绍中为直观起见，均使用这种能够表示逻辑行为的符号。

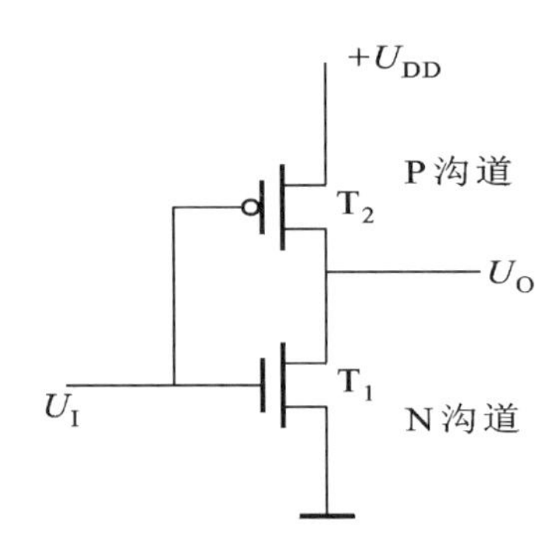

图 2.37　用能够表示逻辑行为的符号画的反相器电路

3. 其他类型的 CMOS 门电路

（1）CMOS 与非门和或非门。

CMOS 与非门和或非门电路原理图如图 2.38 所示。

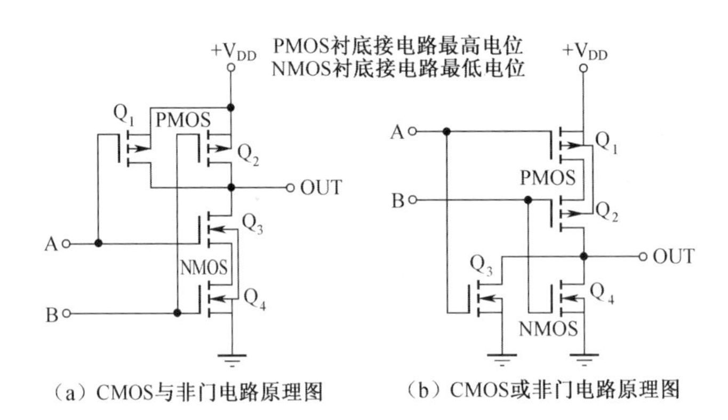

图 2.38　CMOS 与非门和或非门电路原理图

由图 2.38 可见，CMOS 与非门和或非门都是由二对 MOS 组成，为了便于分析，采用能够表示逻辑行为的 MOS 管符号，CMOS 与非门电路如图 2.39 所示，该电路的功能分析起来很容易。例如，假设 A=L，则可以知道 T_1 断，T_2 通；B=L，可以知道 T_3 断，T_4 通，最终结果是 Z=H。将两个输入端 A 和 B 的所有组合都分析完，就得到其功能表，大家自行分析其他情况。

同样 CMOS 或非门电路也可以用能够表示逻辑行为的 MOS 管符号，如图 2.40（a）所示。分别分析输入端 A 和 B 的四种逻辑组合，可以得到图 2.40（b）所示的功能表。

（2）CMOS 传输门。

将 N 沟道和 P 沟道场效晶体管按照图 2.41 所示的电路连接起来，就形成了逻辑控制开关，习惯称为 CMOS 传输门。

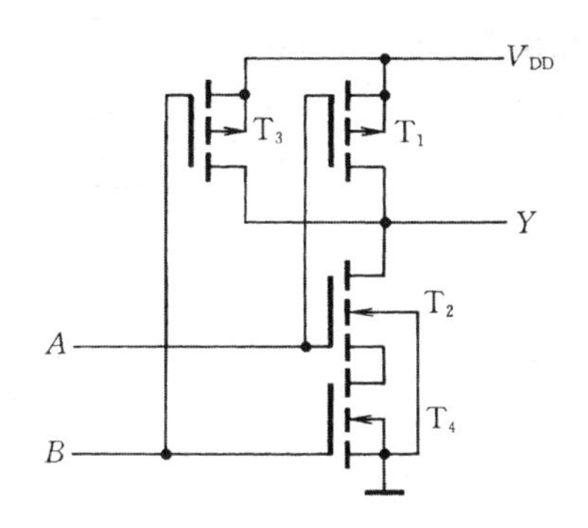

图 2.39　CMOS 与非门电路

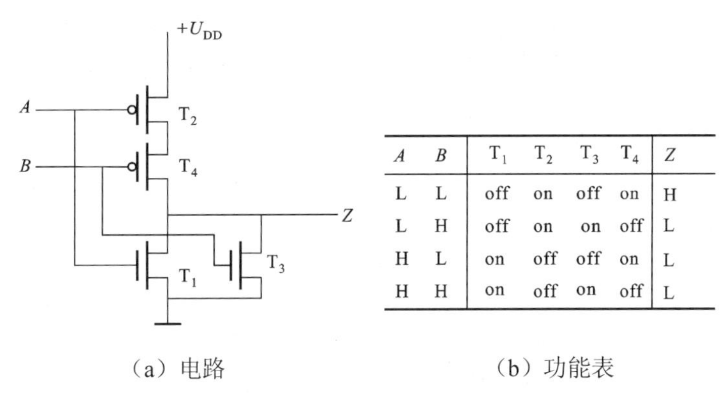

A	B	T_1	T_2	T_3	T_4	Z
L	L	off	on	off	on	H
L	H	off	on	on	off	L
H	L	on	off	off	on	L
H	H	on	off	on	off	L

（a）电路　　　　（b）功能表

图 2.40　CMOS 或非门

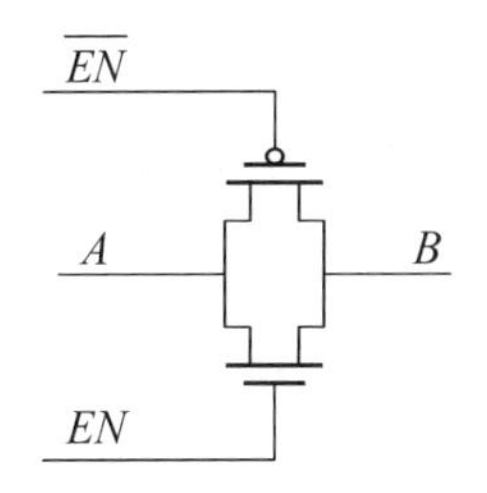

图 2.41　CMOS 传输门

传输门由控制端 *EN* 和 *EN'* 控制，*EN* 和 *EN'* 是互补信号，当 *EN*=L、*EN'*=H 时，传输门导通，*A*、*B* 之间呈现很小的电阻（2～54Ω），相当于导通；当 *EN*=H、*EN'*=L 时，传输门不导通，*A*、*B* 之间呈现很大的电阻。

（3）三态门。

图 2.42（a）是一个 CMOS 三态缓冲器结构。在该图中，使用了逻辑符号代替 MOS 管非门、与非门和或非门。图 2.42（b）显示的是当使能端为高低电平时的输出状态表，可以看到，当使能端 *EN* 为低态电平时，MOS 管 T_1 和 T_2 都处于 off 状态，输出呈高阻态；当使能端 *EN* 为高电平时，根据输入，输出正常的逻辑电平。

（4）开漏输出门。

在 CMOS 反相器输出结构中的 PMOS 管具有有源上拉作用（Active pull up），在输出电压从低向高跃变时，使输出处于高电压。如果去掉这个具有有源上拉作用的 P 沟道 MOS 管，则称这种输出结构为开漏输出。图 2.43（a）所示为具有开漏输出的与非门电路。

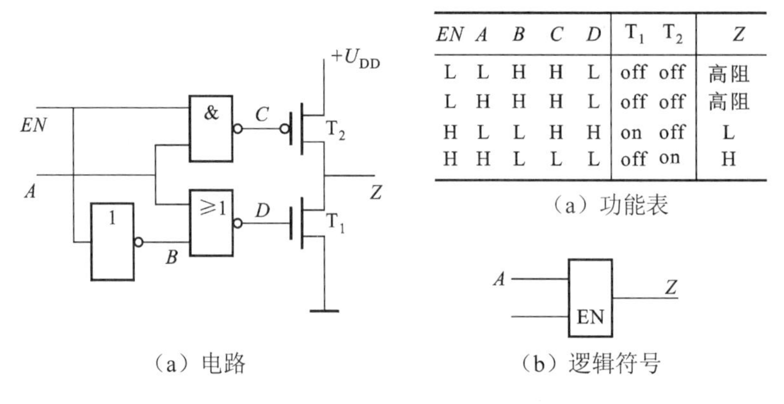

EN	A	B	C	D	T_1	T_2	Z
L	L	H	H	L	off	off	高阻
L	H	H	H	L	off	off	高阻
H	L	L	H	H	on	off	L
H	H	L	L	L	off	on	H

（a）功能表

（a）电路　　（b）逻辑符号

图 2.42　三态门

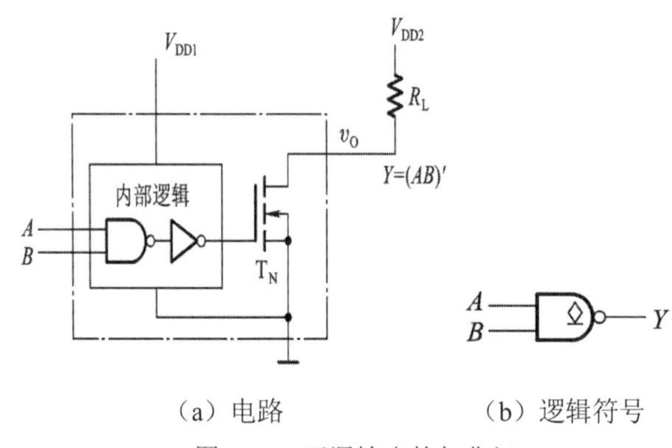

（a）电路　　（b）逻辑符号

图 2.43　开漏输出的与非门

一般情况下，开漏输出的与非门，开漏输出需要外接上拉电阻将开漏输出无源上拉到高电平才能正常工作。图 2.44 就是具有无源上拉电阻推动负载的开漏与非门电路。

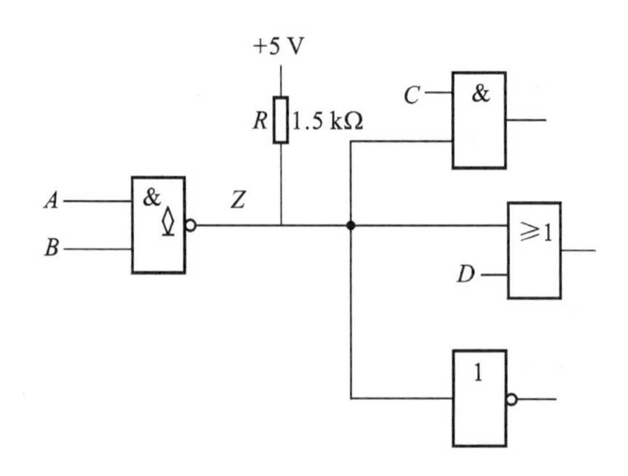

图 2.44　具有无源上拉电阻推动负载的开漏与非门电路

将几个具有开漏输出门的输出端连接在一起，就形成线与逻辑。如果所有门的输出都开路，则输出为高态电平；如果有一个门输出低电平，则输出低电平。显然，这是一个与逻辑。这样的线与逻辑如图 2.45 所示。

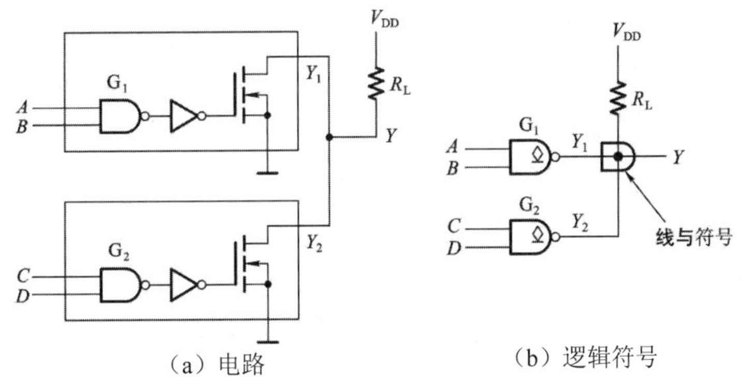

图 2.45　二个开漏门组成的线与逻辑

2.4.5　集成 CMOS 逻辑门系列和参数简介

1. 系列介绍

第一个商业上成功的 CMOS 系列是 4000 系列 CMOS，虽然 4000 系列的功耗低，电源范围宽，CD4000B 的电源电压为 3～18V，但是具有速度慢和与 TTL 系列不容易接口的缺点。

74 系列器件的命名格式：74FAMnn。其中 FAM 表示器件所属的系列，而 nn 表示器件的功能。只要 nn 相同，就说明这些器件的功能相同。例如 74HC30，74HCT30，74AC30，74ACT30，74AHC30 都是 8 输入端与非门。

前缀 74 只是一个简单的数，是由 TI 公司给定的器件前缀，而前缀 54 表示这个器件具有更宽的使用温度范围和电源电压范围。实际上它们的制造是一样的，54 系列是筛选出来的一些技术指标比较高的产品。

2. 参数介绍

（1）电压和电流传输特性。

前面定义的 CMOS 反相器的行为是在两个不连续输入电压时的行为，若是在 CMOS 反相器的输入端加入其他的输入电压，则可以得到不同的输出电压。CMOS 反相器完全的输入输出之间的电压和电流传输特性如图 2.46 所示。

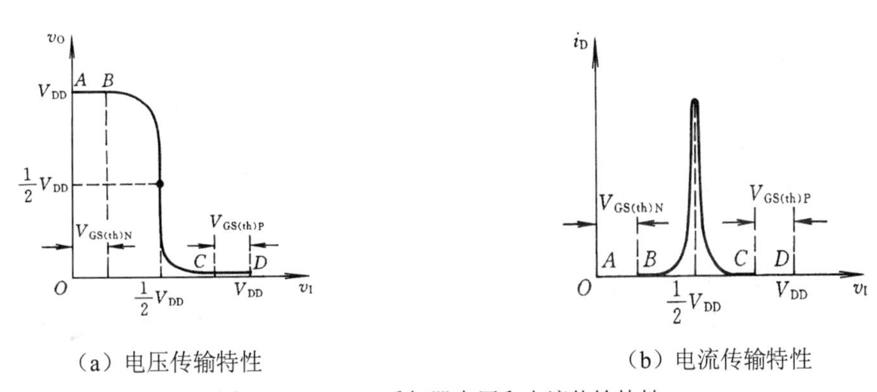

图 2.46　CMOS 反相器电压和电流传输特性

*AB 段：$V_I < V_{GS(TH)N}$

T_1 导通，T_2 截止 $\Rightarrow V_O = V_{OH} = V_{DD}$

*CD 段：$V_I > V_{DD} - |V_{GS(TH)P}|$

T_2 导通，T_1 截止 $\Rightarrow V_O = V_{OL} = 0$

*BC 段：$V_{GS(TH)N} < V_I < V_{DD} - |V_{GS(TH)P}|$

T_1、T_2 同时导通

若 T_1、T_2 参数完全对称，$V_I = \frac{1}{2}V_{DD}$ 时，$V_O = \frac{1}{2}V_{DD}$

（2）输入噪声容限。

当 V_I 偏离 V_{IH} 和 V_{IL} 的一定范围内，V_O 基本不变；在输出变化允许范围内，允许输入的变化范围称为输入噪声容限，如图 2.47 所示。

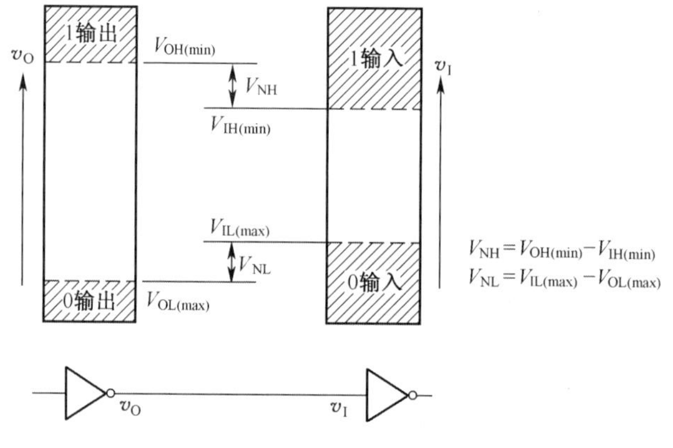

图 2.47　CMOS 反相器输入噪声容限

图 2.46 中的曲线可以看出，低于 2.4V 电压的部分可以看作输入低电平电压，而高于 2.6V 电压部分可以看作输入高电平电压，仅在 2.4～2.6V 之间的部分可以看作是反相器输出的非逻辑电压。

图 2.46 所示的是一条典型曲线，如果在环境温度、电源电压、输出负载等条件发生改变后，它就不是这个样子了。实际上 CMOS 器件的制作工艺对这条曲线的影响也是很大的，例如即使生产条件一样，每天生产的 CMOS 器件的传输特性曲线仍然不相同。如果按照典型特性曲线给定的高低电平进行数字电路设计，会使很多装置不能正确工作。

如果给图 2.46 所示传输特性曲线中给定的高低电平加一些裕量，则会使设计的数字电路工作更可靠。若 CMOS 器件的输出仅与其他的 CMOS 器件连接，则输出电流 I_{OL} 和 I_{OH} 很小，在 MOS 管上的电压降很小，这种情况称为纯 CMOS 应用。

在各类逻辑电路中，CMOS 电路具有较好的噪声容限。

CMOS 门电路的输入电流是非常小的，该电流的数值由制造厂提供：I_{IH} 输入在高态时流入输入端的电流，I_{IL} 输入在低态时流入输入端的电流，这两个电流的数值都只有 1μA 左右，非常小。

3. CMOS 逻辑门电路的特点

（1）功耗小。由前述门电路分析可知，CMOS 电路工作时，P 沟道管和 N 沟道管总有一个处于截止，因此它的静态工作电流很小，一般为 1μA 以下，即使考虑动态功耗，其总功耗也不到 1mW。因此 CMOS 电路在需要电池供电的场合得到广泛应用，如电子表、计算器。

（2）电源电压取值范围大。U_{CC} 可在 3～154V 取值，甚至可高达 18V。

（3）抗干扰能力强。CMOS 电路的噪声容限最低为 1.254V（当 U_{CC}=5V 时），大大高于 TTL 电路。

（4）工作速度高。原 CMOS 制造工艺只能将平均传输延迟时间 TPD 做到 100ns 左右，如 CC 系列。后来由于工艺的改进，已可将 Tpd 减少到 9ns，几乎与高速 TTL 相当，如高速 CMOS 产品 74HC 系列，可代替 T400 系列。目前，由于 UHC 和 UHCT 的出现，CMOS 门电路速度低的概念已经改变。

（5）带负载能力强。CMOS 电路的扇出系数最大为 540，使用时至少为 20，可见其带负载能力比较强。

（6）集成度高。由于 CMOS 电路的功耗小，电路简单，从而使它的集成度大大提高。在大规模以及超大规模集成电路中大多为 CMOS 电路。

4. 门电路不使用输入端的处理

因为 CMOS 电路的输入端具有高的输入阻抗，非常容易受到各种噪声的干扰，所以不需要使用的输入端不能悬空，而要根据门电路的逻辑功能连接到适当的电平。

只要前级门电路的扇出能力足够大，可以将不使用的输入端与其他使用的输入端连接在一起使用，当然两个或多个输入连接在一起会增加前级门的负载电容量，这种情况如图 2.49（a）所示。

若是与门、与非门，可以将不使用的输入端连接高电平，方法是将不使用的输入端通过电阻接电源，这种情况如图 2.49（b）所示。若是或门、或非门，可以将不使用的输入端连接低电平，方法是将不使用的输入端通过电阻接地线，这种情况如图 2.49（c）所示。

在通过上拉电阻连接电源，或是通过下拉电阻连接地线的方法中，电阻的阻值在 1～10kΩ 之间，而且一个电阻可以将多个不使用的输入端连接到适当的电平。当然，将不使用的输入端直接接电源或是地线也是可取的。顺便指出，TTL 门电路不使用输入端的处理与 CMOS 门电路不使用输入端的处理类似，所不同的是 TTL 与门、与非门可以将不使用的输入端悬空。另外，与 TTL 集成电路不同，CMOS 电路没有开门电阻和关门电阻这类参数，只要在输入端与地之间接了一个电阻，无论其阻值多大，输入电平都是低电平。

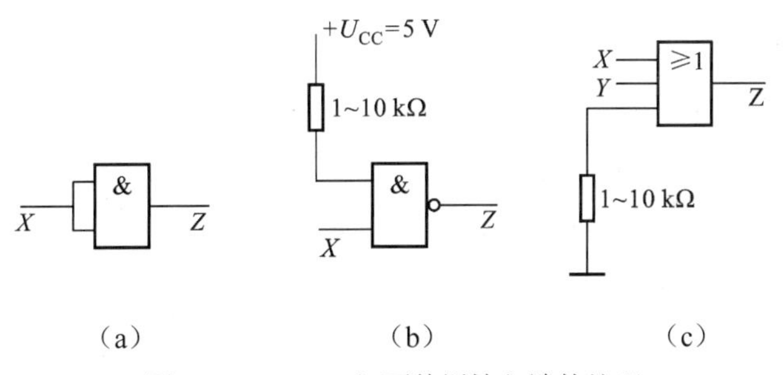

（a）（b）（c）

图 2.49 CMOS 门不使用输入端的处理

习题 2

2.1 选择题

（1）已知逻辑函数 $Y = AB + \overline{A}B + \overline{A}C$ 与其相等的函数为（ ）。

A．AB　　B．$B + \overline{A}C$　　C．$AB + \overline{B}C$　　D．$AB + C$

（2）为实现“线与”逻辑功能，应选用（ ）。

A．OC 门　　B．与门　　C．或门　　D．异或门

（3）具有“相同为 0，相异为 1”功能的逻辑门为（ ）。

A．OC 门　　B．与门　　C．或门　　D．异或门

2.2 填空题

（1）逻辑代数有三种基本运算，即__________、__________和__________。

（2）每一个输入变量有__________、__________两种取值，n 个变量有__________个不同的取值组合。

（3）任意一种取值全体最小项的和为__________。

2.3 简答题

（1）什么是逻辑门电路？基本的逻辑门电路有哪几种？

（2）什么是 TTL 集成门电路？TTL 集成门电路有什么特点？在使用 TTL 门电路时，能否将输入端悬空？为什么？

（3）什么叫线与？哪种门电路可以实现线与？

2.4 综合题

（1）用真值表证明下列运算。

1）$A \oplus 1 = \overline{A}$。

2）$A \oplus A = 0$。

（2）试列出具有 4 个输入变量的或逻辑 $Y=AB+CD$ 的真值表。

（3）某逻辑电路有 3 个输入：A、B 和 C，当输入不相同时，输出为 1，否则输出为 0。列出此逻辑事件的真值表，写出逻辑表达式。

（4）试画出用与非门构成具有下列逻辑关系的逻辑电路图。

1）$Y = \overline{A}$。

2）$Y = AB + \overline{A}\overline{B}$。

（5）采用公式法化简下列逻辑函数。

1）$Y = (\overline{A} + \overline{B})C + \overline{A}B$。

2）$Y = AB + A\overline{B} + \overline{A}\overline{B} + \overline{A}B$。

3）$Y = A\overline{C} + ABC + AC\overline{D} + CD$。

4）$Y = A\overline{B}(\overline{A}CD + \overline{AD + \overline{B}\overline{C}})(\overline{A} + B)$。

（6）采用卡诺图法化简下列逻辑函数。

1）$Y_{(A,B,C)} = \sum m(2,3,6,7)$。

2）$Y = ABC + ABD + \overline{C}\overline{D} + A\overline{B}C + \overline{A}C\overline{D} + A\overline{C}D$。

3） $Y = BC + \overline{A}C + \overline{C}D + A\overline{B}$ 。

4） $Y = \overline{A}\,\overline{C} + \overline{A}B$ （约束条件为 $AB+AC=0$）。

5） $Y_{(A,B,C,D)} = \sum m(3,5,6,7,10) + \sum d(0,1,2,4,8)$ 。

（7）写出下图所示逻辑电路的逻辑函数表达式。

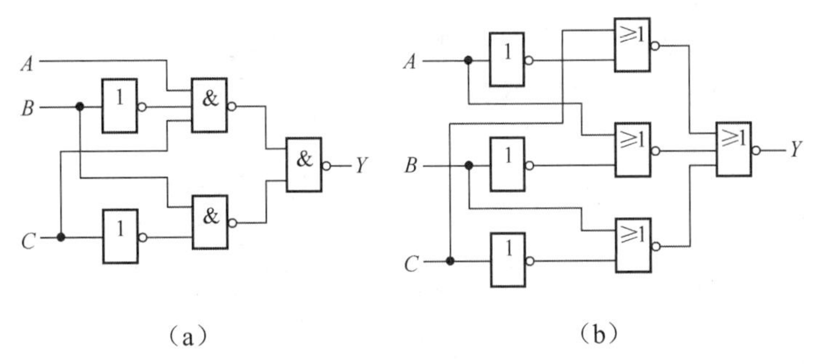

（a）　　　　（b）

题 2.1 图　逻辑电路图

（8）写出下列逻辑函数的对偶式 Y' 及反函数 $\overline{Y}$ 。

1） $Y = \overline{A + \overline{B + \overline{\overline{C}}}}$ 。

2） $Y = (A + \overline{B})(\overline{A} + B)(B + C)(\overline{A} + C)$ 。

（9）写出下列逻辑函数的最小项表达式。

1） $Y = A\overline{B}\,\overline{C}D + BCD + \overline{A}D$ 。

2） $Y = \overline{A}\,\overline{B}C + \overline{A}B + BC$ 。

第 3 章　组合逻辑电路

本章提要：组合逻辑电路是数字系统中两类基本电路之一，本章首先介绍了组合逻辑电路的定义和特点，然后重点讲述了组合逻辑电路的分析与设计方法，最后阐述了竞争－冒险现象产生的原因与消除方法。

教学建议：本章的重点是组合逻辑电路的分析与设计方法。建议教学时数：7 学时。

学习要求：①掌握组合逻辑电路的分析和设计方法；②掌握编码器、译码器、加法器、数据选择器和数值比较器等常用组合逻辑电路的逻辑功能；③了解组合逻辑电路中的竞争－冒险现象及消除的方法。

关键词：组合逻辑电路（Combination Logic Circuit）；功能表（Function Table）；译码器（Decoder）；编码器（Encoder）；多路选择器（Multiplexer）；数据选择器（Data Selector）；数据分配器（Demultiplexer）；异或门（Exclusive-OR Gate）；数字比较器（Magnitude Comparator）；半加器（Half Adder）；全加器（Full Adder）；等效门符号（Equivalent Gate Symbols）；号名和等效电平（Signal Name and Active Levels）；“圈到圈”的逻辑设计（Bubble-to-Bubble Logic Design）；电路定时（Circuit Timing）；奇偶校验（Odd-Even Check）；奇偶校验电路（Parity Circuit）；险象（Hazard）；逻辑险象（Logic Hazard）；功能（Function）；静态险象（Static Hazard）；动态险象（Dynamic Hazard）。

3.1　组合逻辑电路的特点和定义

组合逻辑电路的结构如图 3.1 所示，X_0、X_1、…、X_{n-1} 为 n 个输入变量，F_0、F_1、…、F_{n-1} 为 n 个输出变量，任何时刻的输出值仅决定于此时此刻各个输入变量的取值，这样的逻辑电路称为组合逻辑电路，简称组合电路。

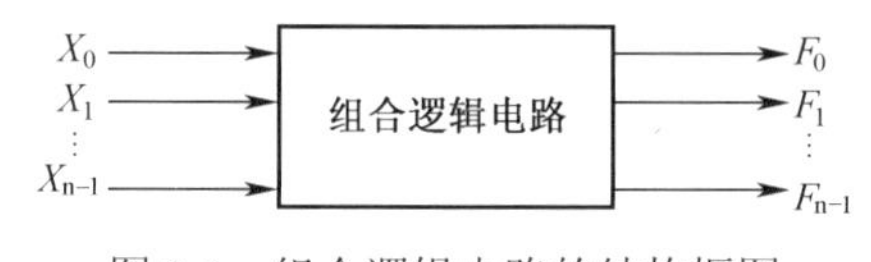

图 3.1　组合逻辑电路的结构框图

组合电路输出变量与输入变量间的逻辑关系为：

$F_0=f_0(X_0,X_1,\cdots,X_{n-1})$

$F_1=f_1(X_0,X_1,\cdots,X_{n-1})$

⋮

$F_{n-1}=f_{n-1}(X_0,X_1,\cdots,X_{n-1})$

组合逻辑电路具有如下的特点：

（1）结构无反馈，也就是输入和输出之间没有反馈延迟通路。

（2）功能无记忆，在电路中不含有具有记忆功能的元件。

（3）输出只与当前输入有关。

3.2　组合逻辑电路的分析

组合逻辑电路的分析就是从给定的逻辑电路图求出输出函数的逻辑功能，即求出逻辑表达式和真值表等。分析的目的就是为了确定电路的逻辑功能。

分析类型有使用逻辑门的电路分析、使用 MSI 模块的电路分析和使用 HDL 语言描述电路分析。使用 HDL 语言描述电路分析在 VHDL 语言一章中介绍。

1．基于逻辑门的组合逻辑电路分析

尽管基于逻辑门的各种组合逻辑电路在功能上千差万别，但是它们的分析方法是共同的。其分析步骤一般为：

（1）推导逻辑电路输出函数的逻辑表达式。推导逻辑电路输出函数的过程一般为由入向出。首先将逻辑图中各个门的输出都标上字母，然后从输入级开始，逐级推导出各个门的输出函数。

（2）将各逻辑函数表达式化简和变换，得到最简表达式。

（3）由逻辑表达式建立真值表。做真值表的方法是，首先将输入信号的所有组合进行列表，然后将各组合代入输出函数得到输出信号值。

（4）根据真值表和简化后的逻辑表达式进行分析，判断逻辑电路的功能。

下面举例说明组合逻辑电路的分析方法。

例 3.1　试分析图 3.2 所示逻辑电路图的功能。

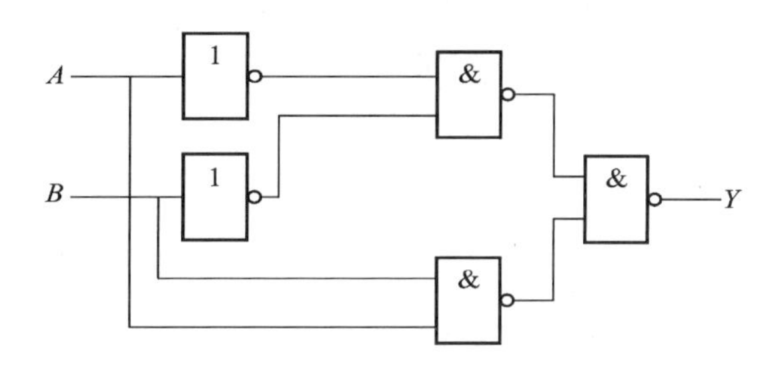

图 3.2　例 3.1 的电路图

解：

（1）根据逻辑图写出逻辑函数式并化简。

（2）列真值表，见表 3.1。

表 3.1　真值表

A	B	Y
0	0	1
0	1	0
1	0	0
1	1	1

（3）分析逻辑功能。由真值表可知：A、B 相同时 Y=1，A、B 不相同时 Y=0，所以该电路是同或逻辑电路。

例 3.2 试分析图 3.3 所示逻辑电路的功能。

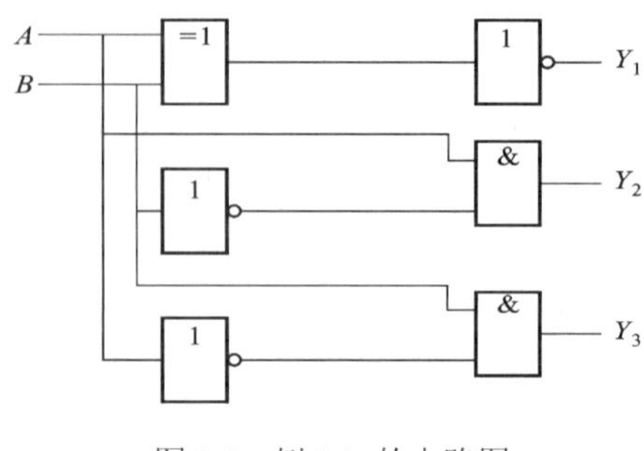

图 3.3 例 3.2 的电路图

解：

（1）根据给出的逻辑图可以写出 Y_1、Y_2、Y_3 与 A、B 之间的逻辑函数式

$$Y_1 = (\overline{A}B + A\overline{B})' = \overline{A}\,\overline{B} + AB$$

$$Y_2 = A\overline{B}$$

$$Y_3 = \overline{A}B$$

（2）列真值表，见表 3.2。

表 3.2 真值表

A	B	Y_1	Y_2	Y_3
0	0	1	0	0
0	1	0	0	1
1	0	0	1	0
1	1	1	0	0

（3）分析逻辑功能。观察真值表中 Y_1、Y_2 和 Y_3 为 1 的情况可知：A=B 时，Y_1=1；(A=1)＞(B=0)时，Y_2=1；(A=0)＜(B=1)时，Y_3=1。所以，此电路是 1 位二进制数比较电路。

2. 基于 MSI 模块的组合逻辑电路分析

基于 MSI 模块的组合逻辑电路分析与基于逻辑门的组合逻辑电路分析是有一定区别的。基于 MSI 模块的组合逻辑电路分析方法如下：

（1）能写出给定逻辑电路的输出逻辑函数表达式时，尽量写出表达式，然后列出真值表，判断电路的逻辑功能。

（2）不能写出表达式，但能根据模块的功能及连接方法列出电路的真值表时，尽量列出真值表，从真值表判断电路的逻辑功能。

（3）既不能写出逻辑表达式也不能列出真值表时，可根据所使用模块的功能及连接方法，通过分析、推理来判断电路的逻辑功能。

具体实例在介绍 MSI 芯片时再列举。

3.3 组合逻辑电路的设计

组合逻辑电路的设计一般在给定逻辑功能及要求的条件下，通过某种设计渠道，得到满足功能要求而且是最简单的逻辑电路。

实现设计的途径有三种：使用门电路、使用 MSI 模块和使用硬件描述语言。其一般步骤如下：

（1）确定输入、输出变量，定义变量逻辑状态的含义。

（2）将实际逻辑问题抽象成真值表。

（3）选定器件类型。

（4）根据所选器件和真值表写逻辑表达式，并化简成最简与或表达式。用门电路实现时，与非门——圈 1；或非门、与或非门——圈 0，用摩根定律进行变形（OC 与非门也圈 0）。

用门电路实现的电路，也可以变换成 MSI 器件实现，或用硬件描述语言描述（用 PLD 实现）。

（5）根据最后所得到的函数表达式画出逻辑电路图，或画出 MSI 器件连接电路图，或下载到 PLD。

（6）工艺设计。

下面举例说明组合逻辑电路的设计方法。

例 3.3 设有甲、乙、丙三台电动机，它们运转时必须满足这样的条件，即任何时间必须有而且仅有一台电动机运行，如不满足该条件，就输出报警信号。试设计此报警电路。

解：

（1）取甲、乙、丙三台电动机的状态为输入变量，分别用 A、B 和 C 表示。并且规定电动机运转为 1，停转为 0。取报警信号为输出变量，以 Y 表示。Y=0 表示正常状态，否则为报警状态。

（2）根据题意可列出表 3.3 所示的真值表。

表 3.3 真值表

A	B	C	Y
0	0	0	1
0	0	1	0
0	1	0	0
0	1	1	1
1	0	0	0
1	0	1	1
1	1	0	1
1	1	1	1

（3）写逻辑表达式，方法有二：一是对 Y=1 的情况写；二是对 Y=0 的情况写。用方法一写出的是最小项表达式；用方法二写出的是最大项表达式。若 Y=0 的情况很少，也可对 Y 非

等于 1 的情况写，然后再对 Y 非求反。以下是对 Y=1 的情况写出的逻辑表达式：

$$Y = \overline{ABC} + \overline{A}BC + A\overline{B}C + AB\overline{C} + ABC$$

化简后得到

$$Y = \overline{A}\,\overline{B}\overline{C} + AC + AB + BC$$

（4）由逻辑表达式可画出如图 3.4 所示的逻辑电路图，一般为由出向入的过程。

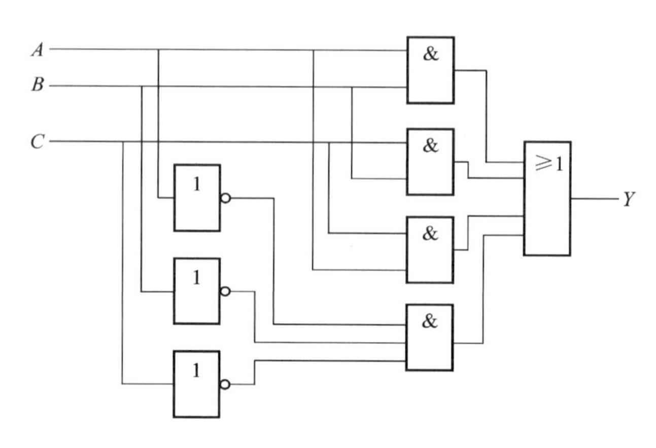

图 3.4　例 3.3 的电路图

例 3.4　试设计一逻辑电路供三人表决使用。每人有一电键，如果他赞成，就按电键，表示 1；如果不赞成，不按电键，表示 0。表决结果用指示灯来表示，如果多数赞成，则指示灯亮，Y=1；反之灯不亮，Y=0。

解： 首先确定逻辑变量，设 A、B、C 为三个电键（分别给三个人使用），Y 为指示灯。

（1）根据以上分析列出表 3.4 所示的真值表。

表 3.4　真值表

A	B	C	Y
0	0	0	0
0	0	1	0
0	1	0	0
0	1	1	1
1	0	0	0
1	0	1	1
1	1	0	1
1	1	1	1

（2）由真值表写出逻辑表达式

$$Y = AB\overline{C} + A\overline{B}C + \overline{A}BC + ABC$$

化简后得到

$$Y = \overline{\overline{AB} \cdot \overline{BC} \cdot \overline{CA}}$$

（3）根据逻辑表达式画电路图，如图 3.5 所示。

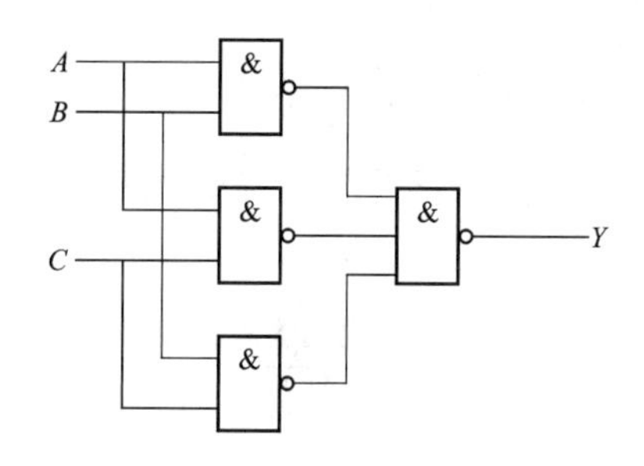

图 3.5 例 3.4 的电路图

3.4 加法器

在数字系统中，对二进制数进行的加、减、乘、除运算都是转化成加法运算完成的，所以加法器是构成运算电路的基本单元。

3.4.1 1 位加法器

1. 半加器

能对两个 1 位二进制数进行相加得到和及进位的电路称为半加器。按照二进制数运算规则得到表 3.5 所示的真值表，其中 A、B 是两个加数，S 是和，C 是进位。

表 3.5 半加器真值表

输入		输出	
A	B	S	C
0	0	0	0
0	1	1	0
1	0	1	0
1	1	0	1

由真值表可以得到如下逻辑表达式：

$S = \overline{A}B + A\overline{B} = AB$

$C = AB$

由表达式可以得到半加器逻辑图及符号，如图 3.6（a）、（b）所示。

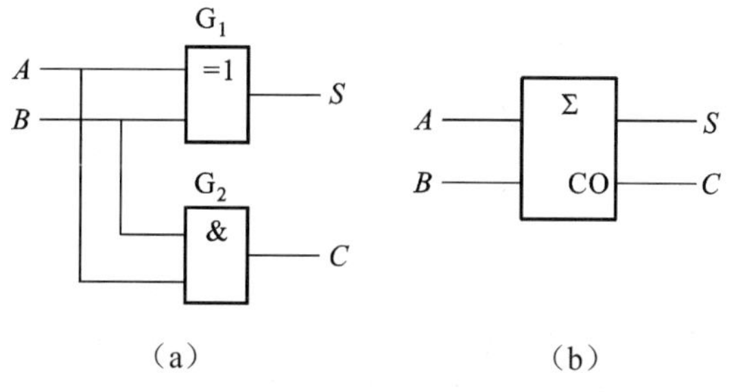

图 3.6 半加器逻辑图及符号

2. 全加器

能对两个 1 位二进制数相加并考虑低位来的进位，得到和及进位的逻辑电路称为全加器。全加器真值表见表 3.6，表中 C_I 为低位来的进位，A、B 是两个加数，S 是全加和，C_O 是进位。

表 3.6 全加器真值表

输入			输出	
C_I	A	B	S	C_O
0	0	0	0	0
0	0	1	1	0
0	1	0	1	0
0	1	1	0	1
1	0	0	1	0
1	0	1	0	1
1	1	0	0	1
1	1	1	1	1

从真值表可得到如下表达式：

$$\mathrm{S} = \overline{\bar{A}\bar{B}\bar{C}_I + \bar{A}BC_I + A\bar{B}C_I + AB\bar{C}_I}$$

$$C_O = \overline{\bar{A}\bar{B} + \bar{B}\bar{C}_I + \bar{A}\bar{C}_I}$$

化简后

$$\mathrm{S} = ABC_I$$

$$C_O = AB + AC_I + BC_I$$

由逻辑表达式可画出逻辑图，如图 3.7 所示。

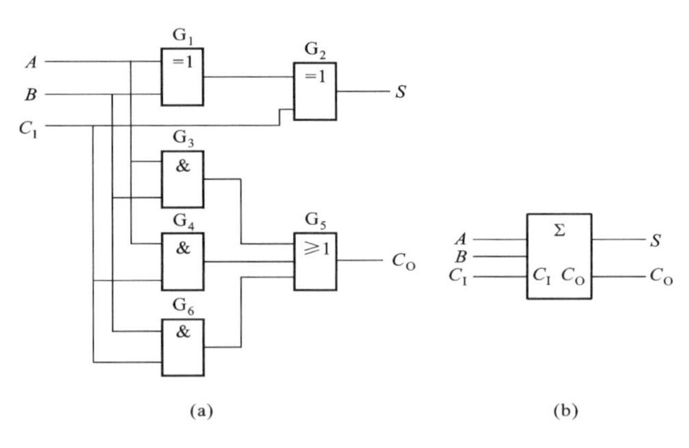

图 3.7 全加器逻辑图及符号

3. 集成 1 位全加器

74LS183 是双 1 位全加器，输入信号为低位进位 C_I 和两个加数 A、B，输出为全加和 S 与本级进位 C_O，其逻辑符号如图 3.8（a）所示。

3.4.2 多位加法器

1. 串行进位加法器

由全加器串联可构成 n 位加法器，每个全加器表示 1 位二进制数据。构成方法是依次将低位全加器的进位 C_O 输出端连接到高位全加器的进位输入端 C_I。

这种加法器的每一位相加结果都必须等到低一位的进位产生之后才能形成，即进位在各级之间是串联关系，所以称为串行进位加法器。

由于必须等待前级进位才能形成本级的进位和全加和，所以当位数很多时，运算速度会很慢。该种形式的加法器结构简单，在不要求运算速度的设备中可以使用。

2. 先行进位加法器

为了提高运算速度，必须设法减小由于进位引起的时间延迟。方法是事先由两个加数构成各级加法器所需要的进位。集成加法器 74LS283 就是先行进位加法器，其逻辑符号如图 3.8（b）所示。

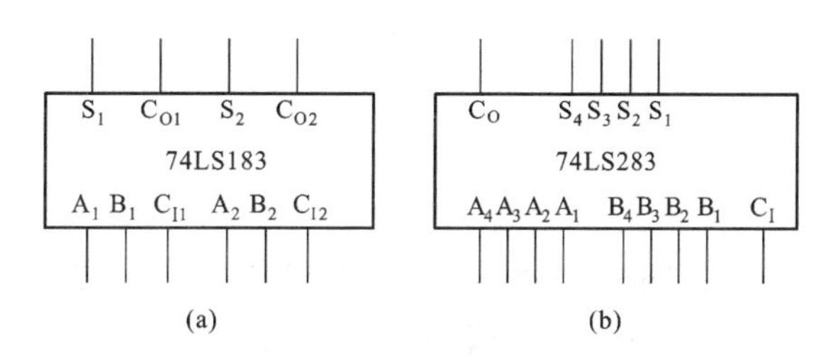

图 3.8 74LS183 和 74LS283 的逻辑符号

74LS283 执行两个 4 位二进制数加法，每位有一个和输出，最后的进位 C_I 由第 4 位提供，产生进位的时间一般为 22ns。

一片 74LS283 只能完成 4 位二进制数的加法运算，但把若干片级联起来，可以构成更多位数的加法器电路。由两片 74LS283 级联构成的 8 位加法器电路如图 3.9 所示，其中片（1）为低位片，片（2）为高位片。同理，可以把 4 片 74LS283 级联起来，构成 16 位加法器电路。

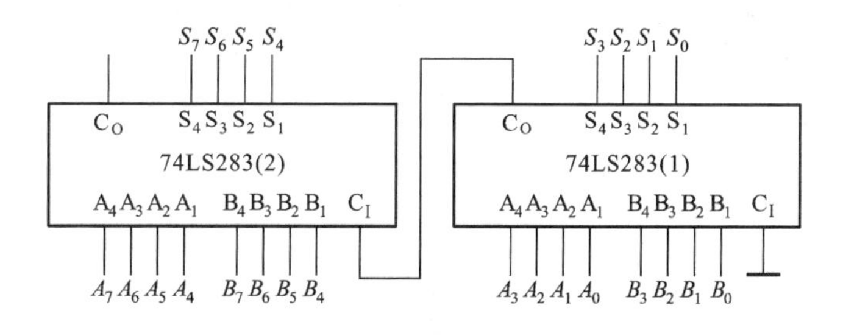

图 3.9 用 74LS283 构成的 8 位加法器

利用 74LS283 的加法运算功能，还能实现具有某些特定功能的逻辑电路。

图 3.10（a）所示的是用 74LS283 组成的减法器电路。二进制减法操作可以通过先求出减数的补码再加上被减数求得。补码的求法为反码加 1。例如求 1101 的补码，首先求 1101 的反码，为 0010，然后再加 1，得到 0011。图 3.10（a）中用反相器对减数求反，然后使进位端为 1，完成反码加 1 求补码的运算。然后与被减数相加，得到差。如果不够减，加法器进位端将

输出借位信号。图 3.10（b）所示的是用 74LS283 实现由 8421 码到余 3 码的代码转换电路。图中，D、C、B、A 是 8421 码输入端，Y_3、Y_2、Y_1、Y_0 是余 3 码输出端，满足 8421 码加上 3 得到余 3 码的关系。

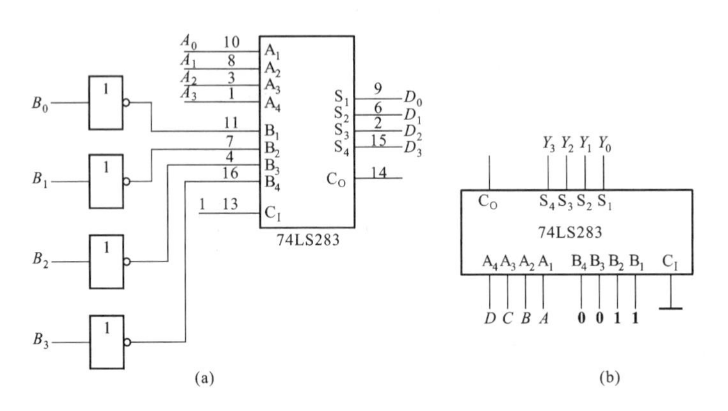

图 3.10　用 74LS283 实现某些特定功能的逻辑电路

3.5　编码器

编码器（Encoder）是用二进制码表示十进制数或其他一些特殊信息的电路。

常用的编码器有普通编码器和优先编码器两类。普通编码器要求任何时刻只能有一个有效输入信号，否则编码器将不知道如何输出，优先编码器可以避免这个缺点，可以有多个有效输入信号同时输入，但是只对优先级别最高的输入编码输出。编码器又可分为二进制编码器和二－十进制编码器。

3.5.1　普通编码器

n 位二进制符号有 2^n 种不同的组合，因此有 n 位输出的编码器可以表示 2^n 个不同的输入信号，一般把这种编码器称为 2^n 线－n 线编码器。图 3.11 是 3 位二进制编码器的原理框图，它有 8 个输入端 Y_0～Y_7，有 3 个输出端 C、B、A，所以称为 8 线－3 线编码器。

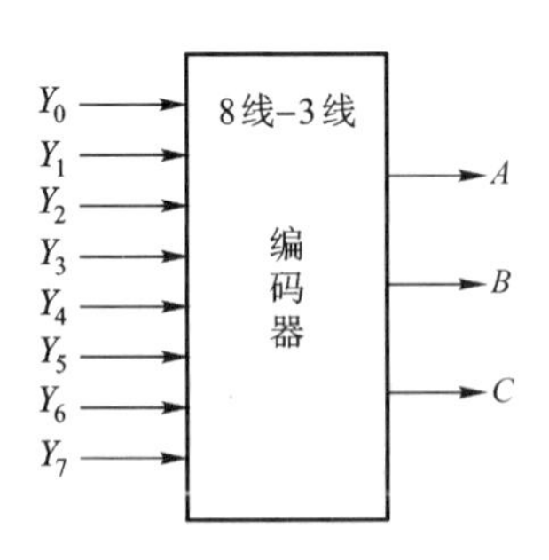

图 3.11　8 线－3 线编码器的原理框图

对于普通编码器来说，在任何时刻输入 Y_0～Y_7 中只允许一个信号为有效电平。高电平有效的 8 线－3 线普通编码器的编码表见表 3.7。

表 3.7 8 线—3 线编码器编码表

输入	C	B	A
Y_0	0	0	0
Y_1	0	0	1
Y_2	0	1	0
Y_3	0	1	1
Y_4	1	0	0
Y_5	1	0	1
Y_6	1	1	0
Y_7	1	1	1

由编码表得到输出表达式为：

$C = Y_4 + Y_5 + Y_6 + Y_7$

$B = Y_2 + Y_3 + Y_6 + Y_7$

$A = Y_1 + Y_3 + Y_5 + Y_7$

实现上述功能的逻辑图如图 3.12 所示。

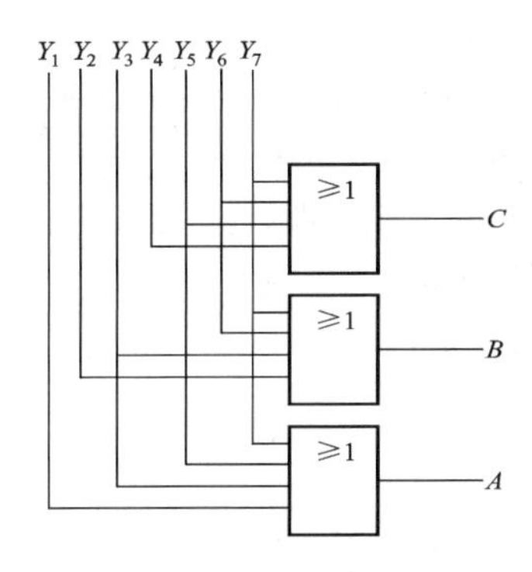

图 3.12 3 位编码器的逻辑图

3.5.2 优先编码器

普通编码器电路比较简单，但同时有两个或更多输入信号有效时，将造成输出状态混乱。采用优先编码器可以避免这种现象。优先编码器首先对所有的输入信号按优先顺序排队，然后选择优先级最高的一个输入信号进行编码。

下面以编码器 74147 和编码器 74148 为例，介绍优先编码器的逻辑功能和使用方法。

1. 10 线－4 线二进制优先编码器 74147

10 线—4 线二进制优先编码器 74147 为二—十进制编码器，它的符号如图 3.13 所示，编码见表 3.8。该编码器的特点是可以对输入进行优先编码，以保证只编码最高位输入数据线。该编码器输入为 1～9 九个数字，输出是 BCD 码，数字 0 不是输入信号。输入与输出都是低电平有效。

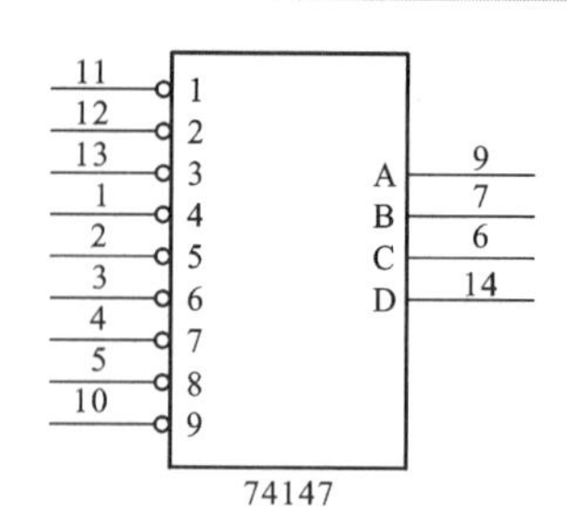

图 3.13　74147 优先编码器

表 3.8　74147 编码器编码表

输入									输出			
1	2	3	4	5	6	7	8	9	D	C	B	A
1	1	1	1	1	1	1	1	1	1	1	1	1
×	×	×	×	×	×	×	×	0	0	1	1	0
×	×	×	×	×	×	×	0	1	0	1	1	1
×	×	×	×	×	×	0	1	1	1	0	0	0
×	×	×	×	×	0	1	1	1	1	0	0	1
×	×	×	×	0	1	1	1	1	1	0	1	0
×	×	×	0	1	1	1	1	1	1	0	1	1
×	×	0	1	1	1	1	1	1	1	1	0	0
×	0	1	1	1	1	1	1	1	1	1	0	1
0	1	1	1	1	1	1	1	1	1	1	1	0

图 3.14 所示电路是 74147 的典型应用电路，该电路可以将 0～9 十个按钮信号转换成编码。当没有按钮按下时，按钮按下信号 Y=0；若有按钮按下，则按钮按下信号 Y=1。虽然 0 信号未进入 74147，但是当 0 按钮按下时，按钮按下信号 Y=1，同时编码输出 1111，这就相当于 0 的编码是 1111。

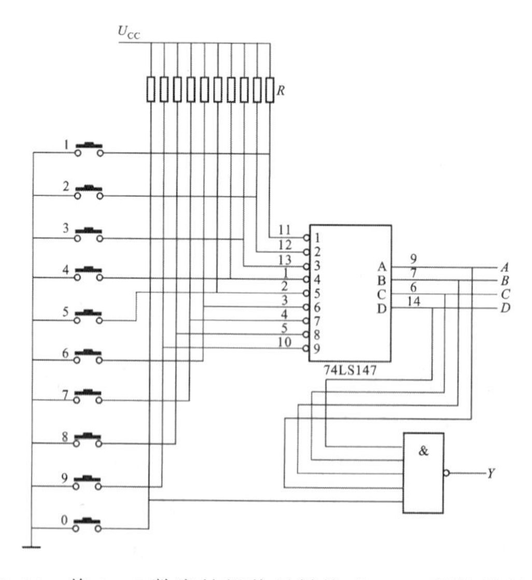

图 3.14　将 0～9 数字按钮信号转换成 BCD 码的编码电路

2. 8线－3线二进制优先编码器74148

二进制编码器是用 n 位二进制码对 2^n 个信号进行编码的电路。74148的符号如图3.15所示。该编码器的输入与输出都是低电平有效。从74148真值表（表3.9）可以看出，输入端 E_I 是片选端。当 E_I=0时，编码器正常工作，否则编码器输出全为高电平。输出信号 $\overline{G}_S=0$ 表示编码器工作正常，而且有编码输出。输出信号 E_O=0表示编码器正常工作，但是没有编码输出，它常用于编码器的级联。

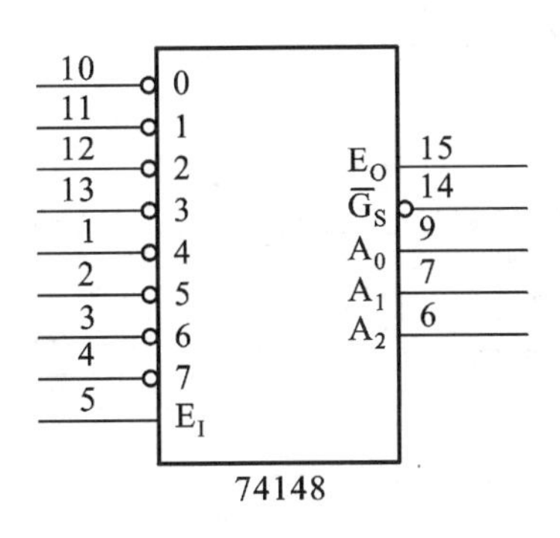

图3.15　74148优先编码器

表3.9　74148真值表

输入									输出				
E_I	0	1	2	3	4	5	6	7	$\overline{G}_S$	E_O	A_2	A_1	A_0
1	×	×	×	×	×	×	×	×	1	1	1	1	1
0	1	1	1	1	1	1	1	1	1	0	1	1	1
0	×	×	×	×	×	×	×	0	0	1	0	0	0
0	×	×	×	×	×	×	0	1	0	1	0	0	1
0	×	×	×	×	×	0	1	1	0	1	0	1	0
0	×	×	×	×	0	1	1	1	0	1	0	1	1
0	×	×	×	0	1	1	1	1	0	1	1	0	0
0	×	×	0	1	1	1	1	1	0	1	1	0	1

例3.5　某医院有8个病房和一个大夫值班室，每个病房有一个按钮，在大夫值班室有一优先编码器电路，该电路可以用数码管显示病房的编码。病房按病人病情严重程度不同进行分类，1号病房病人病情最重，8号病房病人病情最轻。试设计一个呼叫装置，该装置按病人的病情严重程度呼叫大夫，若两个或两个以上的病人同时呼叫大夫，则只显示病情较重病人的呼叫。

解：根据题意，选择优先编码器74148对病房进行编码。当有按钮按下时，74148的 $\overline{G}_S$ 端输出低电平，经过反相器推动三极管使蜂鸣器发声，以提示有病人按下了按钮。具体电路见图3.16，图中的DS和7446A是将编码器的输出 A_0、A_1、A_2 变换成人们习惯的显示方式——十进制数，称为译码和显示，后面将详细讨论。图3.16中由于74148输出低电平有效，而7446输入高电平有效，所以两个芯片之间串联反相器。

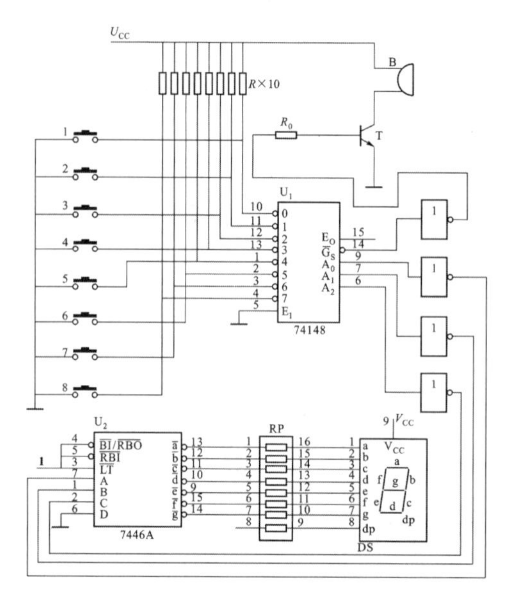

图 3.16 优先编码器的应用

3.6 译码器

将二进制代码（或其他确定信号或对象的代码）“翻译”出来，变换成另外的与之对应的输出信号（或另一种代码）的逻辑电路称为译码器。常用的译码器有二进制译码器、二－十进制译码器和显示译码器等。

3.6.1 二进制译码器

n 位二进制译码器有 n 个输入端和 2^n 个输出端，即将 n 位二进制代码的组合状态翻译成对应的 2^n 个最小项，一般称为 n 线－2^n 线译码器。每一组输入信号只对应一个输出是有效电平，其他输出都是无效电平。常用的中规模集成电路译码器有双 2 线－4 线译码器 74139、3 线－8 线译码器 74138、4 线－16 线译码器 74154 和 4 线－10 线译码器 7442 等。

2 线－4 线译码器的逻辑图如图 3.17 所示。

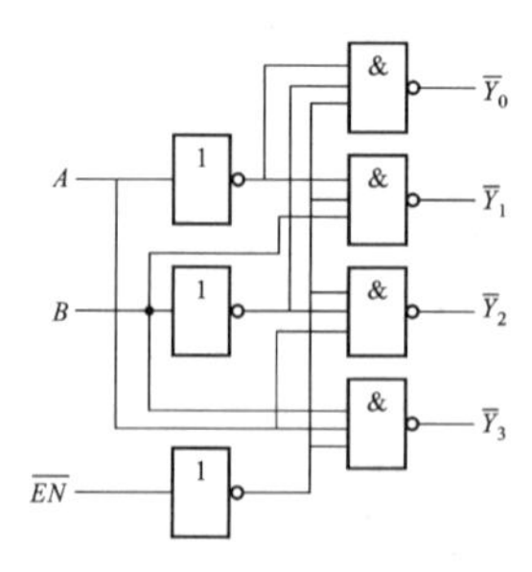

图 3.17 2 线－4 线译码器的逻辑图

电路有 2 个输入端 A、B，4 个输出端 Y_3～Y_0，在任何时刻最多只有一个输出端为有效电平（此处为低电平），其真值表见表 3.10。

表 3.10 2 线－4 线译码器真值表

$\overline{EN}$	A	B	$\overline{Y}_3$	$\overline{Y}_2$	$\overline{Y}_1$	$\overline{Y}_0$
1	×	×	1	1	1	1
0	0	0	1	1	1	0
0	0	1	1	1	0	1
0	1	0	1	0	1	1
0	1	1	0	1	1	1

$\overline{EN}$ 是使能控制端（也称为选通信号）。当 $\overline{EN}$=0（有效）时，译码器处于工作状态；当 $\overline{EN}$=1（无效）时，译码器处于禁止工作状态，此时，全部输出端都输出高电平（无效状态）。

74138 是 TTL 系列中的 3 线－8 线译码器，它的逻辑符号如图 3.18 所示。其中 A、B 和 C 是输入端；Y_0、Y_1、…、Y_7 是输出端；G_1、$\overline{G}_{2A}$、$\overline{G}_{2B}$ 是控制端。它的译码器的真值表见表 3.11。在真值表中，$G_2=\overline{G}_{2A}+\overline{G}_{2B}$。从真值表可以看出，当 G_1=1、G_2=0 时该译码器处于工作状态，否则输出被禁止，输出高电平。这三个控制端又称为片选端，利用它们可以将多片连接起来以扩展译码器的功能。

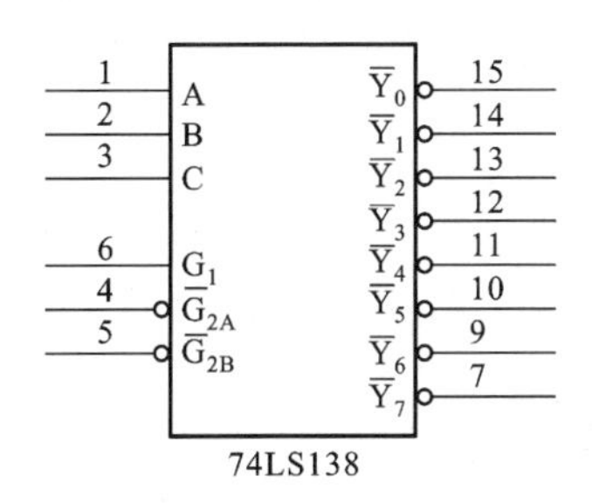

图 3.18 3 线－8 线译码器的逻辑符号

表 3.11 74138 真值表

控制		输入			输出							
G_1	G_2	C	B	A	$\overline{Y}_0$	$\overline{Y}_1$	$\overline{Y}_2$	$\overline{Y}_3$	$\overline{Y}_4$	$\overline{Y}_5$	$\overline{Y}_6$	$\overline{Y}_7$
×	1	×	×	×	1	1	1	1	1	1	1	1
0	×	×	×	×	1	1	1	1	1	1	1	1
1	0	0	0	0	0	1	1	1	1	1	1	1
1	0	0	0	1	1	0	1	1	1	1	1	1
1	0	0	1	0	1	1	0	1	1	1	1	1
1	0	0	1	1	1	1	1	0	1	1	1	1
1	0	1	0	0	1	1	1	1	0	1	1	1
1	0	1	0	1	1	1	1	1	1	0	1	1
1	0	1	1	0	1	1	1	1	1	1	0	1
1	0	1	1	1	1	1	1	1	1	1	1	0

用两个 3 线－8 线译码器可组成 4 线－16 线译码器，如图 3.19 所示。将 C、B、A 信号连接到 U_1 和 U_2 的 C、B、A 端，将 U_1 的控制 G_{2A} 和 U_2 的 G_1 端连接到 D。当 D=0 时，选中 U_1，否则选中 U_2。将 U_1 的 $\overline{G}_{2B}$ 和 U_2 的 $\overline{G}_{2A}$ 端连接到使能信号 EN，当 EN=0 时，译码器正常工作，当 EN=1 时，译码器被禁止。

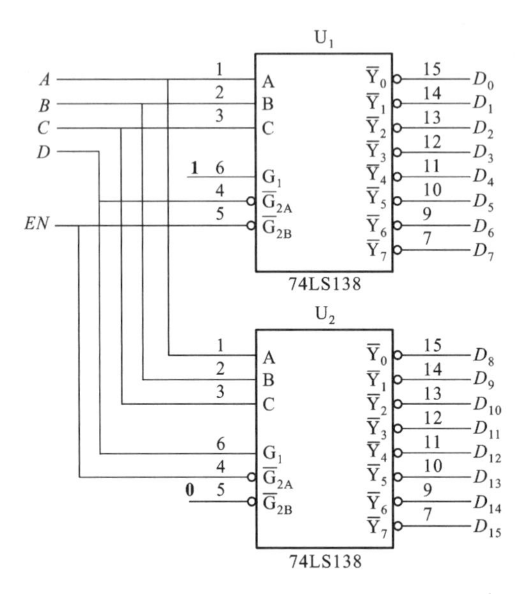

图 3.19　用 74138 实现 4 线－16 线译码

例 3.6　用 74138 译码器实现的电路如图 3.20 所示，写出 $Y(A,B,C)$ 的逻辑表达式。

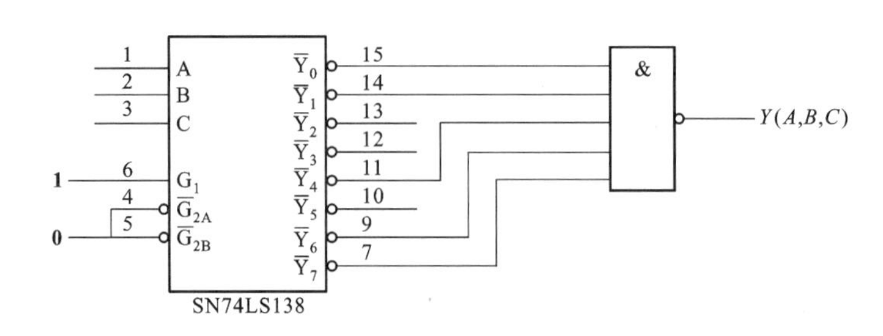

图 3.20　用 74138 实现组合逻辑函数

解：从 74138 译码器的功能可知，它的每一个输出都是对应输入逻辑变量最小项的非，因此得到输出表达式为：

$$Y(A,B,C)=\overline{\overline{Y_0}\,\overline{Y_1}\,\overline{Y_4}\,\overline{Y_6}\,\overline{Y_7}}=\overline{\overline{m_0}\,\overline{m_1}\,\overline{m_4}\,\overline{m_6}\,\overline{m_7}}=m_o+m_1+m_4+m_6+m_7=\sum m(0,1,4,6,7)$$

3.6.2　二－十进制译码器

二－十进制译码器又称为码制变换译码器。它是将 BCD 码译成十个独立输出的高电平或低电平信号。常用的有 4 线－10 线 BCD 译码器 7442，符号如图 3.21 所示。它的输入为 8421BCD 码，输出为十个独立的信号线 0～9。对于 8421BCD 码以外的伪码，输出全为高电平。该芯片常与发光二极管连接，用二极管是否发光来显示 BCD 数据。

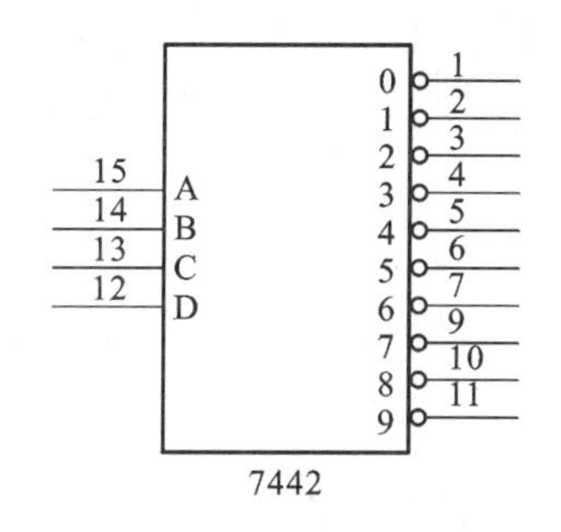

图 3.21　7442 符号图

CMOS4028 是和 7442 功能相同的 4 线－10 线译码器。

3.6.3　显示译码器

在一些数字系统中，不仅需要译码，而且需要把译码的结果显示出来。所以，显示译码器是对 4 位二进制数码译码并推动数码显示器的电路。

1. 显示器件

目前广泛使用的显示器件是七段数码显示器，由 A～G 七段可发光的线段拼合而成，通过控制各段的亮或灭，就可以显示不同的字符或数字。七段数码显示器有半导体数码显示器和液晶显示器两种。

半导体数码管（或称 LED 数码管）由发光二极管组成，有一般亮和超亮之分，也有 0．5 寸、1 寸等不同的尺寸。小尺寸数码管的显示笔画常用一个发光二极管组成，而大尺寸的数码管由二个或多个发光二极管组成。一般情况下，单个发光二极管的管压降为 1.8V 左右，电流不超过 30mA。发光二极管的阳极连在一起的称为共阳数码管，发光二极管的阴极连在一起的称为共阴数码管，图 3.22 所示是七段数码管的外形图及共阴、共阳等效电路。有的数码管在右下角还增设了一个小数点，称为 dp，形成八段显示。

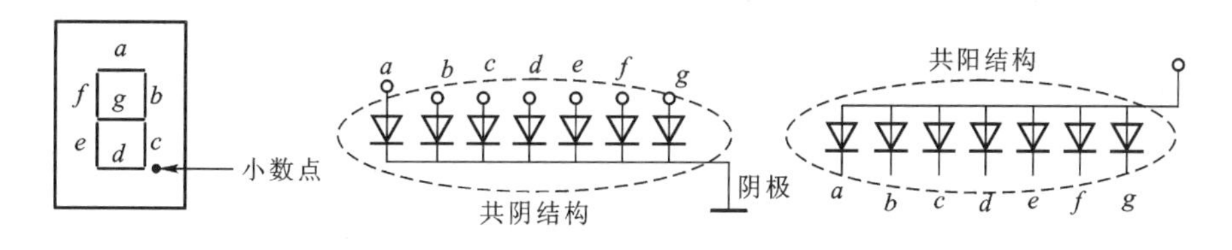

图 3.22　七段数码管的外形图及共阴共阳等效电路

常用 LED 数码管显示的数字和字符是 0、1、2、3、4、5、6、7、8、9、A、B、C、D、E、F。

液晶显示器（LCD）是另一种数码显示器。液晶显示器中的液态晶体材料是一种有机化合物，在常温下既有液体特性，又有晶体特性。利用液晶在电场作用下产生光的散射或偏光作用原理，便可实现数字显示。一般对 LCD 的驱动采用正负对称的交流信号。

2. 七段显示译码器

七段显示译码器的功能是把 8421 二－十进制代码译成对应于数码管的七个字段信号，驱动数码管显示出相应的十进制代码。显示译码器有很多集成产品，如用于共阳数码管的译码电路 7446/47 和用于共阴数码管的译码电路 7448 等，下面分别加以介绍。

（1）用于共阳数码管的译码电路 7446/47。该电路采用集电极开路输出，具有试灯输入、前/后沿灭灯控制、灯光调节能力和有效低电平输出。驱动输出最大电压：46A、L46 为 30V；47A、L47、LS47 为 15V。吸收电流：46A、L46 为 40mA；47A、L47 为 30mA；LS47 为 24mA。

7446 与 74246、7447 与 74247 字形不同，其他相同，可以互换。共阳数码管的译码电路符号如图 3.23 所示，真值表见表 3.12。

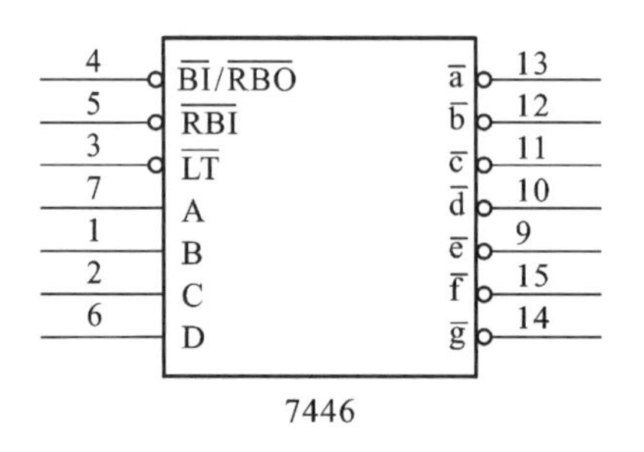

图 3.23　7446 的符号图

表 3.12　7446 真值表

十进制	控制		输入					输出								显示字形
	$\overline{LT}$	$\overline{RBI}$	D	C	B	A	$\overline{BI}$	a	b	c	d	e	f	g	$\overline{RBO}$	
0	1	1	0	0	0	0	1	0	0	0	0	0	0	1	1	0
1	1	×	0	0	0	1	1	1	0	0	1	1	1	1	1	1
2	1	×	0	0	1	0	1	0	0	1	0	0	1	0	1	2
3	1	×	0	0	1	1	1	0	0	0	0	1	1	0	1	3
4	1	×	0	1	0	0	1	1	0	0	1	1	0	0	1	4
5	1	×	0	1	0	1	1	0	1	0	0	1	0	0	1	5
6	1	×	0	1	1	0	1	0	1	0	0	0	0	0	1	6
7	1	×	0	1	1	1	1	0	0	0	1	1	1	1	1	7
8	1	×	1	0	0	0	1	0	0	0	0	0	0	0	1	8
9	1	×	1	0	0	1	1	0	0	0	1	1	0	0	1	9
10	1	×	1	0	1	0	1	1	1	1	0	0	1	0	1	无效状态
11	1	×	1	0	1	1	1	1	1	0	0	1	1	0	1	
12	1	×	1	1	0	0	1	1	0	1	1	1	0	0	1	
13	1	×	1	1	0	1	1	0	1	1	0	1	0	0	1	
14	1	×	1	1	1	0	1	1	1	1	0	0	0	0	1	
15	1	×	1	1	1	1	1	1	1	1	1	1	1	1	1	熄灭
$\overline{BI}$	×	×	×	×	×	×	0	1	1	1	1	1	1	1	×	熄灭
$\overline{RBI}$	1	0	0	0	0	0	×	1	1	1	1	1	1	1	0	熄灭
$\overline{LT}$	0	×	×	×	×	×	1	0	0	0	0	0	0	0	1	8

该译码器有 4 个控制信号：

$\overline{LT}$：试灯输入

$\overline{BI}$：灭灯输入

$\overline{RBI}$：灭零输入

$\overline{RBO}$：灭零输出

$\overline{BI}$=0，灯测试端数码管各段都亮。除试灯外$\overline{LT}$=1。

$\overline{RBI}$动态灭零输入端：当$\overline{RBI}$=0，ABCD 信号同时为 0，且$\overline{LT}$=1 时，所有各段都灭，同时$\overline{RBO}$输出 0。该功能是灭 0。

灭灯输入/动态灭灯输出端$\overline{BI}/\overline{RBO}$：当$\overline{BI}/\overline{RBO}$作为输入端使用时，若$\overline{BI}$=0，则不管其他输入信号，输出各段都灭；当$\overline{BI}/\overline{RBO}$作为输出端使用时，若$\overline{RBO}$输出 0，表示各段已经熄灭。

7446 与共阳数码管的连接如图 3.24 所示。图中电阻 RP 为限流电阻，具体阻值视数码管的电流大小而定。7446 是 OC 门输出，电源电压可以达到 30V，吸收电流为 40mA，对于一般的驱动是可以满足需求的。但是若数码管太大，就需要更高的电压和更大的电流，这就需要在译码器与数码管之间增加高电压、高电流驱动器。例如达林顿驱动电路 DS2001/2/3/4，该电路由 7 个高增益的达林顿管组成，集电极－发射极间电压可达 50V，集电极电流达 350mA，输入与 TTL、CMOS 兼容，输出高电压 50V，输出低电压 1.6V。

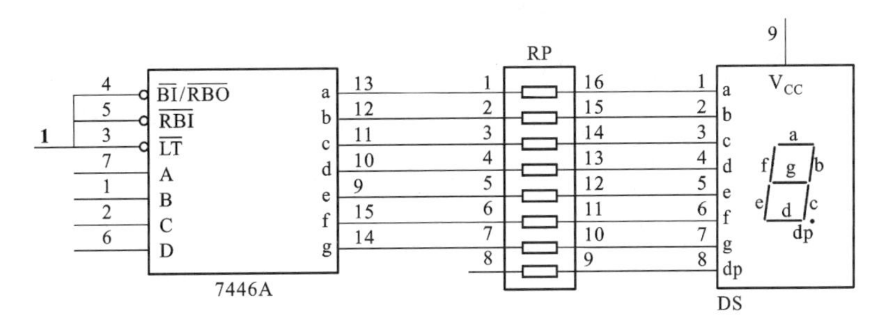

图 3.24　共阳数码管与译码

（2）用于共阴数码管电路 7448。本电路采用有效高电平输出，具有试灯输入、前/后沿灭灯控制，输出最大电压 5.5V，吸收电流 7448 为 6.4mA，74LS48 为 6mA。7448 的电路符号如图 3.25 所示。7448 除输出高电平有效外，其他功能与 7446 相同。

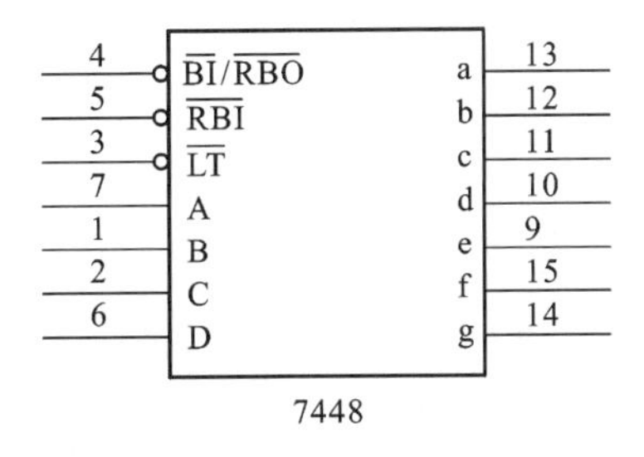

图 3.25　7448 符号图

由于共阴数码管的译码电路 7448 内部有限流电阻，故后接数码管时不需外接限流电阻。由于 7448 拉电流能力小（2mA），灌电流能力大（6.4mA），所以一般都要外接电阻推动数码管。

3.7 数据选择器和数据分配器

在图 3.26 所示多路通信中，多路输入数据要通过同一信道进行传输，发送端必须有多路选择器，而接收端必须有数据分配器，如图 3.27 所示。

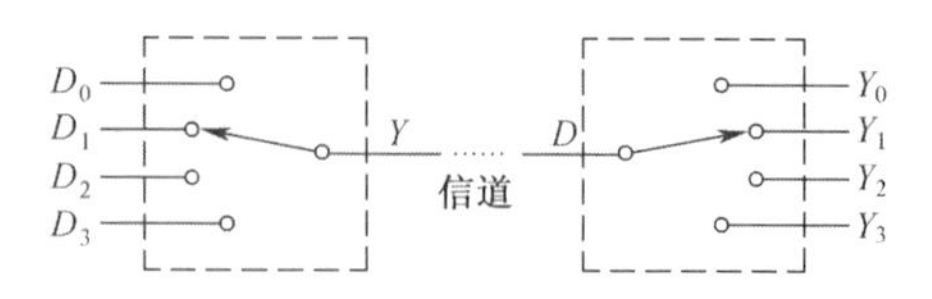

图 3.26　多路数据通信示意图

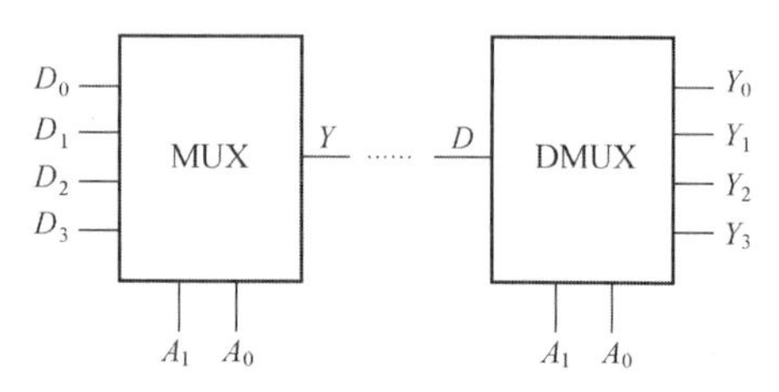

图 3.27　多路数据选择器与数据分配器

从一组输入数据中选出其中需要的一个数据作为输出的过程叫做数据选择，具有数据选择功能的电路称为数据选择器。常用的有 4 选 1、8 选 1 和 16 选 1 等数据选择器产品。

从输入数据中根据某些特征分离出多个输出数据的过程叫数据分配器。数据分配器可以用译码器构造。

3.7.1　4 选 1 数据选择器

图 3.28 是双 4 选 1 数据选择器逻辑电路，如“双四选一”芯片 74HC153。分析其中的一个“四选一”，由图 3.28 可以得到输出 $Y1$ 的表达式为：

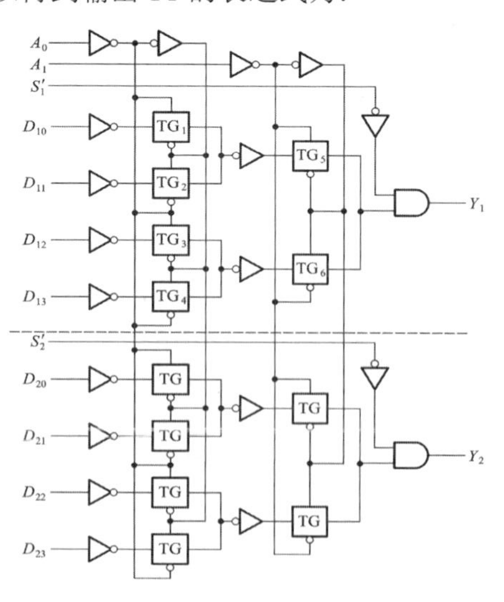

图 3.28　双 4 选 1 数据选择器逻辑电路

$$Y_1 = S_1[D_{10}(A_1'A_0') + D_{11}(A_1'A_0) + D_{12}(A_1A_0') + D_{13}(A_1A_0)]$$

从表达式可以看出，当选择信号 A_1=1、A_0=0 时，Y_1=D_{12}，这就相当于将 D_{12} 信号连接到了输出端 Y_1。

3.7.2 8 选 1 数据选择器

8 选 1 集成数据选择器 74151 具有 8 个输入信号 D_0～D_7，一对互补输出信号 Y 和 W，三个数据选择信号 C、B、A 和使能信号 G。符号如图 3.29 所示，真值表见表 3.13。

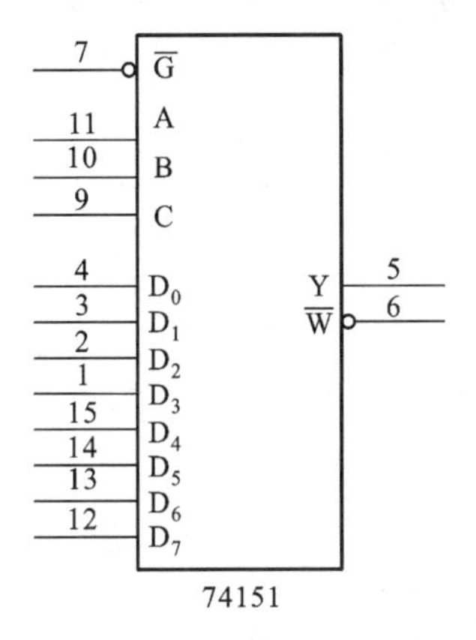

图 3.29 多路选择器 74151 符号图

表 3.13 多路选择器 74151 真值表

选择			使能	输出	
C	B	A	$\overline{G}$	Y	$\overline{W}$
×	×	×	1	0	1
0	0	0	0	D_0	$\overline{D}_0$
0	0	1	0	D_1	$\overline{D}_1$
0	1	0	0	D_2	$\overline{D}_2$
0	1	1	0	D_3	$\overline{D}_3$
1	0	0	0	D_4	$\overline{D}_4$
1	0	1	0	D_5	$\overline{D}_5$
1	1	0	0	D_6	$\overline{D}_6$
1	1	1	0	D_7	$\overline{D}_7$

$\overline{G}=0$时，有

$$Y(A_2, A_1, A_0) = \sum_{i=0}^{7} D_i m_i$$

Y 是输出信号，W 是 Y 的互补信号，m_i 是选择信号的最小项，D_i 是输入信号，G 是使能信号。若 G=0，多路选择器正常工作，否则多路选择器输出低电平。74153 是双 4 选 1 多路选择器，74157 是四 2 选 1 数据选择器。

3.7.3 数据选择器的应用

1. 实现逻辑函数

从数据选择器的功能可以看出，它实际是选择信号与输入数据信号组成的最小项之和，只要将选择信号作为逻辑变量，适当确定输入数据信号的状态（1，0），就可以实现任意逻辑函数。

例 3.7 用多路选择器 74151 实现函数 $F(A,B,C)=\sum M(0,2,3,5)$

解：根据题目要求和数据选择器的功能，可以列出真值表，见表 3.14。

表 3.14 例 3.7 的真值表

选择信号			输出	数据信号
C	B	A	F(A,B,C)	D
0	0	0	1	$D_0=1$
0	0	1	0	$D_1=0$
0	1	0	1	$D_2=1$
0	1	1	1	$D_3=1$
1	0	0	0	$D_4=0$
1	0	1	1	$D_5=1$
1	1	0	0	$D_6=0$
1	1	1	0	$D_7=0$

由真值表可以得到逻辑图，如图 3.30 所示。

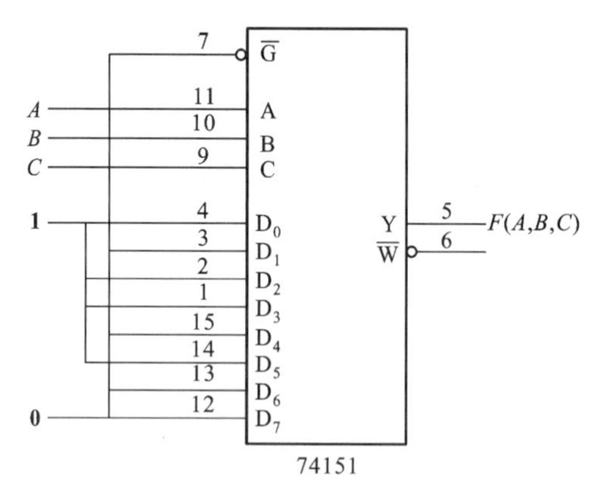

图 3.30 例 3.7 的逻辑图

例 3.8 用 8 选 1 数据选择器 74LS151 实现的电路如图 3.31 所示，写出输出 Y 的逻辑表达式，列出真值表并说明电路功能。

解：根据 8 选 1 数据选择器 74LS151 的功能，按照图 3.31 电路的连接方式，将 A、B、C

代入，并将 D 代替 D_6、D_5、D_3、D_0，$\bar{D}$ 代替 D_7、D_4、D_2、D_1，由 8 选 1 逻辑表达式可以得到其逻辑表达式。再根据逻辑表达式可得到电路的真值表，见表 3.15。由表 3.15 可见，该电路是 4 位奇校验器，即当 4 位输入 A、B、C、D 中“1”的个数为奇数时，输出 Y=1，为偶数时 Y=0。

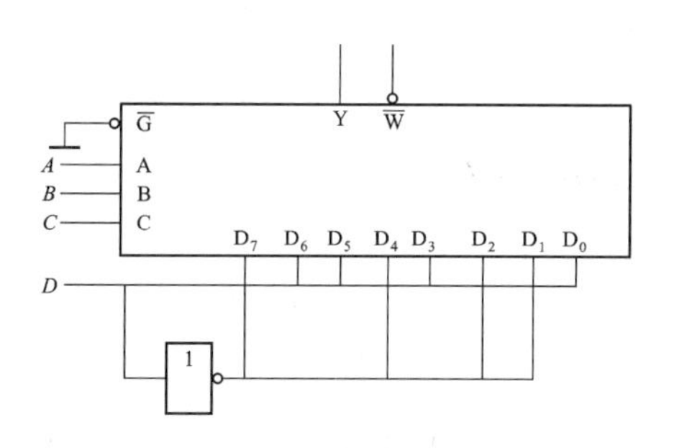

图 3.31　例 3.8 电路图

表 3.15　例 3.8 真值表

A	B	C	D	Y	A	B	C	D	Y
0	0	0	0	0	1	0	0	0	1
0	0	0	1	1	1	0	0	1	0
0	0	1	0	1	1	0	1	0	0
0	0	1	1	0	1	0	1	1	1
0	1	0	0	1	1	1	0	0	0
0	1	0	1	0	1	1	0	1	1
0	1	1	0	0	1	1	1	0	1
0	1	1	1	1	1	1	1	1	0

2. 用译码器构造数据分配器

例如，用 74138 构造成 1－8 数据分配器。输入数据为 D，输出数据为 D_7～D_0，其余引脚信号连接如图 3.32 所示。其真值表请大家自己分析。

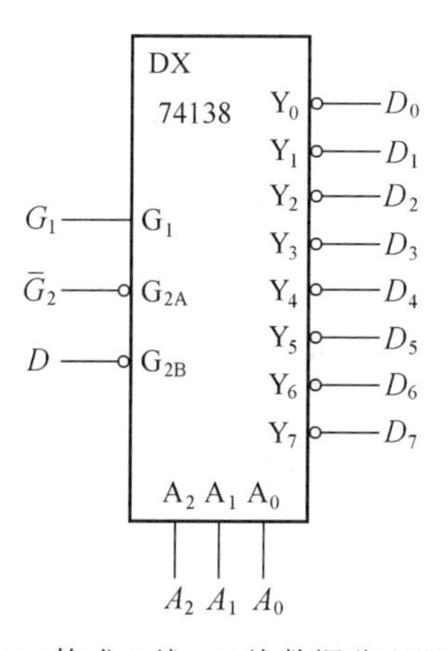

图 3.32　74138 构成 1 线－8 线数据分配器引脚信号图

3.8 组合逻辑电路中的竞争－冒险现象

3.8.1 竞争－冒险现象及成因

1. 基本概念

两个输入“同时向相反的逻辑电平变化”，称存在“竞争”。

因“竞争”而可能在输出产生尖峰脉冲的现象，称为“竞争－冒险”。

2. 2线－4线译码器中的竞争－冒险现象

2线－4线译码器逻辑电路图如图3.33（a）所示，当其输入发生3.33（b）所示变化时，其输出会产生尖峰脉冲。

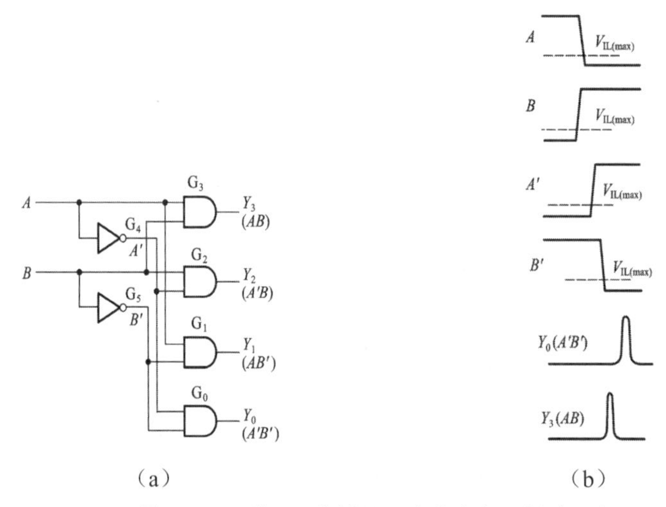

图3.33　2线—4线译码器中的竞争－冒险现象

当AB从10变成01时，在动态过程中可能出现00或11，所以$Y3$和$Y0$输出端可能产生尖峰脉冲。

3.8.2 消除竞争－冒险现象的方法

1. 接入滤波电容

尖峰脉冲很窄，用很小的电容就可将尖峰削弱到V_{TH}以下。

2. 引入选通脉冲

取选通脉冲作用时间，在电路达到稳定之后，P的高电平期的输出信号不会出现尖峰。

3. 修改逻辑设计

例：$Y=AB+A'C$，在$A=B=C=1$的条件下，$Y=A+A'$，当A改变状态时存在竞争－冒险现象，修改逻辑表达式如下：

$Y=AB+A'C+BC$

竞争－冒险现象消除。

习题 3

3.1 下图中的逻辑门均为 TTL 门。试问图中电路能否实现 $F_1=AB$，$F_2=AB$，$F_3=AB \cdot BC$ 的功能？要求说明理由。

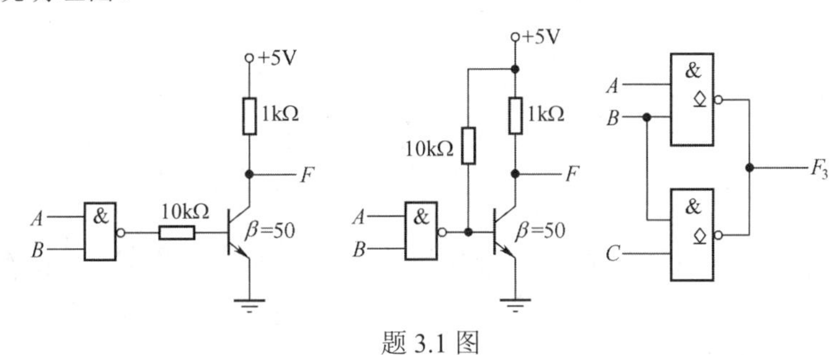

题 3.1 图

3.2 试用 OC 与非门实现下面逻辑函数，假定不允许反变量输入。

$$F=\overline{A}\overline{C}+A\overline{B}\overline{C}+\overline{A}C\overline{D}$$

3.3 某组合逻辑电路如题 3.3 图（a）所示。

（1）写出输出函数 F 的表达式。

（2）列出真值表。

（3）对应题 3.5 图（b）所示输入波形，画出输出信号 F 的波形。

（4）用题 3.5 图（c）所示与或非门实现函数 F（允许反变量输入）。

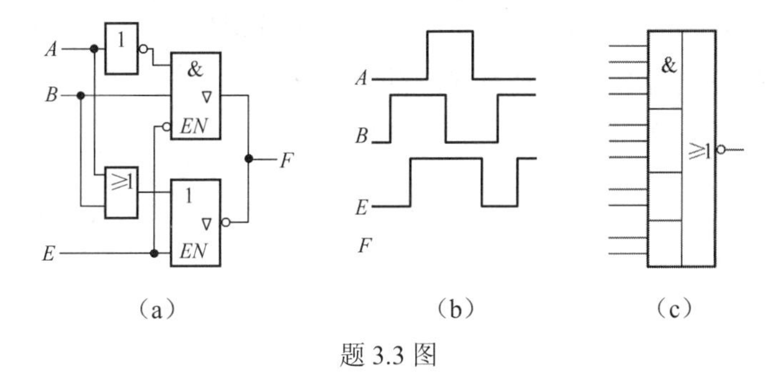

题 3.3 图

3.4 写出题 3.4 图所示输出函数的最小项表达式。

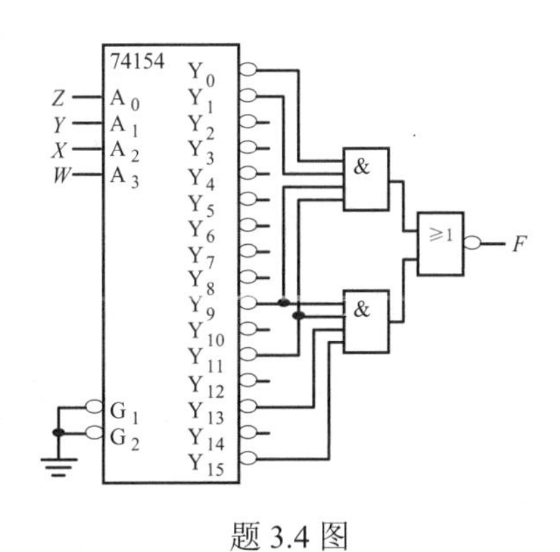

题 3.4 图

3.5　已知输入信号 A、B、C、D 的波形如题 3.5 图所示，用最少的逻辑门（种类不限）设计产生输出 F 波形的组合电路，不允许反变量输入。

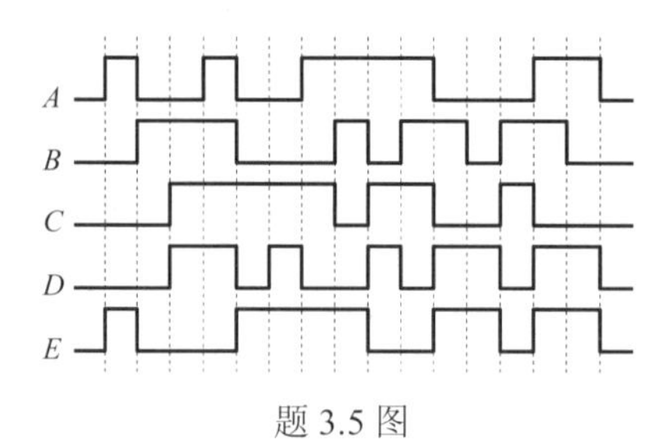

题 3.5 图

3.6　用与非门为医院设计一个血型配对指示器，当供血血型和受血血型不符合下表所列情况时，指示灯亮。

题 3.6 表

供血血型	受血血型
A	A，AB
B	B，AB
AB	AB
O	A，B，AB，O

3.7　分别用四选一和八选一数据选择器实现下列逻辑函数：

$$F(A,B,C,D)=\sum m(0,3,8,9,10,11)+\sum \Phi(1,2,5,7,13,14,15)$$

3.8　用数据选择器设计满足下述条件的组合电路：

$$Y_1=D_0(\overline{A}_1\overline{A}_0)+D_1(\overline{A}_1A_0)+D_2(A_1\overline{A}_0)+D_3(A_1A_0)$$

3.9　用加法器设计组合电路：将 BCD 的 8421 码转换为余 3 码。

3.10　已知 X 是 3 位二进制数（其值小于等于 5），试实现 Y=3X，并用 7 段数码管进行显示。

3.11　试设计组合电路比较两个 8 位二进制数的大小。

第 4 章　触发器

本章提要：触发器有两个能自行保持的状态。在输入信号无效后，状态能长久保存，即具有记忆功能，用于记忆 1 位二进制信号，可以通过输入信号将其置成 0 或 1。触发器是构建计数器、寄存器以及其他时序逻辑电路的基本单元。本章首先介绍基本 RS 触发器的基本结构、工作原理和逻辑功能。然后引出能够防止“空翻”现象的功能更加完善的主从触发器和边沿触发器，较详细地讨论 SR 触发器、JK 触发器、D 触发器、T 触发器、T′ 触发器的逻辑功能及相互转换，最后通过实例来展示触发器的“记忆”功能。

教学建议：本章重点讲授触发器的特性方程、特性表、时序图表示及逻辑功能。建议教学时数：4 学时。

学习要求：①掌握触发器逻辑功能的描述方法；②理解基本 SR 触发器的电路结构、工作原理及动态特性；③了解典型时钟触发器的电路结构及触发方式。

关键词：锁存器（Latch）；D 锁存器（D Latch）；S-R 锁存器（S-R Latch）；触发器（Flip-Flop）；D 触发器（D Flip-Flop）；S-R 触发器（S-R Flip-Flop）；J-K 触发器（J-K Flip-Flop）；T 触发器（T Flip-Flop）。

4.1　基本触发器

触发器有两个能自行保持的状态，在满足一定条件下能够触发翻转。按触发方式可以分为电平触发、脉冲触发、边沿触发三种；按逻辑功能可以分为 SR 触发器、JK 触发器、D 触发器、T 触发器等。

与触发器类似的能存储信息的还有锁存器，它们都属于双稳态电路。但锁存器和触发器的时序特性不同。触发器只在特定时间段内对输入进行采样，并只在时钟信号所确定的时刻改变其输出；而锁存器则不断监测其所有的输入，在任何时刻输出都可能发生变化。

基本 RS 触发器

1. 用与非门组成的基本 RS 触发器

把两个与非门 G_1、G_2 的输入、输出端交叉连接，即可构成基本 *RS* 触发器，其逻辑电路及逻辑符号如图 4.1 所示。它有两个输入端 *S*、*R* 和两个输出端 *Q*、$\overline{Q}$。

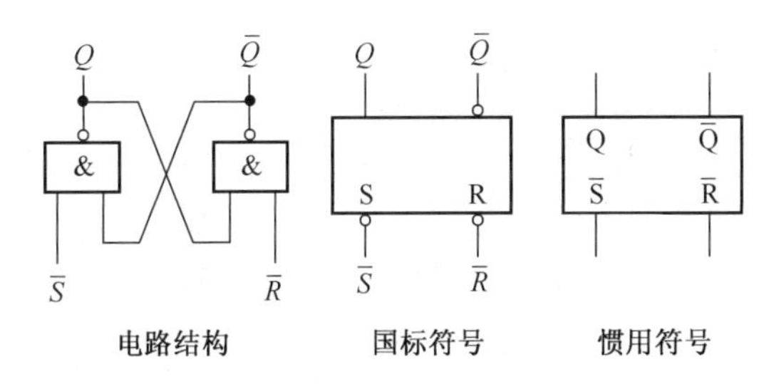

图 4.1　与非门组成的基本 SR 触发器

2. 工作原理

基本 RS 触发器的逻辑方程为

$Q=\overline{\bar{S}Q}$，$\bar{Q}=\overline{\bar{R}Q}$

根据上述两个式子得到它的四种输入与输出的关系：

（1）当 R=1、S=0 时，$\bar{Q}$=0，Q=1，触发器置 1。

（2）当 R=0、S=1 时，$\bar{Q}$=1，Q=0，触发器置 0。

如上所述，当触发器的两个输入端加入不同逻辑电平时，它的两个输出端 Q 和 $\bar{Q}$ 有两种互补的稳定状态。一般规定触发器 Q 端的状态作为触发器的状态。通常称触发器处于某种状态，实际是指它的 Q 端的状态。Q=1、$\bar{Q}$=0 时，称触发器处于 1 态，反之称触发器处于 0 态。S=0、R=1 使触发器置 1，或称置位。因置位的决定条件是 S=0，故称 S 端为置 1 端。R=0、S=1 时，使触发器置 0，或称复位。

同理，称 R 端为置 0 端或复位端。若触发器原来为 1 态，欲使之变为 0 态，必须令 R 端的电平由 1 变 0，S 端的电平由 0 变 1。这里所加的输入信号（低电平）称为触发信号，由它们导致的转换过程称为翻转。由于这里的触发信号是电平，因此这种触发器称为电平控制触发器。从功能方面看，它只能在 S 和 R 的作用下置 0 和置 1，所以又称为置 0 置 1 触发器，或称为置位复位触发器。由于置 0 或置 1 都是触发信号低电平有效，因此，S 端和 R 端都画有小圆圈。

当 R=S=1 时，触发器状态保持不变。

触发器保持状态时，输入端都加非有效电平（高电平），需要触发翻转时，要求在某一输入端加一负脉冲，例如在 S 端加负脉冲使触发器置 1，该脉冲信号回到高电平后，触发器仍维持 1 状态不变，相当于把 S 端某一时刻的电平信号存储起来，这体现了触发器具有记忆功能。

当 R=S=0 时，触发器状态不确定。

在此条件下，两个与非门的输出端 Q 和 $\bar{Q}$ 全为 1，在两个输入信号都同时撤去（回到 1）后，由于两个与非门的延迟时间无法确定，触发器的状态不能确定是 1 还是 0，因此称这种情况为不定状态，这种情况应当避免。从另外一个角度来说，正因为 R 端和 S 端完成置 0、置 1 都是低电平有效，所以二者不能同时为 0。

此外，还可以用或非门的输入、输出端交叉连接构成置 0、置 1 触发器，其逻辑图和逻辑符号分别如图 4.2（a）和图 4.2（b）所示。这种触发器的触发信号是高电平有效，因此在逻辑符号的 S 端和 R 端没有小圆圈。

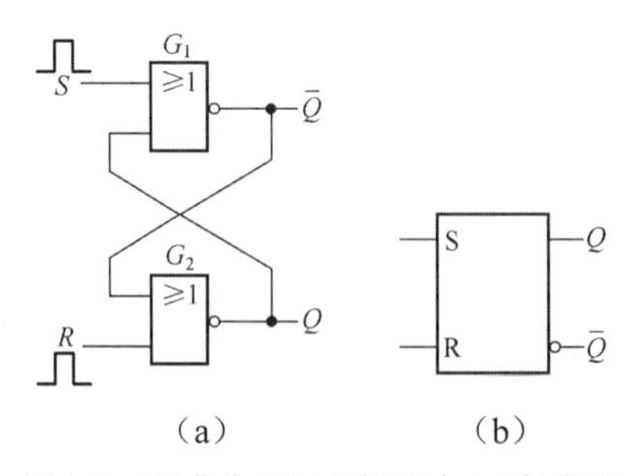

图 4.2　两或非门组成的基本 RS 触发器

3. 功能描述

（1）状态转移真值表。与非门构成的基本 RS 触发器的状态转移真值表见表 4.1，表 4.2

为其简化真值表。用表格的形式描述触发器在输入信号作用下，触发器的下一个稳定状态（次态）Q^{n+1} 与触发器的原稳定状态（现态）Q^n 和输入信号状态之间的关系。

表 4.1 基本 *RS* 触发器状态转移真值表

R	S	Q^n	Q^{n+1}
0	1	0	0
0	1	1	0
1	0	0	1
1	0	1	1
1	1	0	0
1	1	1	1
0	0	0	不确定
0	0	1	

表 4.2 简化真值表

R	S	Q^{n+1}
0	1	0
1	0	1
1	1	$\bar{Q}$
0	0	不定

（2）特征方程。

与非门构成的基本 RS 触发器的特性方程为

$Q^{n+1} = \overline{S} + RQ^n$，$R$+$S$=1（约束条件）

或非门构成的基本 RS 触发器的特性方程为

$Q^{n+1} = S + \bar{R}Q^n$，SR=0（约束条件）

即以逻辑函数的形式来描述次态与现态及输入信号之间的关系。由上述状态转移真值表，化简可得到图 4.3 所示的卡诺图。

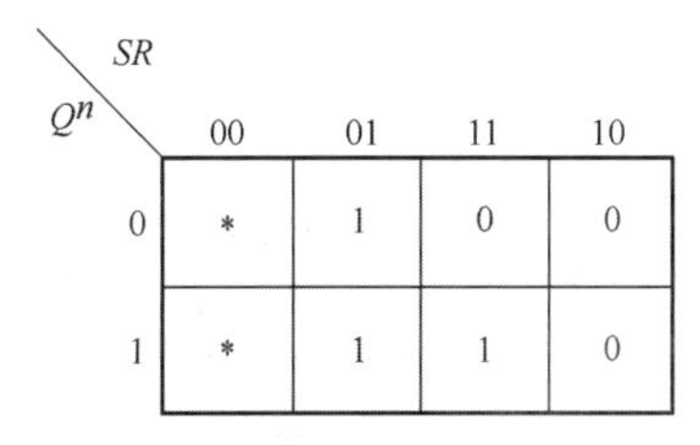

图 4.3 基本 RS 触发器的卡诺图

例 4.1 用与非门组成的基本 RS 触发器如图 4.1 所示。设初始状态为 0，已知输入 R、S 的波形图如图 4.4，画出输出 Q、$\overline{Q}$ 的波形图。

解：由表 4.1 可画出输出 Q、$\overline{Q}$ 的波形如图 4.4 所示。图中虚线所示为考虑门电路的延迟时间的情况。

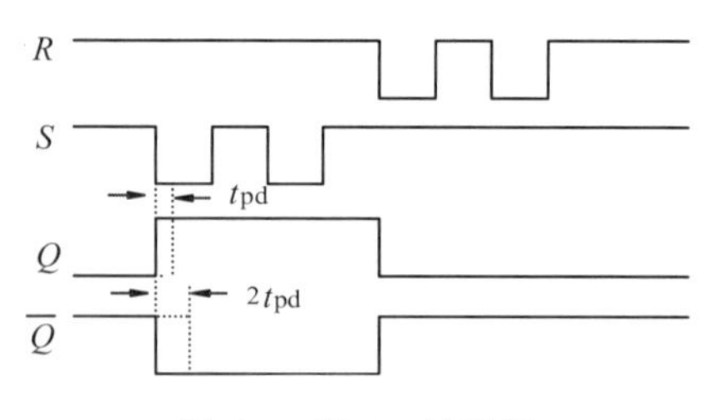

图 4.4　例 4.1 波形图

4.2　同步 RS 触发器

在实际应用中，触发器的工作状态不仅要由 R、S 端的信号来决定，而且还希望触发器按一定的节拍翻转。为此，给触发器加一个时钟控制端 CP，只有在 CP 端上出现时钟脉冲时，触发器的状态才能变化。触发器状态的改变与时钟脉冲同步，称为同步触发器。

（1）同步 RS 触发器的电路结构。同步 RS 触发器的电路逻辑图和逻辑符号如图 4.5 所示。

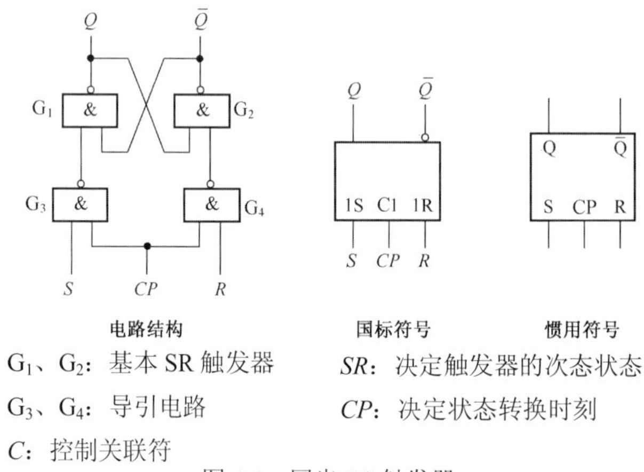

图 4.5　同步 RS 触发器

（2）同步 RS 触发器的逻辑功能如下：

当 CP=0 时，控制门 G_3、G_4 关闭，都输出 1。这时，不管 R 端和 S 端的信号如何变化，触发器的状态保持不变。

当 CP=1 时，G_3、G_4 打开，R、S 端的输入信号才能通过这两个门，使基本 RS 触发器的状态翻转。其输出状态由 R、S 端的输入信号决定。同步 RS 触发器的功能见表 4.3。

表 4.3　同步 RS 触发器的功能表

R	S	Q^n	Q^{n+1}	功能说明
0	0	0	0	保持原状态
0	0	1	1	
0	1	0	1	输出状态与 S 状态相同
0	1	1	1	
1	0	0	0	输出状态与 S 状态相同
1	0	1	0	
1	1	0	×	输出状态不稳定，禁止使用
1	1	1	×	

由此可以看出，同步 RS 触发器的状态转换分别由 R、S 和 CP 控制。其中，R、S 控制状态转换的方向，即转换为何种次态；CP 控制状态转换的时刻，即何时发生转换。

（3）触发器功能的几种表示方法如下：

1）特性方程。触发器次态 Q^{n+1} 与输入状态 R、S 及现态 Q^n 之间关系的逻辑表达式称为触发器的特性方程。根据表 4.3 可画出同步 RS 触发器 Q^{n+1} 的卡诺图，如图 4.6 所示。由此可得同步 RS 触发器的特性方程为

$Q^{n+1} = S + \overline{R}Q^n$，$RS$=0（约束条件）

2）状态转换图。状态转换图表示触发器从一个状态变化到另一个状态或保持原状不变时，对输入信号的要求。同步 RS 触发器的状态转换图如图 4.7 所示。

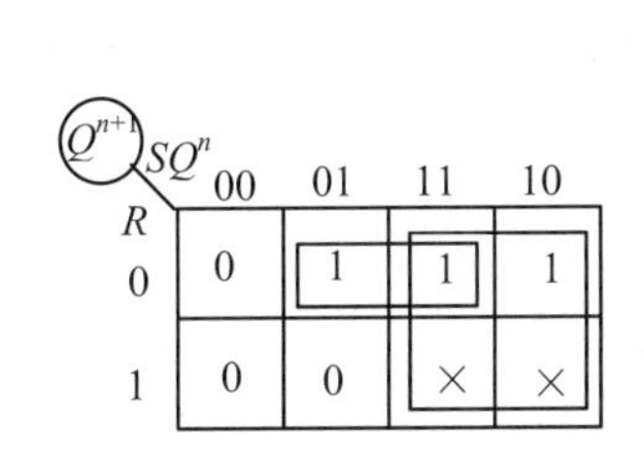

图 4.6 同步 RS 触发器 Q^{n+1} 的卡诺图

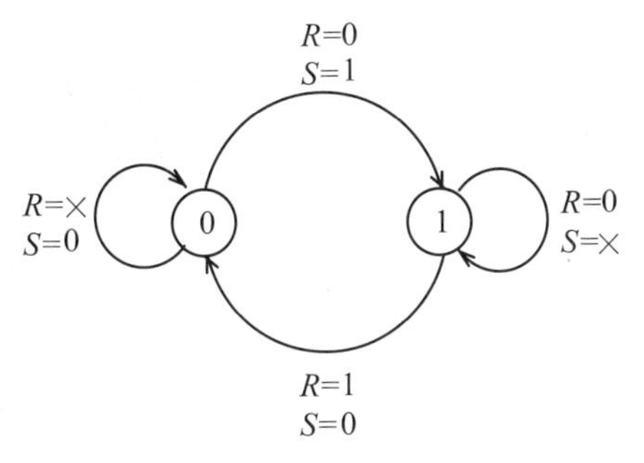

图 4.7 同步 RS 触发器的状态转换图

3）驱动表。驱动表是用表格的方式表示触发器从一个状态变化到另一个状态或保持原状态不变时，对输入信号的要求。表 4.4 是根据表 4.3 画出的同步 RS 触发器的驱动表。驱动表对时序逻辑电路的设计是很有用的。

表 4.4 同步 RS 触发器的驱动表

Q^n	→ Q^{n+1}	R	S
0	0	×	0
0	1	0	1
1	0	1	0
1	1	0	×

4）波形图。触发器的功能也可以用输入输出波形图直观地表示出来，图 4.8 所示为同步 RS 触发器的波形。

（4）同步触发器存在的空翻问题

在一个时钟周期的整个高电平期间或整个低电平期间都能接收输入信号并改变状态的触发方式称为电平触发。由此引起的在一个时钟脉冲周期中，触发器发生多次翻转的现象叫作空翻。图 4.9 所示为同步 RS 触发器的空翻波形。空翻是一种有害的现象，它使得时序电路不能按时钟节拍工作，造成系统的误动作。

造成空翻现象的原因是同步触发器结构的不完善，下面将讨论的几种无空翻的触发器，它们都是从结构上采取措施，从而克服了空翻现象。

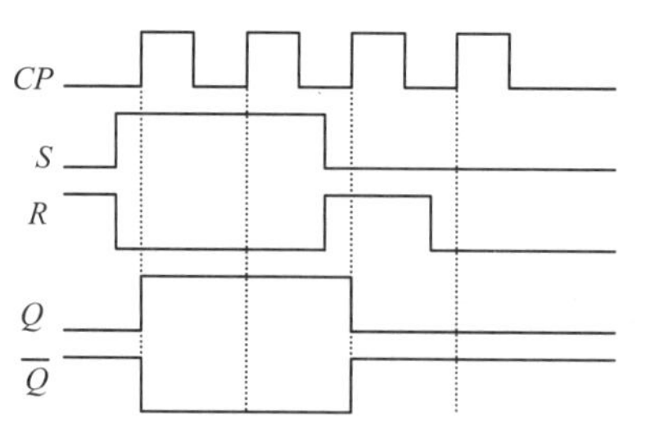

图 4.8　同步 RS 触发器的波形

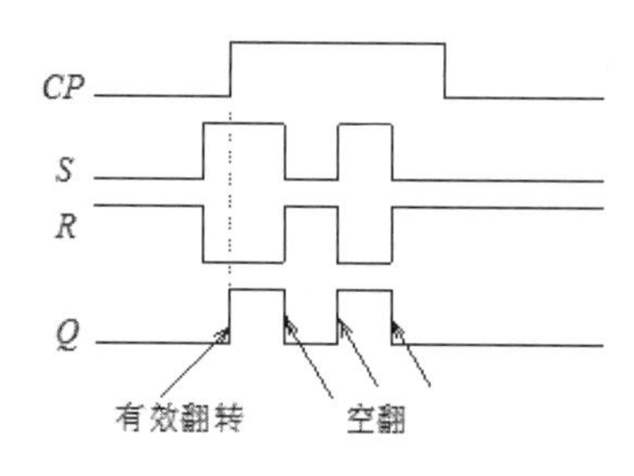

图 4.9　同步 RS 触发器的空翻波形

4.3　主从触发器

主从触发器由两级触发器构成，其中一级直接接收输入信号，称为主触发器；另一级接收主触发器的输出信号，称为从触发器。两级触发器的时钟信号互补，从而有效地克服了空翻。

4.3.1　主从 RS 触发器

1．电路结构

主从 RS 触发器的逻辑电路图和逻辑符号图分别如图 4.10（a）和（b）所示。

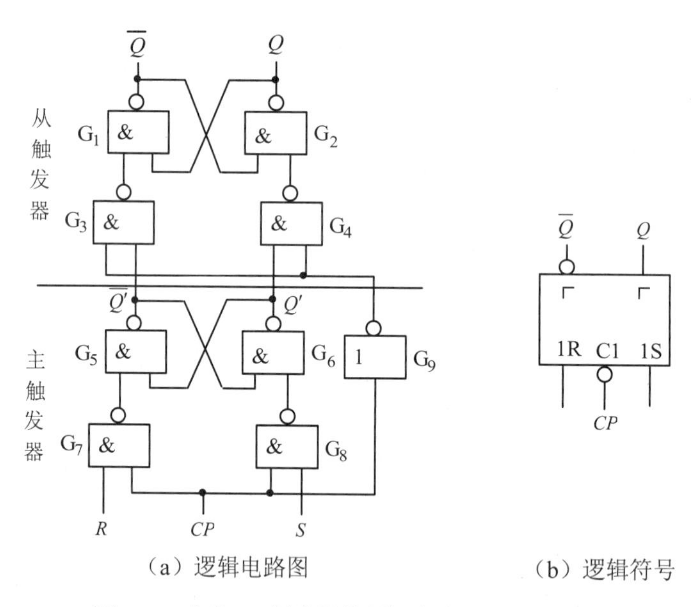

（a）逻辑电路图　　（b）逻辑符号

图 4.10　主从 RS 触发器的逻辑电路图和逻辑符号

2．工作原理

主从触发器的触发翻转分为以下两个节拍：

（1）当 CP=1 时，CP'=0，从触发器被封锁，保持原状态不变。这时，G_7、G_8 打开，主触发器工作，接收 R 和 S 端的输入信号。

（2）当 CP 由 1 跃变到 0 时，即 CP=0、CP'=1。主触发器被封锁，输入信号 R、S 不再影响主触发器的状态。而这时，由于 CP'=1，G_3、G_4 打开，从触发器接收主触发器输出端的状态。

由上分析可知，主从触发器的翻转是在 CP 由 1 变 0 时刻（CP 下降沿）发生的，CP 一旦变为 0 后，主触发器被封锁，其状态不再受 R、S 影响，故主从触发器对输入信号的敏感时间大大缩短，只在 CP 由 1 变 0 的时刻触发翻转，因此不会有空翻现象。

4.3.2 主从 JK 触发器

1. 电路结构

RS 触发器的特性方程中有一约束条件 SR=0，即在工作时，不允许输入信号 R、S 同时为 1。这一约束条件使得 RS 触发器在使用时，有时感觉不方便。如何解决这一问题呢？我们注意到，触发器的两个输出端 Q、$\overline{Q}$ 在正常工作时是互补的，即一个为 1，另一个一定为 0。因此，如果把这两个信号通过两根反馈线分别引到输入端的 G_7、G_8 门，就一定有一个门被封锁，这时，就不怕输入信号同时为 1 了。这就是主从 JK 触发器的构成思路。主从 JK 触发器的逻辑电路图和逻辑符号图分别如图 4.11（a）和（b）所示。

在主从 RS 触发器的基础上增加两根反馈线，一根从 Q 端引到 G_7 门的输入端，一根从 $\overline{Q}$ 端引到 G_8 门的输入端。并把原来的 S 端改为 J 端，把原来的 R 端改为 K 端。

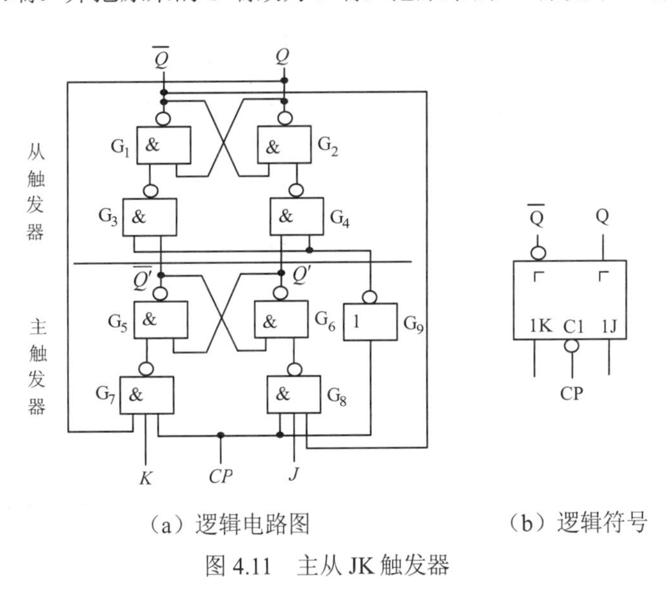

（a）逻辑电路图　　（b）逻辑符号

图 4.11 主从 JK 触发器

2. 逻辑功能

JK 触发器的逻辑功能与 RS 触发器的逻辑功能基本相同。不同之处是 JK 触发器没有约束条件，在 J=K=1 时，每输入一个时钟脉冲后，触发器向相反的状态翻转一次。表 4.5 为 JK 触发器的功能表。

根据表 4.5 可画出 JK 触发器 Q^{n+1} 的卡诺图，如图 4.12 所示。由此可得 JK 触发器的特性方程为

$$Q^{n+1} = J\overline{Q^n} + \overline{K}Q^n$$

表 4.5　同步 JK 触发器的功能表

J	K	Q^n	Q^{n+1}	功能说明
0	0	0	0	保持原状态
0	0	1	1	
0	1	0	0	输出状态与 J 状态相同
0	1	1	0	
1	0	0	1	输出状态与 J 状态相同
1	0	1	1	
1	1	0	1	每输入一个脉冲输出状态改变一次
1	1	1	0	

JK 触发器的状态转换图如图 4.13 所示。

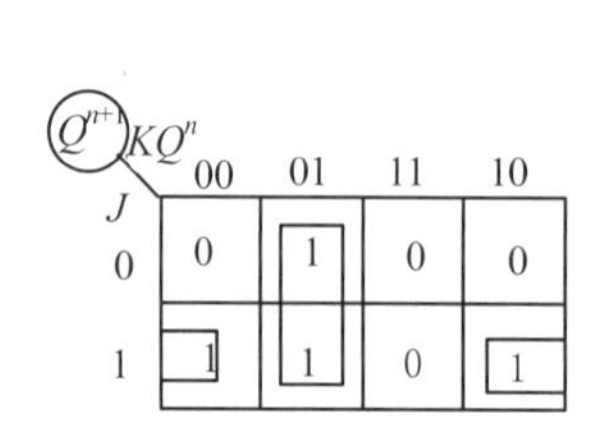

图 4.12　JK 触发器 Q^{n+1} 的卡诺图

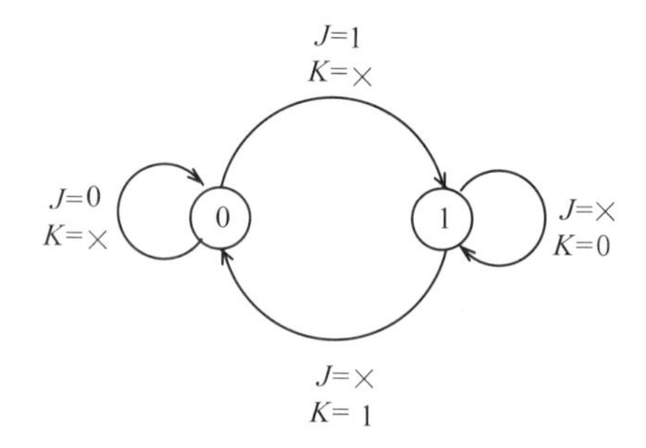

图 4.13　JK 触发器的状态转换图

根据表 4.5 可得 JK 触发器的驱动表，见表 4.6。

表 4.6　JK 触发器的驱动表

Q^n → Q^{n+1}		J	K
0	0	0	×
0	1	1	×
1	0	×	1
1	1	×	0

例 4.1　设主从 JK 触发器的初始状态为 0，已知输入 J、K 的波形图如图 4.14 所示，画出输出 Q 的波形图。

解：如图 4.14 所示。

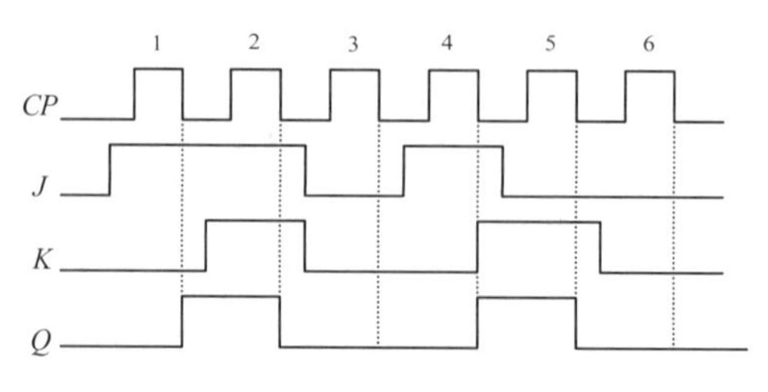

图 4.14　例 4.1 波形图

画主从触发器的波形图时，应注意以下两点：

（1）触发器的触发翻转发生在时钟脉冲的触发沿（这里是下降沿）。

（2）在 CP=1 期间，如果输入信号的状态没有改变，判断触发器次态的依据是时钟脉冲下降沿前一瞬间输入端的状态。

3. 主从 T 触发器和 T'触发器

如果将 JK 触发器的 J 和 K 相连作为 T 输入端就构成了 T 触发器。T 触发器逻辑图和逻辑符号如图 4.15 所示，T 触发器的功能表见表 4.7，特性方程为：

$$Q^{n+1} = T\overline{Q^n} + \overline{T}Q^n$$

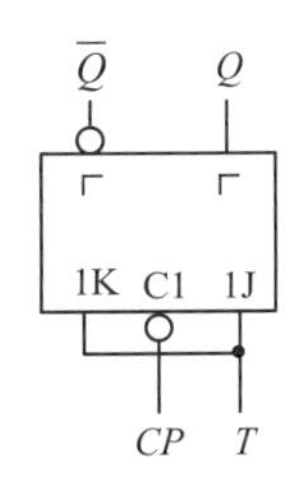

（a）逻辑图

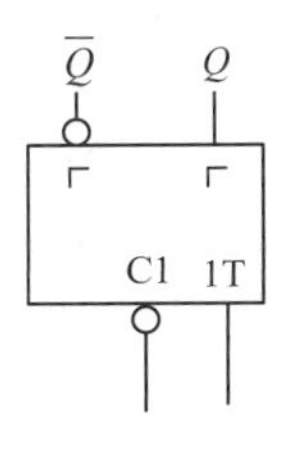

（b）逻辑符号

图 4.15　用 JK 触发器构成的 T 触发器

表 4.7　T 触发器的功能表

T	Q^n	Q^{n+1}	功能说明
0	0	0	保持原状态
0	1	1	
1	0	1	每输入一个脉冲，输出状态改变一次
1	1	0	

T 触发器的驱动表见表 4.8，状态转换图如图 4.16 所示。

表 4.8　T 触发器的驱动表

Q^n → Q^{n+1}	T
0　0	0
0　1	1
1　0	1
1　1	0

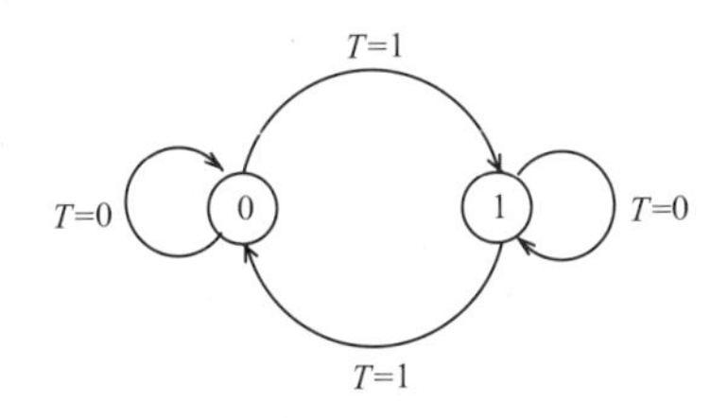

图 4.16　T 触发器的状态转换图

当 T 触发器的输入控制端为 $T=1$ 时，则触发器每输入一个时钟脉冲 CP，状态便翻转一次，这种状态的触发器称为 T'触发器。T'触发器的特性方程为

$$Q^{n+1}=\overline{Q^n}$$

4. 主从 JK 触发器存在的一次变化现象

以例 4.2 说明主从 JK 触发器的一次变化现象。

例 4.2 主从 JK 触发器如图 4.11 所示。设初始状态为 0，已知输入 J、K 的波形图如图 4.17 所示，画出输出 Q 的波形图。

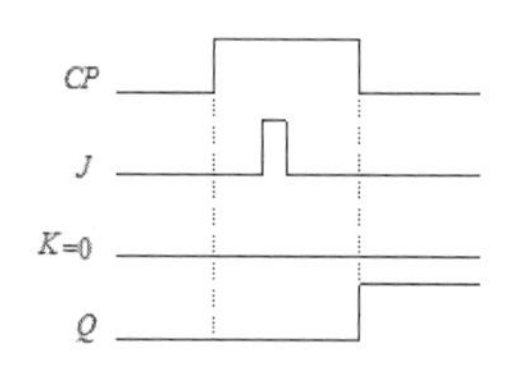

图 4.17 主从 JK 触发器的一次变化波形图

解：

图 4.17 为主从 JK 触发器的一次变化波形图。由此看出，主从 JK 触发器在 $CP=1$ 期间，主触发器只变化（翻转）一次，这种现象称为一次变化现象。一次变化现象也是一种有害的现象，如果在 $CP=1$ 期间，输入端出现干扰信号，就可能造成触发器的误动作。为了避免发生一次变化现象，在使用主从 JK 触发器时，要保证在 $CP=1$ 期间，J、K 保持状态不变。

要解决一次变化问题，仍应从电路结构上入手，让触发器只接收 CP 触发沿到来前一瞬间的输入信号。这种触发器称为边沿触发器。

4.4 边沿触发器

边沿触发器不仅将触发器的触发翻转控制在 CP 触发沿到来的一瞬间，而且将接收输入信号的时间也控制在 CP 触发沿到来的前一瞬间。因此，边沿触发器既没有空翻现象，也没有一次变化问题，从而大大提高了触发器工作的可靠性和抗干扰能力。

4.4.1 维持—阻塞边沿 D 触发器

1. D 触发器的逻辑功能

D 触发器只有一个触发输入端 D，因此，逻辑关系非常简单。D 触发器的功能见表 4.9。

表 4.9 D 触发器的功能表

D	Q^n	Q^{n+1}	功能说明
0	0	0	输出状态与 D 状态相同
0	1	0	
1	0	1	
1	1	1	

D 触发器的特性方程为

$$Q^{n+1}=D$$

D 触发器的驱动表见表 4.10，状态转换图如图 4.18 所示。

表 4.10　D 触发器的驱动表

$Q^n \rightarrow Q^{n+1}$	D
0　0	0
0　1	1
1　0	0
1　1	1

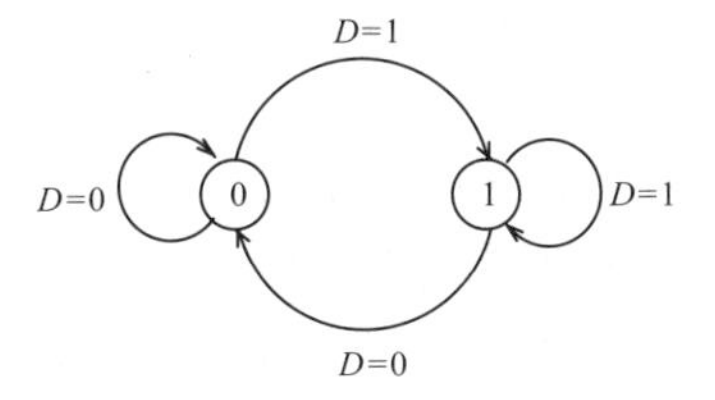

图 4.18　D 触发器的状态转换图

2. 维持—阻塞边沿 D 触发器的结构及工作原理

在图 4.5 所示的同步 RS 触发器的基础上，再加两个门 G_5、G_6，将输入信号 D 变成互补的两个信号分别送给 R、S 端，即 $R=\overline{D}$，S=D，如图 4.19（a）所示，就构成了同步 D 触发器。很容易验证，该电路满足 D 触发器的逻辑功能，但有同步触发器的空翻现象。

为了克服空翻，并具有边沿触发器的特性，在图 4.19（a）电路的基础上引入三根反馈线 L_1、L_2、L_3，如图 4.19（b）所示，其工作原理从以下两种情况分析。

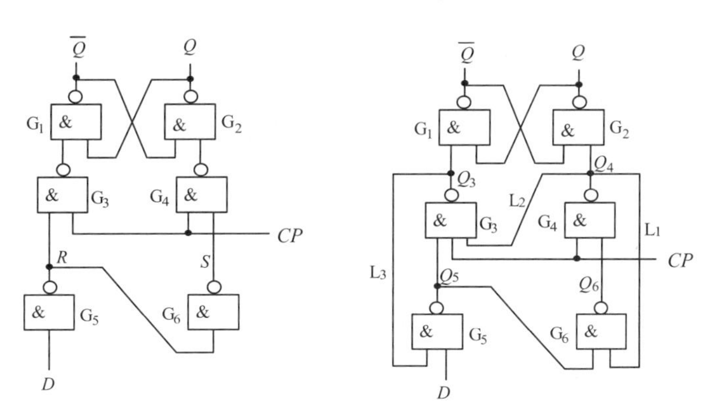

（a）同步 D 触发器　　（b）维持—阻塞边沿 D 触发器

图 4.19　D 触发器的逻辑图

（1）输入 D=1。在 CP=0 时，G_3、G_4 被封锁，Q_3=1、Q_4=1，G_1、G_2 组成的基本 RS 触发器保持原状态不变。因 D=1，G_5 输入全 1，输出 Q_5=0，它使 Q_3=1，Q_6=1。当 CP 由 0 变 1 时，G_4 输入全 1，输出 Q_4 变为 0。继而，Q 翻转为 1，$\overline{Q}$ 翻转为 0，完成了使触发器翻转为 1 状态的全过程。同时，一旦 Q_4 变为 0，通过反馈线 L_1 封锁了 G_6 门，这时如果 D 信号由 1 变为 0，只会影响 G_5 的输出，不会影响 G_6 的输出，维持了触发器的 1 状态。因此，称 L1 线为置 1 维持线。同理，Q_4 变 0 后，通过反馈线 L_2 也封锁了 G_3 门，从而阻塞了置 0 通路，故称 L_2 线为置 0 阻塞线。

（2）输入 D=0。在 CP=0 时，G_3、G_4 被封锁，Q_3=1、Q_4=1，G_1、G_2 组成的基本 RS 触发器保持原状态不变。因 D=0，Q_5=1，G_6 输入全 1，输出 Q_6=0。当 CP 由 0 变 1 时，G_3 输入全 1，输出 Q_3 变为 0。继而，$\overline{Q}$ 翻转为 1，Q 翻转为 0，完成了使触发器翻转为 0 状态的全过程。同时，一旦 Q_3 变为 0，通过反馈线 L_3 封锁了 G_5 门，这时无论 D 信号再怎么变化，也不会影响 G_5 的输出，从而维持了触发器的 0 状态。因此，称 L_3 线为置 0 维持线。

可见，维持—阻塞触发器是利用了维持线和阻塞线，将触发器的触发翻转控制在 CP 上跳沿到来的一瞬间，并接收 CP 上跳沿到来前一瞬间的 D 信号。维持—阻塞触发器因此而得名。

例 4.2 维持—阻塞 D 触发器如图 4.19（b）所示，设初始状态为 0，已知输入 D 的波形图如图 4.20 所示，画出输出 Q 的波形图。

解：由于是边沿触发器，在画波形图时，应注意以下两点：

（1）触发器的触发翻转发生在时钟脉冲的触发沿（这里是上升沿）。

（2）判断触发器次态的依据是时钟脉冲触发沿前一瞬间（这里是上升沿前一瞬间）输入端的状态。

根据 D 触发器的功能表、特性方程和状态转换图可画出输出端 Q 的波形图如图 4.20 所示。

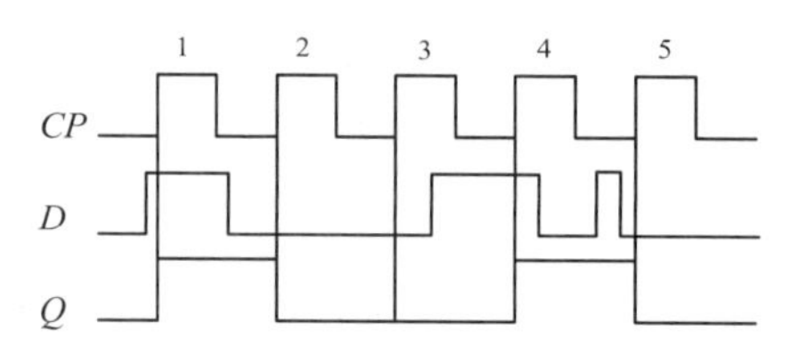

图 4.20 例 4.2 波形图

3. 带有直接置 0 和置 1 端的维持—阻塞 D 触发器

带有直接置 0 和置 1 端的维持—阻塞 D 触发器如图 4.21 所示，R_D 为直接置 0 端，S_D 为直接置 1 端。该电路 R_D 和 S_D 端都为低电平有效。R_D 和 S_D 信号不受时钟信号 CP 的制约，具有最高的优先级。

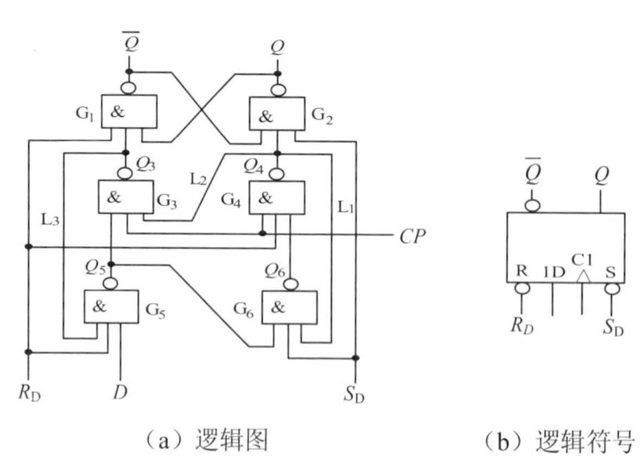

（a）逻辑图　　（b）逻辑符号

图 4.21 带有 R_D 和 S_D 端的维持—阻塞 D 触发器

R_D 和 S_D 的作用主要是用来给触发器设置初始状态，或对触发器的状态进行特殊的控制。在使用时要注意，任何时刻，只能一个信号有效，不能同时有效。

4.4.2　CMOS 主从结构的边沿触发器

1. 电路结构

图 4.22 所示是用 CMOS 逻辑门和 CMOS 传输门组成的主从 D 触发器。图中，G_1、G_2 和 TG_1、TG_2 组成主触发器，G_3、G_4 和 TG_3、TG_4 组成从触发器。CP 和 $\overline{CP}$ 为互补的时钟脉冲。由于引入了传输门，该电路虽为主从结构，却没有一次变化问题，具有边沿触发器的特性。

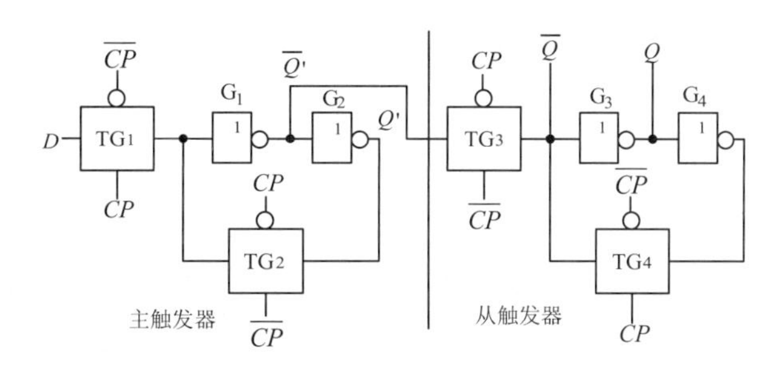

图 4.22　CMOS 主从结构的边沿触发器

2. 工作原理

触发器的触发翻转分为以下两个节拍：

（1）当 CP 变为 1 时，则 $\overline{CP}$ 变为 0。这时 TG_1 开通，TG_2 关闭。主触发器接收输入端 D 的信号。设 D=1，经 TG_1 传到 G_1 的输入端，使 $\overline{Q'}=0$，$Q'=1$。同时，TG_3 关闭，切断了主、从两个触发器间的联系，TG_4 开通，从触发器保持原状态不变。

（2）当 CP 由 1 变为 0 时，则 $\overline{CP}$ 变为 1。这时 TG_1 关闭，切断了 D 信号与主触发器的联系，使 D 信号不再影响触发器的状态，而 TG_2 开通，将 G_1 的输入端与 G_2 的输出端连通，使主触发器保持原状态不变。与此同时，TG_3 开通，TG_4 关闭，将主触发器的状态 $\overline{Q'}=0$ 送入从触发器，使 $\overline{Q}=0$，经 G_3 反相后，输出 Q=1。至此完成了整个触发翻转的全过程。

可见，该触发器是在利用 4 个传输门交替地开通和关闭将触发器的触发翻转控制在 CP 下跳沿到来的一瞬间，并接收 CP 下跳沿到来前一瞬间的 D 信号。

如果将传输门的控制信号 CP 和 $\overline{CP}$ 互换，可使触发器变为 CP 上跳沿触发。

同样，集成的 CMOS 边沿触发器一般也具有直接置 0 端 R_D 和直接置 1 端 S_D。注意，该电路的 R_D 和 S_D 端都为高电平有效。图 4.23 所示为带有 R_D 和 S_D 端的 CMO 边沿触发器的逻辑图和逻辑符号。

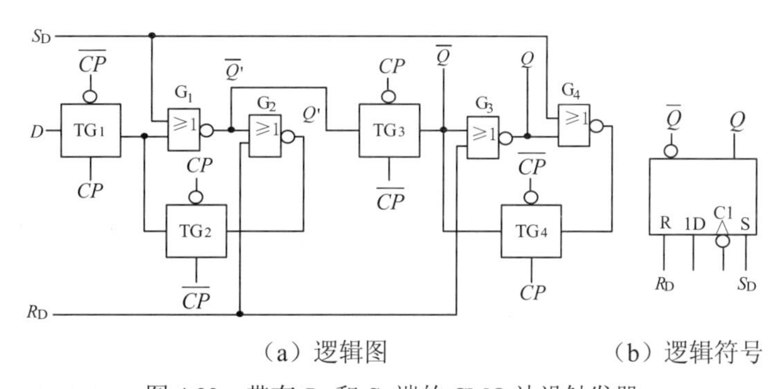

（a）逻辑图　（b）逻辑符号

图 4.23　带有 R_D 和 S_D 端的 CMO 边沿触发器

4.5　集成触发器

集成触发器触发结构采用防止空翻的触发结构，触发方式有边沿触发和主从触发两种。边沿触发指状态变化只能在 CP 上升沿或下降沿发生。主从触发指当 CP=1 时，主触发器动作，从触发器保持不变；当 CP=0 时，主触发器保持不变，并在 CP 下降沿将状态传至从触发器。常用集成触发器种类有 D 触发器、JK 触发器。

4.5.1　常用集成触发器

1. TTL 主从 JK 触发器 74LS72

74LS72 为多输入端的单 JK 触发器，其逻辑符号如图 4.24（a）所示，引脚排列如图 4.24（b）所示。由图可知，它有 3 个 J 端和 3 个 K 端，3 个 J 端之间是与逻辑关系，3 个 K 端之间也是与逻辑关系。使用中如有多余的输入端，应将其接高电平。该触发器带有直接置 0 端 R_D 和直接置 1 端 S_D，都为低电平有效，不用时应接高电平。74LS72 为主从型触发器，CP 下跳沿触发。

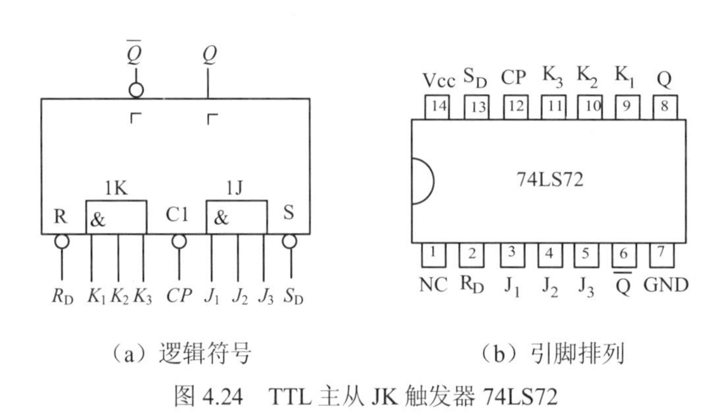

（a）逻辑符号　　（b）引脚排列

图 4.24　TTL 主从 JK 触发器 74LS72

74LS72 的功能表见表 4.11。

表 4.11　74LS72 的功能表

输入					输出	
R_D	S_D	CP	1J	1K	Q	$\overline{Q}$
0	1	×	×	×	0	1
1	0	×	×	×	1	0
1	1	↓	0	0	Q^n	$\overline{Q^n}$
1	1	↓	0	1	0	1
1	1	↓	1	0	1	0
1	1	↓	1	1	$\overline{Q^n}$	Q^n

2. 高速 CMOS 边沿 D 触发器 74HC74

74HC74 为单输入端的双 D 触发器。一个芯片里封装着两个相同的 D 触发器，每个触发器只有一个 D 端，它们都带有直接置 0 端 R_D 和直接置 1 端 S_D，为低电平有效。CP 上升沿触发。74HC74 的逻辑符号如图 4.25（a）所示，引脚排列如图 4.25（b）所示，功能表见表 4.12。

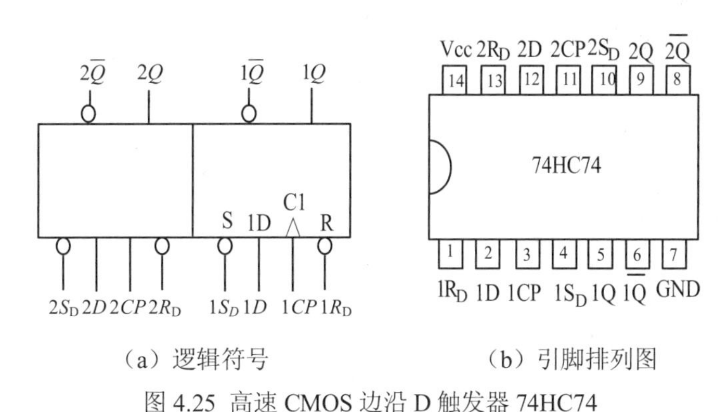

（a）逻辑符号　　（b）引脚排列图

图 4.25 高速 CMOS 边沿 D 触发器 74HC74

表 4.12 74HC74 的功能表

输入				输出	
R_D	S_D	CP	D	Q	$\overline{Q}$
0	1	×	×	0	1
1	0	×	×	1	0
1	1	↑	0	0	1
1	1	↑	1	1	0

4.5.2 触发器功能的转换

触发器按功能分有 RS、JK、D、T、T'五种类型。但最常见的集成触发器是 JK 触发器和 D 触发器。T、T'触发器没有集成产品，需要时，可用其他触发器转换成 T 或 T'触发器。JK 触发器与 D 触发器之间的功能也是可以互相转换的。

1. 用 JK 触发器转换成其他功能的触发器

（1）JK→D。

写出 JK 触发器的特性方程

$$Q^{n+1} = J\overline{Q^n} + \overline{K}Q^n$$

再写出 D 触发器的特性方程并变换为

$$Q^{n+1} = D = D(\overline{Q^n} + Q^n) = D\overline{Q^n} + DQ^n$$

比较以上两式得：$J=D$，$K=\overline{D}$。

画出用 JK 触发器转换成 D 触发器的逻辑图，如图 4.26（a）所示。

（2）JK→T（T'）。

写出 T 触发器的特性方程

$$Q^{n+1}=T\overline{Q^n}+\overline{T}Q^n$$

与 JK 触发器的特性方程比较得

$$J=T,\ K=T$$

画出用 JK 触发器转换成 T 触发器的逻辑图，如图 4.26（b）所示。

令 $T=1$，即可得 T' 触发器，如图 4.26（c）所示。

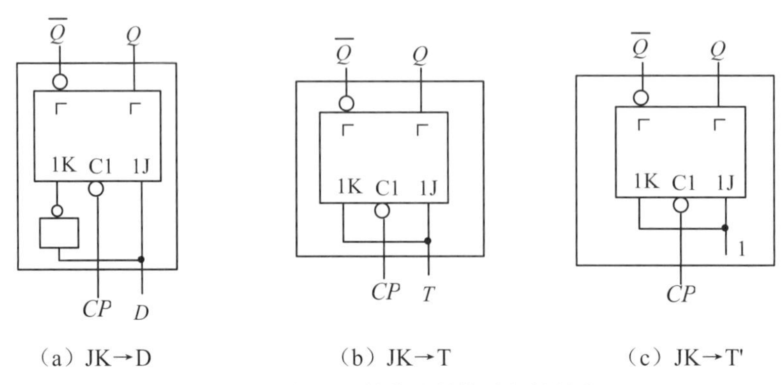

（a）JK→D　　（b）JK→T　　（c）JK→T'

图 4.26　JK 触发器转换成其他功能的触发器

2. 用 D 触发器转换成其他功能的触发器

（1）D→JK。

写出 D 触发器和 JK 触发器的特性方程

$$Q^{n+1}=D$$

$$Q^{n+1}=J\overline{Q^n}+\overline{K}Q^n$$

联立两式，得：$D=J\overline{Q^n}+\overline{K}Q^n$。

画出用 D 触发器转换成 JK 触发器的逻辑图，如图 4.27（a）所示。

（2）D→T。

写出 D 触发器和 T 触发器的特性方程

$$Q^{n+1}=D$$

$$Q^{n+1}=T\overline{Q^n}+\overline{T}Q^n$$

联立式两式，得：$D=T\overline{Q^n}+\overline{T}Q^n=T\oplus Q^n$。

画出用 D 触发器转换成 T 触发器的逻辑图，如图 4.27（b）所示。

（3）D→T'。

写出 D 触发器和 T'触发器的特性方程

$$Q^{n+1}=D$$

$$Q^{n+1}=\overline{Q^n}$$

联立式两式，得：$D=\overline{Q^n}$

画出用 D 触发器转换成 T'触发器的逻辑图，如图 4.27（c）所示。

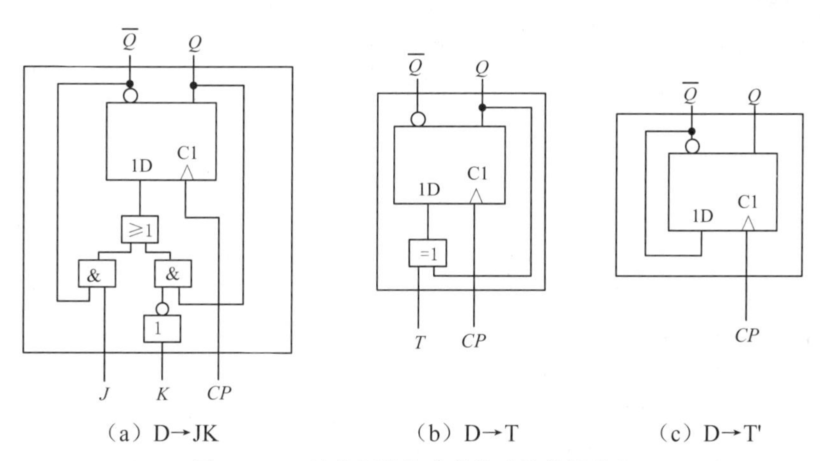

（a）D→JK　　（b）D→T　　（c）D→T'

图 4.27　D 触发器转换成其他功能的触发器

4.5.3　集成触发器的脉冲工作特性

触发器的脉冲工作特性是指触发器对时钟脉冲、输入信号以及它们之间相互配合的时间关系的要求。掌握这种工作特性对触发器的应用非常重要。

1. 维持—阻塞 D 触发器的脉冲工作特性

在 *CP* 上跳沿到来时，G_3、G_4 门将根据 G_5、G_6 门的输出状态控制触发器翻转。因此在 *CP* 上跳沿到达之前，G_5、G_6 门必须要有稳定的输出状态。而从信号加到 *D* 端开始到 G_5、G_6 门的输出稳定下来，需要经过一段时间，我们把这段时间称为触发器的建立时间 t_{set}。即输入信号必须比 *CP* 脉冲早 t_{set} 时间到达。图 4.28 为维持—阻塞 D 触发器的脉冲工作特性。

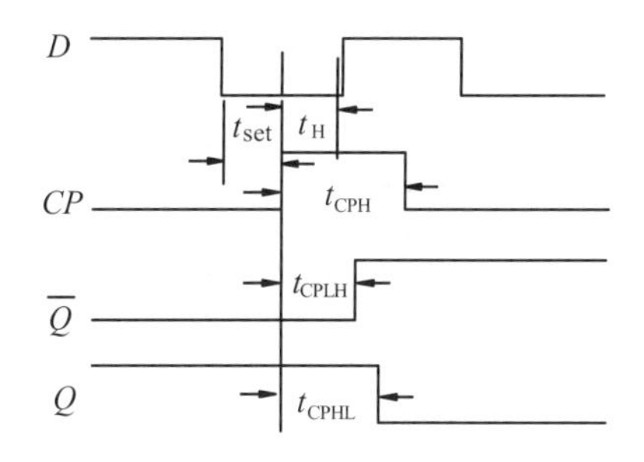

图 4.28　维持—阻塞 D 触发器的脉冲工作特性

由图 4.28 可以看出，该电路的建立时间为两级与非门的延迟时间 t_{pd}，即 $t_{set}=2t_{pd}$。

其次，为使触发器可靠翻转，信号 *D* 还必须维持一段时间。我们把在 *CP* 触发沿到来后输入信号需要维持的时间称为触发器的保持时间 t_H。当 $D=0$ 时，这个 0 信号必须维持到 Q_3 由 1 变 0 后将 G5 封锁为止。若在此之前 *D* 变为 1，则 Q_5 变为 0，将引起触发器误触发。所以 $D=0$ 时的保持时间 $t_H=1t_{pd}$。当 $D=1$ 时，*CP* 上跳沿到达后，经过 t_{pd} 的时间 Q_4 变 0，将 G_6 封锁。但若 *D* 信号变化，传到 G_6 的输入端也同样需要 t_{pd} 的时间，所以 $D=1$ 时的保持时间 $t_H=0$。综合以上两种情况，取 $t_H=1t_{pd}$。

另外，为保证触发器可靠翻转，$CP=1$ 的状态也必须保持一段时间，直到触发器的 Q、$\overline{Q}$ 端电平稳定，这段时间称为触发器的维持时间 t_{CPH}。我们把从时钟脉冲触发沿开始到一个输出端由 0 变 1 所需的时间称为 t_{CPLH}；把从时钟脉冲触发沿开始到另一个输出端由 1 变 0 所需的时间称为 t_{CPHL}。由图 4.28 可以看出，该电路的 $t_{CPLH}=2t_{pd}$，$t_{CPHL}=3t_{pd}$，所以触发器的 $t_{CPH}\geqslant t_{CPHL}=3t_{pd}$。

图 4.28 示出了上述几个时间参数的相互关系。

2. 主从 JK 触发器的脉冲工作特性

在上述的主从 JK 触发器电路中，当时钟脉冲 CP 上跳沿到达时，输入信号 J、K 进入主触发器，由于 J、K 和 CP 同时接到 G_7、G_8 门，所以 J、K 信号只要不迟于 CP 上跳沿即可，故 $t_{set}=0$。图 4.29 为主从 JK 触发器的脉冲工作特性。

由图 4.29 可知，在 CP 上跳沿到达后，要经过三级与非门的延迟时间，主触发器才翻转完毕。所以 $t_{CPH}\geqslant 3t_{pd}$。

等 CP 下跳沿到达后，从触发器翻转，主触发器立即被封锁，所以，输入信号 J、K 可以不再保持，即 $t_H=0$。

从 CP 下跳沿到达到触发器输出状态稳定，也需要一定的传输时间。即 $CP=0$ 的状态也必须保持一段时间，这段时间称为 t_{CPL}。由图 4.29 可以看出，该电路的 $t_{CPLH}=2t_{pd}$，$t_{CPHL}=3t_{pd}$，所以触发器的 $t_{CPL}\geqslant t_{CPHL}=3t_{pd}$。

综上所述，主从 JK 触发器要求 CP 的最小工作周期 $T_{min}= t_{CPH}+ t_{CPL}$。

图 4.29 示出了上述几个时间参数的相互关系。

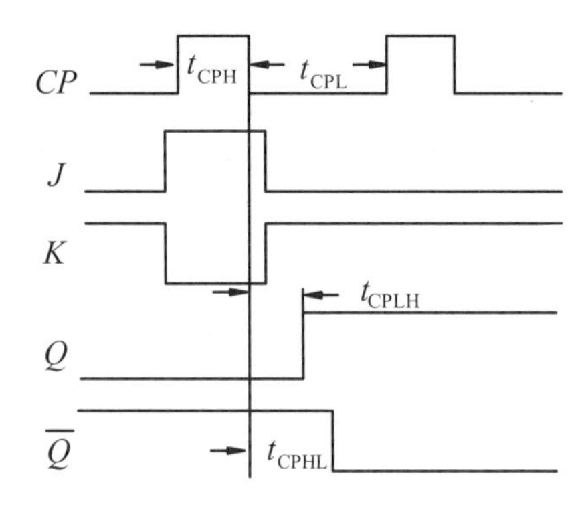

图 4.29 主从 JK 触发器的脉冲工作特性

4.5.4 集成触发器的应用举例

触发器的应用非常广泛，是时序逻辑电路重要的组成部分，其典型应用将在后续章中作较详细的介绍。这里先举一例，使读者体会触发器的“记忆”作用。

例 4.3 设计一个 3 人抢答电路。3 人 A、B、C 各控制一个按键开关 K_A、K_B、K_C 和一个发光二极管 D_A、D_B、D_C。谁先按下开关，谁的发光二极管亮，同时使其他人的抢答信号无效。

解：用门电路组成的基本电路如图 4.30 所示。开始抢答前，三个按键开关 K_A、K_B、K_C 均不按下，A、B、C 三个信号都为 0，G_A、G_B、G_C 门的输出都为 1，三个发光二极管均不亮。开始抢答后，如 K_A 第一个被按下，则 A=1，G_A 门的输出变为 $V_{OA}=0$，点亮发光二极管 D_A，同时，V_{OA} 的 0 信号封锁了 G_B、G_C 门，K_B、K_C 再按下无效。

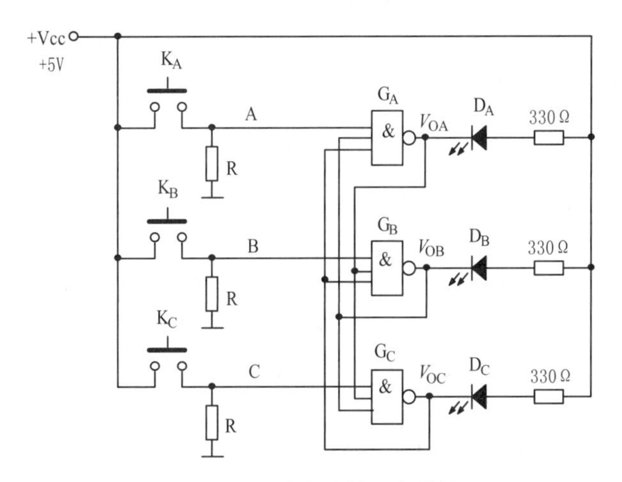

图 4.30　抢答电路的基本结构

基本电路实现了抢答的功能，但是该电路有一个很严重的缺陷：当 K_A 第一个被按下后，必须总是按着，才能保持 A=1、V_{OA}=0，禁止 B、C 信号进入。如果 K_A 稍一放松，就会使 A=0、V_{OA}=1，B、C 的抢答信号就有可能进入系统，造成混乱。要解决这一问题，最有效的方法就是引入具有“记忆”功能的触发器。

用基本 RS 触发器组成的电路如图 4.31 所示。其中 K_R 为复位键，由裁判控制。开始抢答前，先按一下复位键 K_R，即 3 个触发器的 R 信号都为 0，使 Q_A、Q_B、Q_C 均置 0，三个发光二极管均不亮。开始抢答后，如 K_A 第一个被按下，则 FF_A 的 S=0，使 Q_A 置 1，G_A 门的输出变为 V_{OA}=0，点亮发光二极管 D_A，同时，V_{OA} 的 0 信号封锁了 G_B、G_C 门，K_B、K_C 再按下无效。

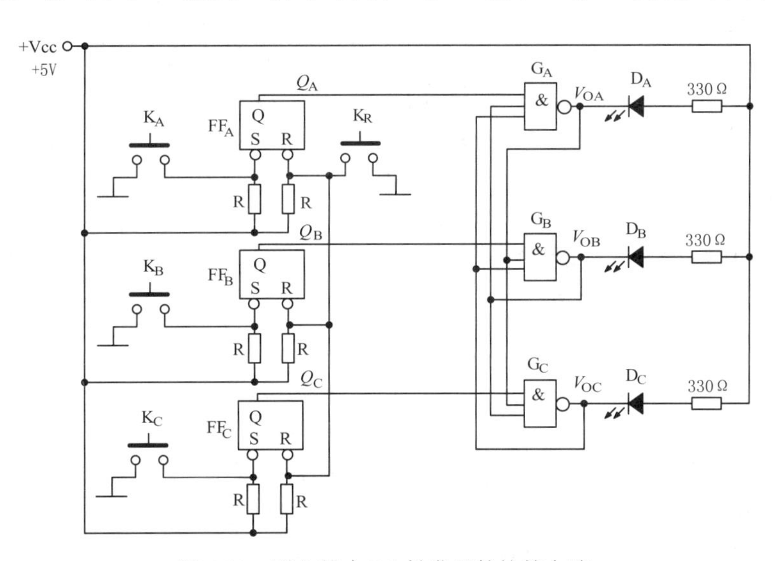

图 4.31　引入基本 RS 触发器的抢答电路

该电路与图 4.30 功能一样，但由于使用了触发器，按键开关只要按一下，触发器就能记住这个信号。如 K_A 第一个被按下，则 FF_A 的 S=0，使 Q_A 置 1，然后松开 K_A，此时 FF_A 的 S=R=1，触发器保持原状态，保持着刚才的 Q_A=1，直到裁判重新按下 K_R 键，新一轮抢答开始。这就是触发器的“记忆”作用。

习题 4

4.1 判断题

（1）用逻辑门构成的各种触发器均属于电平异步时序逻辑电路。 （ ）

（2）触发器是时序逻辑电路的基本单元。 （ ）

（3）RS、JK、D 和 T 四种触发器中，只有 RS 触发器存在输入信号的约束条件。 （ ）

（4）同一 *CP* 控制各触发器的计数器称为异步计数器。 （ ）

（5）各触发器的信号来源不同的计数器称为同步计数器。 （ ）

（6）一个触发器可以存放 2 个二进制数。 （ ）

（7）D 触发器只有时钟脉冲上升沿有效。 （ ）

（8）将 D 触发器的 Q'端与 D 端连接就可构成 T'触发器。 （ ）

（9）D 触发器的特性方程为 $Q^{n+1}=D$，与 Q^n 无关，所以它没有记忆功能。 （ ）

（10）同步触发器存在空翻现象。 （ ）

4.2 单项选择题

（1）当同步 RS 触发器的 *CP*=0 时，若输入由“0”→“1”且随后由“1”→“0”，则触发器的状态变化为（ ）。

A．“0”→“1” B．“1”→“0”

C．不变 D．不定

（2）触发器是由逻辑门电路组成，所以它的功能特点是（ ）。

A．和逻辑门电路功能相同 B．它有记忆功能

C．没有记忆功能 D．全部是由门电路组成的

（3）下列几种触发器中，哪种触发器的逻辑功能最灵活？（ ）

A．D 型 B．JK 型 C．T 型 D．RS 型

（4）由与非门组成的 RS 触发器不允许输入的变量组合 *RS* 为（ ）。

A．00 B．01 C．11 D．10

（5）要使 JK 触发器的状态和当前状态相反，所加激励信号 *J* 和 *K* 应该是（ ）。

A．00 B．01 C．10 D．11

（6）激励信号有约束条件的触发器是（ ）。

A．RS 触发器 B．D 触发器

C．JK 触发器 D．T 触发器

（7）对于同步触发的 D 型触发器，要使输出为 1，则输入信号 *D* 满足（ ）。

A．*D*=1 B．*D*=0 C．不确定 D．*D*=0 或 *D*=1

（8）要使 JK 触发器的状态由 0 转为 1，所加激励信号 JK 应为（ ）。

A．0× B．1× C．×1 D．×0

（9）对于 D 触发器，若 *CP* 脉冲到来前所加的激励信号 *D*=1，可以使触发器的状态（ ）。

A．由 0 变 0 B．由×变 0 C．由 1 变 0 D．由×变 1

（10）使同步 RS 触发器置 0 的条件是（ ）。

A．*RS*=00 B．*RS*=01 C．*RS*=10 D．*RS*=11

4.3 带有异步端的 JK 触发器及其输入波形如题 4.3 图所示，试画出 Q 端的输出波形。假设触发器的初态为 Q=0。

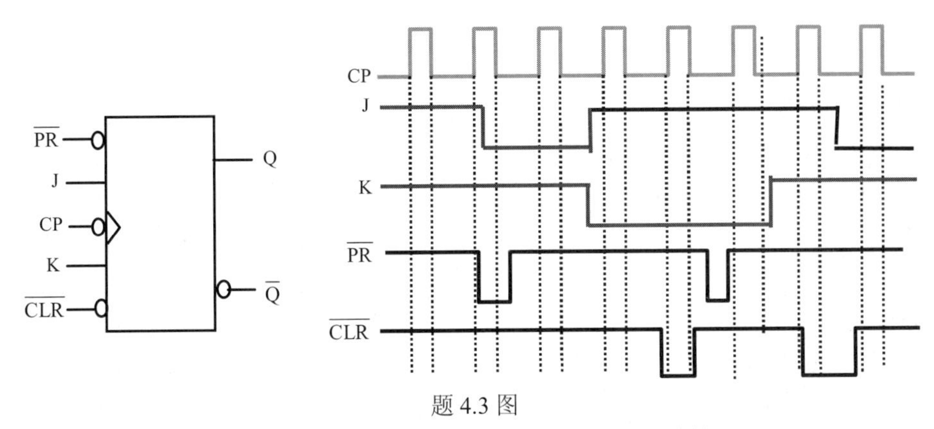

题 4.3 图

4.4 证明如下连接电路图实现了 JK 触发器到 D 触发器的转换。

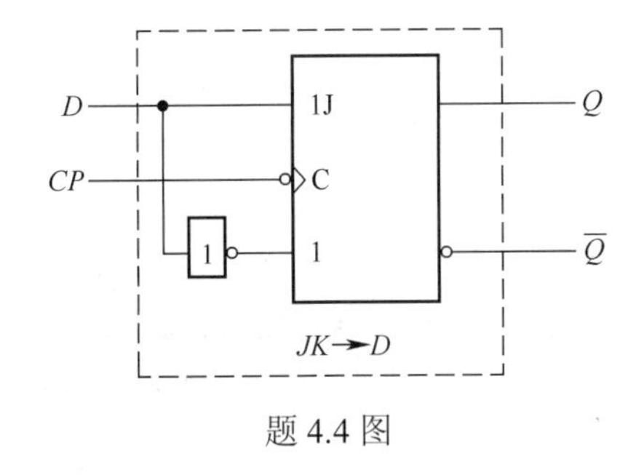

题 4.4 图

4.5 下图为微机复位电路图，试问：

（1）使用了什么触发器？

（2）能实现哪些功能？

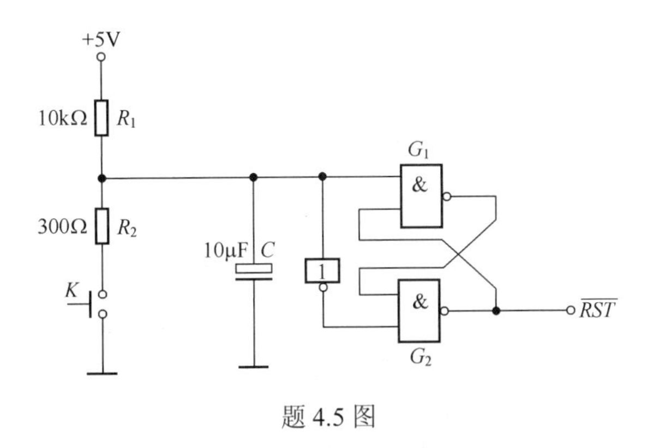

题 4.5 图

第 5 章　时序逻辑电路

本章提要：时序指时间上的先后顺序，时序逻辑电路是含有触发器等存储器件的数字逻辑电路，简称时序电路。与组合逻辑电路合称为数字逻辑电路的两大重要部分。本章先介绍时序逻辑电路的基本概念，再讨论时序逻辑电路的分析方法，然后学习时序逻辑部件——计数器和寄存器的工作原理、功能及典型应用，最后再介绍同步时序逻辑电路的设计方法。

教学建议：本章重点讲授时序逻辑电路的分析方法，计数器的工作原理及其相应的中规模集成电路和典型应用，学生要学会同步、异步时序逻辑电路的分析设计方法，能看懂时序逻辑芯片功能表，能用集成芯片构成简单的时序逻辑电路。建议教学时数：7 学时。

学习要求：①掌握时序电路的特点、描述方法；②掌握计数器、寄存器等常用时序电路的工作原理、逻辑功能；③掌握同步时序逻辑电路的分析和设计方法；④了解异步时序逻辑电路的分析和设计方法。

关键词：时钟同步状态机（Clocked Synchronous State Machine）；同步时序电路（Synchronous Sequential Circuit）；异步时序电路（Asynchronous Sequential Circuit）；最小风险方案（Minimal-Risk Design）；最小代价方案（Minimal-Cost Design）；计数器（Counter）；寄存器（Register）；移位寄存器（Shift Register）；移位寄存器型计数器（Shift Register Counter）；环形计数器（Ring-Counter）；扭环形计数器（Twister-Ring Counter）；序列发生器（Sequence Generators）；状态机（State Machine）；米粒型状态机（Mealy State Machine）；摩尔型状态机（Moore State Machine）

5.1　时序逻辑电路的基本概念

5.1.1　时序逻辑电路的结构和特点

1. 结构

时序逻辑电路主要由组合电路和存储器两部分组成。存储器件的种类很多，如触发器、延迟线、磁性器件等，但最常用的是触发器。

由触发器构成的存储器件时序电路的基本结构如图 5.1 所示。

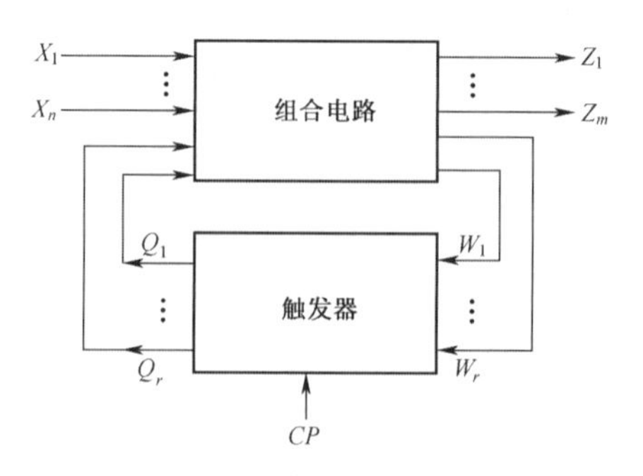

图 5.1　时序逻辑电路框图

其中 $X_1 \sim X_n$ 是 n 个外部输入信号，$Z_1 \sim Z_m$ 是 m 个外部输出信号，$Q_1 \sim Q_r$ 是存储器的内部输入信号，称为时序电路的状态变量，$W_1 \sim W_r$ 是存储器的内部输入信号，称为激励。

2. 特点

结构有反馈，功能有记忆，时序逻辑电路任何一个时刻的输出不仅与当时的输入信号有关，还与电路的原来状态有关，也可以说输出与当前和历史输入有关。

5.1.2 时序逻辑电路的描述方法

1. 方程组描述法

图 5.1 所示的时序逻辑电路，可以用这些变量之间的关系的三个方程组来描述：

输出方程 $Z_i = f(X_1, \ldots, X_n; Q_{1n}, \ldots, Q_{rn})$ $i=1,\ldots,m$

激励方程 $W_i = g(X_1, \ldots, X_n; Q_{1n}, \ldots, Q_{rn})$ $i=1,\ldots,m$

状态方程 $Q_i^{n+1} = h(W_i, Q_i)$ $i=1,\ldots,m$

其中，Z_i，W_i，Q_i^{n+1} 表示第 i 个方程，Q^n 表示触发器的当前状态，Q^{n+1} 表示触发器的下一个状态，n 对应现在时刻 t_n，n+1 对应下一个时刻 t_{n+1}。

从方程组来看，输出函数和激励函数取决与此时刻输入变量和电路当前状态，状态函数取决于电路原来状态和激励输入变量。

2. 状态表描述法

就是把图 5.1 所示的时序逻辑电路，用与组合逻辑真值表类似的状态表来描述。也就是以现态和输入来决定下一个状态（次态）和输出的二维表格来描述。

3. 状态图描述法

就是把图 5.1 所示的时序逻辑电路，用电路状态、输入/输出及保持与转移条件用关系图表述出来。

4. HDL 语言描述法

就是把图 5.1 所示的时序逻辑电路，用硬件描述描述语言描述出来。将在后续章节重点学习，本章只粗略涉及。

5.1.3 时序逻辑电路的分类

1. 同步时序电路和异步时序电路

时序逻辑电路按照电路状态转换情况不同，分为同步时序电路和异步时序电路两大类。所谓同步是指存储电路中所有触发器的时钟使用统一的时钟脉冲信号 CP，状态变化发生在同一时刻。其中，同步时序电路有统一的时钟脉冲信号 CP，有时也用 CLK 表述，而异步时序电路无统一的时钟脉冲信号 CP，触发器状态的变化有先有后。

2. 米里（Mealy）型电路和摩尔（Moore）型电路

按照电路中输出变量是否和输入变量直接相关，时序电路又分为米里型电路（Mealy）和摩尔型电路（Moore）。米里电路的外部输出 Z 既与触发器的状态 Q^n 有关，又与外部输入 X 有关，即 $Z=f(X,Q^n)$。摩尔型电路的状态表中，输出 Z 单列给出，其状态图中，输出 Z 与状态名同处状态圈内，输入值标于箭头旁。而摩尔型电路的外部输出 Z 仅与触发器的状态 Q^n 有关，而与外部输入 X 无关，即 $Z=f(Q^n)$。

5.2 时序逻辑电路的分析方法

时序逻辑电路实现有触发器实现、模块级电路实现及 PLD 与 HDL 实现，其分析方法有所不同。下面讨论前面两种方法，PLD 与 HDL 实现在第 9 章及其后续章节讨论。

1. 触发器级时序逻辑电路分析的一般步骤

（1）根据给定的时序电路图写出下列各逻辑方程式：①各触发器的时钟方程（同步时序电路分析可以省这步）；②时序电路的输出方程；③各触发器的激励方程；④各触发器的状态方程。

（2）将驱动方程代入相应触发器的特性方程，求得各触发器的次态方程，也就是时序逻辑电路的状态方程。

（3）根据状态方程和输出方程，列出该时序电路的状态表，画出状态图或时序图。

（4）根据电路的状态表或状态图说明给定时序逻辑电路的逻辑功能。

2. 模块级电路分析思路

（1）深刻理解 MSI 时序逻辑模块的功能。

（2）认真分析电路的连接方式。

（3）确定整个电路的逻辑功能。

下面举例说明时序逻辑电路的具体分析方法。

3. 同步时序逻辑电路的分析举例

例 5.1 试分析图 5.2 所示的时序逻辑电路

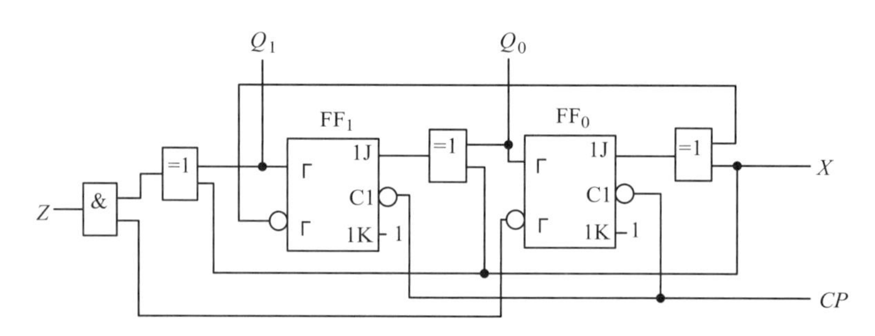

图 5.2 例 5.1 的逻辑电路图

解：由于图 5.2 为同步时序逻辑电路，图中的两个触发器都接至同一个时钟脉冲源 CP，所以各触发器的时钟方程可以不写。

（1）写出输出方程

$$Z=(X\oplus Q_1^n)\cdot\overline{Q_0^n}$$

（2）写出激励方程

$$J_0=X\oplus\overline{Q_1^n}\qquad K_0=1$$

$$J_1=X\oplus Q_0^n\qquad K_1=1$$

（3）写出各触发器的次态方程。写出 JK 触发器的特性方程

$$Q^{n+1}=J\overline{Q^n}+\overline{K}Q^n$$

然后将各激励方程代入 JK 触发器的特性方程，得各触发器的次态方程

$$Q_0^{n+1} = J_0\overline{Q_0^n} + \overline{K_0}Q_0^n = (X \oplus \overline{Q_1^n})\overline{Q_0^n}$$

$$Q_1^{n+1} = J_1\overline{Q_1^n} + \overline{K_1}Q_1^n = (X \oplus Q_0^n)\cdot\overline{Q_1^n}$$

（4）做状态转换表及状态图。由于输入控制信号 X 可取 1，也可取 0，所以分两种情况列状态转换表和画状态图。

1）当 X=0 时，将 X=0 代入输出方程和触发器的次态方程，则：

输出方程简化为

$$Z = Q_1^n\overline{Q_0^n}$$

触发器的次态方程简化为

$$Q_0^{n+1} = \overline{Q_1^n Q_0^n}，\quad Q_1^{n+1} = Q_0^n\overline{Q_1^n}$$

设电路的现态为 $Q_1^nQ_0^n = 00$，依次代入上述触发器的次态方程和输出方程中进行计算，得到 X=0 电路的状态转换表，见表 5.1。

表 5.1　X=0 时的状态表

现态	次态	输出
Q_1^n　Q_0^n	Q_1^{n+1}　Q_0^{n+1}	Z
0　0	0　1	0
0　1	1　0	0
1　0	0　0	1

根据表 5.1 所示的状态转换表可得状态转换图如图 5.3（a）所示。

2）当 X=1 时，输出方程简化为

$$Z = \overline{Q_1^n Q_0^n}$$

触发器的次态方程简化为

$$Q_0^{n+1} = Q_1^n\overline{Q_0^n}，\quad Q_1^{n+1} = \overline{Q_0^n Q_1^n}$$

计算可得电路的状态转换表，见表 5.2，状态图如图 5.3（b）所示。

5.2　X=1 时的状态表

现态	次态	输出
Q_1^n　Q_0^n	Q_1^{n+1}　Q_0^{n+1}	Y
0　0	1　0	1
1　0	0　1	0
0　1	0　0	0

将图 5.3（a）和（b）合并起来，就是电路完整的状态图，如图 5.4 所示。

（5）画时序波形图。画出时序波形图如图 5.5 所示。

（6）逻辑功能分析。该电路一共有 3 个状态 00、01、10。当 X=0 时，按照加 1 规律 00

→01→10→00 循环变化，并每当转换为 10 状态（最大数）时，输出 Z=1。当 X=1 时，按照减 1 规律 10→01→00→10 循环变化，并每当转换为 00 状态（最小数）时，输出 Z=1。所以该电路是一个可控的三进制计数器。当 X=0 时，作加法计数，Z 是进位信号；当 X=1 时，作减法计数，Z 是借位信号。

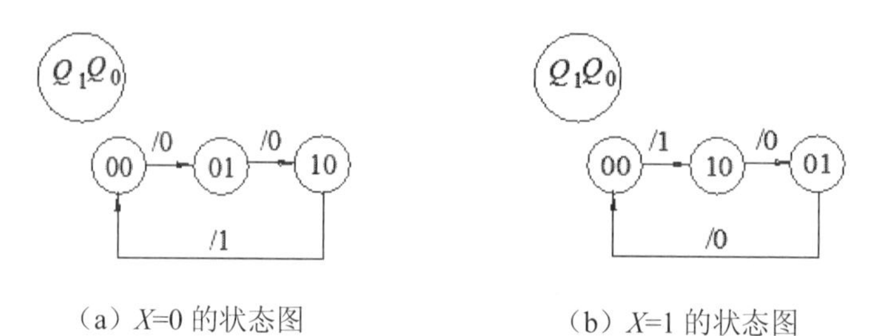

（a）X=0 的状态图　　（b）X=1 的状态图

图 5.3　状态图

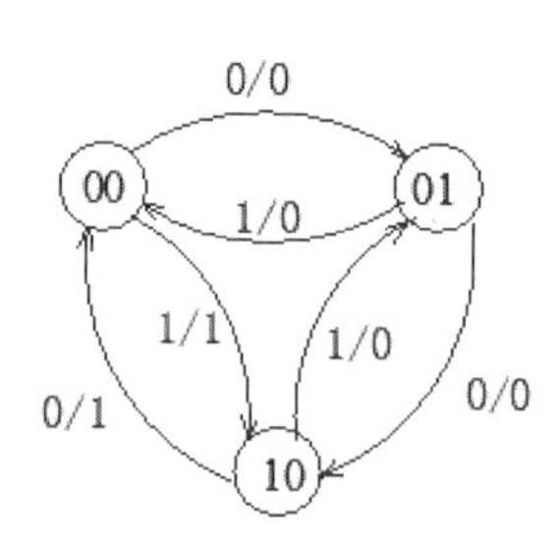

图 5.4　状态图

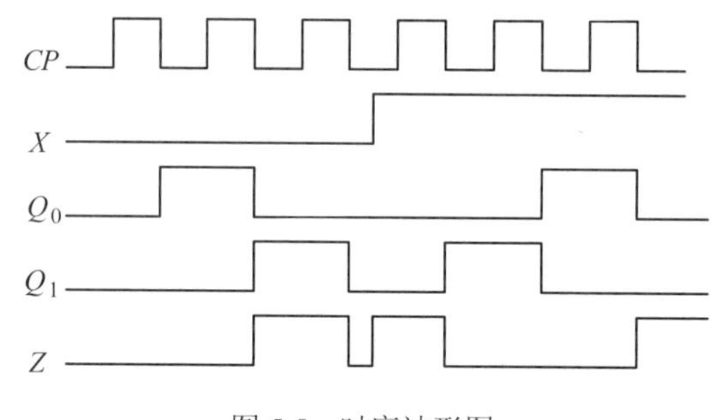

图 5.5　时序波形图

4. 异步时序逻辑电路的分析举例

由于在异步时序逻辑电路中没有统一的时钟脉冲，因此，分析时必须写出时钟方程。

例 5.2　试分析图 5.6 所示的时序逻辑电路

解：（1）写出各逻辑方程式

1）时钟方程

$CP_0=CP$（时钟脉冲源的上升沿触发）

$CP_1=Q_0$（当 FF_0 的 Q_0 由 0→1 时，Q_1 才可能改变状态，否则 Q_1 将保持原状态不变）

2）输出方程

$Z=\overline{Q_1^n}\,\overline{Q_0^n}$

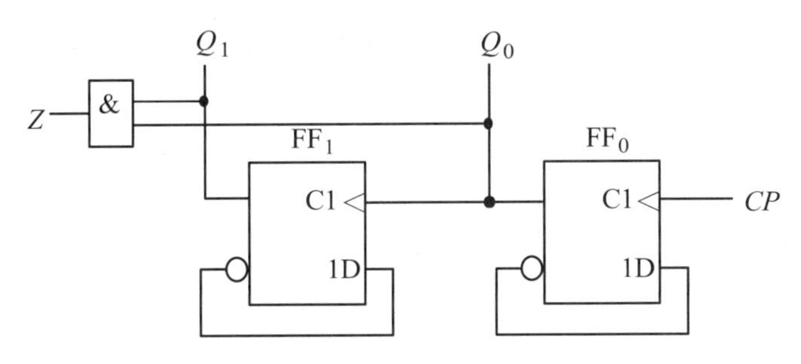

图 5.6　例 5.2 的逻辑电路图

3）各触发器的激励方程

$D_0=\overline{Q_0^n}$，$D_1=\overline{Q_1^n}$

（2）写各触发器的次态方程。将各激励方程代入 D 触发器的特性方程，得各触发器的次态方程

$Q_0^{n+1}=D_0=\overline{Q_0^n}$　　（CP 由 0→1 时此式有效）

$Q_1^{n+1}=D_1=\overline{Q_1^n}$　　（Q0 由 0→1 时此式有效）

（3）作状态转换表、状态图、时序图。由次态方程作状态转换表，见表 5.3。

表 5.3　例 5.2 电路的状态转换表

现态	次态	输出	时钟脉冲
Q_1^n　Q_0^n	Q_1^{n+1}　Q_0^{n+1}	Z	CP_1　CP_0
0　0	1　1	1	↑　↑
1　1	1　0	0	0　↑
1　0	0　1	0	↑　↑
0　1	0　0	0	0　↑

根据状态转换表可得状态转换图如图 5.7 所示，时序图如图 5.8 所示。

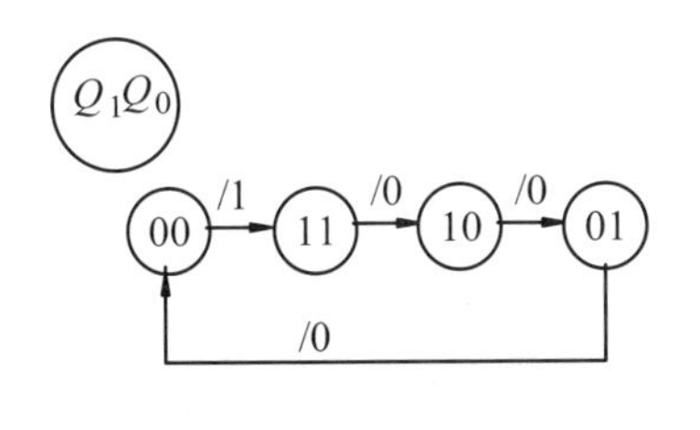

图 5.7　状态图

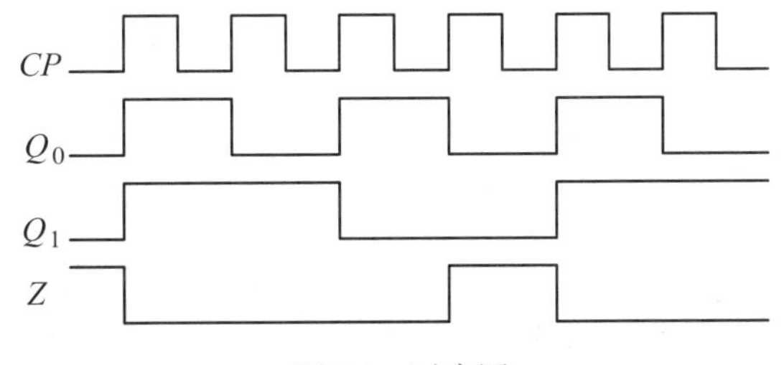

图 5.8　时序图

（5）逻辑功能分析

由状态图可知：该电路一共有 4 个状态 00、01、10、11，在时钟脉冲作用下，按照减 1 规律循环变化，所以是一个四进制减法计数器，Z 是借位信号。

5.3 计数器

5.3.1 概述

1. 电路功能与用途

计数器是用以统计输入脉冲 *CP* 个数的电路。用于计数、分频、定时、产生节拍脉冲等。

2. 计数器的分类

按时钟不同分为同步计数器和异步计数器，同步计数器中触发器翻转与计数脉冲同步，而异步计数器则不同步。

按计数过程中数字增减分为加法计数器、减法计数器和可逆计数器。

按计数容量分为十进制容量计数器、六十进制容量计数器等。

按计数器中的数字编码分为二进制计数器、二－十进制计数器和循环码计数器等，除了二进制计数器外，其余统称非二进制计数器。下面按此进行介绍。

5.3.2 二进制计数器

1. 触发器构成的二进制计数器

按时钟不同分为同步计数器和异步计数器。

（1）二进制同步计数器。按计数过程中数字增减分为加法计数器、减法计数器和可逆计数器。

1）二进制同步加法计数器。图 5.9 所示为由 4 个 JK 触发器组成的 4 位同步二进制加法计数器的逻辑图。图中各触发器的时钟脉冲输入端接同一计数脉冲 *CP*，显然，这是一个同步时序电路。

各触发器的激励方程分别为

$$J_0=K_0=1$$
$$J_1=K_1=Q_0$$
$$J_2=K_2=Q_0Q_1$$
$$J_3=K_3=Q_0Q_1Q_2$$

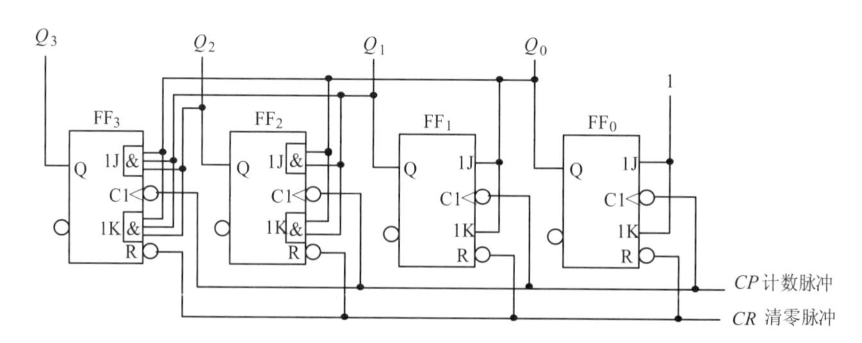

图 5.9　4 位同步二进制加法计数器的逻辑图

由于该电路的驱动方程规律性较强，只需用“观察法”就可画出时序波形图或状态表。4 位同步二进制加法计数器的状态表见表 5.4。

表 5.4　图 5.9 所示 4 位二进制同步加法计数器的状态表

计数脉冲序号	电路状态				等效十进制数
	Q_3	Q_2	Q_1	Q_0	
0	0	0	0	0	0
1	0	0	0	1	1
2	0	0	1	0	2
3	0	0	1	1	3
4	0	1	0	0	4
5	0	1	0	1	5
6	0	1	1	0	6
7	0	1	1	1	7
8	1	0	0	0	8
9	1	0	0	1	9
10	1	0	1	0	10
11	1	0	1	1	11
12	1	1	0	0	12
13	1	1	0	1	13
14	1	1	1	0	14
15	1	1	1	1	15
16	0	0	0	0	0

由于同步计数器的计数脉冲 CP 同时接到各位触发器的时钟脉冲输入端，当计数脉冲到来时，应该翻转的触发器同时翻转，所以速度比异步计数器高，但电路结构比异步计数器复杂。

2）二进制同步减法计数器。4 位二进制同步减法计数器的状态表见表 5.5，分析其翻转规律并与 4 位二进制同步加法计数器相比较，很容易看出，只要将图 5.9 所示电路的各触发器的激励方程改为

$$J_0=K_0=1$$

$$J_1=K_1=\overline{Q_0}$$

$$J_2=K_2=\overline{Q_0}\,\overline{Q_1}$$

$$J_3=K_3=-\overline{Q_0}\,\overline{Q_1}\,\overline{Q_2}$$

就构成了 4 位二进制同步减法计数器。

表 5.5　4 位二进制同步减法计数器的状态表

计数脉冲序号	电路状态				等效十进制数
	Q_3	Q_2	Q_1	Q_0	
0	0	0	0	0	0
1	1	1	1	1	15
2	1	1	1	0	14

续表

计数脉冲序号	电路状态				等效十进制数
	Q_3	Q_2	Q_1	Q_0	
3	1	1	0	1	13
4	1	1	0	0	12
5	1	0	1	1	11
6	1	0	1	0	10
7	1	0	0	1	9
8	1	0	0	0	8
9	0	1	1	1	7
10	0	1	1	0	6
11	0	1	0	1	5
12	0	1	0	0	4
13	0	0	1	1	3
14	0	0	1	0	2
15	0	0	0	1	1
16	0	0	0	0	0

3）二进制同步可逆计数器。既能作加计数又能作减计数的计数器称为可逆计数器。将前面介绍的4位二进制同步加法计数器和减法计数器合并起来，并引入一加/减控制信号 X 便构成4位二进制同步可逆计数器，如图5.10所示。由图可知，各触发器的驱动方程为

$$J_0=K_0=1$$

$$J_1=K_1=XQ_0+\overline{X}\,\overline{Q_0}$$

$$J_2=K_2=XQ_0Q_1+\overline{X}\,\overline{Q_0}\,\overline{Q_1}$$

$$J_3=K_3=\mathrm{X}Q_0Q_1Q_2+\overline{X}\,\overline{Q_0}\,\overline{Q_1}\,\overline{Q_2}$$

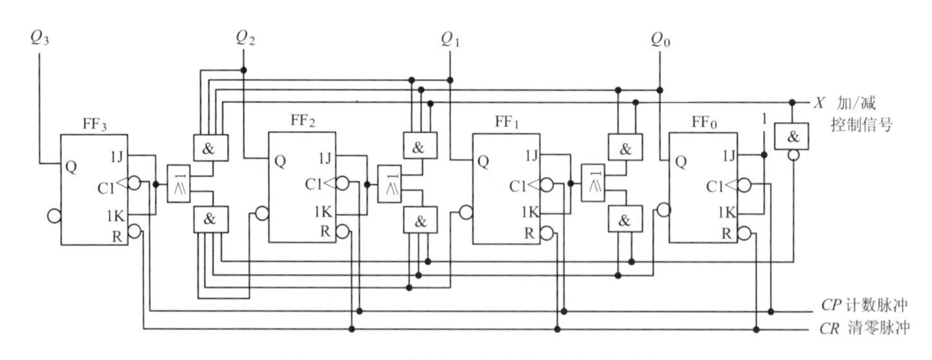

图5.10 二进制可逆计数器的逻辑图

当控制信号 X=1 时，FF_1～FF_3 中的各 J、K 端分别与低位各触发器的 Q 端相连，作加法计数；当控制信号 X=0 时，FF_1～FF_3 中的各 J、K 端分别与低位各触发器的 $\overline{\mathrm{Q}}$ 端相连，作减法计数，实现了可逆计数器的功能。

（2）二进制异步计数器。也分为加法计数器、减法计数器和可逆计数器。

1）二进制异步加法计数器。图 5.11 所示为由 4 个下降沿触发的 JK 触发器组成的 4 位异步二进制加法计数器的逻辑图。图中 JK 触发器都接成 T'触发器（即 $J=K=1$）。最低位触发器 FF_0 的时钟脉冲输入端接计数脉冲 CP，其他触发器的时钟脉冲输入端接相邻低位触发器的 Q 端。

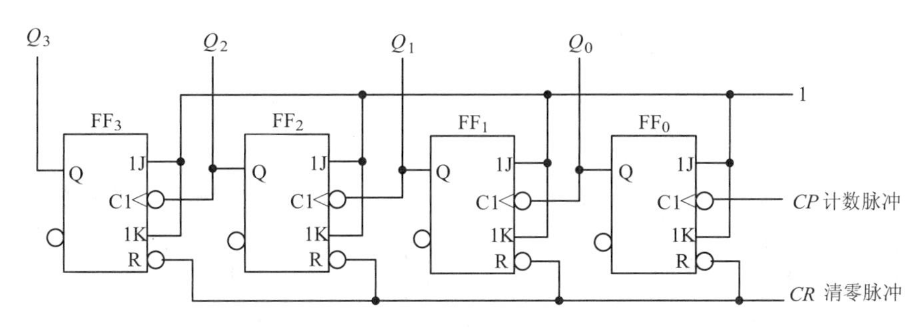

图 5.11　由 JK 触发器组成的 4 位异步二进制加法计数器的逻辑图

由于该电路的连线简单且规律性强，无须用前面介绍的分析步骤进行分析，只需作简单的观察与分析就可画出时序波形图或状态图，这种分析方法称为“观察法”。

用“观察法”作出该电路的时序波形图如图 5.12 所示，状态图如图 5.13 所示。由状态图可见，从初态 0000（由清零脉冲所置）开始，每输入一个计数脉冲，计数器的状态按二进制加法规律加 1，所以是二进制加法计数器（4 位）。又因为该计数器有 0000～1111 共 16 个状态，所以也称十六进制（1 位）加法计数器或模 16（M=16）加法计数器。

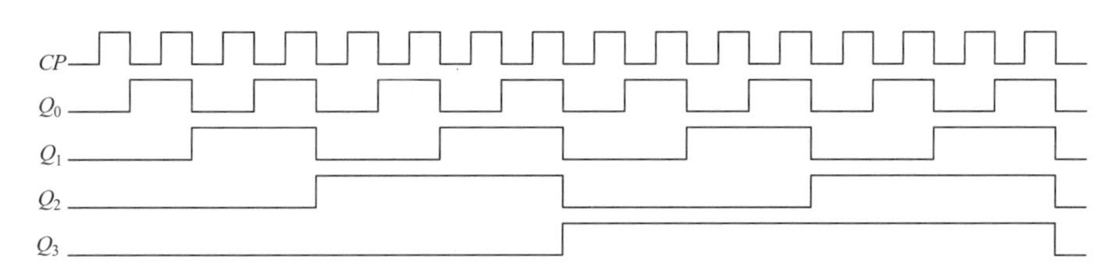

图 5.12　时序波形图

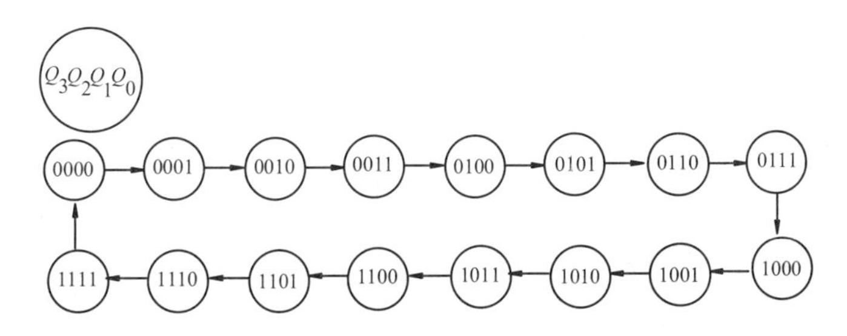

图 5.13　状态图

另外，从时序波形图可以看出，Q_0、Q_1、Q_2、Q_3 的周期分别是计数脉冲（CP）周期的 2 倍、4 倍、8 倍、16 倍，也就是说，Q_0、Q_1、Q_2、Q_3 分别对 CP 波形进行了二分频、四分频、八分频、十六分频，因而计数器也可作为分频器。

异步二进制计数器结构简单，改变级联触发器的个数，可以很方便地改变二进制计数器的位数，n 个触发器构成 n 位二进制计数器或模 2^n 计数器，或 2^n 分频器。

2）二进制异步减法计数器。将图 5.11 所示电路中 FF_1、FF_2、FF_3 的时钟脉冲输入端改接到相邻低位触发器的 $\overline{Q}$ 端就可构成二进制异步减法计数器，其工作原理请读者自行分析。

图 5.14 所示是用 4 个上升沿触发的 D 触发器组成的 4 位异步二进制减法计数器的逻辑图。时序波形图如图 5.15 所示，状态图如图 5.16 所示。

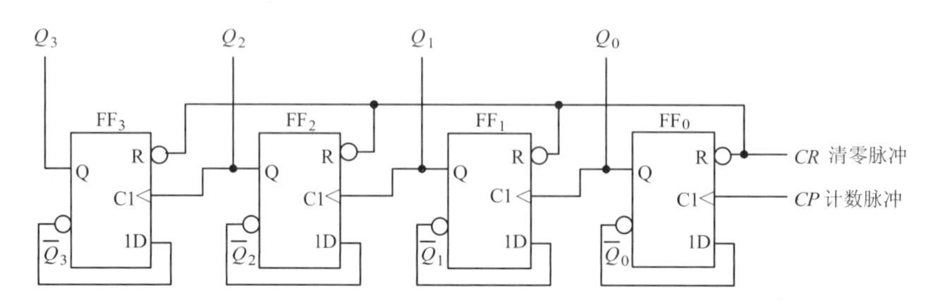

图 5.14　D 触发器组成的 4 位异步二进制减法计数器的逻辑图

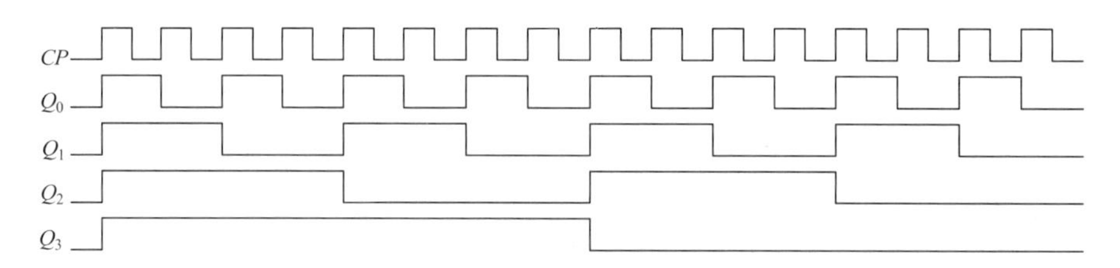

图 5.15　图 5.14 电路的时序波形图

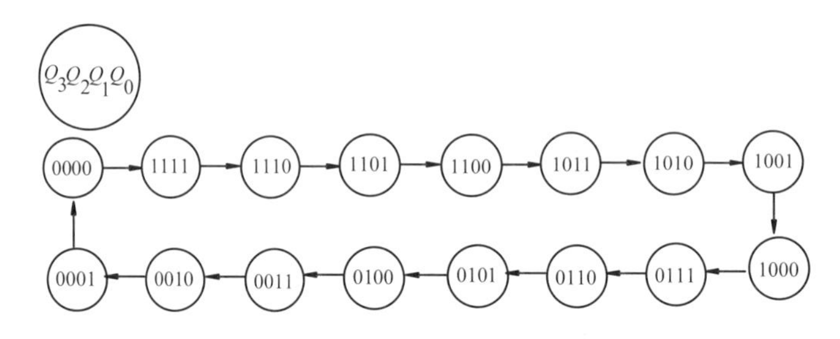

图 5.16　图 5.14 电路的状态图

从图 5.11 和图 5.14 可见，用 JK 触发器和 D 触发器都可以很方便地组成二进制异步计数器。方法是先将触发器都接成 T'触发器，然后根据加、减计数方式及触发器为上升沿还是下降沿触发来决定各触发器之间的连接方式。

在二进制异步计数器中，高位触发器的状态翻转必须在相邻触发器产生进位信号（加计数）或借位信号（减计数）之后才能实现，所以异步计数器的工作速度较低。为了提高计数速度，可采用同步计数器。

2. 集成二进制计数器

（1）集成 4 位二进制同步加法计数器。对于集成 4 位二进制同步加法计数器，其工作原理及功能以典型芯片 74161 为例进行讨论。其功能见表 5.6，时序图如图 5.17 所示。

表 5.6　74161 的功能表

清零	预置	使能		时钟	预置数据输入				输出				工作模式
R_D	L_D	EP	ET	CP	D_3	D_2	D_1	D_0	Q_3	Q_2	Q_1	Q_0	
0	×	×	×	×	×	×	×	×	0	0	0	0	异步清零
1	0	×	×	↑	D_3	D_2	D_1	D_0	D_3	D_2	D_1	D_0	同步置数
1	1	0	×	×	×	×	×	×	保	持			数据保持
1	1	×	0	×	×	×	×	×	保	持			数据保持
1	1	1	1	↑	×	×	×	×	计	数			加法计数

由表 5.6 可知，74161 具有以下功能：

1）异步清零。当 R_D=0 时，不管其他输入端的状态如何，不论有无时钟脉冲 CP，计数器输出将被直接置零（$Q_3Q_2Q_lQ_0$=0000），称为异步清零。

2）同步并行预置数。当 R_D=1、L_D=0 时，在输入时钟脉冲 CP 上升沿的作用下，并行输入端的数据 $D_3D_2D_1D_0$ 被置入计数器的输出端，即 $Q_3Q_2Q_lQ_0=D_3D_2D_1D_0$。由于这个操作要与 CP 上升沿同步，所以称为同步预置数。

3）计数。当 $R_D=L_D=EP=ET$=1 时，在 CP 端输入计数脉冲，计数器进行二进制加法计数。

4）保持。当 $R_D=L_D$=1，且 $EP\cdot ET$ =0，即两个使能端中有 0 时，则计数器保持原来的状态不变。这时，如 EP=0、ET=1，则进位输出信号 RCO 保持不变；如 ET=0 则不管 EP 状态如何，进位输出信号 RCO 为低电平 0。

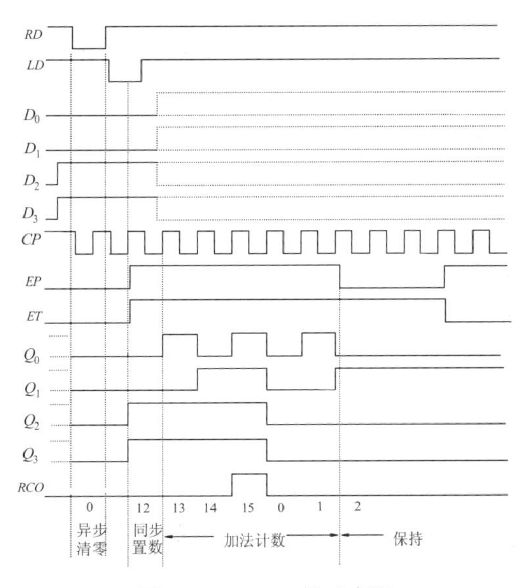

图 5.17　74161 的时序图

（2）集成 4 位二进制同步可逆计数器。74LS191 是 4 位二进制同步可逆（加/减）计数器，还具有异步预置和计数值保持功能。

其引脚排列及逻辑符号如图 5.18 所示，逻辑功能见表 5.7。其中 LD 是异步预置数控制端；D_3、D_2、D_1、D_0 是预置数据输入端；EN 是使能端，低电平有效；$D/\overline{U}$ 是加/减控制端，为 0 时作加法计数，为 1 时作减法计数；RCO 是进位/借位输出端。

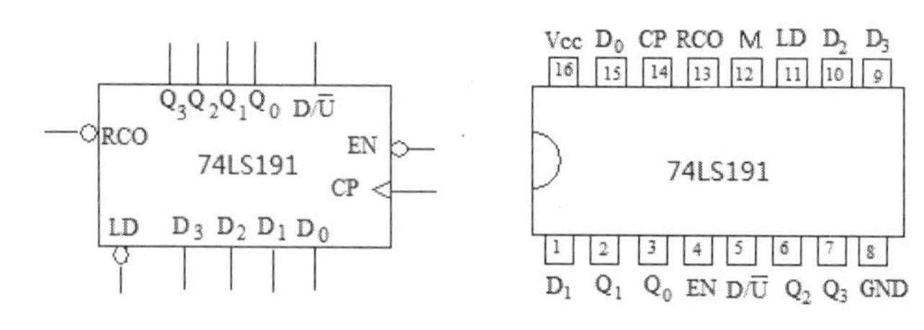

图 5.18　74191 的引脚和逻辑符号图

表 5.7　74LS191 的功能表

预置	使能	加/减控制	时钟	预置数据输入	输出	工作模式
LD	EN	$D/\overline{U}$	CP	D_3　D_2　D_1　D_0	Q_3　Q_2　Q_1　Q_0	
0	×	×	×	D_3　D_2　D_1　D_0	D_3　D_2　D_1　D_0	异步置数
1	1	×	×	×　×　×　×	保持	数据保持
1	0	0	↑	×　×　×　×	加法计数	加法计数
1	0	1	↑	×　×　×　×	减法计数	减法计数

由 74LS191 的功能表可知，74LS191 具有以下功能：

1）异步置数。当 LD=0 时，不管其他输入端的状态如何，不论有无时钟脉冲 CP，并行输入端的数据 $D_3D_2D_1D_0$ 被直接置入计数器的输出端，即 $Q_3Q_2Q_1Q_0=D_3D_2D_1D_0$。由于该操作不受 CP 控制，所以称为异步置数。注意该计数器无清零端，需清零时可用预置数的方法置零。

2）保持。当 LD=1 且 EN=1 时，则计数器保持原来的状态不变。

3）计数。当 LD=1 且 EN=0 时，在 CP 端输入计数脉冲，计数器进行二进制计数。当 $D/\overline{U}=0$ 时作加法计数；当 $D/\overline{U}=1$ 时作减法计数。

另外，该电路还有最大/最小控制端 MAX/MIN 和进位/借位输出端 RCO。它们的逻辑表达式为

$$MAX/MIN=(D/\overline{U})\cdot Q_3Q_2Q_1Q_0+\overline{D/\overline{U}}\cdot\overline{Q_3}\,\overline{Q_2}\,\overline{Q_1}\,\overline{Q_0}$$

$$RCO=\overline{\overline{EN}\cdot\overline{CP}\cdot MAX/MIN}$$

即当加法计数，计到最大值 1111 时，MAX/MIN 端输出 1，如果此时 CP=0，则 RCO=0，发一个进位信号；当减法计数，计到最小值 0000 时，MAX/MIN 端也输出 1，如果此时 CP=0，则 RCO=0，发一个借位信号。

5.3.3　其他进制计数器

N 进制计数器又称模 N 计数器，当 $N=2^n$ 时，就是前面讨论的 n 位二进制计数器；当 $N\neq 2^n$ 时，为非二进制计数器。非二进制计数器中最常用的是十进制计数器，下面讨论 8421BCD 码十进制计数器。

1．8421BCD 码同步十进制加法计数器

图 5.19 所示为由 4 个下降沿触发的 JK 触发器组成的 8421BCD 码同步十进制加法计数器的逻辑图。用前面介绍的同步时序逻辑电路分析方法对该电路进行分析。

（1）写出激励方程

$$J_0=1 \qquad K_0=1$$

$$J_1 = \overline{Q_3^n} Q_0^n \qquad K_1 = Q_0^n$$
$$J_2 = Q_1^n Q_0^n \qquad K_2 = Q_1^n Q_0^n$$
$$J_3 = Q_2^n Q_1^n Q_0^n \qquad K_3 = Q_0^n$$

（2）写出 JK 触发器的特性方程

$$Q^{n=1} = J\overline{Q^n} + \overline{K}Q^n$$

然后将各激励方程代入 JK 触发器的特性方程，得各触发器的次态方程

$$Q_0^{n+1} = J_0\overline{Q_0^n} + \overline{K_0}Q_0^n = \overline{Q_0^n}$$
$$Q_1^{n+1} = J_1\overline{Q_1^n} + \overline{K_1}Q_1^n = \overline{Q_3^n}Q_0^n\overline{Q_1^n} + \overline{Q_0^n}Q_1^n$$
$$Q_2^{n+1} = J_2\overline{Q_2^n} + \overline{K_2}Q_2^n = Q_1^n Q_0^n\overline{Q_2^n} + \overline{Q_1^n Q_0^n}Q_2^n$$
$$Q_3^{n+1} = J_3\overline{Q_3^n} + \overline{K_3}Q_3^n = Q_2^n Q_1^n Q_0^n\overline{Q_3^n} + \overline{Q_0^n}Q_3^n$$

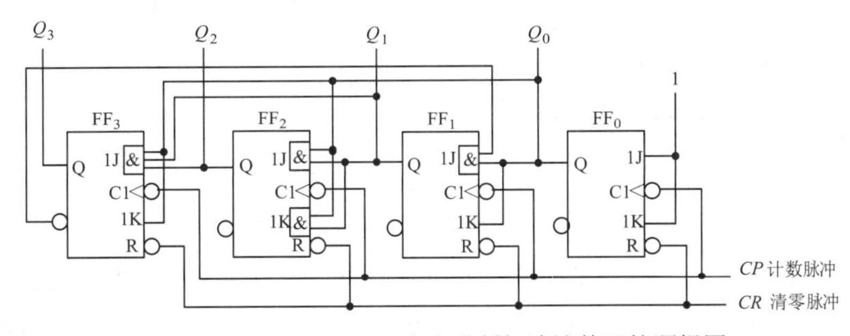

图 5.19　8421BCD 码同步十进制加法计数器的逻辑图

（3）作状态转换表。设初态为 $Q_3Q_2Q_1Q_0$=0000，代入次态方程进行计算，得状态转换表，见表 5.8。

表 5.8　图 5.19 电路的状态表

计数脉冲序号	现态				次态			
	Q_3^n	Q_2^n	Q_1^n	Q_0^n	Q_3^{n+1}	Q_2^{n+1}	Q_1^{n+1}	Q_0^{n+1}
0	0	0	0	0	0	0	0	1
1	0	0	0	1	0	0	1	0
2	0	0	1	0	0	0	1	1
3	0	0	1	1	0	1	0	0
4	0	1	0	0	0	1	0	1
5	0	1	0	1	0	1	1	0
6	0	1	1	0	0	1	1	1
7	0	1	1	1	1	0	0	0
8	1	0	0	0	1	0	0	1
9	1	0	0	1	0	0	0	0

（4）作状态图及时序图。根据状态转换表作出电路的状态图如图 5.20 所示，时序图如图

5.21 所示。由状态表、状态图及时序图可见，该电路为一 8421BCD 码十进制加法计数器。

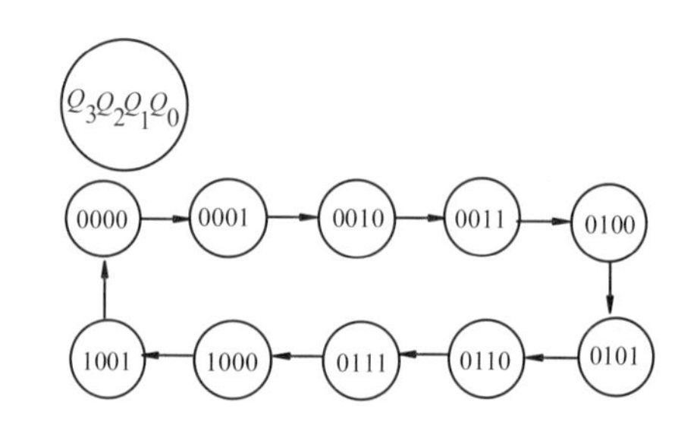

图 5.20　8421BCD 码同步十进制加法计数器状态图

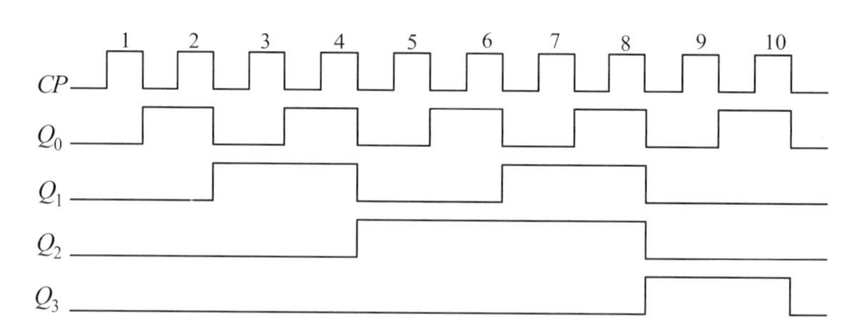

图 5.21　8421BCD 码同步十进制加法计数器时序图

（5）检查电路能否自启动。由于图 5.19 所示的电路中有 4 个触发器，它们的状态组合共有 16 种，而在 8421BCD 码计数器中只用了 10 种，称为有效状态，其余 6 种状态称为无效状态。在实际工作中，当由于某种原因使计数器进入无效状态时，如果能在时钟信号作用下，最终进入有效状态，我们就称该电路具有自启动能力。用同样的分析方法分别求出 6 种无效状态下的次态，补充到状态图中，得到完整的状态转换图。图 5.22 所示的电路具有自启动功能。

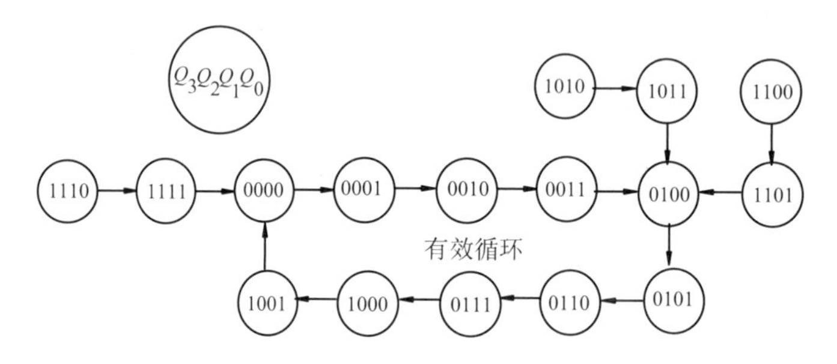

图 5.22　完整的状态图

2. 8421BCD 码异步十进制加法计数器

图 5.23 所示为由 4 个下降沿触发的 JK 触发器组成的 8421BCD 码异步十进制加法计数器的逻辑图。用前面介绍的异步时序逻辑电路分析方法对该电路进行分析。

（1）写出各逻辑方程式。

1）时钟方程

$CP_0=CP$（时钟脉冲源的上升沿触发）

$CP_1=Q_0$（当 FF_0 的 Q_0 由 1→0 时，Q_1 才可能改变状态，否则 Q_1 将保持原状态不变）

$CP_2=Q_1$（当 FF_1 的 Q_1 由 1→0 时，Q_2 才可能改变状态，否则 Q_2 将保持原状态不变）

$CP_3=Q_0$（当 FF_0 的 Q_0 由 1→0 时，Q_3 才可能改变状态，否则 Q_3 将保持原状态不变）

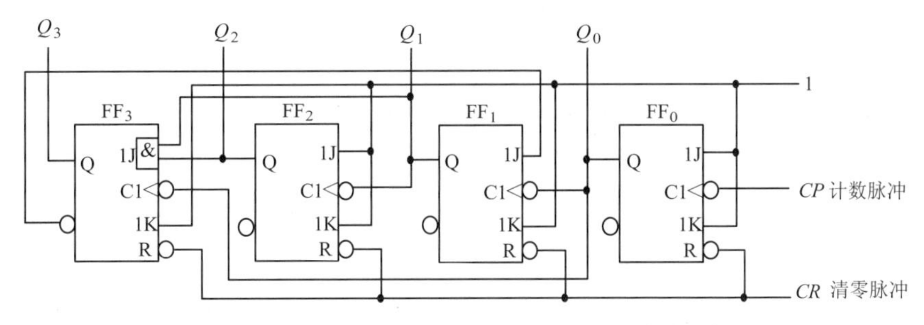

图 5.23　8421BCD 码异步十进制加法计数器的逻辑图

2）各触发器的激励方程

$$J_0=1 \qquad K_0=1$$

$$J_1=\overline{Q_3^n} \qquad K_1=1$$

$$J_2=1 \qquad K_2=1$$

$$J_3=Q_2^nQ_1^n \qquad K_3=1$$

（2）将各激励方程代入 JK 触发器的特性方程，得各触发器的次态方程

$$Q_0^{n+1}=J_0\overline{Q_0^n}+\overline{K_0}Q_0^n=\overline{Q_0^n} \qquad （CP\text{ 由 }1\to0\text{ 时此式有效}）$$

$$Q_1^{n+1}=J_1\overline{Q_1^n}+\overline{K_1}Q_1^n=\overline{Q_3^n}\,\overline{Q_1^n} \qquad （Q_0\text{ 由 }1\to0\text{ 时此式有效}）$$

$$Q_2^{n+1}=J_2\overline{Q_2^n}+\overline{K_2}Q_2^n=\overline{Q_2^n} \qquad （Q_1\text{ 由 }1\to0\text{ 时此式有效}）$$

$$Q_3^{n+1}=J_3\overline{Q_3^n}+\overline{K_3}Q_3^n=Q_2^nQ_1^n\overline{Q_3^n} \qquad （Q_0\text{ 由 }1\to0\text{ 时此式有效}）$$

（3）作状态转换表。设初态为 $Q_3Q_2Q_1Q_0$=0000，代入次态方程计算，得状态转换表，见表 5.9。

表 5.9　8421BCD 码异步十进制加法计数器状态表

计数脉冲序号	现态				次态				时钟脉冲			
	Q_3^n	Q_2^n	Q_1^n	Q_0^n	Q_3^{n+1}	Q_2^{n+1}	Q_1^{n+1}	Q_0^{n+1}	CP_3	CP_2	CP_1	CP_0
0	0	0	0	0	0	0	0	1	0	0	0	↓
1	0	0	0	1	0	0	1	0	↓	0	↓	↓
2	0	0	1	0	0	0	1	1	0	0	0	↓
3	0	0	1	1	0	1	0	0	↓	↓	↓	↓
4	0	1	0	0	0	1	0	1	0	0	0	↓
5	0	1	0	1	0	1	1	0	↓	0	↓	↓
6	0	1	1	0	0	1	1	1	0	0	0	↓
7	0	1	1	1	1	0	0	0	↓	↓	↓	↓
8	1	0	0	0	1	0	0	1	0	0	0	↓
9	1	0	0	1	0	0	0	0	↓	0	↓	↓

3. 常用集成十进制计数器

（1）8421BCD 码同步加法计数器 74LS160，其引脚和逻辑符号如图 5.24 所示，功能见表 5.10。

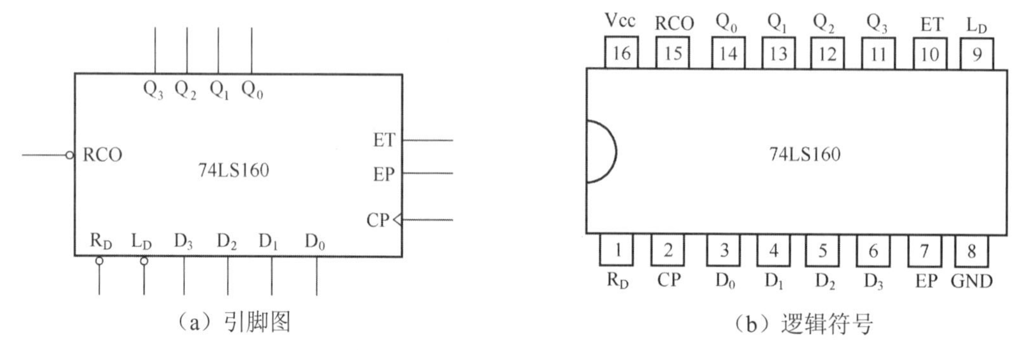

（a）引脚图　　（b）逻辑符号

图 5.24　74160 引脚和逻辑符号

表 5.10　74LS160 的功能表

清零	预置	使能		时钟	预置数据输入				输出				工作模式
R_D	L_D	EP	ET	CP	D_3	D_2	D_1	D_0	Q_3	Q_2	Q_1	Q_0	
0	×	×	×	×	×	×	×	×	0	0	0	0	异步清零
1	0	×	×	↑	D_3	D_2	D_1	D_0	D_3	D_2	D_1	D_0	同步置数
1	1	0	×	×	×	×	×	×	保持				数据保持
1	1	×	0	×	×	×	×	×	保持				数据保持
1	1	1	1	↑	×	×	×	×	十进制计数				加法计数

（2）二—五—十进制异步加法计数器 74LS90。74LS90 的原理图如图 5.25 所示。它包含一个独立的 1 位二进制计数器和一个独立的异步五进制计数器。二进制计数器的时钟输入端为 CP_1，输出端为 Q_0；五进制计数器的时钟输入端为 CP_2，输出端为 Q_1、Q_2、Q_3。如果将 Q_0 与 CP_2 相连，CP_1 作时钟脉冲输入端，Q_0～Q_3 作输出端，则为 8421BCD 码十进制计数器。表 5.11 是 74LS90 的功能表。

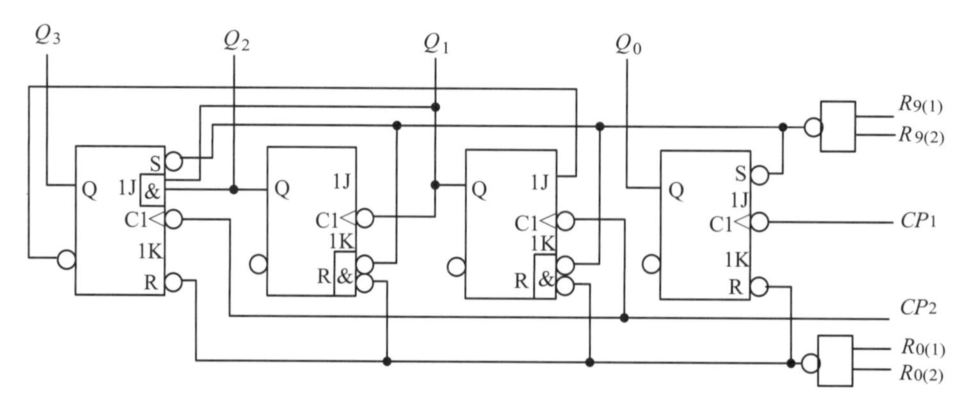

图 5.25　74LS90 原理图

表 5.11 74LS90 的功能表

<table>
<tr><th colspan="2">复位输入</th><th colspan="2">置位输入</th><th colspan="2">时钟</th><th>输出</th><th rowspan="2">工作模式</th></tr>
<tr><th colspan="2">$R_{0(1)}$ $R_{0(2)}$</th><th colspan="2">$R_{9(1)}$ $R_{9(2)}$</th><th>CP_1</th><th>CP_2</th><th>Q_3 Q_2 Q_1 Q_0</th></tr>
<tr><td>1</td><td>1</td><td>0</td><td>×</td><td rowspan="2">×</td><td rowspan="2">×</td><td rowspan="2">0 0 0 0</td><td rowspan="2">异步清零</td></tr>
<tr><td>1</td><td>1</td><td>×</td><td>0</td></tr>
<tr><td>0</td><td>×</td><td rowspan="2">1</td><td rowspan="2">1</td><td rowspan="2">×</td><td rowspan="2">×</td><td rowspan="2">1 0 0 1</td><td rowspan="2">异步置 9</td></tr>
<tr><td>×</td><td>0</td></tr>
<tr><td rowspan="5">0
×</td><td rowspan="5">×
0</td><td rowspan="5">0
×</td><td rowspan="5">×
0</td><td>↓</td><td>0</td><td>二进制计数</td><td rowspan="4">加法计数</td></tr>
<tr><td>0</td><td>↓</td><td>五进制计数</td></tr>
<tr><td>↓</td><td>Q_0</td><td>8421 计数</td></tr>
<tr><td>Q_3</td><td>↓</td><td>5421 计数</td></tr>
<tr><td>0</td><td>0</td><td>不变</td><td>保持</td></tr>
</table>

由表可知，74LS90 具有以下功能：

1）异步清零。当复位输入端 $R_{0(1)}=R_{0(2)}=1$，且置位输入 $R_{9(1)}\cdot R_{9(2)}=0$ 时，不论有无时钟脉冲 CP，计数器输出将被直接置零。

2）异步置 9。当置位输入 $R_{9(1)}=R_{9(2)}=1$ 时，无论其他输入端状态如何，计数器输出将被直接置 9（即 $Q_3Q_2Q_1Q_0=1001$）。

3）计数。当 $R_{0(1)}\cdot R_{0(2)}=0$，且 $R_{9(1)}\cdot R_{9(2)}=0$ 时，在计数脉冲（下降沿）作用下，进行二—五—十进制加法计数。

5.3.4 集成计数器的应用

1. 计数器的级联

两个模 N 计数器级联，可实现 $N\times N$ 的计数器。

（1）同步级联。图 5.26 是用两片 4 位二进制加法计数器 74LS161 采用同步级联方式组成的 8 位二进制同步加法计数器，模为 16×16=256。

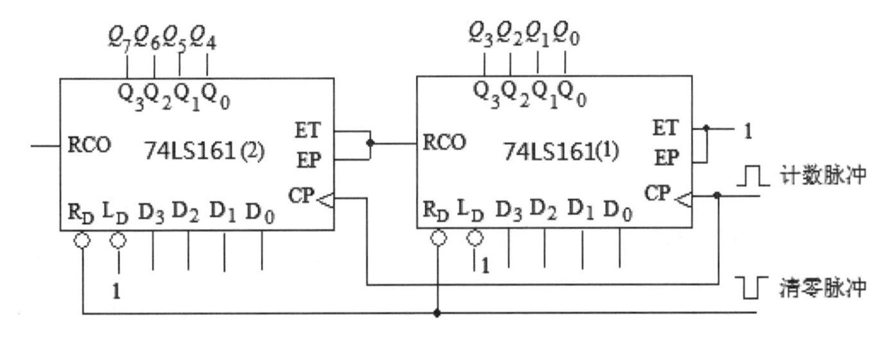

图 5.26 74LS161 同步级联组成 8 位二进制加法计数器

（2）异步级联。用两片 74LS191 采用异步级联方式构成的 8 位二进制异步可逆计数器，如图 5.27 所示。

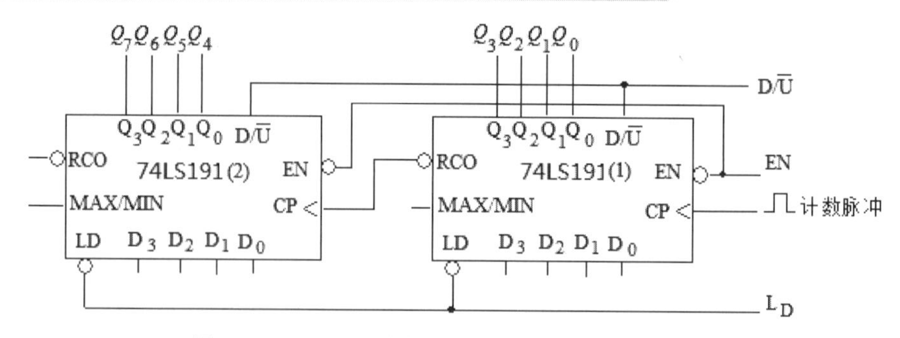

图 5.27　74LS191 异步级联组成 8 位二进制可逆计数器

有的集成计数器没有进位/借位输出端，这时可根据具体情况，用计数器的输出信号 Q_3、Q_2、Q_1、Q_0产生一个进位/借位。如用两片二—五—十进制异步加法计数器 74290 采用异步级联方式组成的二位 BCD 码十进制加法计数器如图 5.28 所示，模为 10×10=100。

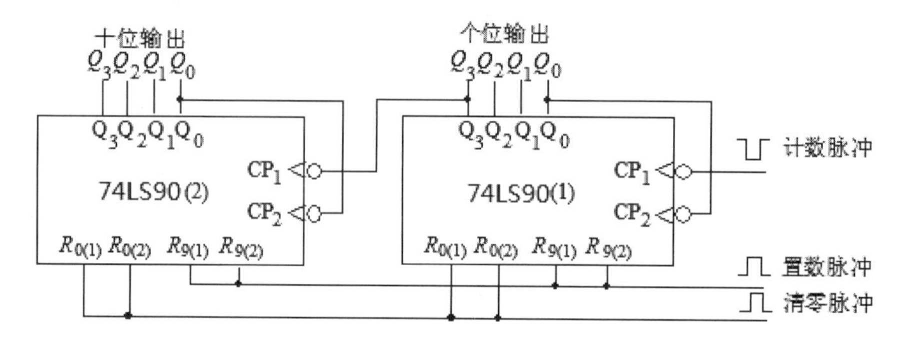

图 5.28　74290 异步级联组成 100 进制计数器

2. 组成任意进制计数器

市场上能买到的集成计数器一般为二进制和 BCD 码十进制计数器。如果需要其他进制的计数器，可用现有的二进制或十进制计数器，利用其清零端或预置端，外加适当的门电路连接而成。

（1）异步清零法。适用于具有异步清零端的集成计数器。图 5.29（a）所示是用集成计数器 74LS161 和与非门组成的六进制计数器，其状态图如图 5.29（b）所示。

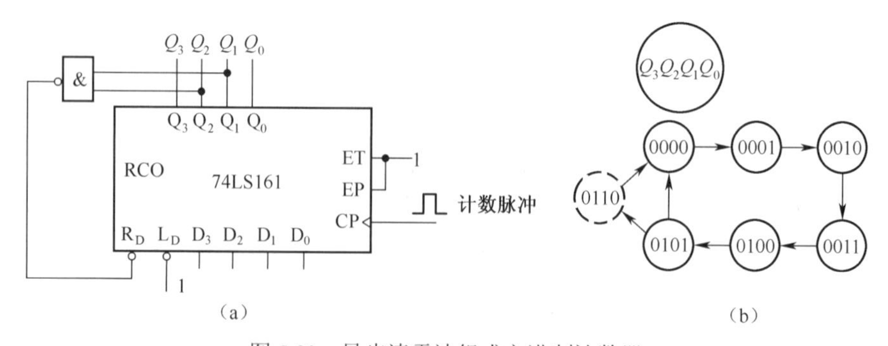

图 5.29　异步清零法组成六进制计数器

（2）同步清零法。适用于具有同步清零端的集成计数器。图 5.30（a）所示是用集成计数器 74LS163 和与非门组成的六进制计数器，其状态图和图 5.30（b）所示。

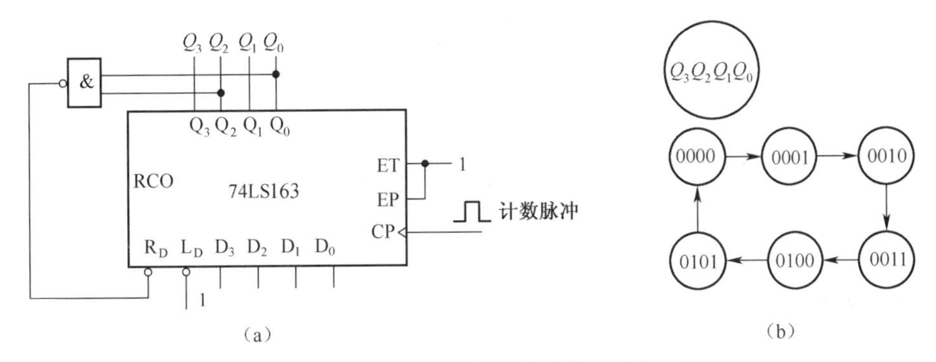

图 5.30　同步清零法组成六进制计数器

（3）异步预置数法。适用于具有异步预置端的集成计数器。图 5.31（a）所示是用集成计数器 74LS191 和与非门组成的十进制计数器。图 5.31（b）说明该电路的有效状态是 0011～1100，共十个状态，可作为余 3 码计数器。

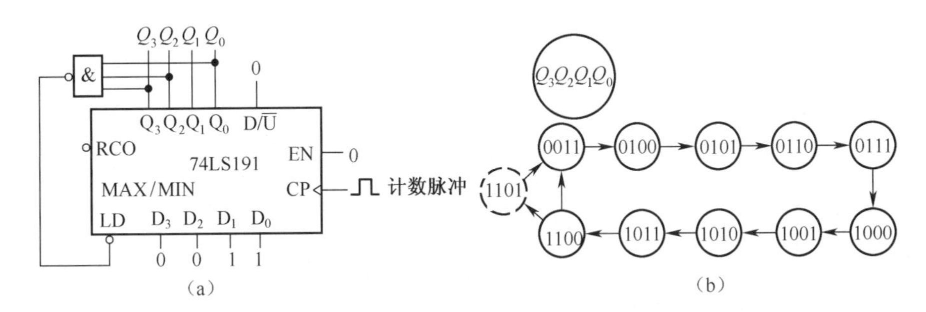

图 5.31　异步置数法组成余 3 码十进制计数器图

（4）同步预置数法。适用于具有同步预置端的集成计数器。图 5.32（a）所示是用集成计数器 74160 和与非门组成的七进制计数器，图 5.32（b）是对该计数器的说明。

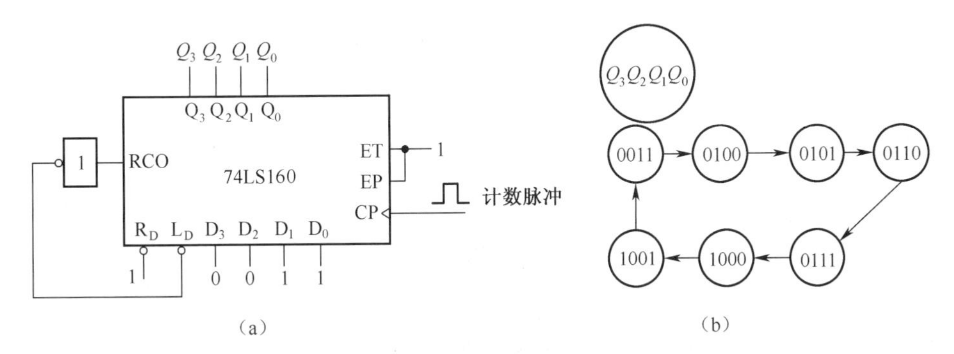

图 5.32　同步置数法组成的七进制计数器图

综上所述，改变集成计数器的模可用清零法，也可用预置数法。清零法比较简单，预置数法比较灵活。但不管用那种方法，都应首先搞清楚所用集成组件的清零端或预置端是异步还是同步工作方式，根据不同的工作方式选择合适的清零信号或预置信号。

例 5.3 用 74LS160 组成 48 进制计数器。

解：因为 N=48，而 74160 为模 10 计数器，所以要用两片 74160 构成此计数器。

先将两芯片采用同步级联方式连接成 100 进制计数器，然后再借助 74160 异步清零功能，在输入第 48 个计数脉冲后，计数器输出状态为 0100 1000 时，高位片（2）的 $Q2$ 和低位片（1）的 $Q3$ 同时为 1，使与非门输出 0，加到两芯片异步清零端上，使计数器立即返回 0000 0000 状态，状态 0100 1000 仅在极短的瞬间出现，为过渡状态，这样，就组成了 48 进制计数器，其逻辑电路如图 5.33 所示。

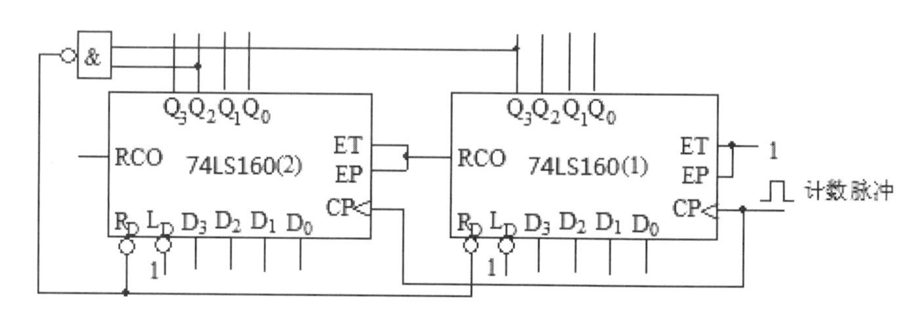

图 5.33 例 5.3 的逻辑电路图

3. 组成分频器

前面提到，模 N 计数器进位输出端输出脉冲的频率是输入脉冲频率的 $1/N$，因此可用模 N 计数器组成 N 分频器。

例 5.4 某石英晶体振荡器输出脉冲信号的频率为 32768Hz，用 74LS161 组成分频器，将其分频为频率为 1Hz 的脉冲信号。

解：因为 $32768=2^{15}$，经 15 级二分频，就可获得频率为 1Hz 的脉冲信号。因此将四片 74LS161 级联，从高位片（4）的 Q_2 输出即可，其逻辑电路如图 5.34 所示。

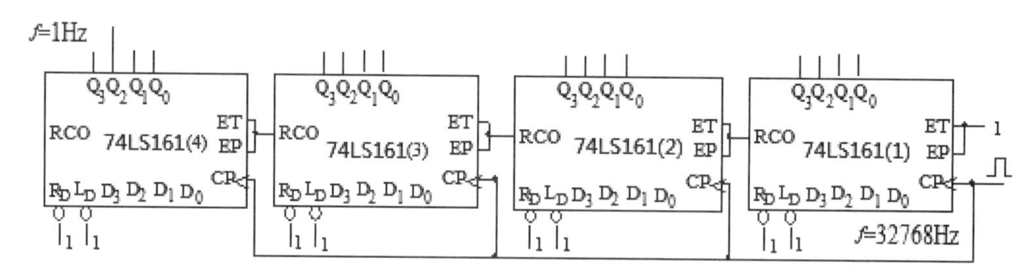

图 5.34 分频器逻辑电路图

4. 组成序列信号发生器

序列信号是在时钟脉冲作用下产生的一串周期性的二进制信号。图 5.35 是用 74LS161 及门电路构成的序列信号发生器。其中 74161 与 G_1 构成了一个模 5 计数器，且 $Z=Q_0\overline{Q_2}$。在 CP 作用下，计数器的状态变化见表 5.12。由于 $Z=Q_0\overline{Q_2}$，故不同状态下的输出如该表的右列所示。因此，这是一个 01010 序列信号发生器，序列长度 P=5。

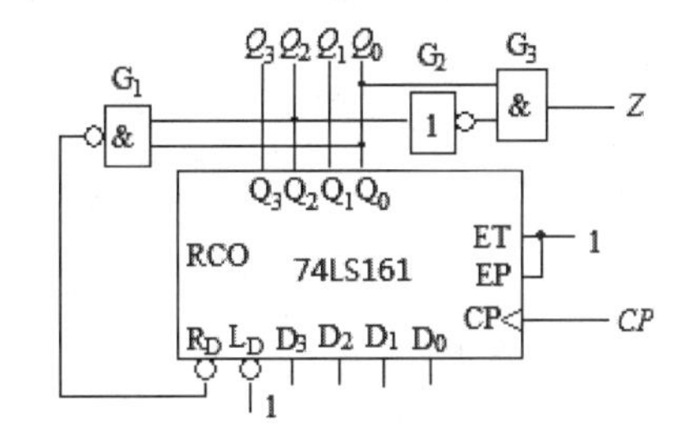

图 5.35　计数器组成序列信号发生器

表 5.12　状态表

现态	次态	输出
Q_2^n　Q_1^n　Q_0^n	Q_2^{n+1}　Q_1^{n+1}　Q_0^{n+1}	Z
0　0　0	0　0　1	0
0　0　1	0　1　0	1
0　1　0	0　1　1	0
0　1　1	1　0　0	1
1　0　0	0　0　0	0

用计数器辅以数据选择器可以方便地构成各种序列发生器。构成方法如下：

第一步，构成一个模 P 计数器；

第二步，选择适当的数据选择器，把欲产生的序列按规定的顺序加在数据选择器的数据输入端，把地址输入端与计数器的输出端适当地连接在一起。

例 5.5　试用计数器 74LS161 和数据选择器设计一个 01100011 序列发生器。

解：由于序列长度 P=8，故将 74161 构成模 8 计数器，并选用数据选择器 74LS151 产生所需序列，从而得电路如图 5.36 所示。

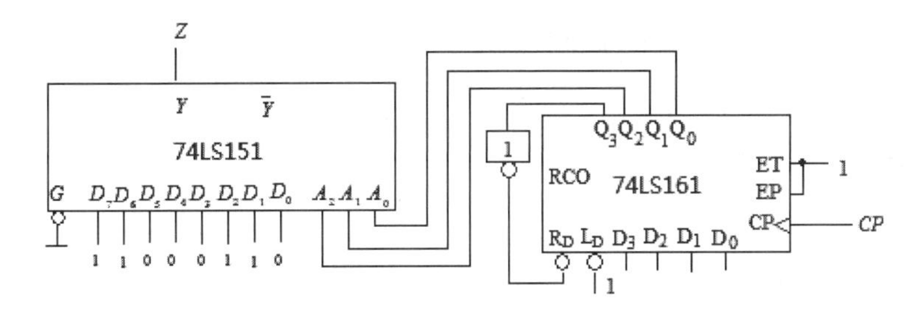

图 5.36　计数器和数据选择器组成序列信号发生器

5. 组成脉冲分配器

脉冲分配器是数字系统中定时部件的组成部分，它在时钟脉冲作用下，顺序地使每个输出端输出节拍脉冲，用以协调系统各部分的工作。

图 5.37（a）为一个由计数器 74LS161 和译码器 74LS138 组成的脉冲分配器。74LS161 构成模 8 计数器，输出状态 $Q_2Q_1Q_0$ 在 000～111 之间循环变化，从而在译码器输出端 Y_0～Y_7 分别得到图 5.37（b）所示的脉冲序列。

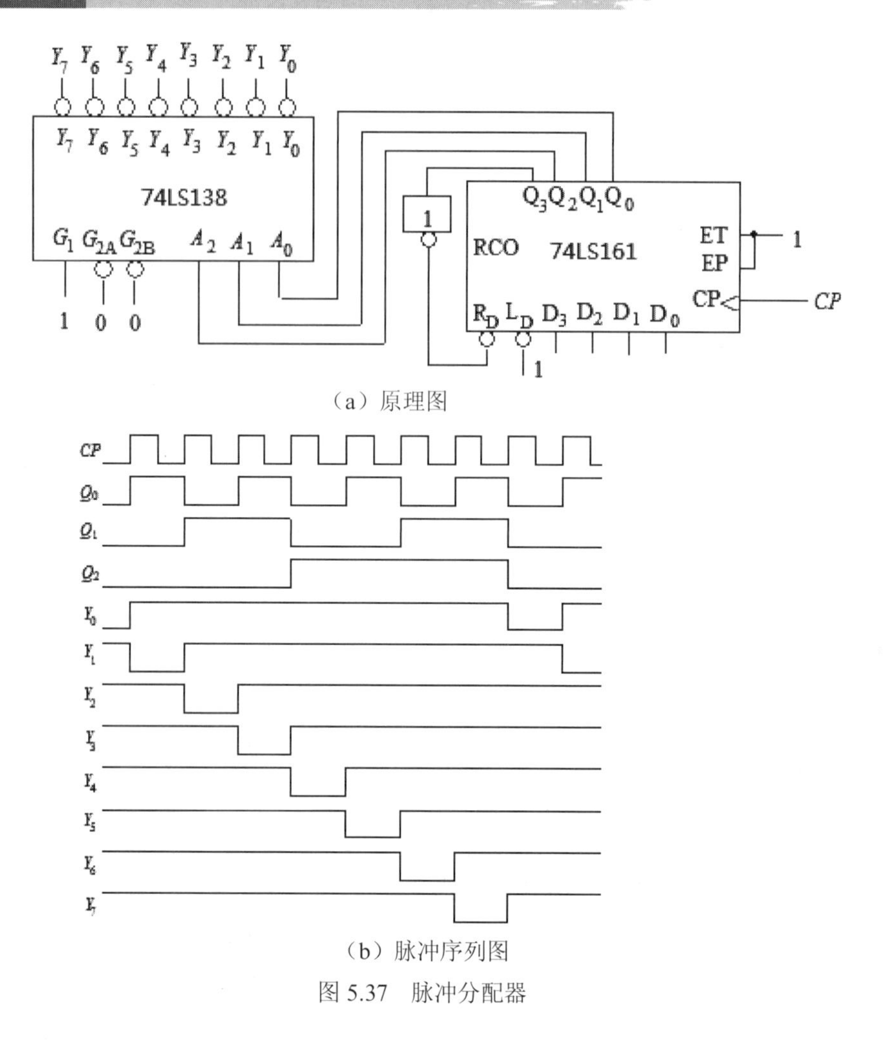

（a）原理图

（b）脉冲序列图

图 5.37 脉冲分配器

5.4 数码寄存器与移位寄存器

5.4.1 数码寄存器

数码寄存器是存储二进制数码的时序电路组件，它具有接收和寄存二进制数码的逻辑功能。前面介绍的各种集成触发器，就是一种可以存储一位二进制数的寄存器，用 n 个触发器就可以存储 n 位二进制数。

图 5.38（a）所示是由 D 触发器组成的 4 位集成寄存器 74LSl75 的逻辑电路图，其引脚图如图 5.38（b）所示。其中，R_D 是异步清零控制端。D_0～D_3 是并行数据输入端，CP 为时钟脉冲端，Q_0～Q_3 是并行数据输出端，$\overline{Q_0}$ ～ $\overline{Q_3}$ 是 Q_0～Q_3 的反码数据输出端。

该电路的数码接收过程为：将需要存储的四位二进制数码送到数据输入端 D_0～D_3，在 CP 端送一个时钟脉冲，脉冲上升沿作用后，四位数码并行地出现在四个触发器 Q 端。

74LS175 的功能示于表 5.13 中。

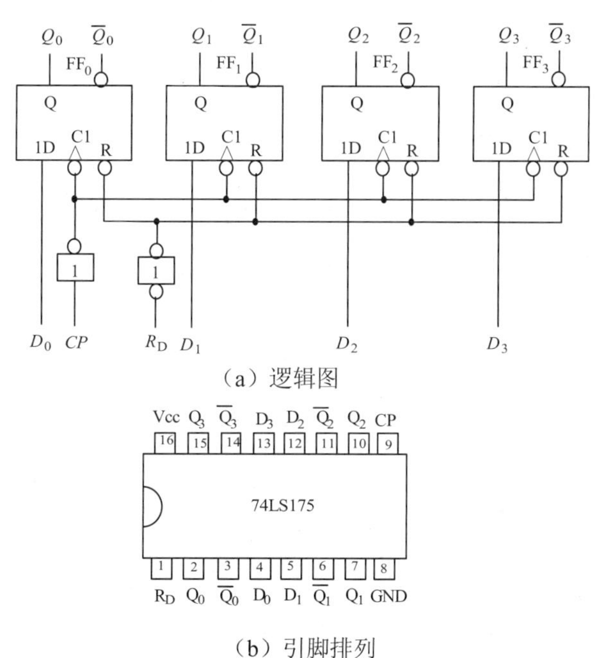

图 5.38 4 位集成寄存器 74LSl75

表 5.13 74LS175 的功能表

清零	时钟	输 入	输 出	工作模式
R_D	CP	D_0 D_1 D_2 D_3	Q_0 Q_1 Q_2 Q_3	
0	×	× × × ×	0 0 0 0	异步清零
1	↑	D_0 D_1 D_2 D_3	D_0 D_1 D_2 D_3	数码寄存
1	1	× × × ×	保持	数据保持
1	0	× × × ×	保持	数据保持

5.4.2 移位寄存器

移位寄存器不但可以寄存数码，而且在移位脉冲作用下，寄存器中的数码可根据需要向左或向右移动 1 位。移位寄存器也是数字系统和计算机中应用很广泛的基本逻辑部件。

1. 单向移位寄存器

（1）4 位右移寄存器。图 5.39 为由 4 个 D 触发器组成的右移寄存器，若移位寄存器的初始状态为 0000，串行输入数码 D_I=1101，从高位到低位依次输入。在 4 个移位脉冲作用后，输入的 4 位串行数码 1101 全部存入了寄存器中。电路的时序图如图 5.40 所示，状态表见表 5.14。

移位寄存器中的数码可由 Q_3、Q_2、Q_1 和 Q_0 并行输出，也可从 Q_3 串行输出。串行输出时，要继续输入 4 个移位脉冲，才能将寄存器中存放的 4 位数码 1101 依次输出。图 5.40 中第 5 到第 8 个 CP 脉冲及所对应的 Q_3、Q_2、Q_1、Q_0 波形，就是将 4 位数码 1101 串行输出的过程。所以，移位寄存器具有串行输入—并行输出和串行输入—串行输出两种工作方式。

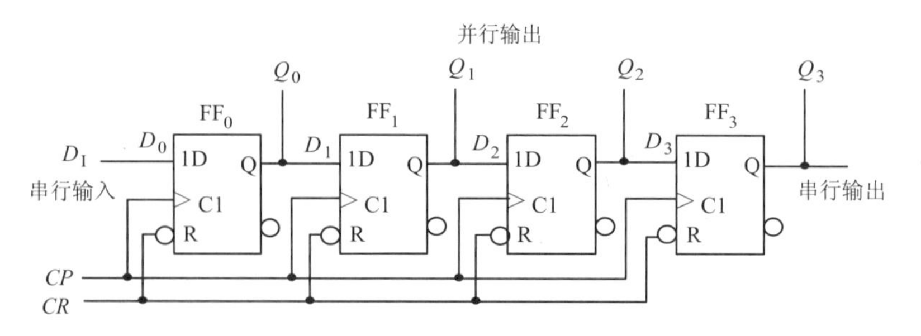

图 5.39　D 触发器组成的 4 位右移寄存器

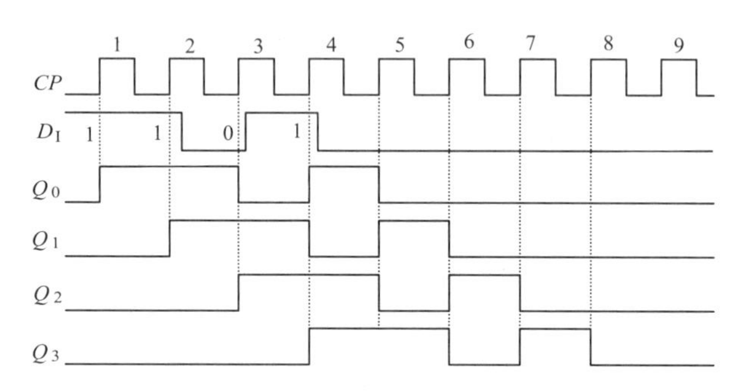

图 5.40　图 5.39 电路的时序图

表 5.14　右移寄存器的状态表

移位脉冲	输入数码	输　出			
CP	D_I	Q_0	Q_1	Q_2	Q_3
0		0	0	0	0
1	1	1	0	0	0
2	1	1	1	0	0
3	0	0	1	1	0
4	1	1	0	1	1

（2）左移寄存器。图 5.41 是由多个 D 触发器组成的左移寄存器。工作原理与右移寄存器一样，只是移动方向相反。

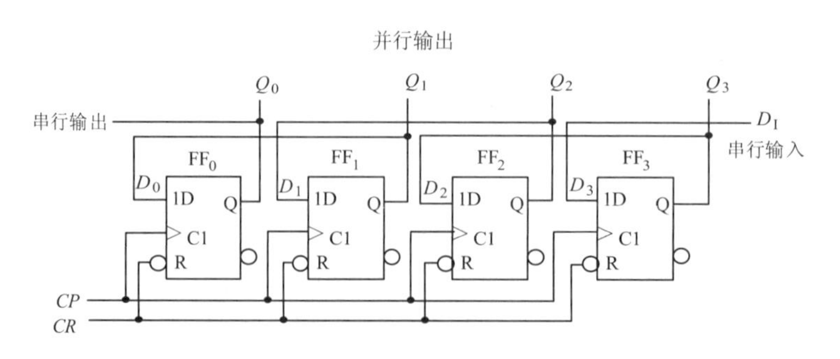

图 5.41　D 触发器组成的 4 位左移寄存器

2. 双向移位寄存器

将图 5.39 所示的右移寄存器和图 5.41 所示的左移寄存器组合起来，并引入一控制端 S 便构成既可左移又可右移的双向移位寄存器，如图 5.42 所示。

由图可知该电路的驱动方程为：

$$D_0 = \overline{S\overline{D_{SR}} + \overline{S}\overline{Q_1}}$$
$$D_1 = \overline{S\overline{Q_0} + \overline{S}\overline{Q_2}}$$
$$D_2 = \overline{S\overline{Q_1} + \overline{S}\overline{Q_3}}$$
$$D_3 = \overline{S\overline{Q_2} + \overline{S}\overline{D_{SL}}}$$

其中，D_{SR} 为右移串行输入端，D_{SL} 为左移串行输入端。当 S=1 时，$D_0=D_{SR}$、$D_1=Q_0$、$D_2=Q_1$、$D_3=Q_2$，在 CP 脉冲作用下，实现右移操作；当 S=0 时，$D_0=Q_1$、$D_1=Q_2$、$D_2=Q_3$、$D_3=D_{SL}$，在 CP 脉冲作用下，实现左移操作。

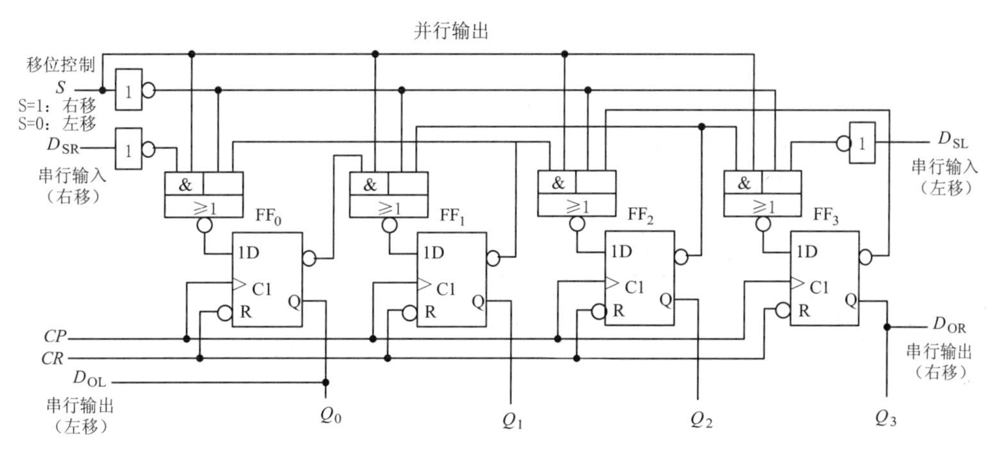

图 5.42　D 触发器组成的 4 位双向左移寄存器

5.4.3　集成移位寄存器 74LS194

74LS194 逻辑功能示意图和引脚图如图 5.43（a）（b）所示。

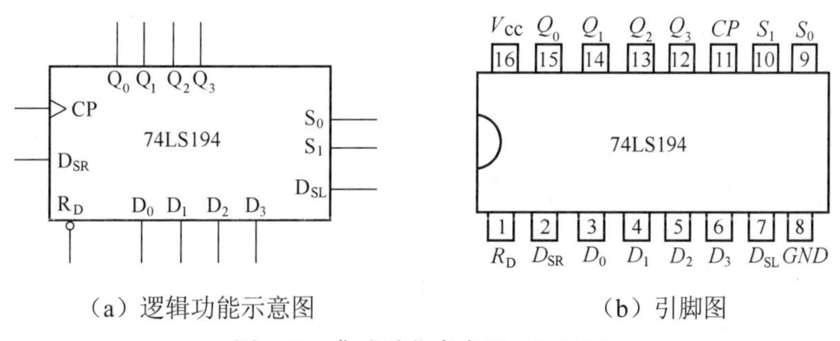

（a）逻辑功能示意图　　（b）引脚图

图 5.43　集成移位寄存器 74LS194

74LS194 是由四个触发器组成的功能很强的四位移位寄存器，其功能表见表 5.15。

表 5.15　74LS194 的功能表

输入					输出	工作模式
清零	控制	串行输入	时钟	并行输入		
R_D	$S_1\ S_0$	$D_{SL}\quad D_{SR}$	CP	$D_0\quad D_1\quad D_2\quad D_3$	$Q_0\quad Q_1\quad Q_2\quad Q_3$	
0	××	×　×	×	×　×　×　×	0　0　0　0	异步清零
1	0　0	×　×	×	×　×　×　×	$Q_0^n\quad Q_1^n\quad Q_2^n\quad Q_3^n$	保持
1 1	0　1 0　1	×　1 ×　0	↑ ↑	×　×　×　× ×　×　×　×	$1\quad Q_0^n\quad Q_1^n\quad Q_2^n$ $0\quad Q_0^n\quad Q_1^n\quad Q_2^n$	右移，D_{SR} 为串行输入，Q_3 为串行输出
1 1	1　0 1　0	1　× 0　×	↑ ↑	×　×　×　× ×　×　×　×	$Q_1^n\quad Q_2^n\quad Q_3^n\quad 1$ $Q_1^n\quad Q_2^n\quad Q_3^n\quad 0$	左移，D_{SL} 为串行输入，Q_0 为串行输出
1	1　1	×　×	↑	$D_0\quad D_1\quad D_2\quad D_3$	$D_0\quad D_1\quad D_2\quad D_3$	并行置数

由表 5.15 可以看出 74LS194 具有如下功能：

（1）异步清零。当 R_D=0 时即刻清零，与其他输入状态及 CP 无关。

（2）R_D=1 时 4 种工作方式。当 R_D=1 时 74LS194，S_1、S_0 控制输入可选择如下 4 种工作方式：

1）当 S_1S_0=00 时，不论有无 CP 到来，各触发器状态不变，为保持工作状态。

2）当 S_1S_0=01 时，在 CP 的上升沿作用下，实现右移（上移）操作，流向是 $S_R \to Q_0 \to Q_1 \to Q_2 \to Q_3$。

3）当 S_1S_0=10 时，在 CP 的上升沿作用下，实现左移（下移）操作，流向是 $S_L \to Q_3 \to Q_2 \to Q_1 \to Q_0$。

4）当 S_1S_0=11 时，在 CP 的上升沿作用下，实现置数操作：$D_0 \to Q_0$，$D_1 \to Q_1$，$D_2 \to Q_2$，$D_3 \to Q_3$。

D_{SL} 和 D_{SR} 分别是左移和右移串行输入。D_0、D_1、D_2 和 D_3 是并行输入端。Q_0 和 Q_3 分别是左移和右移时的串行输出端，Q_0、Q_1、Q_2 和 Q_3 为并行输出端。

5.4.4　移位寄存器构成的移位型计数器

1. 环形计数器

图 5.44（a）是用 74LS194 构成的环形计数器的逻辑图，状态图如图 5.44（b）所示。当正脉冲起动信号 START 到来时，S_1S_0=11，从而不论移位寄存器 74LS194 的原状态如何，在 CP 作用下总是执行置数操作使 $Q_0Q_1Q_2Q_3$=1000。当 START 由 1 变 0 之后，S_1S_0=01，在 CP 作用下移位寄存器进行右移操作。在第四个 CP 到来之前 $Q_0Q_1Q_2Q_3$=0001。这样在第四个 CP 到来时，由于 $D_{SR}=Q_3$=1，故在此 CP 作用下 $Q_0Q_1Q_2Q_3$=1000。可见该计数器共 4 个状态，为模 4 计数器。

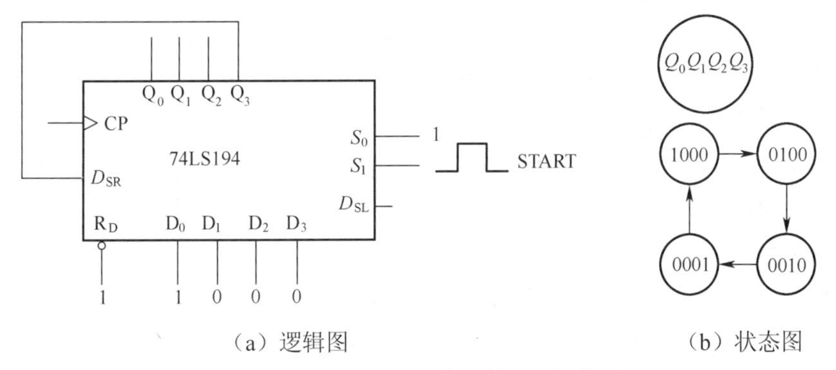

（a）逻辑图　　（b）状态图

图 5.44　用 74LS194 构成的环形计数器

环形计数器的电路十分简单，N 位移位寄存器可以计 N 个数，实现模 N 计数器，且状态为 1 的输出端的序号即代表收到的计数脉冲的个数，通常不需要任何译码电路。

2. 扭环形计数器

为了增加有效计数状态，扩大计数器的模，将上述接成右移寄存器的 74LS194 的末级输出 Q_3 反相后，接到串行输入端 D_{SR}，就构成了扭环形计数器，如图 5.45（a）所示，图 5.45（b）为其状态图。可见该电路有 8 个计数状态，为模 8 计数器。一般来说，N 位移位寄存器可以组成模 2^N 的扭环形计数器，只需将末级输出反相后，接到串行输入端。

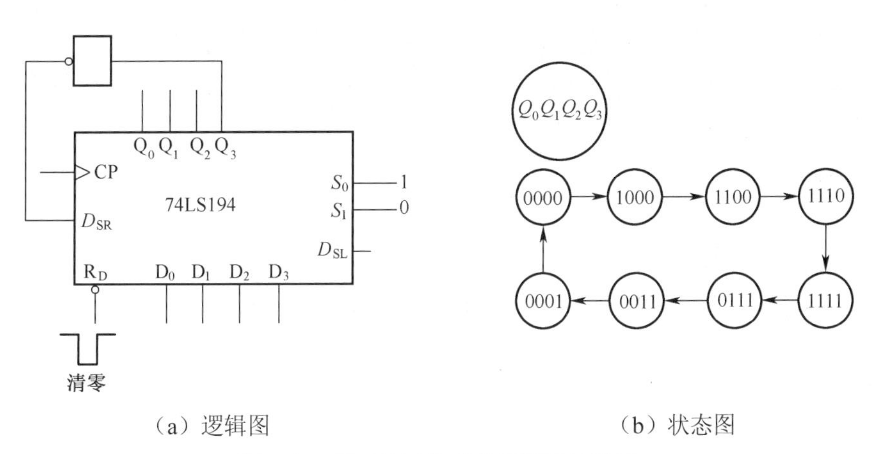

（a）逻辑图　　（b）状态图

图 5.45　用 74194 构成的扭环形计数器

5.5　时序逻辑电路的设计方法

5.5.1　基于触发器的同步时序逻辑电路的设计方法

1. 同步时序逻辑电路的设计步骤

同步时序逻辑电路的设计步骤可以归纳如下：

（1）根据设计要求，设定状态，导出原始状态图或状态表。这一步是难点，导出原始状态图或状态表的传统方法有状态定义法和列表法，创新的方法有树干分枝法等。

状态定义法：基本思路是根据电路要实现的功能，定义输入、输出变量和用来记忆输入历史的若干状态，然后分别以这些状态为现态，在不同的输入条件下确定电路的次态和输出。定义状态的原则是宁多勿缺。这种方法实用面广，但初学者较难掌握。

列表法：基本思路是用 2^{n-1} 个编码状态来记忆前面输入的 n-1 位，再根据收到的第 n 位，决定电路的输出和次态。适合序列长度较短的重叠型多序列检测。不适合长序列检测。若不允许输入序列码重叠，或输入序列属于分组输入，不能采用列表法。

树干分枝法：基本思路是将要检测的序列作为树干，其余输入组合作为分支；先画树干，然后再画分支。容易构造，且适合所有的序列检测。但多序列检测时原始状态数较多。

（2）状态化简。原始状态图（表）通常不是最简的，往往可以消去一些多余状态。消去多余状态的过程叫作状态化简。状态化简，其实就是要找到等价状态，并消除。学习化简之前，先了解几个基本概念。

状态等价：设 S_i 和 S_j 是原始状态表中的两个状态，如果以 S_i 为初始状态和以 S_j 为初始状态在任何相同输入序列作用下产生的输出序列都相同，那么就称状态 S_i 和状态 S_j 相互等价，记作 $S_i \approx S_j$。等价状态具有传递性，即如果 $S_1 \approx S_2$，$S_2 \approx S_3$，则有 $S_1 \approx S_2 \approx S_3$。

等价类：相互等价的状态的集合。例：若 $S_1 \approx S_2$，等价类记为(S_1,S_2)。

最大等价类：全体等价状态的集合。例：若 $S_1 \approx S_2$，$S_2 \approx S_3$，则最大等价类为(S_1,S_2,S_3)。

每个等价类中的所有状态可以合并为 1 个状态。例：$(S_1,S_2,S_3)=(S_1)=(S_2)=(S_3)$，因此，可以用来化简，消除多余状态。化简方法有观察法（合并条件法）和隐含表法等。

观察化简法（合并条件法）：两个状态相互等价的条件是：①在所有输入条件下，两个状态对应的输出完全相同；②对应的次态满足下列条件之一：

条件 1：次态相同；

条件 2：次态相同或交错，或维持现态不变；

条件 3：次态互为隐含条件。

次态交错是指状态 S_i 的次态是 S_j，状态 S_j 的次态是 S_i。

次态互为隐含条件是指状态 S_1 和 S_2 等价的前提条件是状态 S_3 和 S_4 等价，而 S_3 和 S_4 等价的前提条件又是状态 S_1 和 S_2 等价，此时，S_1 和 S_2 等价，S_3 和 S_4 也等价。

观察化简法（合并条件法）使用注意事项：①输出不同的状态不可能等价；②必须按照最大等价类进行状态合并；③有去无回的状态可能并不符合上述等价条件，也应删除；④最简状态表中，被化简的状态必须用保留的等价状态代替。

（3）状态分配。状态分配又称状态编码。状态分配必须遵守一定原则：① 次态相同，现态相邻。即在相同输入条件下具有相同次态的现态应分配相邻的编码，这有利于激励函数的化简；②现态相同，次态相邻。即同一现态在相邻输入条件下的不同次态应分配相邻的编码。这也有利于激励函数的化简；③输出相同，现态相邻。即在所有输入条件下具有相同输出的现态应分配相邻的编码。这有利于输出函数的化简。

（4）选择触发器的类型。触发器的类型选得合适，可以简化电路结构。

（5）根据编码状态表以及所采用的触发器的逻辑功能，导出待设计电路的输出方程和驱动方程。

（6）根据输出方程和驱动方程画出逻辑图。

（7）检查电路能否自启动。

2. 同步计数器的设计举例

由于计数器没有外部输入变量 X，其设计过程比较简单。

例 5.4　设计一个同步 5 进制加法计数器。

解：设计步骤如下。

（1）根据设计要求，设定状态，画出状态转换图。

由于是五进制计数器，所以应有 5 个不同的状态，分别用 S_0、S_1、…、S_4 表示。在计数脉冲 CP 作用下，五个状态循环翻转，在状态为 S_4 时，进位输出 Y=1。状态转换图如图 5.46 所示。

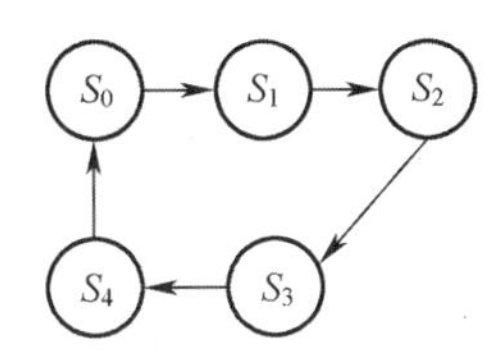

图 5.46　状态转换图

（2）状态化简。

五进制计数器应有 5 个状态，不须化简。

（3）状态分配，列状态转换编码表。

由式 $2^n \geqslant N > 2^{n-1}$ 可知，应采用 3 位二进制代码。该计数器选用三位自然二进制加法计数编码，即 S_0=000、S_1=001、…、S_4=100。由此可列出状态转换表见表 5.16。

表 5.16　例 5.4 的状态转换表

状态转换顺序	现态			次态			进位输出
	Q_2^n	Q_1^n	Q_0^n	Q_2^{n+1}	Q_1^{n+1}	Q_0^{n+1}	Y
S_0	0	0	0	0	0	1	0
S_1	0	0	1	0	1	0	0
S_2	0	1	0	0	1	1	0
S_3	0	1	1	1	0	0	0
S_4	1	0	0	0	0	0	1

（4）选择触发器。

本例选用功能比较灵活的 JK 触发器。

（5）求各触发器的驱动方程和进位输出方程。

列出 JK 触发器的驱动表见表 5.17。画出电路的次态卡诺图如图 5.47 所示，三个无效状态 101、110、111 作无关项处理。根据次态卡诺图和 JK 触发器的驱动表可得各触发器的驱动卡诺图如图 5.48 所示。

表 5.17 JK 触发器的驱动表

Q^n → Q^{n+1}		J	K
0	0	0	×
0	1	1	×
1	0	×	1
1	1	×	0

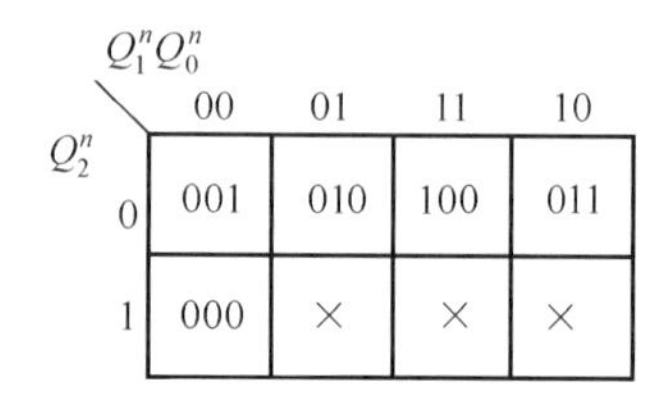

图 5.47 次态卡诺图

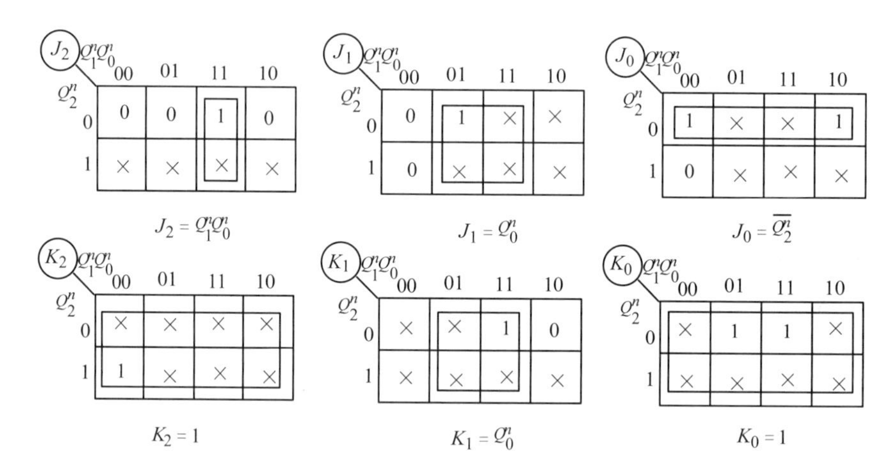

图 5.48 例 5.4 各触发器的驱动卡诺图

再画出输出卡诺图如图 5.49 所示，可得电路的输出方程：$Y = Q_2$，将各驱动方程与输出方程归纳如下：

$$J_0 = \overline{Q_2} \qquad K_0 = 1$$

$$J_1 = Q_0 \qquad K_1 = Q_0$$

$$J_2 = Q_0Q_1 \qquad K_2 = 1$$

$$Y = Q_2$$

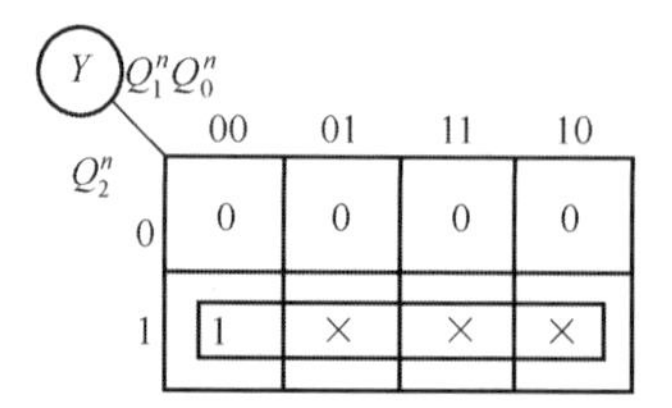

图 5.49 输出卡诺图

（6）画逻辑图。

根据驱动方程和输出方程，画出 5 进制计数器的逻辑图如图 5.50 所示。

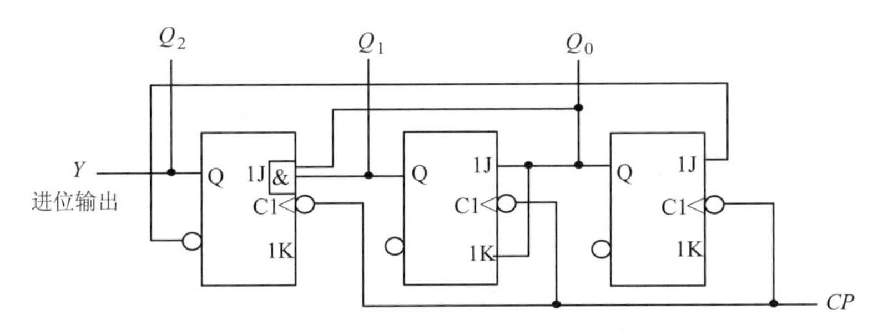

图 5.50　例 5.4 的逻辑图

（7）检查能否自启动。

利用逻辑分析的方法画出电路完整的状态图如图 5.51 所示。可见，如果电路进入无效状态 101、110、111 时在 *CP* 脉冲作用下，分别进入有效状态 010、010、000。所以电路能够自启动。

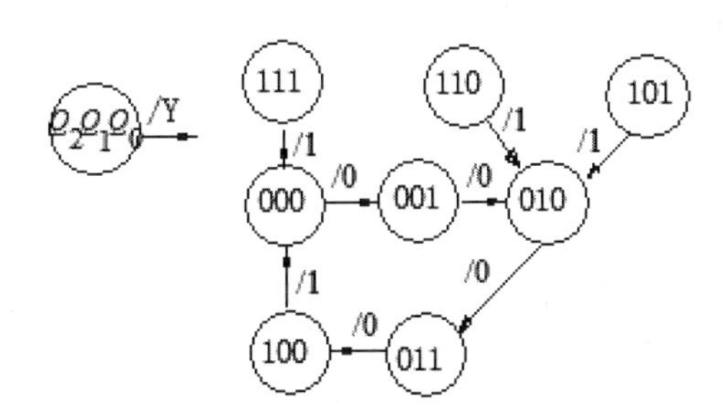

图 5.51　完整状态图

3．一般时序逻辑电路的设计举例

例 5.5　设计一个串行数据检测器。该检测器有一个输入端 *X*，它的功能是对输入信号进行检测。当连续输入三个 1（以及三个以上 1）时，该电路输出 *Y*=1，否则输出 *Y*=0。

解：（1）根据设计要求，设定状态

S_0——初始状态或没有收到 1 时的状态；

S_1——收到一个 1 后的状态；

S_2——连续收到两个 1 后的状态；

S_2——连续收到三个 1（以及三个以上 1）后的状态。

（2）画出状态转换图

根据题意可画出如图 5.52 所示的原始状态图。

（3）状态化简。

状态化简就是合并等效状态。所谓等效状态就是那些在相同的输入条件下，输出相同、次态也相同的状态。观察图 5.52 可知，S_2 和 S_3 是等价状态，所以将 S_2 和 S_3 合并，并用 S_2 表示，图 5.53 是经过化简之后的状态图。

（4）状态分配，列状态转换编码表。

本例取 S_0=00、S_1=01、S_2=11。图 5.54 是该例的编码形式的状态图。

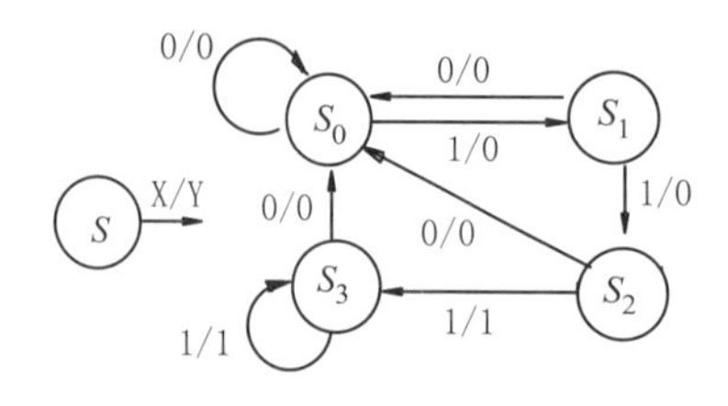

图 5.52　例 5.5 的原始状态图

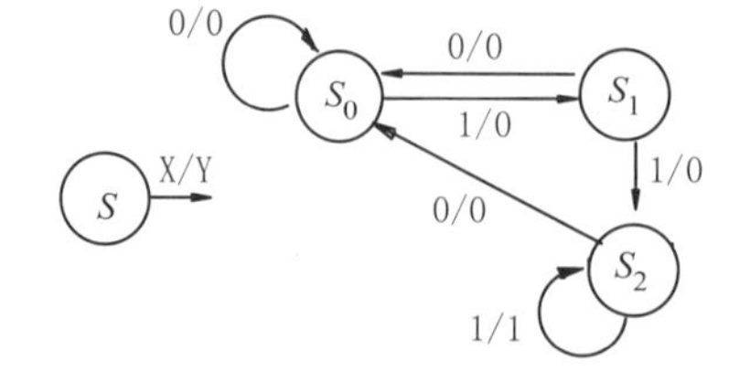

图 5.53　例 5.5 化简后的状态图

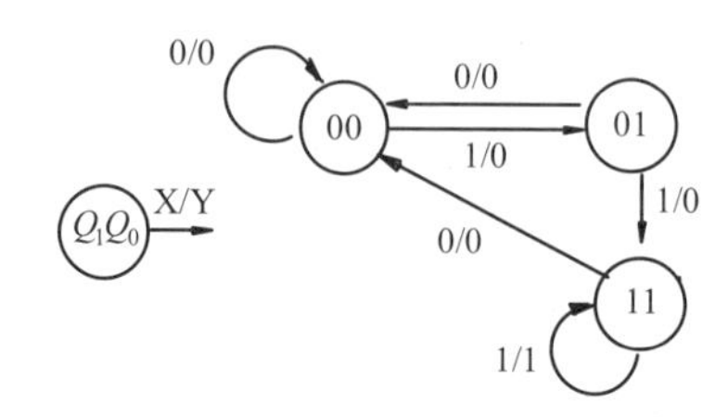

图 5.54　例 5.5 编码后的状态图

由图 5.54 可画出编码后的状态表见表 5.18。

表 5.18　例 5.5 的编码状态表

Q_1^n　Q_0^n \ Q_1^{n+1}　Q_0^{n+1} \ X	0	1
0　0	00/0	01/0
0　1	00/0	11/0
1　1	00/0	11/1

（5）选择触发器，求出状态方程、驱动方程和输出方程。

本例选用 2 个 D 触发器，列出 D 触发器的驱动表见表 5.19。画出电路的次态和输出卡诺图如图 5.55 所示。由输出卡诺图可得电路的输出方程：

$$Y = XQ_1^n$$

根据次态卡诺图和 D 触发器的驱动表可得各触发器的驱动卡诺图如图 5.56 所示。由各驱动卡诺图可得电路的驱动方程

$$D_0 = X$$

$$D_1 = XQ_0^n$$

表 5.19　D 触发器的驱动表

$Q^n \to Q^{n+1}$	D
0　0	0
0　1	1
1　0	0
1　1	1

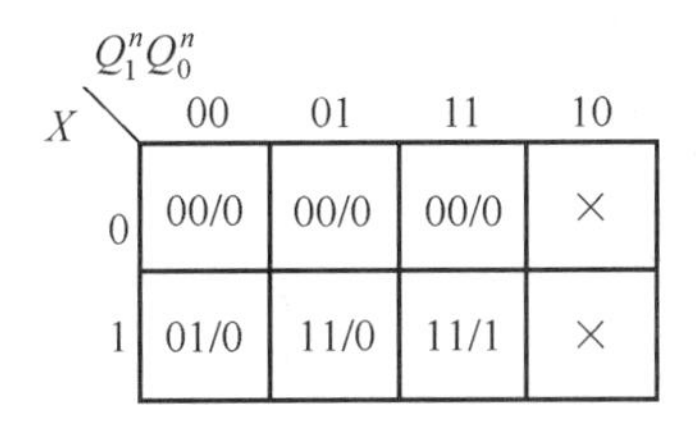

图 5.55　次态和输出卡诺图

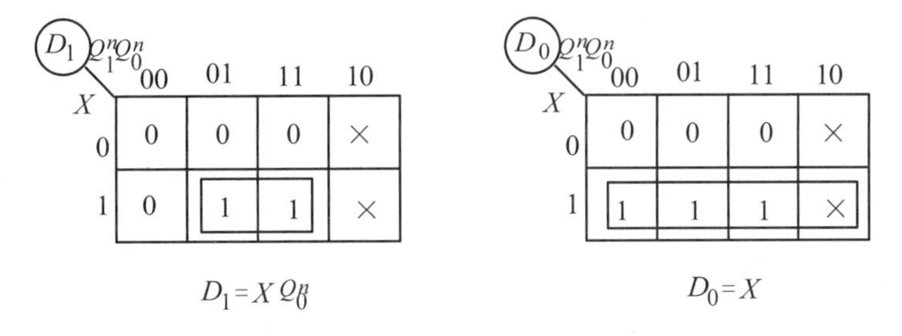

图 5.56　例 5.5 各触发器的驱动卡诺图

（6）画逻辑图。

根据驱动方程和输出方程，画出该串行数据检测器的逻辑图如图 5.57 所示。

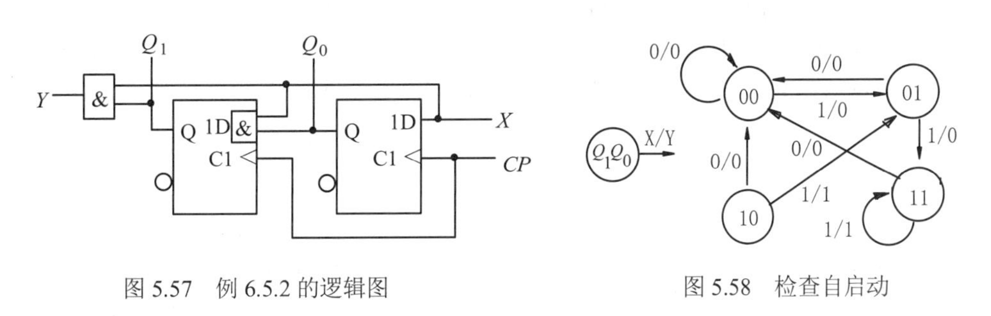

图 5.57　例 6.5.2 的逻辑图　　图 5.58　检查自启动

（7）检查能否自启动。

图 5.58 是图 5.57 电路的状态图，可见，电路能够自启动。

5.5.2　异步时序逻辑电路的设计方法

由于异步时序电路中各触发器的时钟脉冲不统一。因此设计异步时序逻辑电路要比同步电路多一步，就是为每个触发器选择一个合适的时钟信号，即求各触发器的时钟方程。除此之外，异步时序电路的设计方法与同步时序电路基本相同。

例 5.6　设计一个异步 7 进制加法计数器。

解：设计步骤如下。

（1）根据设计要求，设定 7 个状态 S_0～S_6。进行状态编码后，列出状态转换表见表 5.20。表中 Y 为进位输出变量。七进制计数器应有 7 个状态，所以不须状态化简。

表 5.20　例 5.6 的状态转换表

状态转换顺序	现态 Q_2^n Q_1^n Q_0^n	次态 Q_2^{n+1} Q_1^{n+1} Q_0^{n+1}	进位输出 Y
S0	0　0　0	0　0　1	0
S1	0　0　1	0　1　0	0
S2	0　1　0	0　1　1	0
S3	0　1　1	1　0　0	0
S4	1　0　0	1　0　1	0
S5	1　0　1	1　1　0	0
S6	1　1　0	0　0　0	1

（2）选择触发器。

本例选用下降沿触发的 JK 触发器。

（3）求各触发器的时钟方程，即为各触发器选择时钟信号。

为了选择方便，由状态表画出电路的时序图，如图 5.59 所示。为触发器选择时钟信号的原则是：①触发器状态需要翻转时，必须要有时钟信号的翻转沿送到；②触发器状态不需翻转时，“多余的” 时钟信号越少越好。根据上述原则，选择：$CP_0=CP$，$CP_1=CP$，$CP_2=Q_1$。

（4）求各触发器的驱动方程和进位输出方程。

画出电路的次态卡诺图如图 5.60 所示，无效状态 111 作无关项处理。根据次态卡诺图和 JK 触发器的驱动表可得三个触发器各自的驱动卡诺图如图 5.61 所示。

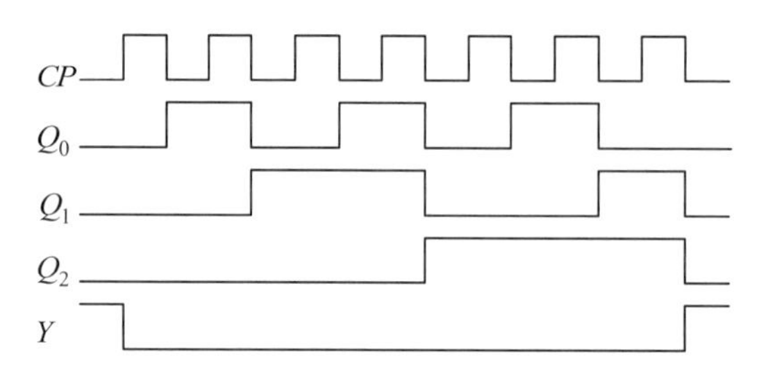

图 5.59　例 5.6 的时序图

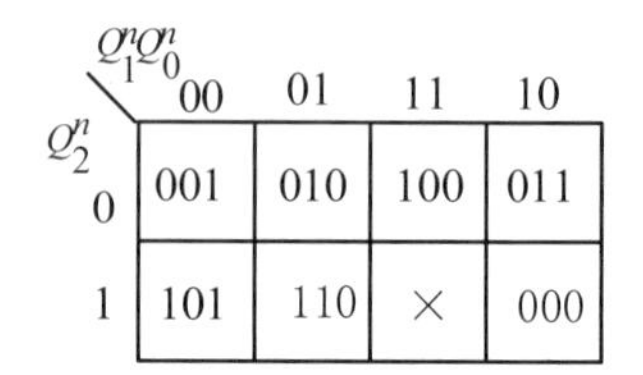

图 5.60　例 5.6 的次态卡诺图

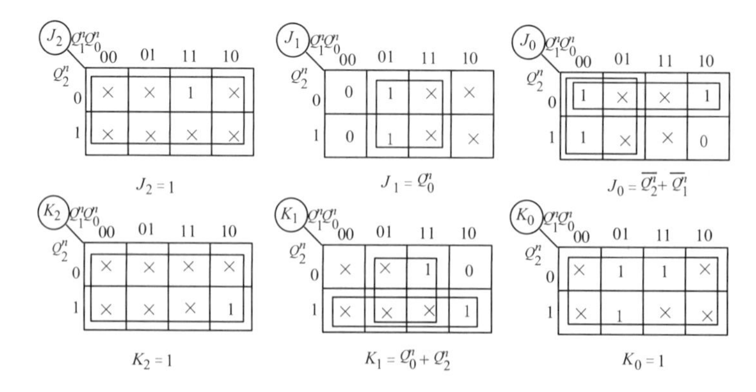

图 5.61　例 5.6 各触发器的驱动卡诺图

根据驱动卡诺图写出驱动方程：

$J_0=\overline{Q_2}+\overline{Q_1}$　　$K_0=1$

$J_1=Q_0$　　$K_1=Q_0+Q_2$

$J_2=1$　　$K_2=1$

再画出输出卡诺图如图 5.62 所示，可得电路的输出方程：

$Y=Q_2Q_1$

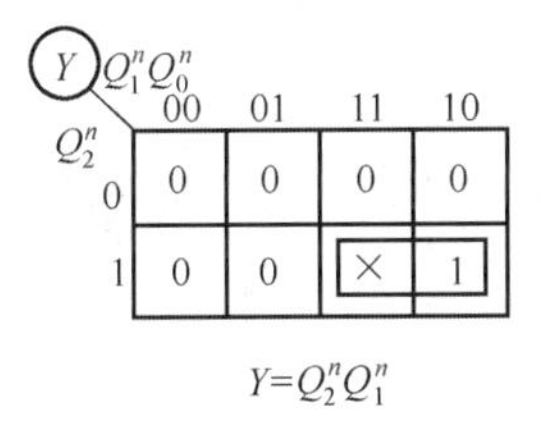

图 5.62　输出卡诺图

（5）画逻辑图。根据驱动方程和输出方程，画出异步 7 进制计数器的逻辑图如图 5.63 所示。

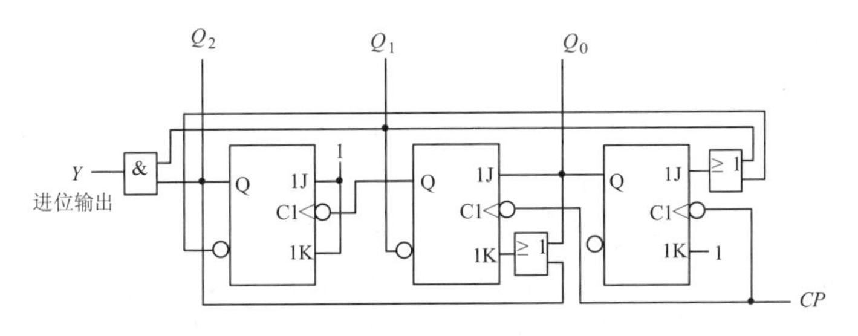

图 5.63　例 5.6 的逻辑图

（6）检查能否自启动。利用逻辑分析的方法画出电路完整的状态图如图 5.64 所示。可见，如果电路进入无效状态 111 时，在 CP 脉冲作用下可进入有效状态 000。所以电路能够自启动。

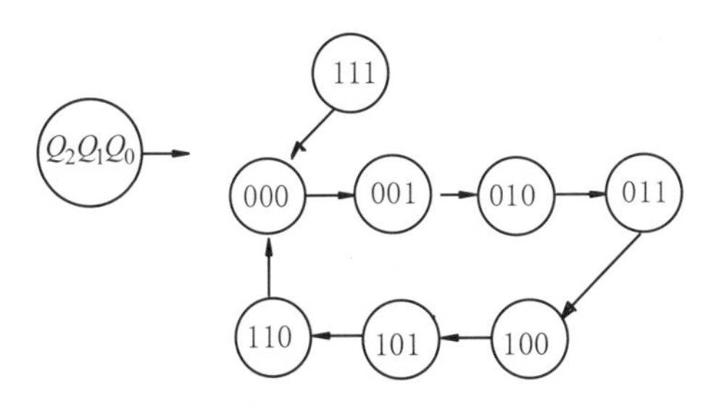

图 5.64　例 5.6 的状态图

5.5.3　基于 MSI 模块的同步时序电路设计

1. 基于 MSI 模块的同步时序电路设计方法

原则：状态数少于计数器或移位寄存器模块的状态数时，原则上不必进行状态化简。尽量使用计数器的自然计数功能或移位寄存器的移位功能实现电路的状态转换。采用列控制激励表的方法求出 MSI 模块的激励函数表达式。尽量使用 MSI 组合模块实现组合网络。

2. 设计举例

例 5.7 以计数器 74161 为核心，设计一个铁道路口交通控制器电路。要求如图 5.65 所示，5.65（a）为交通控制示意，图 5.65（b）为控制器框图。其中 X_0 和 X_1 为压力传感器输入，CLK 为时钟信号，Z 是用于控制电动栅门的输出信号，Z=1，关门，P_0 和 P_1 为压力传感器。

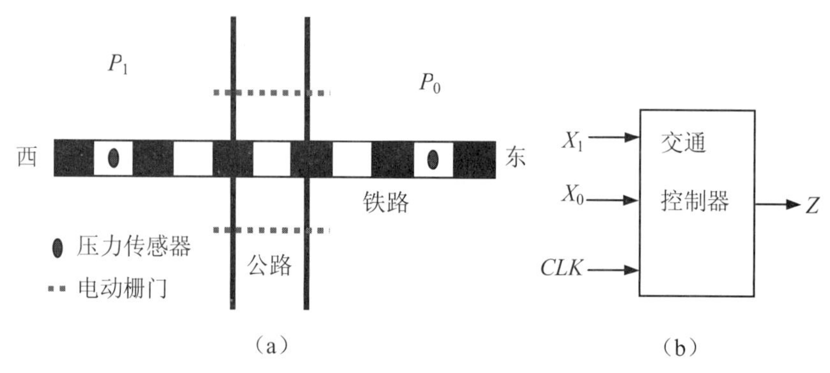

图 5.65 铁道路口交通控制示意图

解：（1）状态定义。

当火车尚未到来（未压到传感器），X_1X_0=00，输出 Z=0，电动栅门打开－S_0；当火车由东向西驶来压上 P_0 传感器时 X_1X_0=01，输出 Z=1，电动栅门关闭－S_1；当火车继续由东向西行驶位于 P_1、P_0 之间时，X_1X_0=00，输出 Z=1，电动栅门继续关闭－S_2；当火车继续由东向西行驶压上 P_1 传感器时，X_1X_0=10，输出 Z=1，电动栅门继续关闭－S_3；当火车继续由东向西行驶离开 P_1 传感器时，X_1X_0=00，输出 Z=0，电动栅门打开－S_0；当火车由西向东驶来压上 P_1 传感器时，X_1X_0=10，输出 Z=1，电动栅门关闭－S_4；火车继续由西向东行驶位于 P_1、P_0 之间时，X_1X_0=00，输出 Z=1，电动栅门关闭－S_5；火车继续由西向东行驶压上 P_0 传感器时，X_1X_0=01，输出 Z=1，电动栅门关闭－S_6；火车继续由西向东行驶离开 P_0 传感器时，X_1X_0=00，输出 Z=0，电动栅门打开－S_0。状态分析完毕。

（2）画原始状态图如图 5.66 所示。

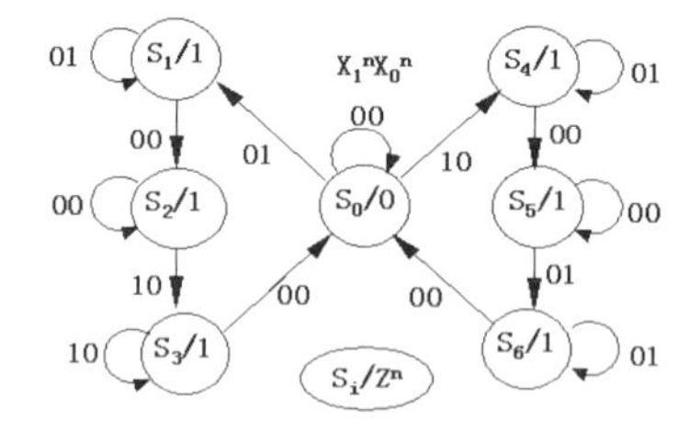

图 5.66 铁道路口交通控制的原始状态图

（3）状态分配。

$Q_CQ_BQ_A$

S_0——000

S_1——001

S_2——010

S_3——011

S_4——100

S_5——101

S_6——110

（4）将状态编码代入得编码状态图如图 5.67 所示。

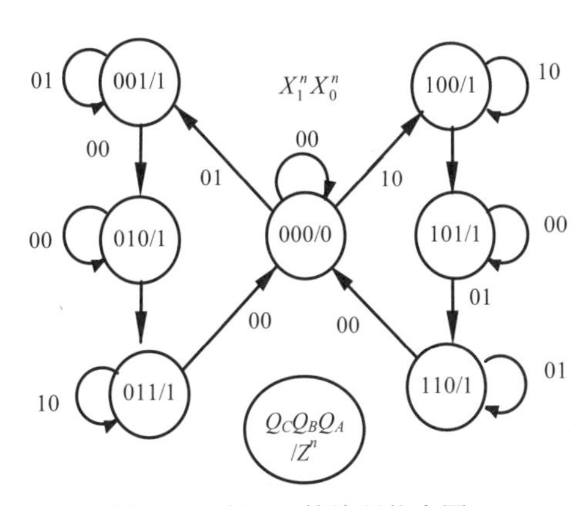

图 5.67 例 5.7 的编码状态图

（5）确定 74161 的控制激励表。

将 $A=X_1$，$B=0$，$C=X_1$，$D=0$，$Z=Q_A+Q_B+Q_C$ 代入 74161 控制激励表可得到表 5.21 所示控制激励表。

表 5.21 74194 的控制激励表

现态	输入	次态	工作方式	激励			输出
$S_i(Q_AQ_BQ_C)$	X_1 X_0	$S_i(Q_AQ_BQ_C)$		M_1 M_0	D_R	A B C D	Z
S_0(000)	0 0	S_0(000)	保持	0 0	Φ	Φ Φ Φ Φ	0
	0 1	S_1(100)	右移	0 1	1	Φ Φ Φ Φ	
	1 0	S_4(101)	置数	1 1	Φ	1 0 1 Φ	
S_1(100)	0 0	S_2(010)	右移	0 1	0	Φ Φ Φ Φ	1
	0 1	S_1(100)	保持	0 0	Φ	Φ Φ Φ Φ	
S_2(010)	0 0	S_2(010)	保持	0 0	Φ	Φ Φ Φ Φ	1
	1 0	S_3(001)	右移	0 1	0	Φ Φ Φ Φ	
S_3(001)	0 0	S_0(000)	右移	0 1	0	Φ Φ Φ Φ	1
	1 0	S_3(001)	保持	0 0	Φ	Φ Φ Φ Φ	
S_4(101)	0 0	S_5(110)	右移	0 1	1	Φ Φ Φ Φ	1
	1 0	S_4(101)	保持	0 0	Φ	Φ Φ Φ Φ	
S_5(101)	0 0	S_5(110)	保持	0 0	Φ	Φ Φ Φ Φ	1
	0 1	S_6(011)	右移	0 1	0	Φ Φ Φ Φ	
S_6(011)	0 0	S_0(000)	置数	1 1	Φ	0 0 0 Φ	1
	0 1	S_6(011)	保持	0 0	Φ	Φ Φ Φ Φ	
(111)	Φ Φ	S_6(011)	右移	0 1	0	Φ Φ Φ Φ	1

（6）M_1、M_0、D_R 的数据选择表。

由表 5.21 可以得出 M_1、M_0、D_R 的数据选择表见表 5.22。

表 5.22　M_1、M_0、D_R 的数据选择表

Q_A	Q_B	Q_C	M_1	M_0	D_R
0	0	0	X_1	X_1+X_0	1
0	0	1	0	$\bar{X}_1$	0
0	1	0	0	X_1	0
0	1	1	$\bar{X}_0$	$\bar{X}_0$	0
1	0	0	0	$\bar{X}_0$	0
1	0	1	0	$\bar{X}_1$	1
1	1	0	0	X_0	0
1	1	1	0	1	0

（7）M_1、M_0、D_R 的数据选择采用 3 个 74151 实现。

（8）画出以 74194 为核心的铁道路口交通控制器电路如图 5.68 所示。

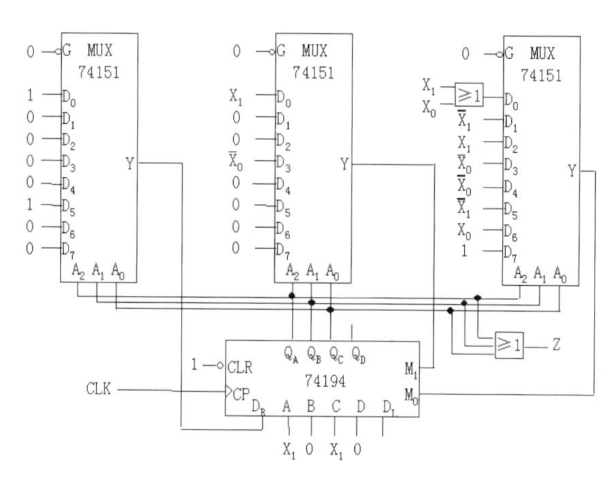

图 5.68　以 74194 为核心的铁道路口交通控制器电路图

习题 5

5.1　分析题 5.1 图所示同步时序电路的功能，并画出电路的工作波形。假设电路的初始状态为 Q_1Q_0=00。

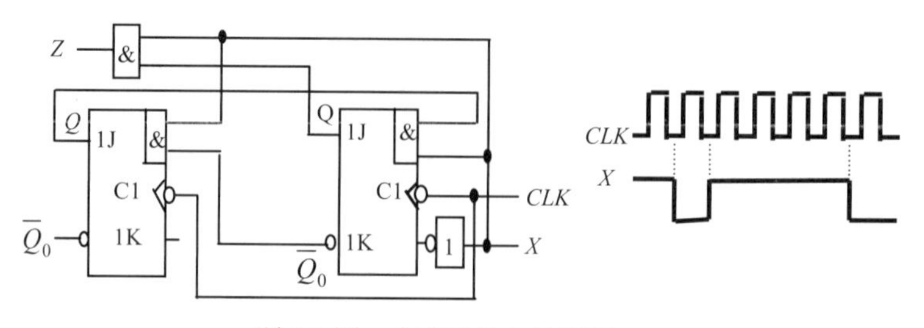

题 5.1 图　电路及输入波形图

5.2　分析题 5.2 图所示同步时序电路的功能。

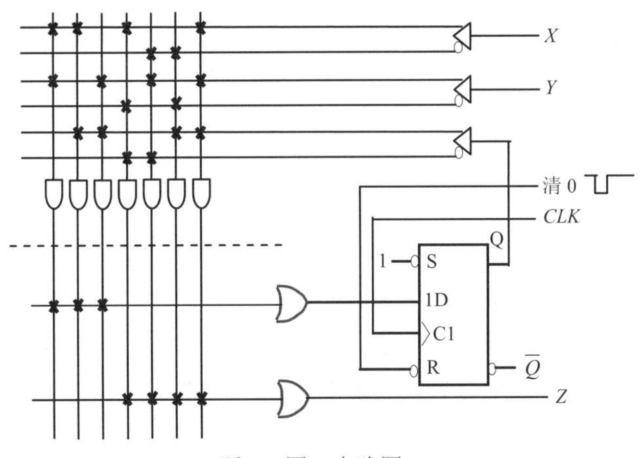

题 5.2 图　电路图

5.3　分析题 5.3 图所示电路的功能。

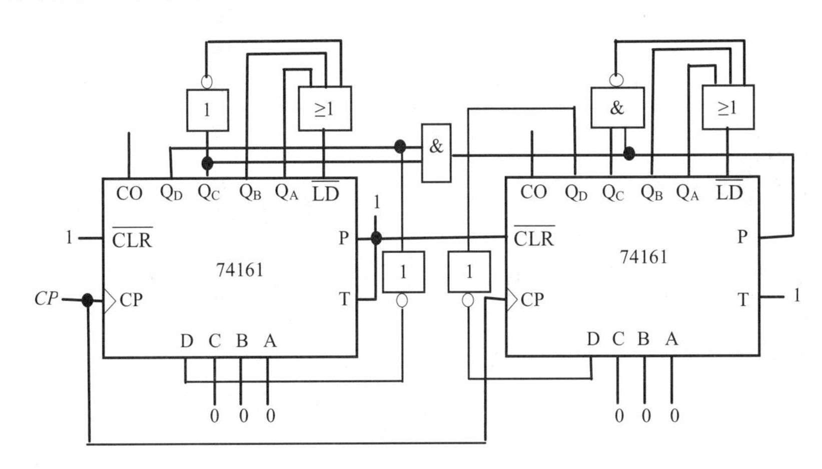

题 5.3 图　电路图

5.4　月球探测车有一个中央控制单元，它能够根据障碍物探测器探测到的情况控制车轮的运行方向，使月球探测车避开障碍物。月球探测车遇到障碍物时的转向规则是：①若上一次是左转，则这一次右转，直到未探测到障碍物时直行；②若上一次是右转，则这一次左转，直到未探测到障碍物时直行。试导出月球探测车中央控制单元的原始状态图和状态表。

5.5　某序列检测器有一个输入 X 和一个输出 Z，当收到的输入序列为“010”或“1101”时，在上述序列的最后 1 位到来时，输出 Z=1，其他情况下 Z=0，允许输入序列码重叠。试列出其原始状态表。

5.6　画出 “1010”序列检测器的原始状态图。只有检测到“1010”序列输入时，输出 Z 才为 1；而一旦 Z 为 1，则仅当收到 X=1 时 Z 才变为 0。假定允许输入序列码重叠。

5.7　用树干分支法画出重叠型和非重叠型“0101”序列检测器的原始状态图。

5.8　某时序电路有两个输入 X、Y 和一个输出 Z。当电路收到 3 个或 3 个以上的 Y=1 后再收到 1 个 X=1 时，电路输出 Z=1，其他情况下 Z=0。另外，Y=1 不一定要连续输入，且 X、Y

不可能同时为 1。一旦收到 X=1，电路将返回初始状态，重新开始检测过程。试画出其原始状态图并列出其原始状态表。

5.9　化简题 5.9 表所示原始状态表。

题 5.9　原始状态表

S^n \ X^n	0	1
A	E/0	B/0
B	C/0	I/1
C	F/0	D/0
D	A/0	I/1
E	A/0	F/0
F	A/0	E/0
G	B/1	E/1
H	I/1	D/0
I	B/1	E/1
J	D/1	F/1

5.10　对题 5.8 中化简得到的最简状态表，提出一种合适的的状态分配方案，列出其编码状态表。

5.11　用 T 触发器设计一个可控同步计数器。当控制端 X=0 时，为 3 进制加法计数器；当控制端 X=1 时，为 4 进制减法计数器。

5.12　写出图示电路的输出方程组、激励方程组和次态方程组，列出状态表，画出状态图及工作波形（设电路的初始状态为 Q_1Q_0=00），指出其逻辑功能和电路类型。

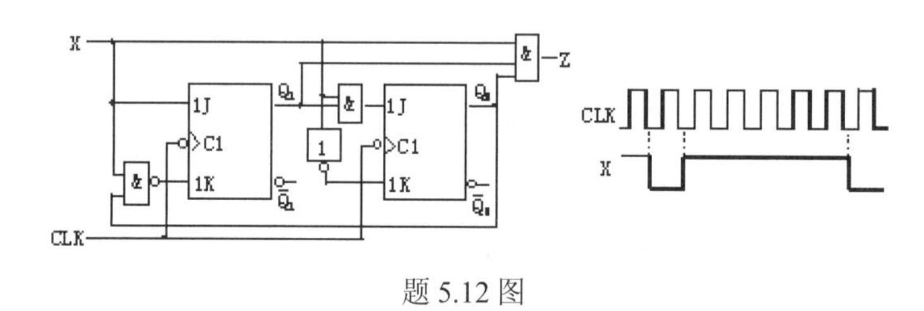

题 5.12 图

5.13　列出重叠型 101、0110 双序列检测器的原始状态表。

5.14　某同步时序电路有两个输入端 X_1、X_0 和一个输出端 Z。只有当连续两个或两个以上时钟脉冲作用期间 X_1、X_0 相同而紧接下来的一个时钟脉冲作用期间 X_1、X_0 不同时，电路输出 Z 才为 1，否则 Z 为 0。试画出其原始状态图，列出其原始状态表。

5.15　某同步时序电路有两个输入端 X_1、X_0 和两个输出端 Z_1、Z_0。X_1X_0 表示一个两位二进制数。若当前输入的数大于前一时刻输入的数，则输出 Z_1Z_0=10；若当前输入的数小于前一时刻输入的数，则输出 Z_1Z_0=01；若当前输入的数等于前一时刻输入的数，则输出 Z_1Z_0=00。试画出其原始状态图，试列出其原始状态表。

5.16 用观察法化简下表所示状态表，找出最大等价类，列出最简状态表。

题 5.16 状态表

S \ $X_1^n X_6^n$	00	01	10
A	A/0	C/0	C/1
B	B/0	A/1	F/1
C	A/1	D/0	G/1
D	G/1	C/0	A/1
E	E/0	G/1	F/1
F	B/0	G/1	B/1
G	G/0	C/0	D/1

S^{n+2}/Z^n

5.17 用 JK 触发器和 PLA 设计一个同步时序电路，其输入 X 和 Y 为两个高位先入的串行二进制数，其输出 Z 为 X 和 Y 中较大的数。

5.18 某彩灯显示电路由发光二极管 LED 和控制电路组成，如题 5.18 图所示。已知输入时钟脉冲 CLK 频率为 5Hz，要求 LED 按照“亮、亮、亮、灭、灭、亮、灭、灭、亮、灭、灭、灭、亮”的规律周期性地亮灭，亮灭一次的时间为 2 秒。试以 74163 为核心设计该控制电路。

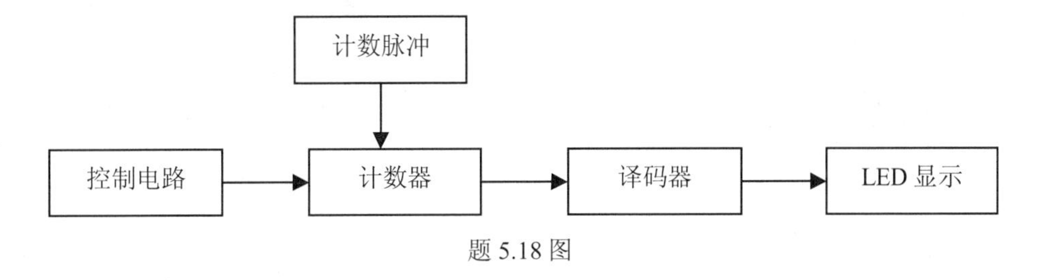

题 5.18 图

5.19 画出以下几种计数器的编码状态图，并分别列出 JK 和 T、D 触发器的激励表。

（1）3 进制减法计数器。

（2）可控计数器。当 X=0 时，维持现态；X=1 时，四进制加法计数。

5.20 用 74161 构成 5421BCD 码计数器。

第 6 章　脉冲的产生和整形电路

本章提要：在数字系统中，常需要时钟脉冲来控制时序逻辑电路如触发器、移位寄存器和计数器等工作，获得矩形脉冲信号的方法通常有两种，一种是用多谐振荡器电路直接产生矩形波信号输出，另一种是将已有的周期信号变换成所要求的矩形波信号。本章讨论的脉冲的产生和整形电路，主要有单稳态触发器、施密特触发器、多谐振荡器、集成 555 定时器。

教学建议：重点掌握单稳态触发器、施密特触发器、多谐振荡器的电路结构、工作原理及参数计算方法，在掌握集成 555 定时器的结构原理的基础上，应用 555 定时器设计单稳态触发器、施密特触发器、多谐振荡器，建议教学时数：4 学时。

学习要求：掌握单稳态触发器、施密特触发器、多谐振荡器的电路结构、工作原理，掌握集成 555 定时器结构与应用

关键词：单稳态触发器；施密特触发器；多谐振荡器；集成 555 定时器。

6.1　单稳态触发器

单稳态触发器有一个稳态和一个暂稳态，无外加触发信号时，电路处在稳态不变；外加适当的触发信号，电路由稳态翻转到暂稳态，暂稳态维持一段时间后，自动返回到稳态，在其输出端得到矩形脉冲。

单稳态触发器有两种状态：0 态和 1 态，但只有一种状态能长久保持，其特点是：

（1）有稳态和暂稳态两种状态；

（2）平时处于稳态，在外部触发脉冲作用下，由稳态进入暂稳态；

（3）暂稳态维持一定时间后自动回到稳态。

单稳态触发器主要有两类：微分型单稳态触发器、积分型单稳态触发器。

6.1.1　微分型单稳态触发器

1. 微分电路

门电路构成的单稳态触发器只适用窄脉冲触发，当输入触发信号是宽脉冲时，可采用 *RC* 微分电路，如图 6.1 所示，微分电路的时间常数 $\tau=RC$ 必须小于输入信号的脉冲宽度 *T*，微分电路的工作波形如图 6.2 所示。

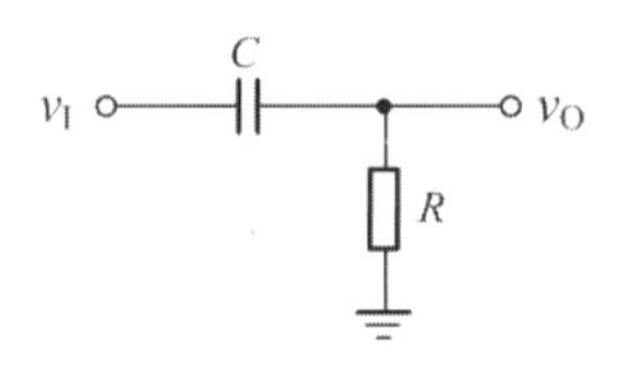

图 6.1　微分电路

2. 由CMOS或非门构成的微分型单稳态触发器

门电路加 RC 微分电路构成的微分型单稳态触发器电路如图6.3所示，其中 G_1 为CMOS或非门，G_2 为CMOS非门，v_{O1}、v_O 分别为 G_1、G_2 的输出，v_{I2} 为 G_2 输入，其工作原理如下：

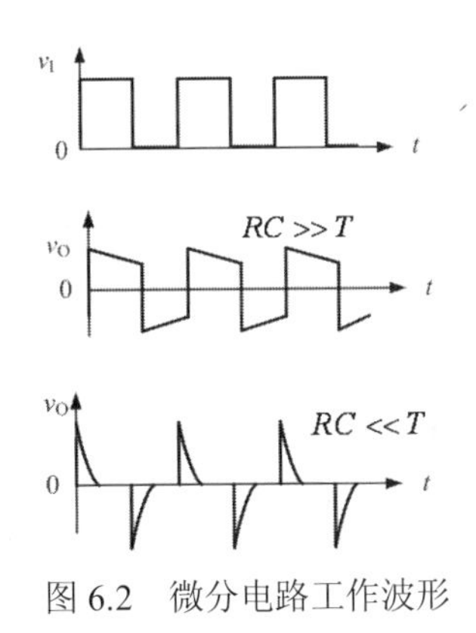

图6.2 微分电路工作波形

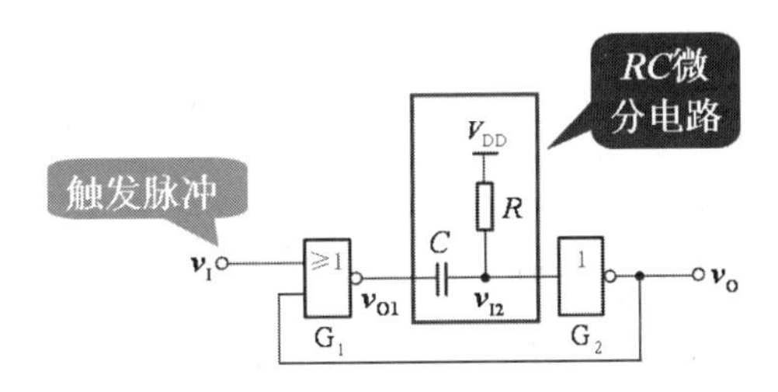

图6.3 CMOS门的微分型单稳态触发器

（1）单稳态触发器的稳态。稳态时，无触发脉冲输入，v_I 为低电平，C没有充放电，相当于断开，所以触发器的稳态为 $v_{O1}\approx V_{DD}$，$v_O\approx 0V$。此时，电容两端的电压相等，无充放电，工作过程如图6.4所示。

（2）当 v_I 加一正脉冲时，由稳态进入暂稳态。暂稳态：$v_{O1}\approx 0V$，$v_O\approx V_{DD}$，电路动态工作时是一个正反馈的过程，即 v_I 电压升高，使得 v_{O1} 和 v_{I2} 电压降低，结果输出电压 v_O 升高，v_O 电压升高，进一步使得 v_{O1} 和 v_{I2} 电压降低，如此循环，最终改善 v_{O1} 和 v_O 电压波形的边沿，其转换图如图6.5所示。

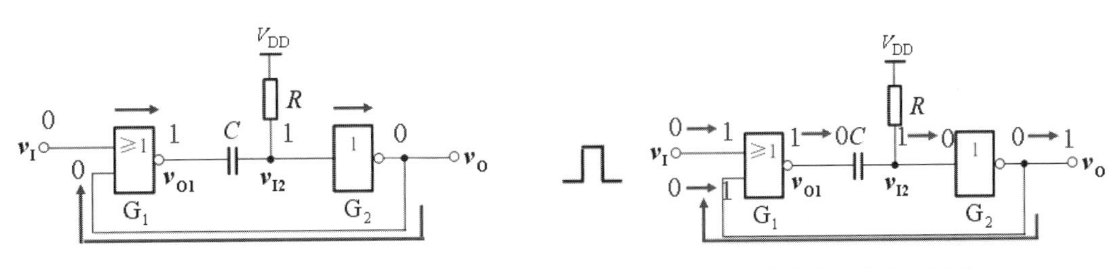
图6.4 单稳态触发器的稳态　　图6.5 单稳态触发器的暂稳态

（3）暂稳态自动回到稳态。随着 V_{DD} 通过电阻向电容 C 的充电，v_{I2} 逐渐上升，当 v_{I2} 上升到 $V_{DD}/2$ 时，$v_O\approx 0V$，$v_{O1}\approx V_{DD}$，电路回到稳态。其电路动态工作时也是一个正反馈的过程，即 v_{I2} 电压升高，使得 v_O 下降，导致 v_{O1} 电压升高，由电容 C 耦合，进一步使 v_{I2} 电压升高，如此循环，最终改善 v_{O1} 和 v_O 电压波形的边沿，转换图如图6.6所示。

（4）工作波形分析。单稳态触发器工作波形如图6.7所示。

（5）参数计算。

1）暂稳态维持时间 T_W。

电容 C 充电电压方程：

$$v_C(t)=V_C(\infty)-[V_C(\infty)-V_C(0)]e^{-\frac{t}{\tau}}$$

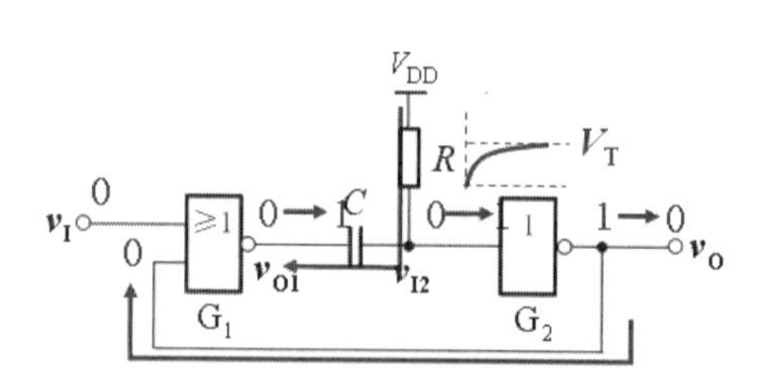

图 6.6　暂稳态自动回到稳态

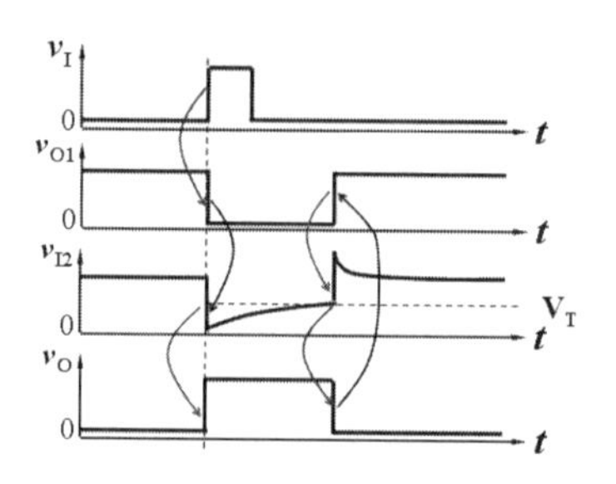

图 6.7　单稳态触发器工作波形

将 $V_C(0)\approx 0V$，$V_C(\infty)\approx V_{DD}$，$\tau=RC$ 代入上式得：

$$v_C(t)=V_{DD}(1-e^{-\frac{t}{RC}})$$

当 $v_C(t)=V_T=1/2V_{DD}$ 时，$t=T_w$，代入上式可求得 ：

$$T_w=RC\ln 2\approx 0.7RC$$

6.1.2　集成单稳态触发器——74LS121

1．工作原理

74LS121 电路包括三部分，即控制电路，微分型单稳态触发器和输出缓冲，如图 6.8 所示，控制电路用于产生窄脉冲。当输入满足以下条件时，控制电路产生窄脉冲：

（1）若 A_1、A_2 中至少有一个为 0 时，B 由 0 变为 1。

（2）若 B=1，A_1、A_2 中至少有一个由 1 变为 0。

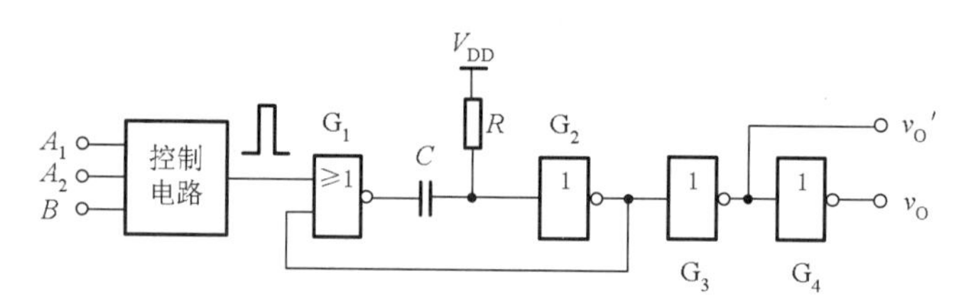

图 6.8　集成单稳态触发器结构图

2．74LS121 内部结构和逻辑符号

74LS121 内部结构如图 6.9 所示，它是一种比较典型的 TTL 不可重触发单稳态触发器，其引脚分布和逻辑符号如图 6.10 所示，功能表见表 6.1。

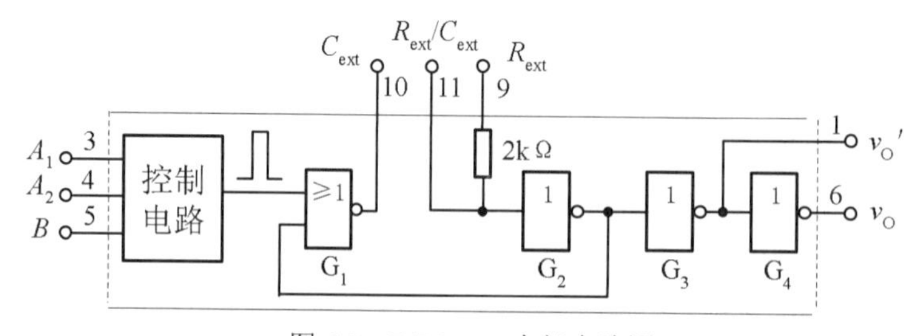

图 6.9　74LS121 内部电路图

图中 A_1、A_2 是两个下降沿有效的触发信号输入端，B 是上升沿有效的触发信号输入端。R_{ext}/C_{ext}、C_{ext} 是外部定时电阻和电容的连接端，外接定时电阻 R（阻值可在 1.4Ω～40kΩ之间选择）应一端接 V_{CC}（14 脚）、另一端接 R_{ext}/C_{ext}（11 脚），若 C 是电解电容，则其正极应接 C_{ext}，负极接 R_{ext}/C_{ex}，其电路图如图 6.11 所示。74LS121 集成块的内部已设置了一个 2kΩ的定时电阻，R_{int}（9 脚）是其引出端，使用时只需将 9 脚与 14 脚连接起来。不用是可将 9 脚悬空，其电路图如图 6.12 所示。

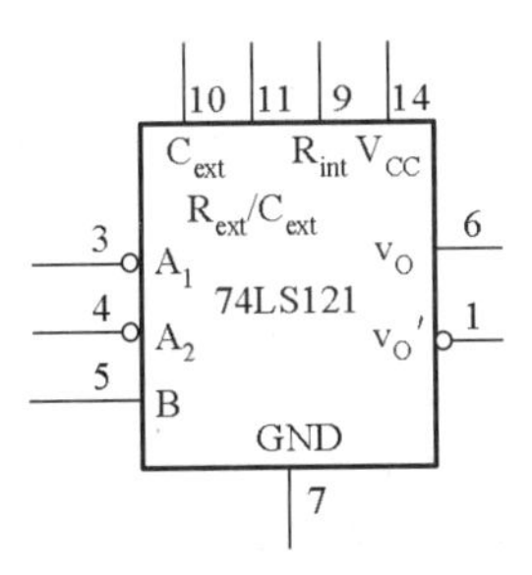

图 6.10　74LS121 符号与引脚分布

输出脉冲宽度 T_W 为

$$T_W=RC\ln 2=0.7RC$$

在定时 T_W 结束后，定时电容有一个充电恢复时间 T_{re}，如果在此恢复时间内又有一个触发脉冲输入，电路仍可被触发，但输出脉冲宽度会小于规定的定时时间 T_W。这是在使用 74LS121 时应该注意的问题，主要用于波形整形。

表 6.1　74121 的功能表

B	A_2	A_1	Q	$\overline{Q}$	功能
0	×	×	0	1	保持（处于稳态）
×	1	1	0	1	
↑	×	0	⊓	⊔	用 B 正边沿触发
↑	0	×	⊓	⊔	
1	1	↓	⊓	⊔	用 A 负边沿触发
1	↓	1	⊓	⊔	
1	↓	↓	⊓	⊔	

3. 74LS121 的两种不同接法

74LS121 电路连接有两种方式：正脉冲触发和负脉冲触发，分别如图 6.11 和图 6.12 所示。

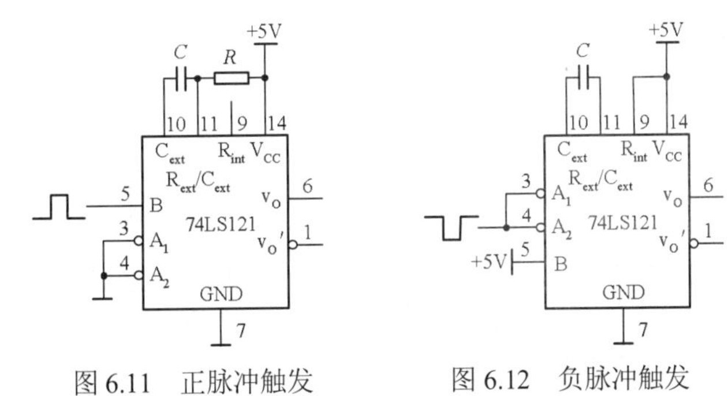

图 6.11　正脉冲触发　　图 6.12　负脉冲触发

6.2 施密特触发器

按非正弦规律变化的信号均可称脉冲信号，常见的有：方波（Square Wave）、三角波（Triangular Wave）、锯齿波（Sawtooth Wave）。

脉冲信号参数：脉冲宽度 T_W、幅度 V_m、频率 f、占空比、上升时间 t_r、下降时间 t_f，如图 6.13 所示。

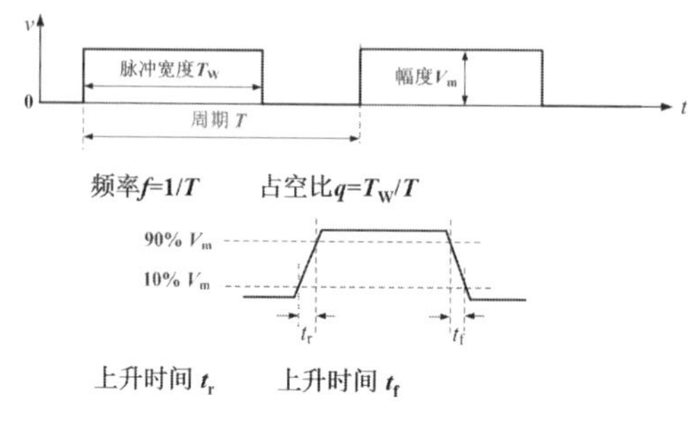

图 6.13　脉冲信号参数

获取这些脉冲信号的方法通常有两种：

（1）直接产生。采用多谐振荡器。

（2）利用已有信号整形或变换得到。采用施密特触发器或单稳态触发器。施密特触发器是具有滞后特性的数字传输门，电路符号图如图 6.14 和图 6.15 所示。

1. 施密特触发器特点

（1）输出有两种状态（高电平“1”、低电平“0”）。

（2）输入采用电平触发。

（3）对于正向和负向增长的输入信号，电路有不同的阈值电平（V_{T+}和 V_{T-}），V_{T+}和 V_{T-}是两个不同的值，两者之间的差 $\Delta V_T=V_{T+}-V_{T-}$称为回差电压或滞后电压。

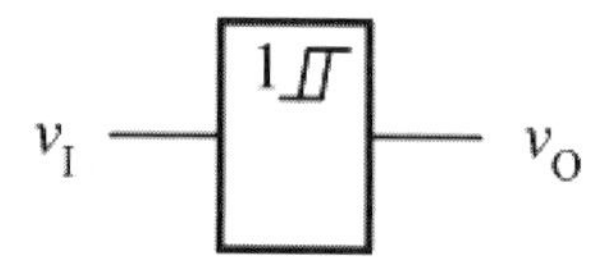

图 6.14　同相输出逻辑符号

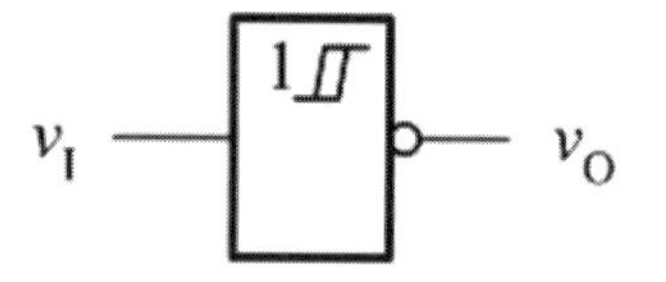

图 6.15　反相输出逻辑符号

电压传输特性有两种，如图 6.16 和 6.17 所示。

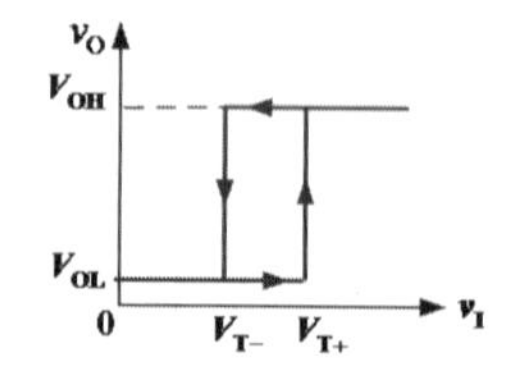

图 6.16　同相输出电压传输特性

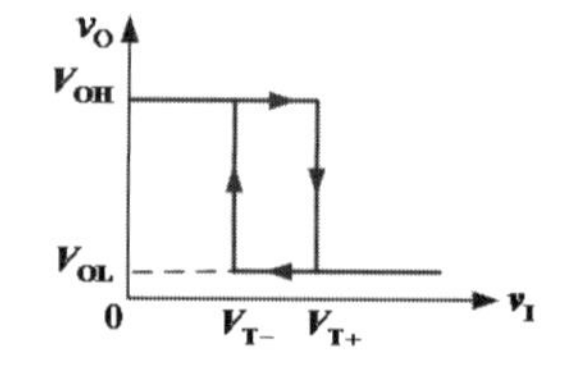

图 6.17　反相输出电压传输特性

同相输出电压工作原理：

（1）当 V_I=1 时，V_O=1；当 V_I 减少，使 V_I=V_{T-}时，V_O=由 1 变成 0。

（2）当 V_I=0 时，V_O=0，当 V_I 升高，使 V_I=V_{T+}时，V_O=由 0 变成 1。

反相输出电压工作原理：

（1）当 V_I=0 时，V_O=1，当 V_I 升高，使 V_I=V_{T+}时，V_O=由 1 变成 0。

（2）当 V_I=1 时，V_O=0；当 V_I 减少，使 V_I=V_{T-}时，V_O=由 0 变成 1。

2. 施密特触发器触发器的主要应用

（1）波形变换和整形。将三角波、正弦波或不规则的矩形波等变换成矩形波输出。

（2）幅度鉴别（筛选）。将输入信号 V_i 中不同幅度的矩形脉冲进行鉴别，脉冲幅度达到某一确定值时，将其选出，小于该幅度的脉冲信号被筛选掉。

（3）抗干扰。由于干扰信号叠加于输入信号，可能使输出产生误动作，利用施密特触发器的回差电压，可以克服干扰信号的影响。

（4）广泛应用于控制电路中，当被控制系统需要恒温或恒压时，可通过传感器获得电信号，该信号超过某一设定值时，产生报警信号，并自动控制降温或降压等。

3. 回差电压的选择

根据不同的应用场合来选择回差电压。

（1）在抗顶部干扰电路中，适当将回差电压调大些好，如输入信号波形中多次出现顶部干扰信号，设定 V_{T+}一定，当 V_{T-}较小时，即回差电压大，在 V_O 的波形中将干扰信号的影响排除掉。

（2）在控制电路中，为了是控制灵敏，希望使回差电压调小些好，如设 V_{T-}一定，当输入电压 V_i 波动上升超过 V_{T+}，将产生报警信号 V_O（负脉冲），且控制系统自动使 V_i 减少，当 V_i 下降至 V_{T-}时，报警信号取消，系统恢复正常，可见回差电压越小，控制越灵敏。

6.3　多谐振荡器

多谐振荡器就是方波发生器。由于方波中除基波外还包含了许多高次谐波，因此，又称为多谐振荡器。多谐振荡器有两个暂态，是一种无稳态电路，接通电源后，电路处在第一暂态，第一暂态维持一段时间后自动翻转到第二暂态，第二暂态维持一段时间后又自动返回第一暂态，周而复始地进行，产生自激振荡，不需外加触发信号，自动地得到矩形波输出，输出矩形波信号的周期 T 等于两个暂态持续时间之和。

多谐振荡器的分类：①由 CMOS 门电路构成的多谐振荡器；②石英晶体振荡器；③由 555 定时器构成的多谐振荡器。

1. 由 CMOS 门电路构成的多谐振荡器

由 CMOS 门电路构成的多谐振荡器，如图 6.18 所示。

（1）设电路的初态为 v_{O1}=1，v_{O2}=0，这种状态下不可能持久维持。

（2）通过 v_{O1}→R→C→v_{O2} 向 C 充电，使 v_{I1} 不断上升。

（3）当 v_{I1}＞V_T 时，G1 输出低电平，G2 输出高电平，即 v_{O1}=0，v_{O2}=1。

（4）v_{O1}=0，v_{O2}=1 这个状态也不能持久。

（5）通过 v_{O2}→C→R→v_{O1} 对电容 C 反向充电，v_{I1} 逐步减少。

（6）当 $v_{I1}<V_{DD}/2$ 时，G1 输出高电平，G2 输出低电平，即又回到 $v_{O1}=1$，$v_{O2}=0$ 的状态。

（7）周而复始产生方波。

工作波形如图 6.19 所示。

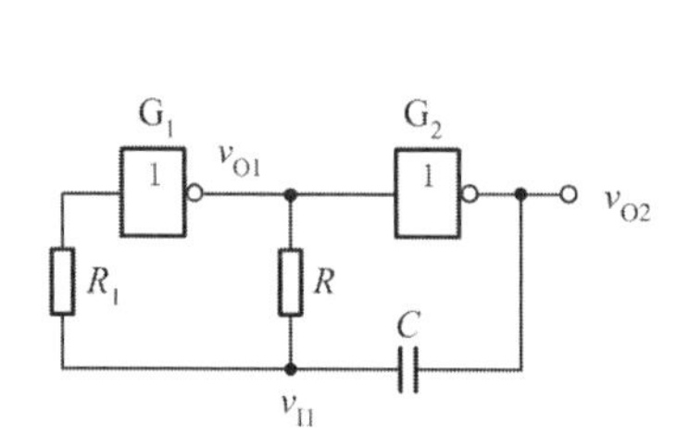

图 6.18　CMOS 门电路构成的多谐振荡器

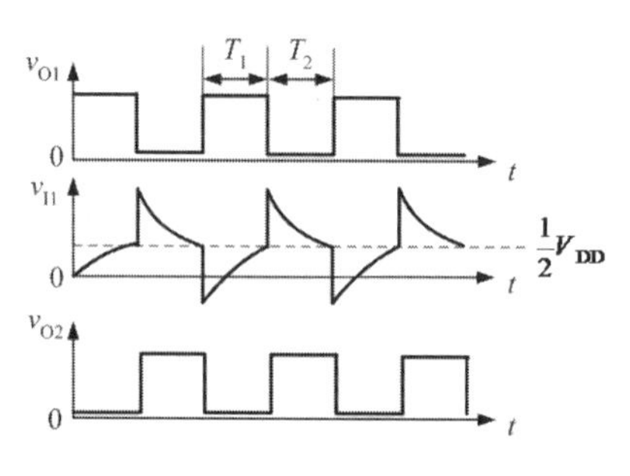

图 6.19　工作波形

2. 多谐振荡器的组成原理

多谐振荡器是一个闭环的正反馈电路，主要由开关环节和反馈延迟环节两部分组成。开关环节是产生矩形波输出的主环节，例如可利用电压比较器、三极管、逻辑门等，其作用是周期性地输出高、低电平，以获得矩形波输出。反馈延迟环节是产生矩形波控制的环节，其作用是产生反馈延迟信号来控制开关环节周期性地工作（导通或截止），反馈延迟环节常有 *RC* 电路、门电路及延迟线。例如 *RC* 延迟电路，对电容 *C* 的充放电来控制门电路输入电压 V_i 发生变化，当 V_I 上升或者下降至阈值电压 V_{th} 时，门的输出电压产生跳变，引入正反馈过程使门的输入 V_i 产生跳变，然后 V_i 又按指数规律变化，周而复始地进行便可以产生振荡，自动地得到矩形波输出。

6.4　集成 555 定时器

1. 555 定时器的组成与功能

555 定时器由分压器、电压比较器、*RS* 触发器、放电管和缓冲器等几部分组成，其原理图和引脚图分别如图 6.20 和图 6.21 所示。

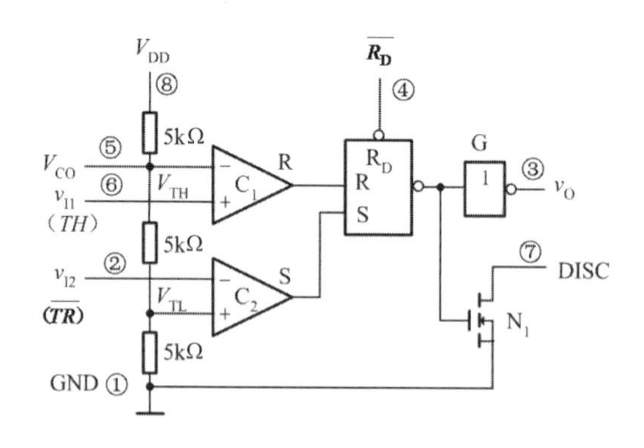

图 6.20　555 定时器原理图

555 定时器各引脚的功能说明如下：

（1）GND：接地端。

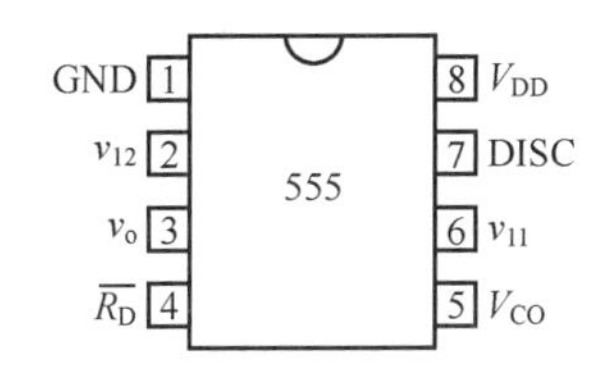

图 6.21　555 定时器引脚图

（2）V_{I2}：低电平触发输入，V_{I1}<(2/3)V$_{CC}$，V_{I2}<(1/3)V_{CC}，且 R_D=1，使 V_O=1，放电管截止。

（3）V_O：输出端。

（4）R_D：直接置 0 端（复位），R_D=0，使 V_O=0。

（5）V_{CO}：控制电压输入端，无外加电压时，V_{CO}=(2/3)V_{CC}，外加电压时，可改变触发电压，调制输出波形。

（6）V_{I1}：高电平触发输入，V_{I2}>(1/3)V_{CC}，V_{I1}>(1/3)V_{CC}，且 R_D=1，使 V_O=0，放电管导通。

（7）DISC：放电端，当 V_O=0 时，DISC 与地接通，MOS 管 N1 导通，外接电容通过 DISC 放电。当 V_O=1 时，DISC 开路，MOS 管 N1 截止，外接电容可由 V_{CC} 充电。

（8）V_{CC}：接电源电压正极。

555 定时器工作的功能表见表 6.2。

表 6.2　555 定时器功能表

输入			输出			
$\overline{R}_D$	v_{I1}	v_{I2}	S	R	v_O	N_1 状态
0	×	×	×	×	0	导通
1	$<2V_{DD}/3$	$<V_{DD}/3$	1	0	1	截止
1	$>2V_{DD}/3$	$>V_{DD}/3$	0	1	0	导通
1	$<2V_{DD}/3$	$>V_{DD}/3$	0	0	不变	不变
1	$>2V_{DD}/3$	$<V_{DD}/3$	1	1	1	截止

2. 用 555 定时器构成多谐振荡器、施密特触发器和单稳态触发器

（1）构成施密特触发器。

1）电路结构，如图 6.22 所示。

2）原理分析，工作波形图如图 6.23 所示。

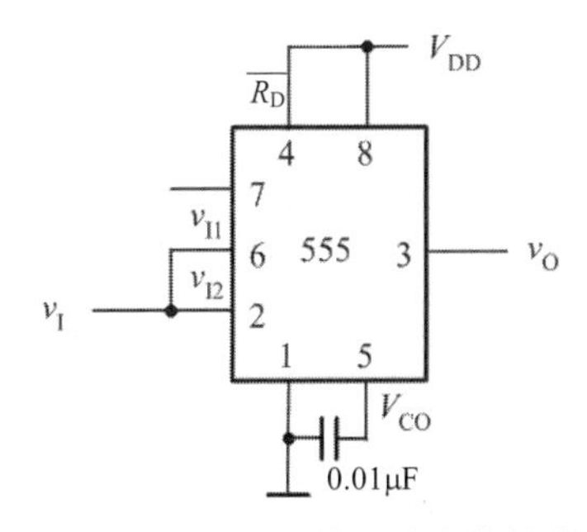

图 6.22　555 定时器构成施密特触发器

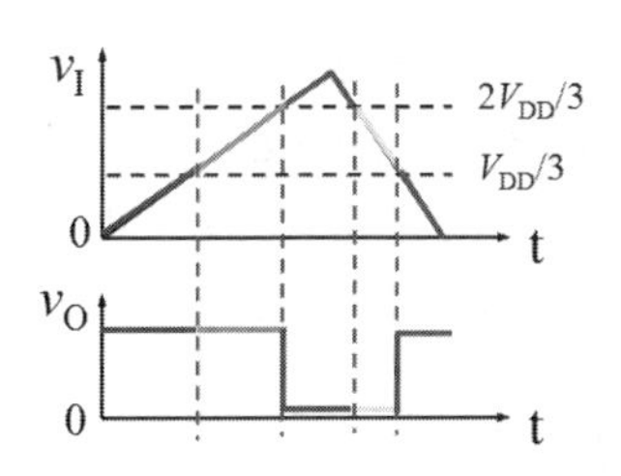

图 6.23　555 定时器构成施密特触发器波形图

① 当 $V_I < V_{DD}/3$ 时，R=0，S=1，v_O=1。

② 当 $V_{DD}/3 < V_I < 2V_{DD}/3$ 时，R=0，S=0，v_O=1。

③ 当 $V_I > 2V_{DD}/3$ 时，R=1，S=0，v_O=0。

④ 当 $V_{DD}/3 < V_I < 2V_{DD}/3$ 时，R=0，S=0，v_O=0。

⑤ 当 $V_I < V_{DD}/3$ 时，R=0，S=1，v_O=1。

3）主要参数。

阈值电平：$V_{T+}=2V_{DD}/3$，$V_{T-}=V_{DD}/3$。

回差电压=$V_{T+}-V_{T-}=V_{DD}/3$。

（2）构成多谐振荡器

1）电路结构，如图 6.24 所示。

2）工作原理。

① 上电时，v_C=0V，得 R=0，S=1，N1 管截止，$v_O=V_{DD}$。

② 当 V_{DD} 通过 R_1+R_2 向 C 充电，v_C 逐渐上升。

③ 当 $v_C > 2V_{DD}/3$ 时，R=1，S=0，基本 SR 锁存器被置 0，N1 管导通，v_O=0V。

④ 当 $v_C > 2V_{DD}/3$ 时，R=1，S=0，基本 SR 锁存器被置 0，N1 管导通，v_O=0V。

⑤ 当 v_C 下降到 $v_C < V_{DD}/3$ 时，R=0，S=1，SR 锁存器置成 1 态，T1 管截止，$v_O=V_{DD}$。对电容 C 充电又重新开始。

3）工作波形，根据工作原理，得出其波形图如图 6.25 所示。

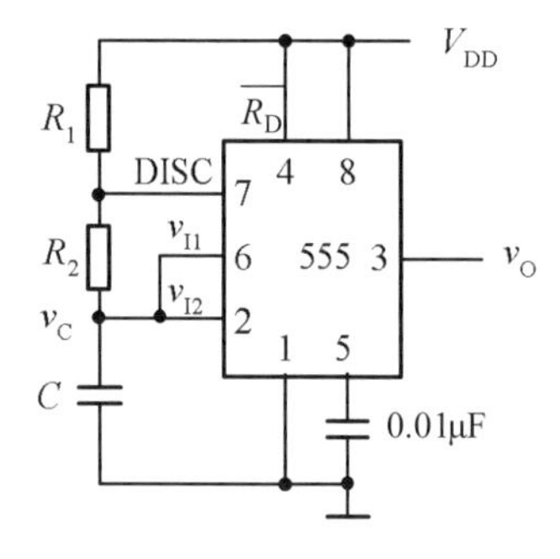

图 6.24　555 定时器构成的多谐振荡器

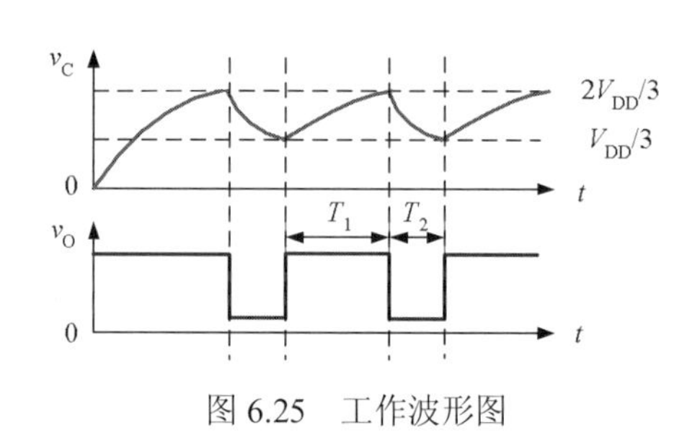

图 6.25　工作波形图

4）主要参数计算。

通过 v_C 的暂态方程，求得：

$T_1=0.7(R_1+R_2)C$

$T_2=0.7R_2C$

$T=T_1+T_2=0.7(R_1+2R_2)C$

$q=T_1/T=(R_1+R_2)/(R_1+2R_2)$

从占空比 q 的表达式可知，占空比始终大于 50%。

（3）构成单稳态触发器

1）电路结构，如图 6.26 所示。

2）工作原理。

① 接通电源时 R=0，S=0；假设 SR 锁存器初态为 0，v_O=0V，此状态能长久保持；假设

SR 锁存器初态为 1，最后又回 v_O=0V。

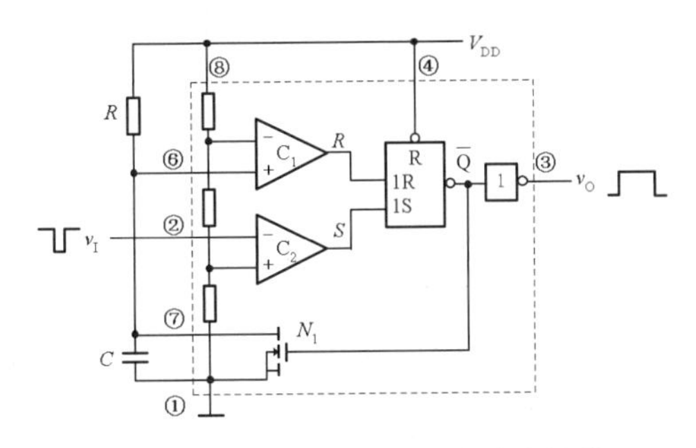

图 6.26　555 定时器构成的单稳态触发器

结论：接通电源后，不管起始状态如何，最终触发器处于稳态 v_O=0。

② 当 v_I 加一个负脉冲，电路进入暂稳态，v_O=V_{DD}。

③ 触发器自动回到稳态，v_O=0。

3）工作波形。

根据工作原理，得出其波形图如图 6.27 所示。

5）主要参数计算。

$T_W=RC\ln 3=1.1RC$

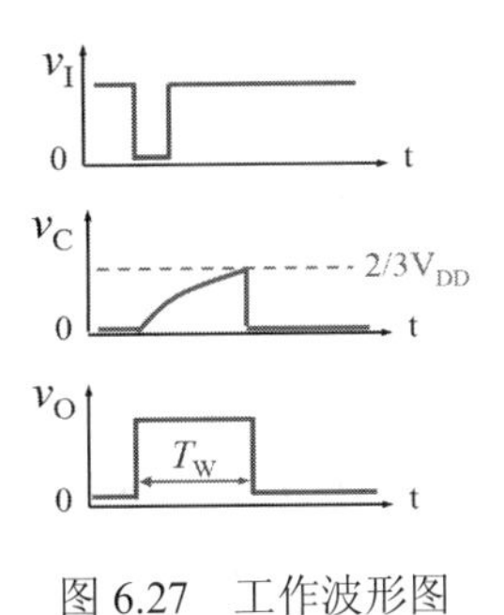

图 6.27　工作波形图

习题 6

6.1　电路如题 6.1 图所示，G1、G2 均为 CMOS 系列。

（1）写出电路名称。

（2）画出其传输特性。

（3）列出主要参数计算公式。

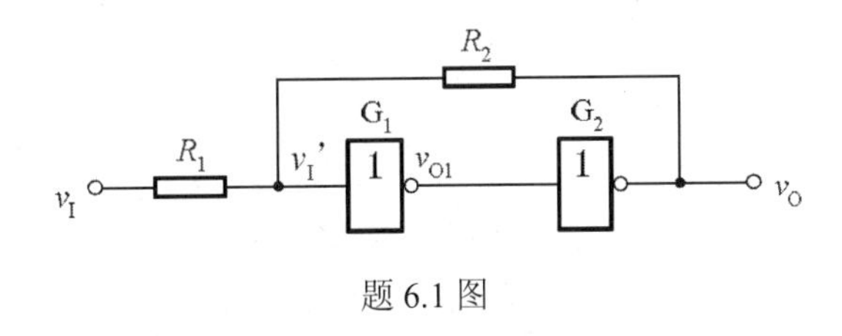

题 6.1 图

6.2　题 6.2 图所示的电路是用施密特触发器构成的多谐振荡器，施密特触发器的阈值电压分别为 V_{T+}和 V_{T-}，试画出电容器 C 两端电压 v_C 和输出电压 v_O 的波形。如要使输出波形的占空比可调，试问电路要如何修改？

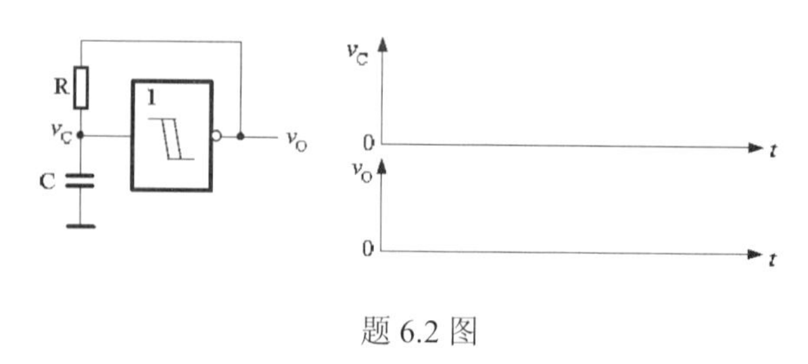

题 6.2 图

6.3　如题 6.3 图所示电路为由 CMOS 或非门构成的单稳态触发器。

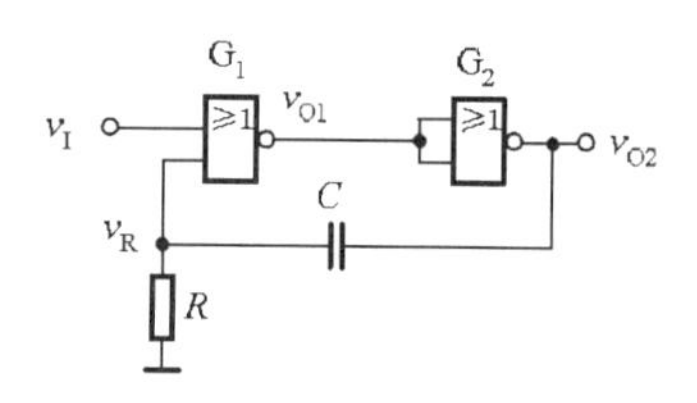

题 6.3 图

（1）画出加入触发脉冲 v_I 后，v_{O1} 及 v_{O2} 的工作波形。

（2）写出输出脉宽 T_W 的表达式。

6.4　用集成定时器 555 所构成的施密特触发器电路及输入波形 v_I 如题 6.4 图所示，试画出对应的输出波形 v_O。

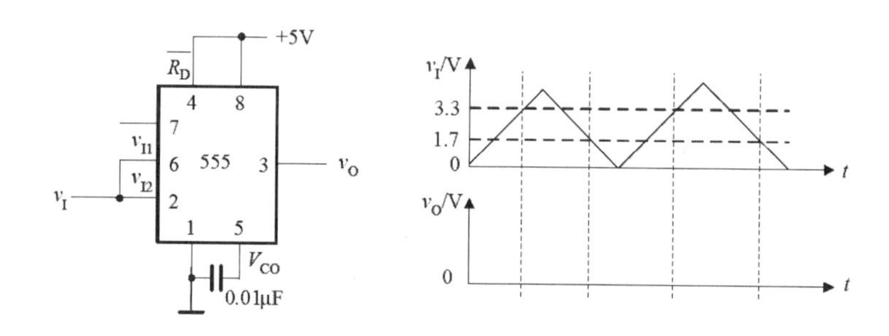

题 6.4 图

6.5　由集成定时器 555 的电路如题 6.5 图所示，请回答下列问题：

（1）构成电路的名称。

（2）已知输入信号波形 v_I，画出电路中 v_O 的波形（标明 v_O 波形的脉冲宽度）。

6.6　由集成定时器 7555 构成的电路如图 P6.6 所示，请回答下列问题。

（1）构成电路的名称。

（2）画出电路中 v_C、v_O 的波形（标明各波形电压幅度，v_O 波形周期）。

6.7　由 555 定时器构成的多谐振荡器如题 6.7 图所示，现要产生 1kHz 的方波（占空比不作要求），确定元器件参数，写出调试步骤和所需测试仪器。

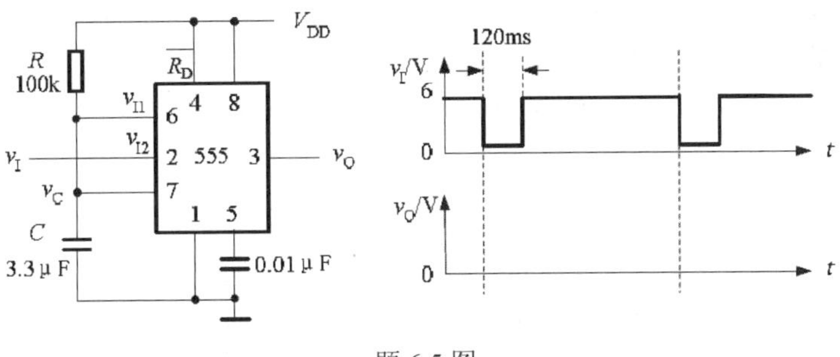

题 6.5 图

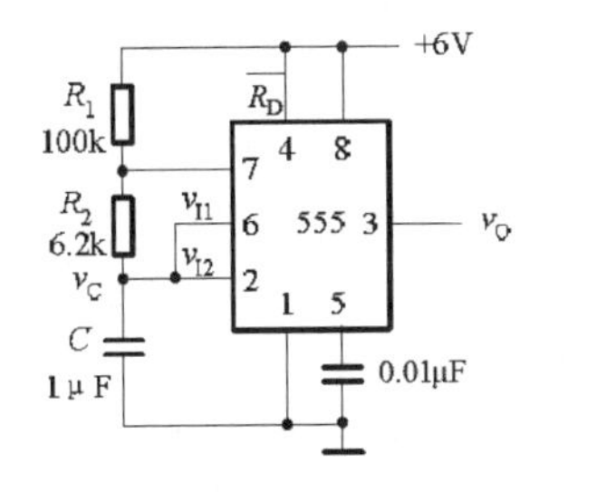

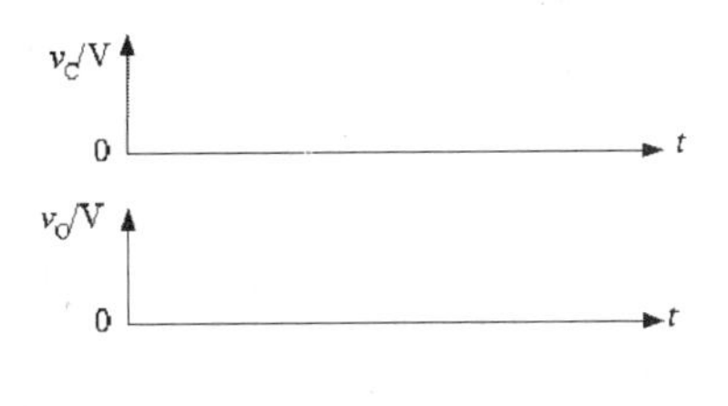

题 6.6 图

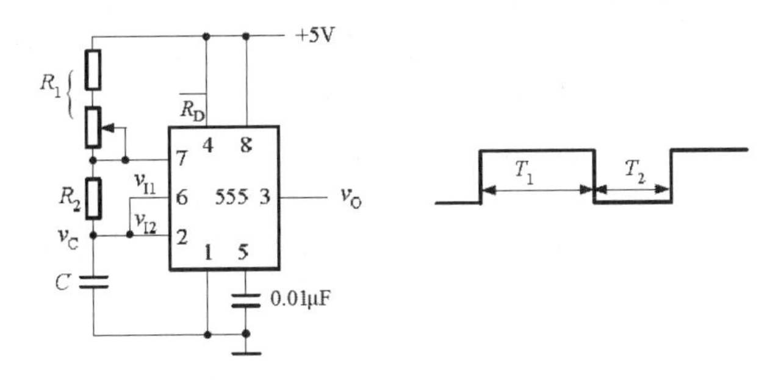

题 6.7 图

6.8　如题 6.8 图所示是一个由 555 定时器构成的防盗报警电路，a、b 两端被一细铜丝接通，此铜丝置于盗窃者必经之路，当盗窃者闯入室内将铜丝碰断后，扬声器即发出报警声。

（1）试问 555 定时器应接成何种电路？

（2）说明本报警电路的工作原理。

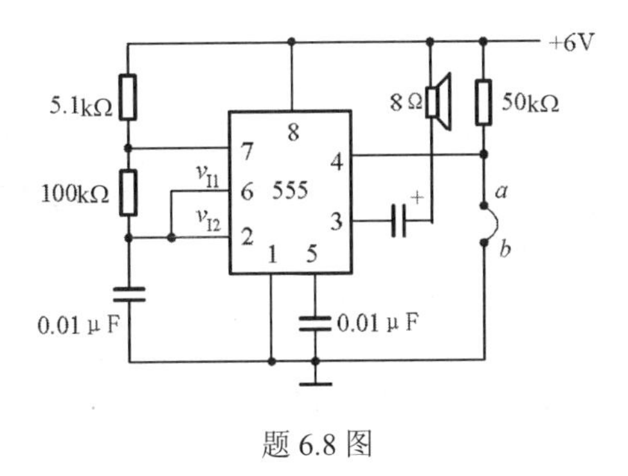

题 6.8 图

第 7 章　存储器电路

本章提要：存储电路是一种具有记忆功能且能存储数字信号的基本单元电路，存储器是能够存储大量二值信息的器件。本章主要讲述半导体存储器，包括 MOS 存储单元的基本工作原理，ROM、RAM 的电路结构、工作原理和扩展存储容量的方法，用存储器实现逻辑电路的方法。

教学建议：本章重点讲授 ROM、RAM 的电路结构、工作原理和扩展存储容量的方法。建议教学时数：3 学时。

学习要求：①了解 MOS 存储单元的基本工作原理；②理解 ROM、RAM 的电路结构、工作原理和扩展存储容量的方法；③理解利用 ROM 实现组合逻辑函数的方法和利用 ROM、RAM 实现时序逻辑函数的方法。

关键词：存储电路（Memory Circuits）；存储器（Memory）；只读存储器（Read Only Memory，ROM）；可编程只读存储器（Programmable Read Only Memory，PROM）；可擦可编程只读存储器（Erasable Programmable Read Only Memory，EPROM）；电可擦可编程只读存储器（Electric Erasable Programmable Read Only Memory，EEPROM）；快闪存储器（Flash Memory）；随机存储器（Random Access Memory，RAM）；静态随机存储器（Static Random Access Memory，SRAM）；同步静态随机存取存储器（Synchronous Static Random Access Memory，SSRAM）；动态随机存储器（Dynamic Random Access Memory，DRAM）；同步动态随机存取存储器（Synchronous Dynamic Random Access Memory，SDRAM）；双倍速率同步动态随机存储器（Double Data Rate Synchronous Dynamic Random Access Memory，DDR SDRAM）；四倍速率同步动态随机存储器（Quad Data Rate Synchronous Dynamic Random Access Memory，QDR SDRAM）

7.1　概述

在前述章节中，已经学到过可以用来存储二进制信息的半导体存储电路，如锁存器，触发器，寄存器，但在计算机和其他数字系统中，都有存储大量数字信号的情形，这时，就必须使用存储器。存储器是能存储大量二值信息的器件，比如计算机系统中使用的光盘（光存储器）、固态硬盘、硬盘、软盘、U 盘等，这些属于外部存储器，更重要的是内部存储器（内存），这当中的固态硬盘、U 盘、内部存储器都是半导体存储器。

半导体存储器具有容量大、体积小、重量轻、功耗低、存取速度快、使用寿命长、可靠性高等优点，在数字设备中得到广泛应用，成为了计算机和其他数字系统中不可或缺的组成部分。本章接下来学习的就是半导体存储器。

7.1.1　一般结构

半导体存储器一般由地址译码器、存储矩阵、输入输出电路三部分组成，结构形式如图 7.1 所示。

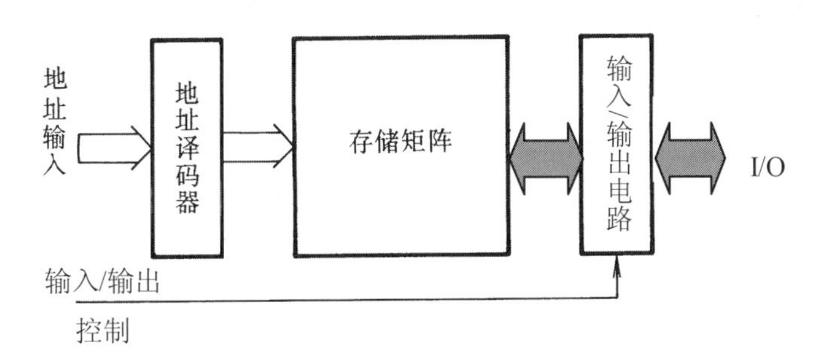

图 7.1 存储器一般结构形式图

地址译码器接受来自于 CPU 或其他器件的地址信号，把它转换成存储单元的选择信号，输入/输出电路主要完成控制信号输入，状态输出及读/写数据的输入输出（写/读）。存储器主要特点是单元数庞大，但输入/输出引脚数目有限。

1. 地址译码器

地址译码器有字译码器（单译码）和复合译码器（双译码）两种形式。

（1）单译码方式

实际上是“N 取 1”，译码器输出驱动 N 根字线中的一根，每根字线由 M 位组成，读写时由 M 位组成的字同时进行。字译码器主要适用于小容量存储器。

（2）双译码方式

当存储器容量很大，字选择线 N 也随之增多，相应地址线 P 也增多，必须采用双译码方式，实际上是二级译码电路，N 和 P 之间满足 $N=2^P$，将 N 和 P 的关系式改写为 $N=2^P=2^{q+r}=2^q\cdot 2^r=X\cdot Y$，这样，原来的字译码分成二部分，分别叫 X（行）译码和 Y（列）译码。X（行）译码器输出字选择线，也叫行选择线，Y（列）译码输出列选择线，也叫列选择线，两者共同决定选择存储阵列中选择哪一位，如果一个存储字有 8 位，则需要 8 个这样的 X–Y 阵列。

在半导体存储器中，一般是一个或几个 X–Y 阵列都集成在一块芯片上，如果一个字的所有位选择矩阵都集成在一块芯片上，叫作字结构存储器，否则叫作位结构存储器。

与单译码方式相比，双译码方式减少了输出选择线的数目，由原来的 2^{q+r} 根减少为 2^q+2^r 根。

2. 存储矩阵

存储矩阵，也叫存储体，是存储器的核心，用于存放二进制信息“0”和“1”。若干记忆单元（或称基本存储电路）组成一个存储单元，一个存储单元一般存储一个字节，也即 8 位二进制信息。存储单元的集合也叫存储体。

3. 输入/输出电路

输入/输出电路，也叫读/写电路，包括读出放大器、写入电路和读/写控制电路，用以完成对被选中单元中各位的读/写操作。

存储器读/写操作要在主控器控制下进行，接收主控器的启动、片选、读/写信号，产生存储器读/写所需的各种控制信号的电路叫控制逻辑。为了保证存储器的读/写操作的正确性，主控器发出的控制信号必须按一定的时序发生。

除此之外，主控器发出的地址信号需要地址寄存器（Memory Address Register，MAR）保存，存储器的数据输出需要数据寄存器（Memory Data Register，MDR）来缓冲。

7.1.2 分类

1. 从存/取功能来划分

（1）只读存储器（Read Only Memory）。

只读存储器在正常使用时，只能读取数据，不能写入数据，其特点是结构简单，数据固化在存储器内部后，可以长期保存，掉电后数据不会丢失（数据非易失），适用于存储固定数据或程序的场合。根据结构不同，又分为：

1）掩模 ROM：掩模版（Mask）简称掩模，是光刻工艺不可缺少的部件。掩模上承载有设计图形，光线透过它，把设计图形透射在光刻胶上。掩模 ROM 就是在光刻的时候就把存储数据固定了的只读存储器。数据在制造的时候就已经固定，使用时不能更改。

2）可编程存储器：可编程只读存储器，是在用户使用时能够自主编程（向只读存储器写入数据）的只读存储器。根据结构特点不同，又分为 PROM、EPROM、EEPROM、Flash 等。

（2）随机存储器（Random Access Memory）。

随机存储器是在正常工作时可以随时向存储单元写入或读取数据的存储器，其特点是掉电后数据就丢失（数据易失），根据存储单元结构和工作原理不同，又分为：

1）SRAM（静态随机存储器）：SRAM 的存储单元由锁存器构成，属于时序逻辑电路，其特点是在工作时，不管存储 0 或 1 都要耗电，因此功耗较高。

2）DRAM（动态随机存储器）：DRAM 是为了克服 SRAM 管子数目多、功耗大的缺点，利用一个管子加电容器组成存储单元而构成的随机存储器，由于电路中漏电流的存在，电容器上的电荷（数据）每过一段时间必须重新补充一次，称为动态刷新，因此称为动态随机存储器。

2. 从工艺上来划分

（1）双极型。

双极型存储器以 TTL 触发器来构造存储单元，速度快，但功耗大、成本高，只适合于高速应用场合，如计算机高速缓冲存储器。

（2）MOS 型。

MOS 型存储器以 MOS 触发器或电荷存储器件来构造存储单元，功耗小、成本低、集成度高，适合于需要大容量存储的场合，如计算机内存。

3. 从数据输入输出接口方式来划分

可以分为串行存储器和并行存储器。串行存储器引脚数量少但速度较慢，并行存储器则相反。

7.1.3 半导体存储器的主要性能指标

1. 存储容量

指存储器存放二进制位数的总量，等于存储单元数乘以每个单元的位（Bit）数。存储容量常以字节（Byte）或字（Word）为单位，1 个字节等于 8 位，字的位数和字长有关，通常为 8 的整数倍。

2. 存取时间

反映存储器工作速度的指标，指从主控器给出有效的存储地址启动一次读/写操作到完成读/写的时间。分为读（取）时间和写（存）时间。通常是 ns 级。

3. 存取周期

存取周期指连续启动两次独立的存储器读/写操作所需的最小时间间隔。分为读周期和写周期。存取周期等于存取时间加上恢复时间。

4. 其他指标

除了以上几个重要指标外，还有可靠性、功耗、体积、价格等，其中可靠性通常用平均无故障工作时间（Mean Time Between Failure，MTBF）衡量，功耗分维持功耗和操作功耗。

7.2 ROM

7.2.1 掩模 ROM

1. 结构

掩模 ROM 由于在生产时数据已经固定在存储单元中，不需要编程电路，结构最简单，如图 7.2 所示，三态输出缓冲器在不输出时处于高阻态。

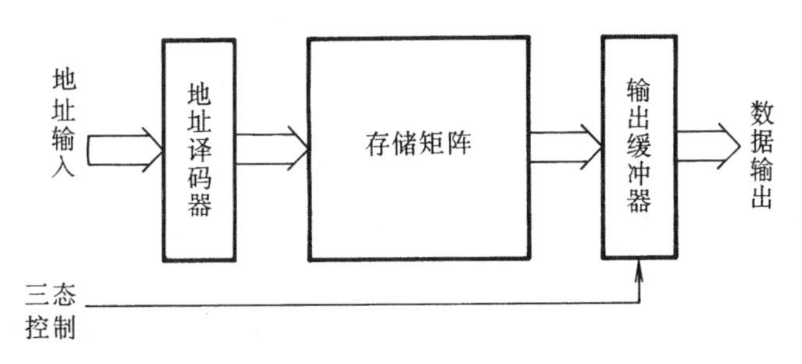

7.2 掩模 ROM 存储器结构形式图

采用单译码方式的掩模 ROM 电路示例如图 7.3 所示。

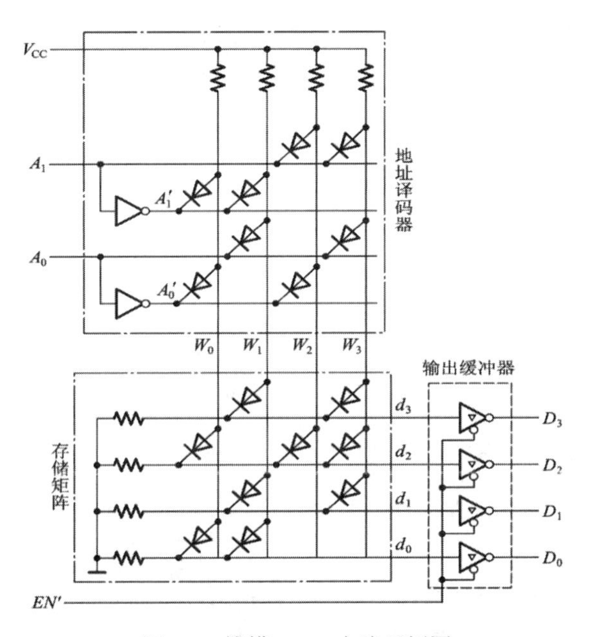

图 7.3 掩模 ROM 电路示例图

图中 A_0、A_1 为地址线，D_0～D_3 为数据线，地址译码器接受 2 位地址信号，产生 4 个字选择信号，比如 A_1A_0 都是低电平，则 W_0 是高电平，选中 W_0 对应的 4 位，而存储矩阵的每个交叉点是一个“存储单元”，存储单元中有器件存入“1”，无器件存入“0”，所以 D_3～D_0 输出为“0101”。

存储器的容量是“字数×位数”，存储内容见表 7.1，是固定的。

表 7.1　图 7.3 所示掩模 ROM 存储数据表

地址		数据			
A1	A0	D3	D2	D1	D0
0	0	0	1	0	1
0	1	1	0	1	1
1	0	0	1	0	0
1	1	1	1	1	0

掩模 ROM 的特点是信息出厂时已经固定，不能更改、简单、便宜、非易失性，适合大量生产。

7.2.2　PROM

总体结构与掩模 ROM 类似，但构成存储矩阵的存储单元不同，如熔丝型 PROM，要在原来的 MOS 管上串联一个熔丝，其记忆单元电路如图 7.4 所示。

每一位包含一个熔丝，也就是出厂时每个结点上都有，编程时根据需要把熔丝熔断或不熔断，分别表示为 0 或 1。

这种结构，由于熔丝熔断后不可恢复，因此只能编程一次，称为一次可编程器件（One Time Programmable，OTP）。

写入时，必须使用能产生熔断熔丝的所需电压的编程器。

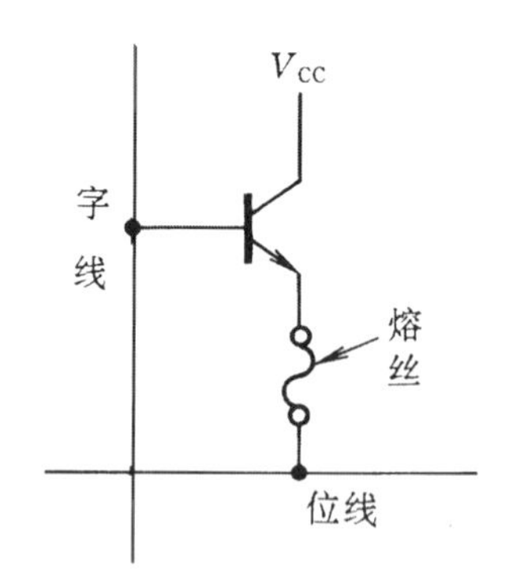

图 7.4　熔丝型 PROM 记忆单元电路图

PROM 电路示例图如图 7.5 所示，采用单译码方式，地址译码器接收 4 位地址信息，产生 16 个字选择信号 W_0～W_{15}，当其中一个为高电平时，就选中这个字的所有位，完成相应操作。与前述掩模 ROM 不同的是，PROM 可以通过编程器写入信息，实际上就是通过高电压把有些单元内容为“0”的单元电路中的熔丝熔断。

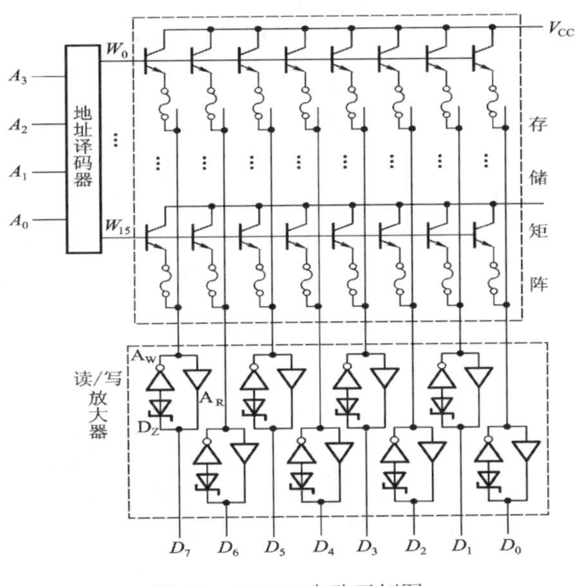

图 7.5 PROM 电路示例图

7.2.3 可擦可编程 ROM

其总体结构与掩模 ROM 和 PROM 类似，主要区别是存储单元不同。可擦可编程 ROM 与 PROM 只能一次编程不同，用户可反复擦除和写入数据。根据擦除方式不同，又分为紫外线擦除可编程 ROM，简写为 EPROM 或 UVEPROM（Ultra Violet Programmable Read Only Memory，UVEPROM）和电擦除可编程 ROM（EEPROM）。

1. UVEPROM

与 PROM 的编程单元用熔丝构成不同，UVEPROM 的存储矩阵的编程单元由叠栅注入 MOS 管构成，SIMOS 管（Staked-Gate Injunction MOS，SIMOS）结构原理图如图 7.6 所示。

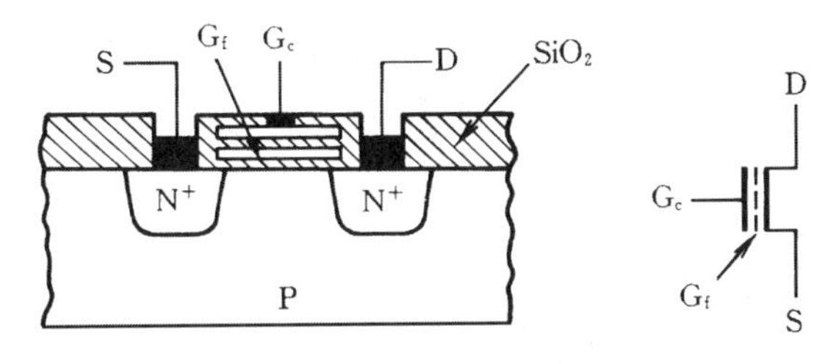

图 7.6 SIMOS 管结构原理图

SIMOS 管，本身是一个 N 沟道增强型的 MOS 管，该管是在 P 型基底上作出两个高浓度的 N 型区，从中引出场效应管的源极 S 和漏极 D，其浮置栅 G_f 则由多晶硅构成，悬浮在 SiO_2 绝缘层中，如 G_f 上充以负电荷，则控制栅 G_C 处于正常逻辑高电平下导通，相反，则处于正常逻辑高电平下不导通，导通和不导通分别存储信息 0 或信息 1，由于浮置栅悬浮在绝缘层中，所以一旦带电后电子很难泄漏，所以可以长期保存信息。

出厂时，浮置栅上是不带电荷的，编程写入，实际上是根据需要在某些单元雪崩注入，在 DS 间加 20～25V 的高压，使漏极和衬底之间的 PN 结发生雪崩击穿，同时在 G_C 上加 25V50ms

的正脉冲，吸引高速电子穿过 SiO_2 层到达 G_f 浮置栅，形成电子注入。编程必须有能产生所需电压的编程器。

擦除时，必须通过在紫外线照射，在 SiO_2 绝缘层中产生电子一空穴对，从而为浮置栅极的电荷提供泄放通道，使之放电。待栅极上的电荷消失以后，导电沟道也随之消失，SIMOS 管恢复为截止状态。一般情况下，浮置栅上的电荷能保存很久，在 125℃的环境下，70%以上的电荷能保存 10 年以上。紫外线照射 20～30 分钟，或阳光下照射一周，或荧光灯照射 3 年，才能完成擦除。因此 UVEPROM 编程时间短，擦除时间长。为了能够擦除，芯片封装外壳上必须留有透明的石英盖板，要有照射用紫外线灯，很不方便，因此，现今的大多数 UVEPROM 没装透明的石英盖板，编程后无法擦除，变成了 OTP 器件。

2. EEPROM

其总体结构与掩模 ROM、PROM、UVEPROM 类似，主要区别是存储单元不同。

为克服 UVEPROM 擦除慢且需要紫外线照射灯的缺点，把 SIMOS 管换成浮栅隧道氧化层（Floating-gate Thin Oxide Cell，Flotox）MOS 管，Flotox MOS 管结构如图 7.7 所示。

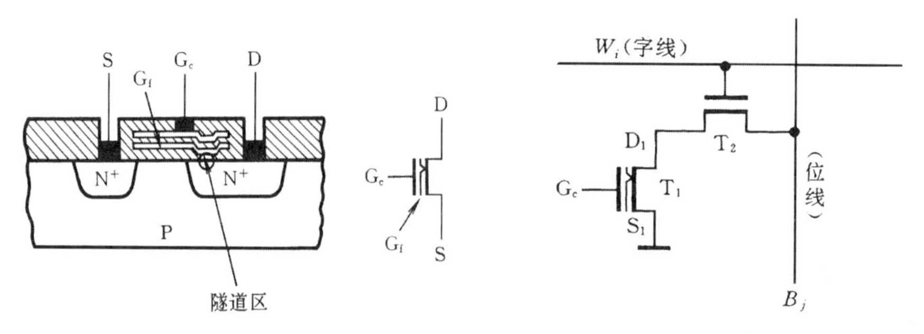

图 7.7　Flotox MOS 管结构与工作原理图

Flotox MOS 管是在 SIMOS 管结构上改变而来，在 D 极与 G_f 极之间增加小的隧道区，SiO_2 层厚度小于 2×10^{-8}m，当场强达到一定大小时（10^7V/m），电子会穿越隧道产生隧道效应，这样只要在极与 D 极之间加上足够的电压，就可以擦除。

Flotox MOS 管正常读取数据时，W_i 上加 5V 电压，G_C 3V 以下，如果 G_f 充电，则 T 管截止，如果 G_f 未充电，T 管导通，其工作原理如图 7.8 所示。

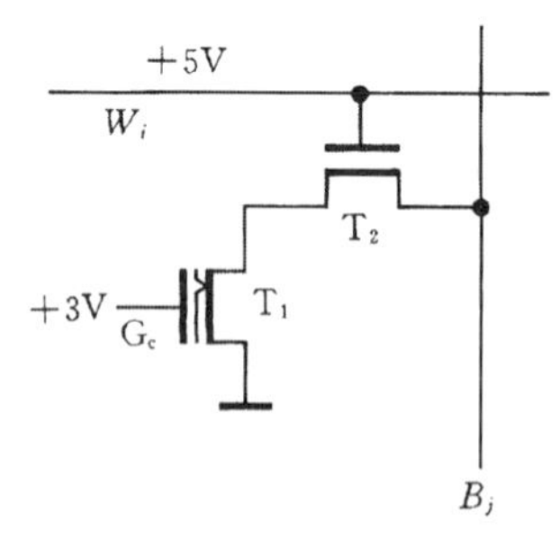

图 7.8　Flotox MOS 管读取数据图

器件出厂时 G_f 是未充电状态，编程时根据需要，在 W_i 和 G_C 上加 20V 高压的 10ms 正脉冲，B_j 接 0，电荷就会通过隧道区达到 G_f。擦除时，电场要反过来，W_i 和 B_j 上加 20V 高压的 10ms 正脉冲，G_C 接 0，G_f 上电荷就会通过隧道区逃离。

7.2.4 快闪存储器（Flash Memory）

快闪存储器的记忆单元是在可擦可编程的记忆单元上改进的，为提高集成度，省去选通管（T2），改用叠栅 MOS 管（类似 SIMOS 管），其结构和工作原理图如图 7.9 所示。

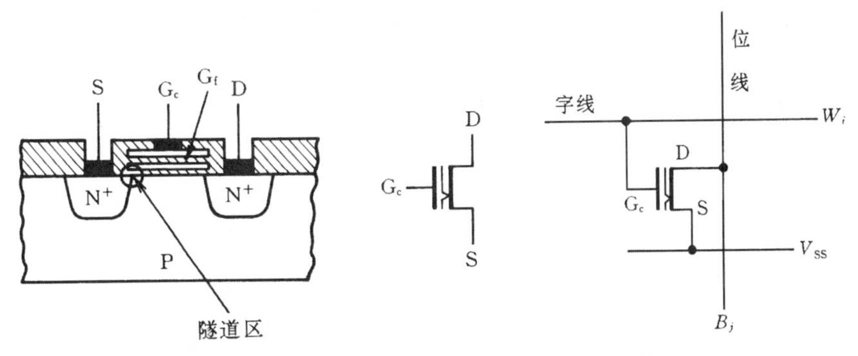

图 7.9 快闪存储器记忆单元结构和工作原理图

与 Flotox MOS 管相比，G_f与衬底间 SiO_2层厚度更薄，只有约 10～15nm，G_f与 S 区有极小的重叠区，形成隧道。擦除时，利用隧道效应使 G_f放电，此时，G_C=0，也就是接低电平，V_{SS}接 12V100ns 正脉冲。向 G_f充电，是利用雪崩效应，G_C接 12V10μs 正脉冲，V_{SS}接低电平，DS 间加 6V 正电压，电荷注入 G_f。

快闪存储器和前面的可擦可编程存储器相比，擦除功能可迅速清除整个器件中所有内容，快闪就是清除速度快如闪电的意思，并且其读写不需要特有的编程器，可以实现随机存取，成为能够作为程序和数据存储的理想媒体，在很多方面得到了应用，如作为计算机外部存储器的 U 盘（Flash Disk）、固态硬盘（Solid State Drives，SSD）、嵌入式系统当中的程序存储器等。

快闪存储器的特点可以概括为以下几个方面：

（1）固有的非易失性。作为 ROM 型的存储器本身是非易失性的。

（2）经济的高密度。与 SRAM 相比，同样的容量低很多，这可以从内存条和固态硬盘、U 盘的价格比较出来。

（3）可直接执行。省去从磁盘加载到 RAM 的过程，所以有固态硬盘的电脑启动速度非常快，号称秒起。

（4）固态性能。与磁盘存储相比，优势明显。U 盘淘汰了软磁盘，不久的将来，也许固态硬盘会淘汰硬磁盘。

7.3 RAM

7.3.1 SRAM

1. 结构与工作原理

静态随机存储器由于容量大，采用双译码方式，其结构与工作原理与 ROM 类似，如图 7.10 所示，电路图示例如图 7.11 所示。

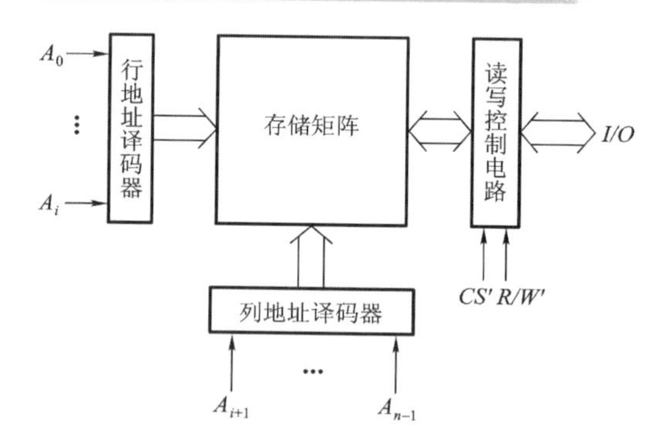

图 7.10　SRAM 结构与工作原理图

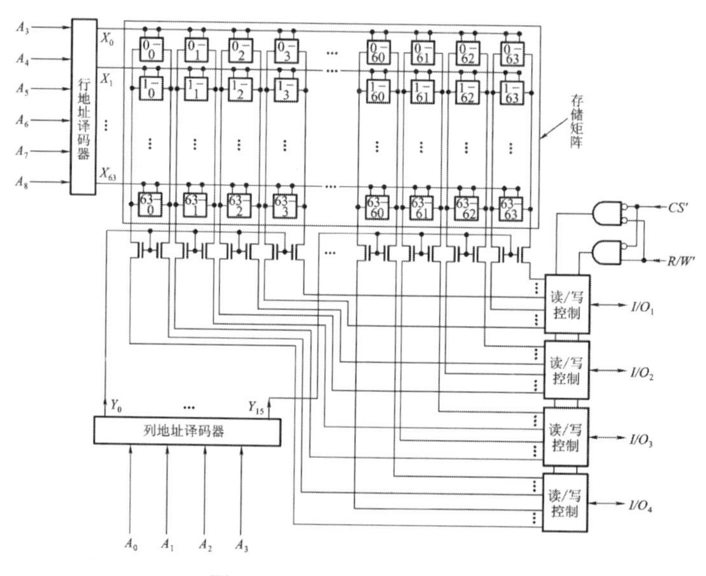

图 7.11　SRAM 电路原理图

图中 A_0～A_i 为地址线，*I/O* 为双向数据线，如地址线为 *n* 根，数据线为 *m* 根，则存储器容量为 $2^n \times m$ 位。*CS'*为片选信号，为低电平选中，才能进行正常的读写操作，否则 *I/O* 上为高阻态，*R/W'*为写使能信号，决定读写操作，高电平为读，低电平为写。此外还有输出使能信号 *OE'*（图中未画出），只有输出使能信号为低电平，*I/O* 上才有数据输出，否则为为高阻态。为了降低功耗，还有电源控制电路（图中未画出），当片选信号无效时，将降低 SRAM 内部的工作电压，使其处于微功耗状态。

SRAM 的工作模式是由 *CS'*、*R/W'*、*OE'*来决定的，如表 7.2 所示。

表 7.2　SRAM 的工作模式

CS'	*R/W'*	*OE'*	工作模式	数据线操作
1	×	×	保持（微功耗）	高阻态
0	1	0	读	数据输出
0	0	0	写	数据输入
0	1	1	输出无效	高阻态

SRAM 与 ROM 的主要差别有两点，一是存储矩阵不同，其记忆单元是易失性单元，二是工作时有读写二种操作，不需要编程器。

2. SRAM 的存储单元

SRAM 的存储记忆单元是由锁存器构成的，属于时序逻辑电路，六管 N 沟道增强型 MOS 管构成的存储记忆单元及工作原理如图 7.12 所示。

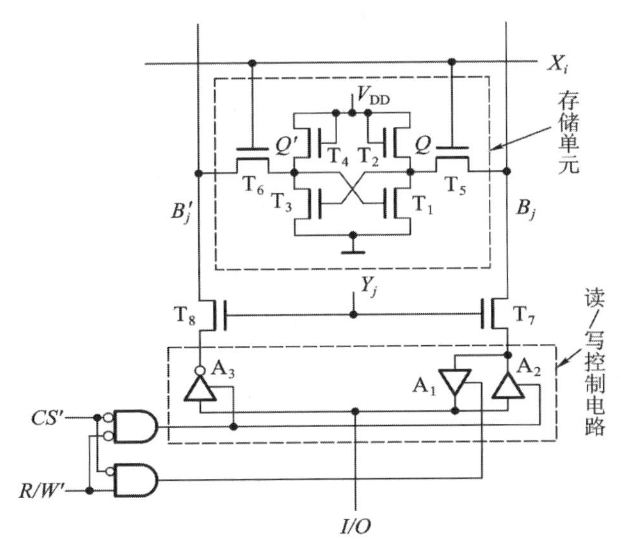

图 7.12　i 列 j 行 SRAM 的存储记忆单元工作原理图

图中虚线框中为存储单元，NMOS 管 T_1～T_4 构成一个 RS 锁存，用于存储一位二进制数据，其中 T_1、T_3 为工作管，T_2、T_4 为负载管。X_i、Y_j 分别为来自于行列译码器的输出选择信号，T_5、T_6 为本单元控制门，由行选择线 X_i 控制，X_i=1，T_5、T_6 导通，X_i=0，T_5、T_6 截止，导通时锁存器与位线连接，截止时锁存器与位线隔离。T_7、T_8 为一列存储单元公用的控制门，用于控制位线与数据线的连接，由列选择信号 Y_j 控制，导通情况与 T_5、T_6 类似。当 X_i、Y_j 都为高电平时，T_5～T_8 导通，锁存器的输出才与数据线接通，该单元才能进行读/写，究竟是读还是写，是由存储单元下的读/写控制电路接到的主控器的控制信号决定的，其工作过程请读者自主分析。

这个电路具有两个不同的稳定状态：若 T_3 截止，Q'为高电平，则 T_1 导通，Q 为低电平，而 Q 为低电平又保证了 T_3 截止，所以这种状态是稳定的。同样，T_1 截止，T_3 导通，Q'为低电平，Q 为高电平，也是一个稳定状态，只要不掉电，锁存器的内容就稳定存在，只要不写入，锁存器的内容就不会更改。而掉电之后，锁存器内容全部清零了。因此，SRAM 的存储记忆单元是易失性单元。

3. SRAM 的发展

随着各种数据密集型应用对速度要求的不断提高，高速 SRAM 得到极大发展，其中同步 SRAM（简写为 SSRAM），是发展非常迅速的一种。SSRAM 是在 SRAM 基础上发展起来的，其主要特点是读/写操作模式和原来的 SRAM（现在也叫异步 SRAM）不同，都是在时钟上升沿完成的。为了实现同步操作，结构上在电路内部增加了包括地址、数据、读写控制等各种输入信号的寄存器。除了输出使能信号外，所有信号都在时钟脉冲的上升沿被取样，并存入寄存器中。

SSRAM 除了一般读写操作之外，还新增了从发读写操作，在该工作模式下，只要给定外部读写单元的首地址，就可以连续读取外部存储单元若干个地址中的数据。从发读取字数可以是 2、4、8 个字不等。

在之后，各大 RAM 厂家又先后开发出了双倍数据传输率（Double Data Rate，DDR）和四倍数据传输率（Quad Data Rate，QDR）的 SRAM，双倍数据传输率 SRAM 与 SSRAM 主要区别是在时钟的上升沿和下降沿都能进行读或写操作，而四倍数据传输率 SRAM 与双倍数据传输率 SRAM 主要区别是读写操作分别提供独立接口，读写能够同时进行。

对 DDR 和 QDR 进行改进后的产品分别称为 DDR Ⅱ SRAM、DRAMⅢ、DRAMⅣSRAM 和 QDR Ⅱ、QDRⅢSRAM、QDRⅣSRAM 等。

7.3.2 DRAM

1. 结构与工作原理

由于 SRAM 的记忆存储单元由 6 个 MOS 管构成，管子数目多，功耗大，集成度受限，后来发展出了动态随机存储器，简写为 DRAM。动态随机存储器与 SRAM 不同点在于动态存储单元是利用 MOS 管栅极电容可以存储电荷的原理来存储信息的，3 管 DRAM 的结构原理如图 7.13 所示。

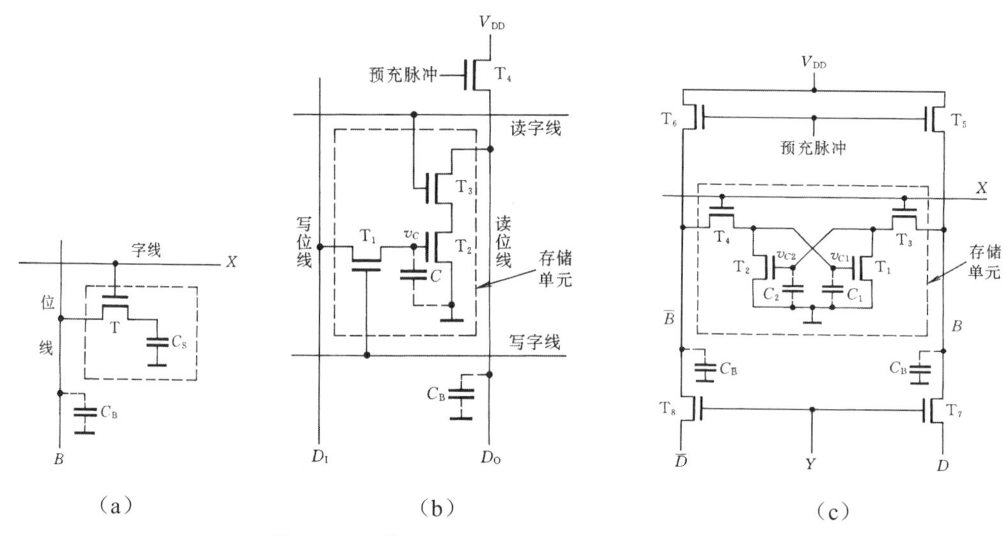

图 7.13　3 管 DRAM 存储记忆单元结构原理图

为了提高集成度，又进一步发展出来了单管 DRAM，其存储记忆单元结构原理如图 7.14 所示。

图 7.13（a）中虚框所示的 DRAM 存储记忆单元，由一个 MOS 管和一个容量较小的电容器 C_S 构成，利用电容器的电荷存储效应来存储信息，电容器充电为 1，反之为 0，MOS 管 T 相当于一个开关，当字线为高电平时导通，电容器 C 与位线联通，反之断开。由于电路中漏电流的存在，电容器会缓慢放电，为了保证数据不丢失，必须每隔一定时间给电容器充电，这种操作称为动态刷新（Refresh）或再生，存储器因此而得名动态随机存储器（DRAM）。

单管结构和 3 管相比，基本存储单元只有一个 MOS 管，但必须增加一个读出再生放大器。

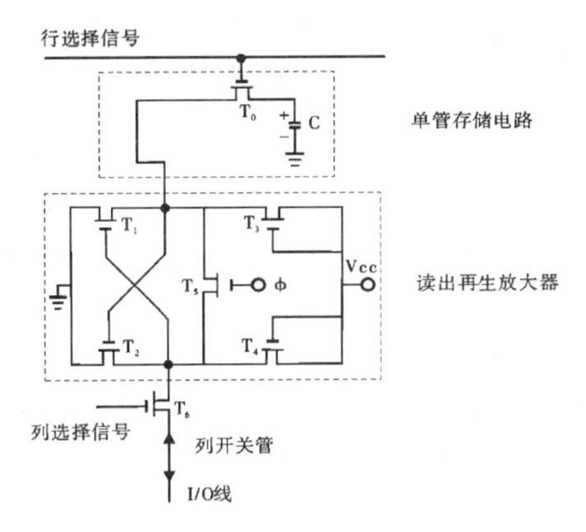

图 7.14 单管 DRAM 存储记忆单元结构原理图

2. 工作过程

DRAM 的工作过程比 SRAM 复杂一些，除了读/写操作外，还有刷新、页模式操作等。

（1）3 管 DRAM 的读/写操作工作过程。

3 管 DRAM 的读选择线和写选择线是分开的，其读写操作工作过程如下：

1）写入操作：写入时，写字线和位线全为高电平，如图 7.13（b）的 T_1 导通，该存储单元被选中，电容器 C 与位线联通，此时，如果来自 D_I 的信号为高电平，则充电，写入“1”，如果来自 D_I 的信号为低电平，则不充电，写入“0”。写字线和位线电平撤除后，T_1 截止，电容器状态固定。

2）读出操作：读操作时，先通过公用的预充电管 T_4 使读数据线上的分布电容 C_B 充电，当读选择线为高电平有效时,如图 7.13（b）的 T_3 处于可导通的状态。若原来存有“1”，则 T_2 导通，读数据线的分布电容 C_B 通过 T_3、T_2 放电，此时读得的信息为“0”，正好和原存信息相反；若原存信息为“0”，则 T_3 尽管具备导通条件，但因为 T_2 截止，所以，C_B 上的电压保持不变，因而，读得的信息为“1”。可见，对这样的存储电路，读得的信息和原来存入的信息正好相反，所以要通过读出放大器进行反相再送往数据总线。

（2）单管 DRAM 的读/写操作工作过程。

1）写入操作：首先由正脉冲信号使 T_5 导通，平衡触发器，接着 T_5 管关断，行、列选通信号为有效高电平，T_6、T_0 两管导通，若 I/O 数据线上输入逻辑 0 电平，则 T_1 管截止，由 T_1、T_3 所构成的反相器则以高电平通过 T_0 存入 C 中，对电容 C 充电。相反，若 I/O 输入线以逻辑 1 电平作为输入，则经 T_1 反相后以逻辑 0 电平存入 C 中，若原 C 中有电荷，则会形成一个放电回路，泄放掉电容 C 中存储的电荷。从以上分析可知，该存储单元电路将输入逻辑信号反相后存入 C 中。

2）读出操作：与写入操作的开始条件相同，此时 T_6、T_0 两管导通，如果电容 C 中有电荷即为高电平，经 T_0 管后传送到 T_2 的栅极，在 T_2 漏极输出一个原先存入的低电平，此低电平可反过来使 T_1 可靠截止，于是 T_1、T_3 组成的反相器输出一个标准的高电平经 T_0 又对 C 充电，因而，读出操作既实现了正确读出，又实现了再生（刷新）。

（3）刷新操作。

刷新操作也称为再生操作。有多种方式，如集中刷新、分散刷新、异步刷新。集中刷新是指在规定的一个刷新周期内，对所有存储单元集中一段时间逐行进行刷新，这种方式的优点是速度高，缺点是死时间（不能读写的时间）长。分散刷新是指对每行存储单元的刷新分散到每个存取周期内完成。其中，把机器的存取周期分成两段，前半段用来读/写或维持信息，后半段用来刷新，优点是没有死时间了，缺点是速度慢。异步刷新是指不规定一个固定的刷新周期，将每一行分开来看，只要在规定时间内对这一行刷新一遍就行。刷新实际上是一个类似读操作的过程，但不是主控器来读存储器，存储器上必须有刷新电路。

实现刷新一般采用异步刷新方式，用“仅行地址有效”法进行刷新，此时，列地址处于无效状态，由行地址有效选中 DRAM 中某一行，将此行中存入的所有二进制信息全部实现一次读操作，从上述读操作过程可知，读操作既可以实现读又可实现再生。因为此时列地址无效，读访问到的所有二进制信息并不会输出到外部 I/O 数据线上去。

（4）页操作模式

页是指同一行的所有列构成的存储单元。页模式下的读/写操作与一般读/写操作的区别在于不改变行地址，而只改变列地址，显著提高了读/写速度。

3. DRAM 的发展

DRAM 与 SRAM 有类似的发展过程，有同步动态随机存储器，简写为 SDRAM，在其上改进出双倍速率（DDR）SDRAM、四倍速率（QDR）SDRAM，及 DDRⅡSDRAM、DDRⅢSDRAM、DRAMⅣSDRAM、QDRⅡSDRAM、QDRⅢSDRAM、QDRⅣSDRAM 等。

7.4 存储器容量的扩展

7.4.1 位扩展方式

适用于每片 RAM 或 ROM 字数够用而位数不够时。其接法是将各片的地址线、读写线、片选线并联即可。

例 7.1 用八片 1024×1 位扩展成 1024×8 位的 RAM。

解：采用位扩展方式，其连接电路如图 7.15 所示。

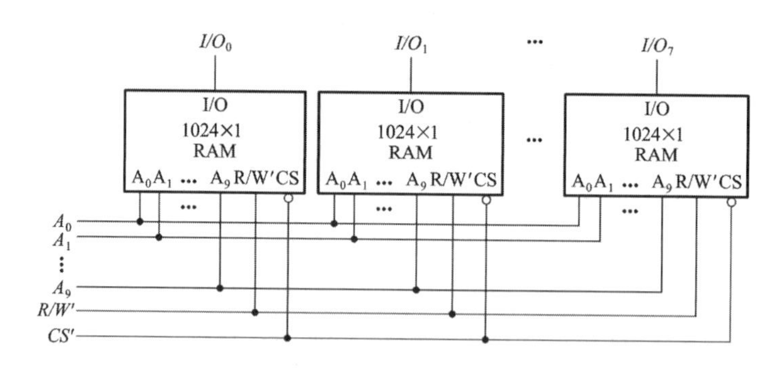

图 7.15 用位扩展方式扩展存储器容量

7.4.2 字扩展方式

适用于每片 RAM，ROM 位数够用而字数不够时。其接法是将各片的低位地址线、读写线、数据线并联，扩展的地址线通过译码器连接存储器的片选线即可。

例 7.2 用四片 256×8 位扩展 1024×8 位 RAM。

解：采用字扩展方式，其连接电路如图 7.16 所示。

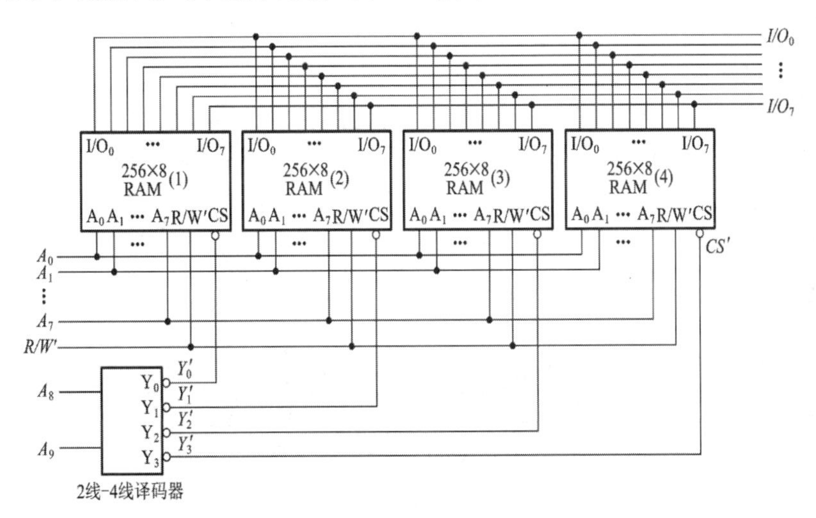

图 7.16 用字扩展方式扩展存储器容量

7.5 存储器应用

7.5.1 ROM 应用

1. ROM 在计算机系统和 SOC 系统中的应用

ROM 在计算机系统和 SOC 系统中常用于存放程序和固定不变的数据，PC 机上的基本输入输出系统（BIOS）就是 ROM 做的，称为 ROM-BIOS。在嵌入式系统中，程序存储器都是用的 ROM。

固态硬盘（SSD）有的是用闪速存储器做的，有的是用 DRAM 做的，用闪速存储器做的存储器，有 NAND 和 NOR 两种形式，NAND 闪存阵列分为一系列 128kB 的区块（Block），这些区块是 NAND 器件中最小的可擦除实体。擦除一个区块就是把所有的位（bit）设置为“1”[而所有字节（byte）设置为 FFh]。有必要时，通过编程可将已擦除的位从“1”变为“0”。最小的编程实体是字节（byte）。NAND 不能同时执行读写操作，可以采用称为“映射（Shadowing）”的方法，在系统级实现这一点。这种方法在个人电脑上已经沿用多年，即将 BIOS 从速率较低的 ROM 加载到速率较高的 RAM 上。而 NOR 的优点是具有随机存取和对字节执行写（编程）操作的能力。一些 NOR 闪存能同时执行读写操作。

U 盘和存储卡也是广泛使用的便携式存储器，就是由闪速存储器加上 USB 接口构成的。

2. 用 ROM 实现组合逻辑函数

（1）ROM 实现组合逻辑函数的基本原理。

由于 ROM 本身是一种组合逻辑电路，用 ROM 可实现组合逻辑函数肯定是可行的。从 ROM 的数据表可以看出来，若以地址线为输入变量，则数据线即为一组关于地址变量的逻辑函数。

（2）应用举例。

用 ROM 产生如下逻辑函数：

$$\begin{cases} Y_1 = \overline{A}BC + \overline{A}\overline{B}C \\ Y_2 = A\overline{B}C\overline{D} + BC\overline{D} + \overline{A}BCD \\ Y_3 = ABC\overline{D} + \overline{A}B\overline{C}\overline{D} \\ Y_4 = \overline{A}\overline{B}C\overline{D} + ABCD \end{cases}$$

先改成最小项形式：

$Y_1 = \sum m(2,3,6,7)$

$Y_2 = \sum m(26,7,10,14)$

$Y_3 = \sum m(4,14)$

$Y_4 = \sum m(2,15)$

然后用 ROM 的 4 根地址线作为输入信号 A、B、C、D，用 ROM 的 4 根数据线作为输出信号 Y_1、Y_2、Y_3、Y_4，地址译码器的输出是 A、B、C、D 构成的与阵列，存储矩阵的数据内容可以根据上述最小项表达式或真值表在对应可编程或阵列上连线得出如图 7.17 所示，加点的地方为 1，其他地方为 0。

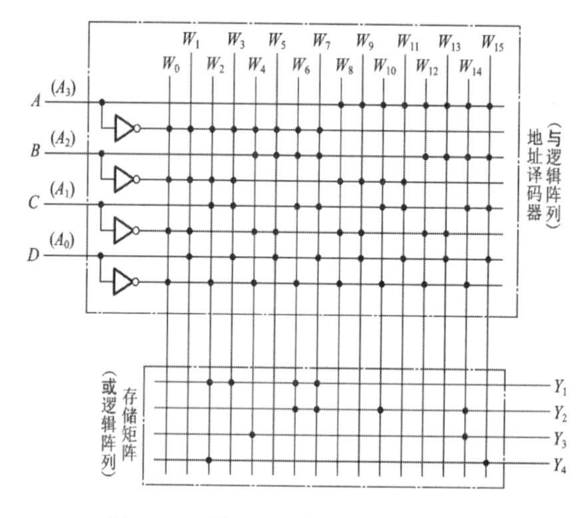

图 7.17　用 ROM 实现组合逻辑函数

在中小规模数字器件停产的今天，用 ROM 实现组合逻辑也不失为一种选择。实际上，第 9 章要学习的基于乘积项结构的可编程逻辑器件就是根据这一原理发展起来的。

7.5.2　RAM 应用

1. RAM 在计算机系统和 SOC 系统中的应用

RAM 是一种时序电路，在计算机系统和 SOC 系统中常用于存放数据，PC 机上的内存就是 RAM 做的。在嵌入式系统中，数据存储器都是用的 RAM。

固态硬盘（SSD）大部分是用闪速存储器做的，但也有用 DRAM 做的，基于 DRAM 的固态硬盘，其采用 DRAM 作为存储单元，效仿传统硬盘设计，可被绝大部分操作系统的文件系统工具进行卷设置和管理，并提供工业标准的 PCI 和 FC 接口用于连接主机或者服务器，应用范围相对较窄。

2. RAM在其他数字系统应用举例

RAM作为一种含有记忆功能的时序电路，在数字系统应用除了作为计算机的存储设备外，还在其他数字系统中得到应用，比如LED显示屏，其显示内容就以点阵数据的形式存放在RAM中，每个点占用一个存储单元，如8行×32列的点阵显示，需要32×8位RAM存放一屏。

RAM作为时序电路，原则上来讲可以实现时序逻辑，在第9章要讲的FPGA实际上就是基于这一思想构建的可编程逻辑器件。

习题7

7.1 半导体存储器分为哪两大类？其结构和工作原理是怎样的？

7.2 半导体存储器有哪些性能指标？选用时怎么考虑。

7.3 简述半导体存储器芯片中地址译码方式。

7.4 机器字长32位，其存储容量为4MB，若按字编址，它的寻址范围是多少？

7.5 简述ROM、PROM、EPROM、EEPROM、Flash Memory在功能上各有何特点？

7.6 查找有关资料，综述ROM发展过程和发展方向。

7.7 如题7.7图所示的ROM，试分析其作为组合逻辑电路的工作原理，写出其逻辑表达式，列出真值表。

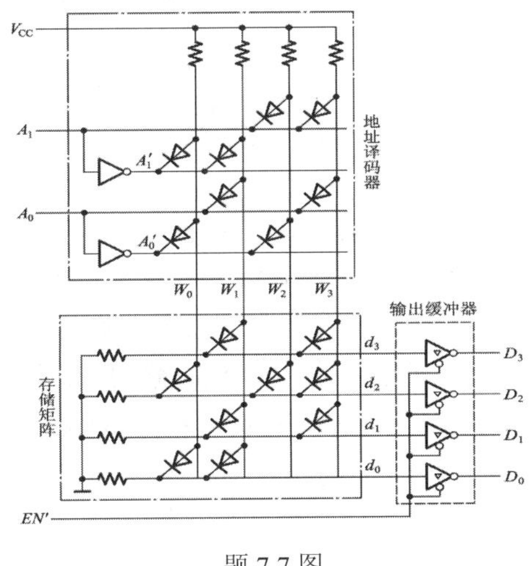

题7.7图

7.8 说明SRAM的组成结构；与SRAM相比，DRAM在电路组成上有什么不同之处？

7.9 DRAM 存储器为什么要刷新？DRAM 存储器采用何种方式刷新？有哪几种常用的刷新方式？

7.10 ROM 与 RAM 两者的差别是什么？指出下列存储器哪些是易失性的？哪些是非易失性的？哪些是读出破坏性的？哪些是非读出破坏性的？

动态RAM，静态RAM，ROM，Cache，硬磁盘，光盘，固态硬盘

7.11 用16K×8位的SRAM芯片构成64K×16位的存储器，试画出该存储器的组成逻辑框图。

7.12 查找有关资料，综述RAM发展过程和发展方向。

第 8 章　模/数和数/模转换电路

本章提要：本章主要研究数字系统中模拟量输入和模拟量输出通路中的核心部件 A/D 转换器和 D/A 转换器的原理及应用，必须学会 D/A、A/D 转换器构成思路、方法，能正确运用 D/A、A/D 芯片进行信号转换。

教学建议：本章重点讲授倒 T 形电阻网络 D/A 转换器、逐次渐近 A/D 转换器工作原理及集成芯片的应用。建议教学时数：4 学时。

学习要求：掌握 D/A、A/D 转换电路的基本原理和主要技术指标，理解常见的 D/A 和 A/D 转换器的电路组成、工作原理、特点及应用。

关键词：数据获取（Data Acquisition）；模/数转换器（Analog to Digital Converter，ADC）；数/模转换器（Digital to Analog Converter，DAC）；模拟多路开关（Analogue Multiplexer）；分辨率（Resolution）；精度（Accuracy）；建立时间（Settling time）；采样速率（Sampling Rate）；权电阻（Weighted Resister）；权电流（Weighted Current）；权电容（Weighted Capacitor）；倒 T 形（Inverted T）；双积分（Dual Slope）；逐次比较（Successive Comparison）；逐次逼近（Successive Approximation）

8.1　概述

根据前面章节已知，噪声对于数字系统的影响比对模拟系统的影响要小很多，数字信号易于处理、传输和储存，因此模拟量常变换成数字量来处理，数字信号处理过程中，一般先把传感器得到的模拟信号转变成数字信号输入到处理单元，处理完成后又要转换成模拟信号输出，A/D 转换器和 D/A 转换器正是模拟量输入和模拟量输出通路中的核心部件。

由模拟信号转换成数字信号的过程叫模/数转换（Analog to Digital），简称 A/D，实现模/数转换功能的电路就是模/数转换器（Analog to Digital Converter），简称 ADC。

由数字信号转换成模拟信号的过程叫数/模转换，简称为 D/A（Digital to Analog），实现数/模转换功能的电路就是数/模转换器（Digital to Analog Converter），简称 DAC。

当然，模拟信号的来源是多种多样的，模拟量可以是电压、电流等电信号，也可以是压力、温度、湿度、位移、声音等非电信号。把各种模拟信号转换成数字信号的过程，通常也叫数据获取，包括多个步骤：采样、保持、转换。在实际系统中，各种非电物理量需要由各种传感器把它们转换成模拟电流或电压信号后，才能加到 A/D 转换器转换成数字量。一般来说，传感器的输出信号只有微伏或毫伏级，需要采用高输入阻抗的运算放大器将这些微弱的信号放大到一定的幅度，有时候还要进行信号滤波，去掉各种干扰和噪声，保留所需要的有用信号。送入 A/D 转换器的信号大小与 A/D 转换器的输入范围不一致时，还需进行信号预处理。若测量的模拟信号有几路或几十路，考虑到系统的成本，可采用多路开关对被测信号进行切换，使各种信号共用一个 A/D 转换器。

8.2　模/数转换电路

8.2.1　A/D 转换过程及基本概念

ADC 的黑匣子模型如图 8.1 所示。

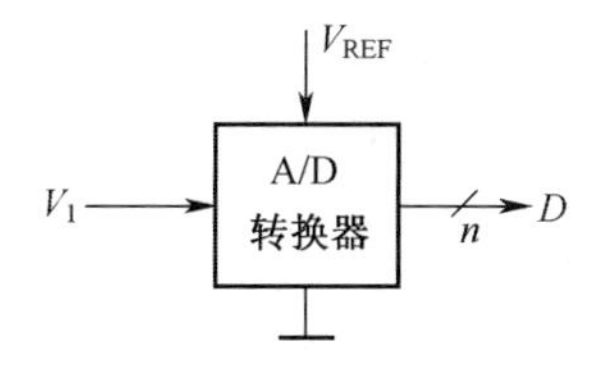

图 8.1　ADC 的黑匣子模型图

图中 V_I 为 ADC 输入的模拟信号，D 为经 ADC 转换后输出的 n 位数字信号，V_{REF} 为参考电压信号。D 和 V_I、V_{REF} 之间存在以下关系：

$$D = K\frac{V_I}{V_{REF}} \tag{8-1}$$

式中，K 为一个与 ADC 有关的常数。

A/D 转换过程：采样、保持、量化、编码。

1．采样与保持

采样指按照一定的时间间隔周期性地读取模拟信号的值，从而将时间、幅值都连续的模拟信号在时间上离散化的过程。采样通过采样器完成，采样器相当于一个开关，如图 8.2（a）所示，模拟信号如图 8.2（b）所示，开关接通，信号通过，开关断开，信号不通过，采样时间如图 8.2（c）所示，实际采样过程如图 8.2（d）所示。理想采样就是假设采样开关闭合时间无限短的采样，采样时间如图 8.2（e）所示，采样过程如图 8.2（f）所示。图中 T 为采样周期，τ 为采样时间。要想采样后能够不失真地还原出原信号，则采样频率 f_s 必须大于两倍信号谱的最高频率 $f_{i(max)}$，这就是奈奎斯特采样定理：

$$f_s \geqslant 2f_{i(max)}\text{，一般取 } f_s = (3 \approx 5)f_{i(max)} \tag{8-2}$$

若模拟信号变化较快，为了保证模数转换的正确性，还需要使用采样保持器完成输入信号保持，保持实际上是在连续两次采样之间，将上一次采样结束时所得到的样值保持一段时间，以便将其数字化。

2．量化、量化误差与编码

采样信号在时间上是离散的，但在幅度上还是连续的，将采样－保持电路输出的采样值按某种近似方式归并到相应的离散电平上，将模拟信号在取值上离散化，这就是量化。量化后的信号和采样信号之间有误差，称为量化误差。量化误差与信号幅度、ADC 的位数有关，位数越高，误差越小。量化编码如图 8.3 所示。

量化单位 Δ（LSB）：最小非 0 量化电平的绝对值。其他量化电平都是 Δ 的整数倍。

量化误差 ε：量化电平与实际电压值的差值。

量化方式：只舍不入和有舍有入（四舍五入）。只舍不入量化方式：$\varepsilon_{\max}=\Delta$，有舍有入量化方式：$\varepsilon_{\max}=\Delta/2$。

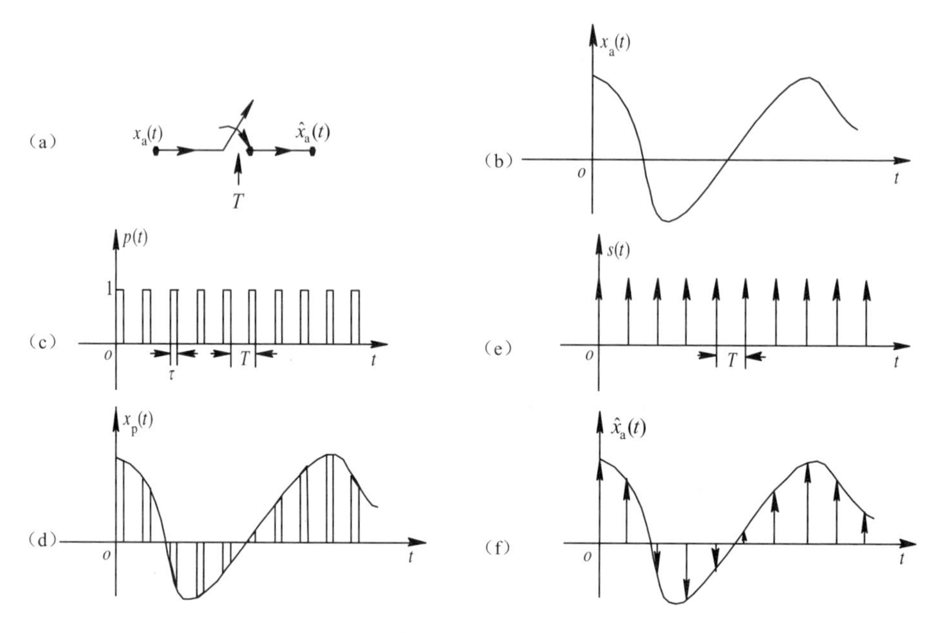

图 8.2　连续时间信号的采样过程

编码是将量化后的结果（离散电平）用数字代码来表示的过程。单极性模拟信号，一般采用自然二进制编码；双极性模拟信号，通常采用二进制补码。

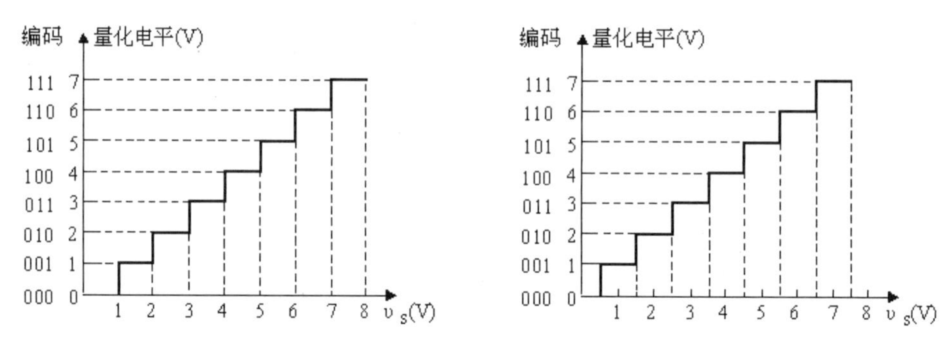

图 8.3　量化编码与量化方式

8.2.2　常用 A/D 转换技术

常用 A/D 转换技术的采样保持部分相同，主要在量化编码上有差别，常用 A/D 转换技术分直接 A/D 转换技术和间接 A/D 转换技术两类，直接 A/D 转换技术将模拟信号直接转换成数字信号，典型形式：并行比较型、逐次逼近型。间接 A/D 转换技术先将模拟信号转换成中间量（时间或频率），然后再将中间量转换成数字量。典型形式：双积分型（V/T 型）、V/F 型。

1. 并行比较型 ADC 电路

如图 8.4 所示为一个 3 位并行比较型 ADC 电路原理图。

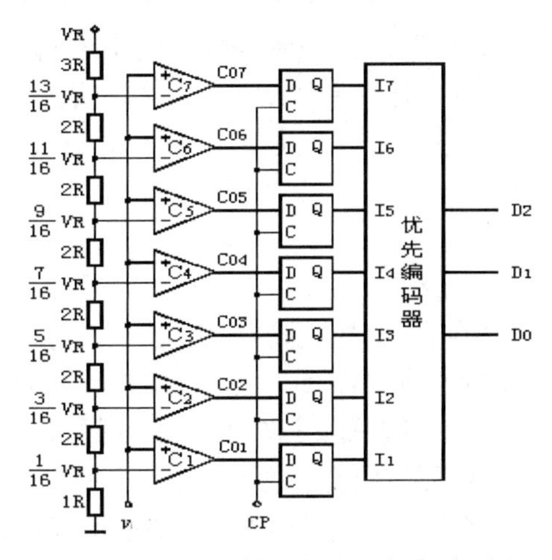

图 8.4　3 位并行比较型 ADC 电路原理图

它由电压比较器、寄存器和编码器三部分构成。图中电阻分压器把参考电压 V_R 分压，得到七个量化电平，这七个量化电平分别作为七个电压比较器 C_1～C_7 的比较基准。模拟量输入 V_I 同时接到七个电压比较器的同相输入端，与这七个量化电平同时进行比较。若 V_I 大于比较器的比较基准，则比较器的输出 $C_{Oi}=1$，否则 $C_{Oi}=0$。图中 V_{REF} 大于 0，$V+>V-$，量化方式：有舍有入，量化单位：$\Delta=V_{REF}/2^3$，最大量化误差：0～15 $V_{REF}/16$ 范围内，$\varepsilon_{max}=V_{REF}/16$。

由图可见，并行比较型 ADC 电路中，输入的模拟电压是并行输入到各电压比较器与相应 V_{REF} 分压进行比较的，转换时间只受比较器、D 触发器、编码电路延迟影响，速度最快，一般为 ns 级。另外，由于比较器和 D 触发器具有采样保持功能，可以省掉采样保持电路。但其电路随着位数增加，使用元件呈几何级数增加，电路复杂，转换精度不能做得太高。主要应用于高速 ADC。

2. 逐次逼近型 ADC 电路

逐次逼近，也叫“逐位比较”，也是一种直接型 A/D 转换器，其基本思想是由转换结果的最高位开始，从高位到低位依次确定每一位的数码是 0 还是 1。如图 8.5 所示为一个 n 位并行比较型 ADC 工作原理图。

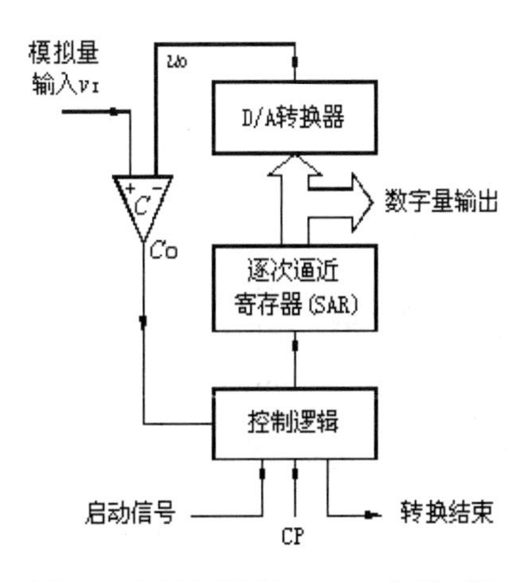

图 8.5　逐次逼近型 ADC 工作原理图

其内部包含一个 n 位 D/A 转换器，这种转换器是将模拟量输入 V_I 与一系列由 D/A 转换器输出的基准电压进行比较而获得的。比较是从高位到低位逐位进行的，并依次确定各位数码是 1 还是 0。在时钟脉冲 CP 的作用下，C_1=1：采样/保持电路采样，A/D 转换电路停止转换，将上一次转换的结果经输出电路输出；C_1=0：采样/保持电路停止采样，输出电路禁止输出，A/D 转换电路工作。

在转换开始前，要先将 SAR 清零。在第一个 CP 的作用下，SAR 最高位置 1，使其输出为 100…000 的形式，这个数码被 D/A 转换器转换成相应的模拟电压 u_O 送至电压比较器作为比较基准、与模拟量输入 V_I 进行比较。若 $u_O > V_I$，说明寄存器输出的数码大了，应将最高位改为 0（去码），同时将次高位置 1，使其输出为 010…000 的形式；若 $u_O \leq V_I$，说明寄存器输出的数码还不够大，因此，除了将最高位设置的 1 保留（加码）外，还需将次高位也设置为 1，使其输出为 110…000 的形式。然后，再按上面同样的方法继续进行比较，确定次高位的 1 是去码还是加码。这样逐位比较下去，直到最低位止，比较完毕后，寄存器中的状态就是转化后的数字输出。最后由 SAR 输出转换结果。

量化方式：有舍有入，量化单位：$\Delta = |V_{REF}/2^n|$，最大量化误差：$\varepsilon_{max} = \Delta/2$。

优点：电路简单、转换精度较高。

缺点：工作速度较慢（完成 1 次 n 位转换需要 n+1 个 TCP）。

应用：高精度、中速以下 ADC。

3. 双积分型 ADC 电路

双积分型 ADC 电路是间接 A/D 转换电路，如图 8.6 所示为双积分型 ADC 电路原理图。

V-T 变换型的转换原理是先把模拟电压转换成与之成正比的时间变量 T，然后在时间 T 内对固定频率的时钟脉冲计数，计数的结果就是正比于模拟电压的数字量。转换过程有两次积分，故称双积分型。其输入输出关系可用下式表示：

$$D = T_2 f_C = \frac{T_1}{T_C V_{REF}} V_I \tag{8-3}$$

$$T_1 = NT_C \Rightarrow D = \frac{N}{V_{REF}} V_I \tag{8-4}$$

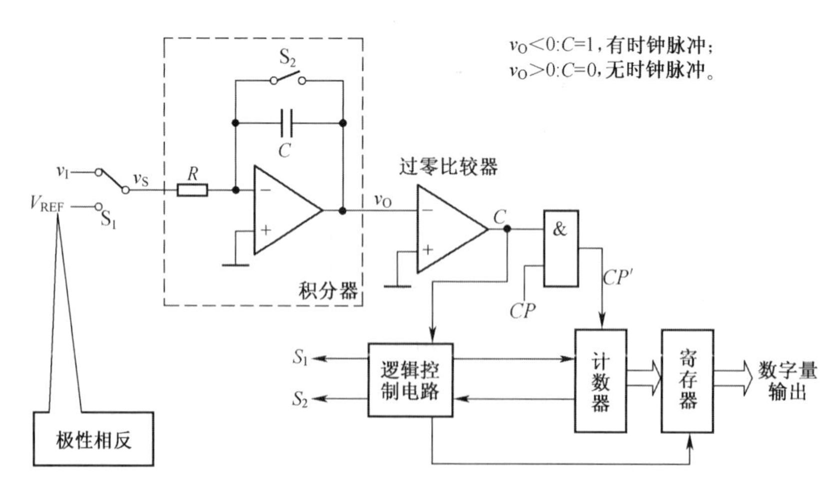

图 8.6　双积分型 ADC 电路原理图

起始状态，计数器清零，v_I=1，S_2 断开，转换开始，第一次积分是在在固定时间 T_1 内对模拟电压 v_I 的积分，第二次积分是对基准电压 V_{REF} 的反向积分。该电路的优点是电路比较简单，转换精度可以很高，缺点是转换速度低，一般为几毫秒～几百毫秒，应用在低速高精度场合，如仪器仪表用 ADC。

8.2.3 集成 ADC 的主要性能指标

现在 ADC 有两种形式，一种是独立的 ADC 芯片，一种是集成在其他芯片如单片机、DSP 里的，都是集成电路，集成 ADC 的主要性能指标有输入电压范围、转换精度、转换速度。

1．输入电压范围

集成 A/D 转换器能够转换的模拟电压范围。一般参考电压 V_{RE} 单极性+5V，+10V，或–5V、–10V；双极性±5V、±10V；可以分辨的最小模拟电压 V_{LSB}、量程电压 V_{FSR}。

2．转换精度

通常用分辨率和转换误差来描述。

（1）分辨率。分辨率是 ADC 能够分辨最小输入电压的能力。它是 ADC 在理论上所能达到的精度。它表明 A/D 对模拟信号的分辨能力，由它确定能被 A/D 辨别的最小模拟量变化。一般来说，A/D 转换器的位数越多，其分辨率则越高，故常用输出数字量的位数 n 来表示。实际的 A/D 转换器，通常为 8、10、12、16 位等。

（2）转换误差。转换误差有绝对误差和相对误差两种表述形式，绝对误差取｜理论值－实际值｜的最大值，常用 LSB 的倍数来表示，如 0.5LSB。相对误差取绝对误差与 FSR 的比值，常用 FSR 的百分比来表示，如 0.02%FSR。

3．转换速度

通常用转换时间或转换速率来表示。

转换时间：ADC 完成一次转换所需要的时间。ADC 按转换时间分为低速：300μs；中速：10～300 μs；高速：0.01～10 μs；超高速：小于 0.01 μs。

转换速率：转换时间的倒数，也就是每秒钟 ADC 至少可进行的转换次数。

8.2.4 8 位集成 A/D 转换器 ADC0809

1．主要性能参数

8 位并行、三态输出，可直接和微机接口；转换时间：100 μs；转换误差：±1LSB；TTL 标准逻辑电平；8 个单端模拟输入通道；输入模拟电压范围 0～+5V；单一电源供电+5V；外接参考电压 0～+5V；功耗 15mW；CMOS 工艺；工作温度–40℃～85℃。

2．内部结构和引脚说明

内部结构如图 8.7 所示，引脚图如图 8.8 所示。

ADC0809 芯片为 28 引脚双列直插式封装，主要信号引脚的功能如下：

IN_7～IN_0：8 路模拟通道信号输入，通过模拟开关实现 8 路模拟输入信号分时选通。

ALE：地址锁存允许信号。ALE 上升沿，A、B、C 地址状态送入地址锁存器中。

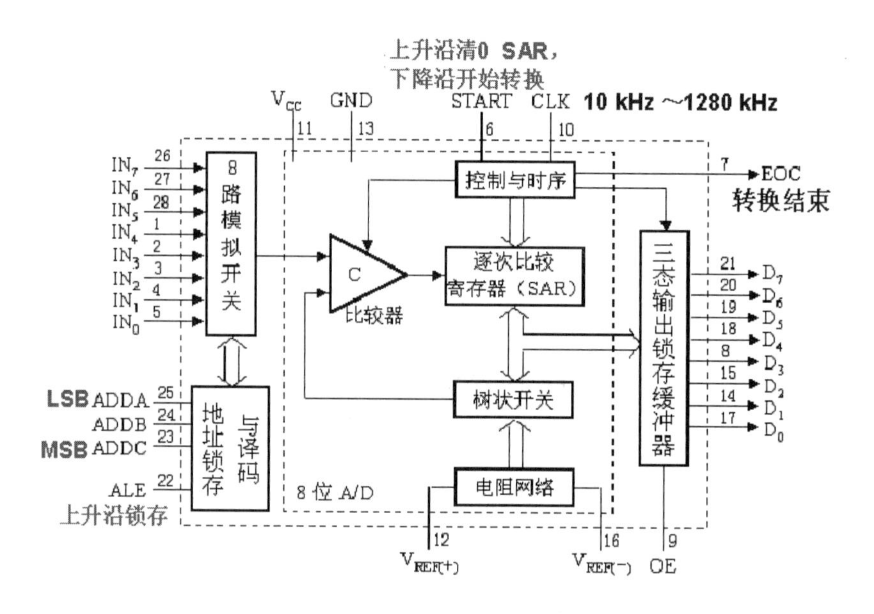

图 8.7　ADC0809 内部结构图

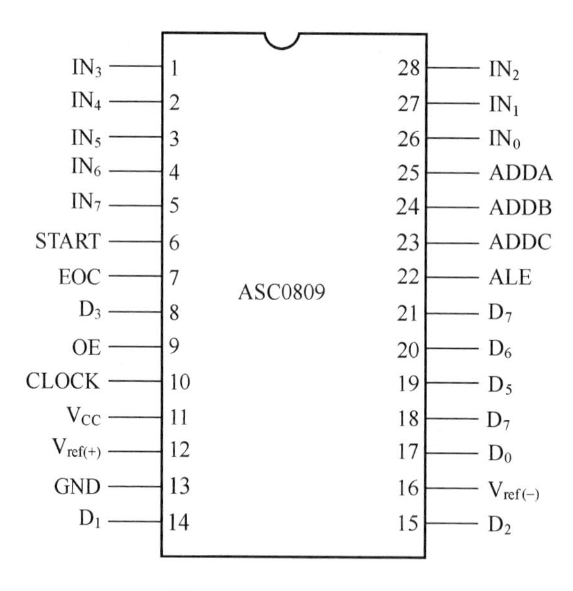

图 8.8　ADC0809 引脚图

START：转换启动信号。START 上升沿时，复位 ADC0809；START 下降沿时启动芯片，开始进行 A/D 转换，在 A/D 转换期间，START 应保持低电平。

ADDA、ADDB、ADDC：通道端口选择线，A 为低地址，C 为高地址其地址状态与通道对应关系见表 8.1。

表 8.1　通道选择表

地址			选中通道
ADDC	ADDB	ADDA	
0	0	0	IN_0
0	0	1	IN_1
0	1	0	IN_2
0	1	1	IN_3
1	0	0	IN_4
1	0	1	IN_5
1	1	0	IN_6
1	1	1	IN_7

CLK：输入时钟，为 A/D 转换器提供转换的时钟信号，典型值 640kHz。

EOC：转换结束信号。EOC=0，正在进行转换；EOC=1，转换结束。该状态信号即可作为查询的状态标志，又可作为中断请求信号使用。

D_7～D_0：数据输出线。为三态缓冲输出形式，可以和单片机的数据线直接相连。D_7 为最高位，D_0 为最低位。

OE：输出允许信号。用于控制三态输出锁存器向单片机输出转换得到的数据。OE=0，输出数据线呈高阻；OE=1，输出转换得到的数据。

$V_{ref(+)}$和 $V_{ref(-)}$：基准电压输入，用于决定输入模拟电压的范围。允许 $V_{ref(+)}$和 $V_{ref(-)}$是差动的或不共地的电压信号，多数情况下，$V_{ref(+)}$接+5V，$V_{ref(-)}$接 GND，此时输入量程为 0～5V。当转换精度要求不高或电源电压 V_{CC} 较稳定和准确时，$V_{ref(+)}$可以接 V_{CC}，否则应单独提供基准电源。

3. 工作过程

ADC0809 的工作工程如图 8.9 所示。

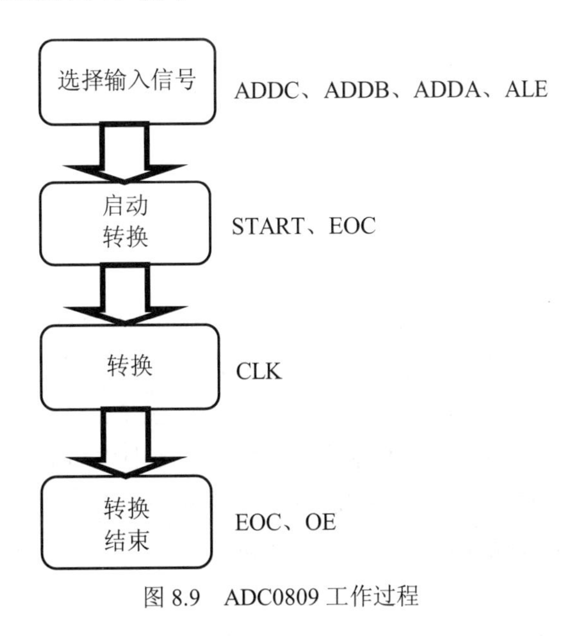

图 8.9　ADC0809 工作过程

首先输入 3 位地址信号，等地址信号稳定后，在 ALE 信号的上升沿将其锁存。

然后发出 START 启动信号，上升沿清零比较寄存器，EOC 变成低电平，开始转换。

转换在 CLK 控制下进行。转换结束，EOC 变成高电平，输出使能信号 OE 有效。

如果在转换过程中收到新的转换启动信号，将终止转换过程，重新开始新的转换。

将 START 和 EOC 短接，则可实现连续转换，但第一次转换须用外部启动脉冲。

ADC0809 工作时一定按时序产生相关信号，详见其数据手册。

8.3 数/模转换电路

8.3.1 DAC 的基本结构和工作原理

DAC 的黑匣子模型图如图 8.10 所示。

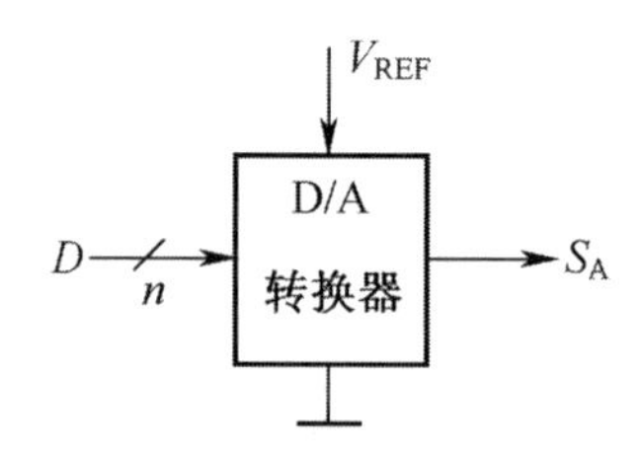

图 8.10 DAC 的黑匣子模型图

图中 D 为 DAC 输入的 n 位数字信号，S_A 为经 DAC 转换后输出的模拟信号，可以是电压或电流，V_{REF} 为参考电压信号。S_A 和输入信号 D、参考电压 V_{REF} 之间存在以下关系：

$$S_A = KDV_{REF} \tag{8-5}$$

n 位二进制数 D 可以表述为：

$$D = \sum_{i=0}^{n-1} D_i \times 2^i$$

则 8-5 式可以改写为：

$$S_A = KV_{REF} \sum_{i=0}^{n-1} D_i \times 2^i \tag{8-6}$$

必须注意，n 位二进制代码只有 2^n 种不同组合，每个组合只对应一个电压（或电流）输出，DAC 输出的并不是真正意义的模拟信号，而是时间连续，幅度离散的信号，所以 DAC 的输出要经过低通滤波消除高频分量才能得到真正的模拟信号。

实现 DAC 的电路有很多种，但大体结构一致，一般组成结构如图 8.11 所示。

数字信号输入有串行和并行两种模式，输入到数码寄存器之后，每一位并行控制一个数控模拟开关，通过解码网络翻译成模拟信号，并通过求和电路产生模拟输出，DAC 核心是解码网络。

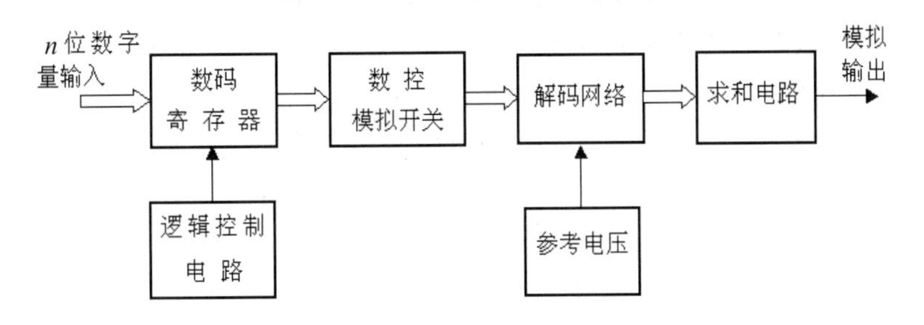

图 8.11　DAC 的一般组成结构图

8.3.2　常用数/模转换电路

常用数/模转换技术主要是解码网络不同，有很多种，常用权电阻网络和倒 T 型电阻网络。

1. 权电阻网络 DAC

图 8.12 是权电阻网络 DAC 电路原理图，因 N 点“虚地”，故

$$权电流：\ I_i = V_{\mathrm{REF}} / R_i$$

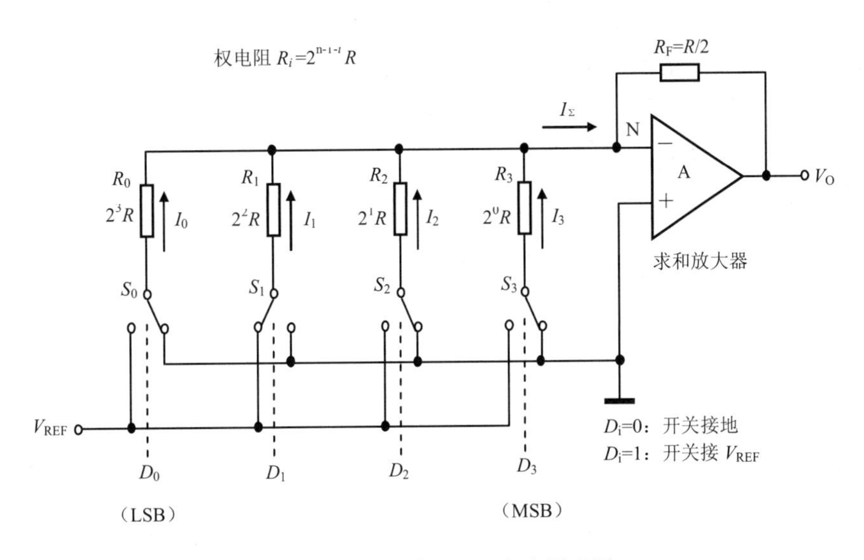

图 8.12　权电阻网络 DAC 电路原理图

因放大器输入端“虚断”，故 I_Σ 等于各支路电流之和。输出可用式 8-7 计算：

$$输出电压：\quad V_O = -R_{\mathrm{F}} i_\Sigma = -\frac{V_{\mathrm{REF}}}{2^4}(2^3 D_3 + 2^2 D_2 + 2^1 D_1 + 2^0 D_0) \tag{8-7}$$

输出模拟电压 V_O 的大小与输入二进制数的大小成正比，实现了数字量到模拟量的转换。实际上，这是一个加权加法运算电路。图中电阻网络与二进制数的各位权相对应，权越大对应的电阻值越小，故称为权电阻网络。图中 V_{REF} 为稳恒直流电压，是 D/A 转换电路的参考电压。n 路电子开关 S_i 由 n 位二进制数 D 的每一位数码 D_i 来控制，D_i=0 时开关 S_i 将该路电阻接通“地端”，D_i=1 时 S_i 将该路电阻接通参考电压 V_{REF}。集成运算放大器作为求和权电阻网络的缓冲，主要是为了减少输出模拟信号负载变化的影响，并将电流输出转换为电压输出。

权电阻 ADC 的优点是结构简单，所用的电阻个数比较少；缺点是电阻的取值范围太大，制造时难以满足精度要求，且大电阻不宜于集成在 IC 内部。仅适用于位数不多的场合，一般不超过 5 位。为了克服这一缺点，D/A 转换器广泛采用 T 型和倒 T 型电阻网络 D/A 转换器。

2. 倒 T 型电阻网络 DAC 电路

倒 T 型电阻网络 DAC 电路如图 8.13 所示。

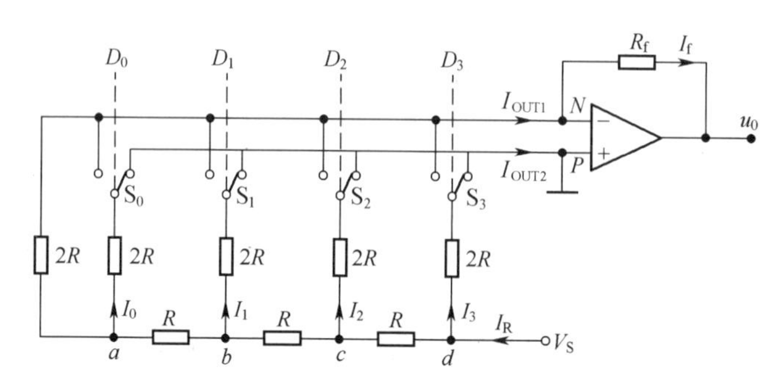

图 8.13　倒 T 型电阻网络 DAC 电路原理图

由于 P 点接地、N 点虚地，所以不论数码 D_0、D_1、D_2、D_3 是 0 还是 1，电子开关 S_0、S_1、S_2、S_3 都相当于接地，因此，图中各支路电流 I_0、I_1、I_2、I_3 和 I_R 大小不会因二进制数的不同而改变。并且，从任一节点 a、b、c、d 向左上看的等效电阻都等于 R，所以流出 V_R 的总电流为：$I_R=V_R/\mathrm{R}$，而流入各 $2R$ 支路的电流依次为：

$I_3=I_R/2$

$I_2=I_3/2=I_R/4$

$I_1=I_2/2=I_R/8$

$I_0=I_1/2=I_R/16$

流入运算放大器反相端的电流为：

$I_{out1}=D_0\times I_0+D_1\times I_1+D_2\times I_2+D_3\times I_3$

$\quad =(D_0\times 20+D_1\times 21+D_2\times 22+D_3\times 23)\times I_R/16$

运算放大器的输出电压为：

$u_o=-I_{out1}R_f=(D_0\times 20+D_1\times 21+D_2\times 22+D_3\times 23)\times I_R R_f/16$

若 $R_f=R$，并将 $I_R=V_R/\mathrm{R}$ 代入上式，则有：

$$u_o=-\frac{V_R}{2^4}\times(D_0\times 20+D_1\times 21+D_2\times 22+D_3\times 23)$$

可见，输出模拟电压正比于数字量的输入。推广到 n 位，D/A 转换器输出为：

$$u_o=-\frac{V_R}{2^n}(D_0\times 2^0+D_1\times 2^1+\cdots+D_{n-1}\times 2^{n-1}) \tag{8-8}$$

倒 T 型电阻网络 DAC 电路的优点是倒 T 型电阻网络只用了 R 和 $2R$ 两种阻值的电阻，便于集成；和 T 型电阻网络相比较，无论输入信号如何变化，流过基准电压源、模拟开关以及各电阻支路的电流均保持恒定，电路中各节点的电压也保持不变，所以各支路电流到运放的反相输入端不存在传输时间，这有利于提高 DAC 的转换速度。倒 T 型电阻网络 DAC 是目前集成 DAC 中应用最多的转换电路。

8.3.3 集成 DAC 的主要性能指标

1. 最小输出值 LSB 和输出量程 FSR

最小输出值 LSB 是仅输入数字量最低有效位为 1 时，DAC 的输出幅度值。最小输出电压用 V_{LSB} 表示，最小输出电流用 I_{LSB} 表示。V_{LSB} 可用下式计算：

$$V_{LSB}=\frac{|V_{REF}|}{2^n}$$

满量程是输入数字量全为 1 时再在最低位加 1 时的模拟量输出。满量程电压用 V_{FSR} 表示；满量程电流用 I_{FSR} 表示。V_{FSR} 可用下式计算：

$$V_{FSR}=\frac{2^n-1}{2^n}|V_{REF}|$$

2. 转换精度

通常用分辨率和转换误差来描述。

（1）分辨率

分辨率为 DAC 能够分辨最小输出电压的能力。它是 D/A 转换器在理论上所能达到的精度。定义为 DAC 的最小输出电压和最大输出电压之比，可用下式计算：

$$分辨率=\frac{V_{LSB}}{V_{FSR}}=\frac{1}{2^n-1}$$

n 越大，分辨率越高。因此也常用输入数字量的位数 n 来表示。

（2）转换误差。

绝对误差：$|理论值-实际值|_{MAX}$，常用 LSB 的倍数来表示，如 0.5LSB。

相对误差：绝对误差与 FSR 的比值，常用 FSR 的百分比来表示，如 0.02%FSR。

影响转换精度的原因是多种多样的，转换过程中存在的误差包括静态误差和温度误差。

静态误差主要由以下几种误差构成：

非线性误差。D/A 转换器每相邻数码对应的模拟量之差应该都是相同的，即理想转换特性应为直线。如图 8-14 实线所示，实际转换时特性可能如图 8-14（a）中虚线所示，把在满量程范围内偏离转换特性的最大误差叫非线性误差，它与最大量程的比值称为非线性度。

漂移误差，又叫零位误差。它是由运算放大器零点漂移产生的误差。当输入数字量为 0 时，由于运算放大器的零点漂移，输出模拟电压并不为 0。这使输出电压特性与理想电压特性产生一个相对位移，如图 8-14（b）中的虚线所示。零位误差将以相同的偏移量影响所有的码。

比例系数误差，又叫增益误差。它是转换特性的斜率误差。一般地，由于 V_{REF} 是 D/A 转换器的比例系数，所以，比例系数误差一般是由参考电压 V_{REF} 的偏离而引起的。比例系数误差如图 8-14（c）中的虚线所示，它将以相同的百分数影响所有的码。温度误差通常是指上述各静态误差随温度的变化。

3. 转换速度

通常用建立时间或转换速率来描述。

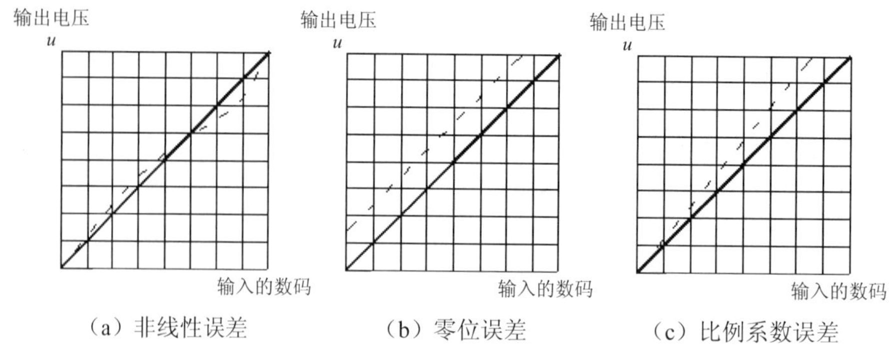

（a）非线性误差　（b）零位误差　（c）比例系数误差

图 8.14　D/A 转换器的各种静态误差

（1）建立时间。

输入数字量从全 0 突变到全 1 或从全 1 突变到全 0 开始，到输出模拟量进入规定的误差范围内的时间。误差范围一般取±LSB/2。低速：大于 300μs；中速：10～300 μs；高速：0.01～10 μs；超高速：小于 0.01 μs。

（2）转换速率。

建立时间的倒数，也就是每秒钟 DAC 至少可进行的转换次数。

8.3.4　8 位 D/A 转换器 DAC0832 及应用

1. 主要性能

R-2R 倒 T 形电阻网络 8 位并行 DAC，20 引脚封装；TTL 标准逻辑电平；可单缓冲、双缓冲或直通数据输入；单一电源供电 5～15 V；参考电压源−10～+10V；转换时间≤1 μs；线性误差≤0.2%FSR；功耗 20 mW；工作温度 0℃～70℃；可直接与微机接口。

2. 结构框图与引脚说明

DAC0832 内部结构和引脚如图 8.15（a）（b）所示。

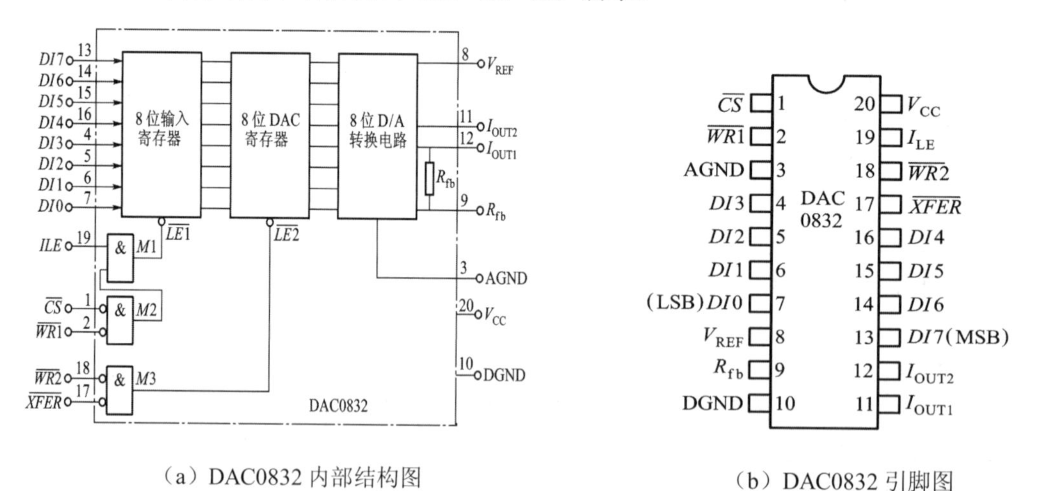

（a）DAC0832 内部结构图　（b）DAC0832 引脚图

图 8.15　DAC0832 内部结构和引脚图

引脚功能：

*DI*0～*DI*7：8 位数字信号输入端。

ILE：数据锁存允许控制端，高电平有效。

*WR*1*：输入寄存器写选通控制端。当 *CS**=0、*ILE*=1、*WR*1*=0 时，数据信号被锁存在输入寄存器中。

*XFER**：数据传送控制。

*WR*2* ：DAC 寄存器写选通控制端。当 *XFER**=0，*WR*2* =0 时，输入寄存器状态传入 DAC 寄存器中。

I_{OUT1}：电流输出 1 端，输入数字量全“1”时，I_{OUT1} 最大，输入数字量全为“0”时，I_{OUT1} 最小。

I_{OUT2}：D/A 转换器电流输出 2 端，$I_{\mathrm{OUT2}}+I_{\mathrm{OUT1}}$=常数。

R_{fb}：外部反馈信号输入端，内部已有反馈电阻 R_{fb}，根据需要也可外接反馈电阻。

V_{CC}：电源输入端，可在+5V～+15V 范围内。

DGND：数字信号地。

AGND：模拟信号地。

“8 位输入寄存器”用于存放 CPU 送来的数字量，使输入数字量得到缓冲和锁存，由 *LE*1* 控制；“8 位 DAC 寄存器”存放待转换的数字量，由 *LE*2*控制；“8 位 D/A 转换电路”由 T 型电阻网络和电子开关组成，T 型电阻网络输出和数字量成正比的模拟电流。

3. 工作原理

DAC0832 是倒 T 型电阻网络 DAC 电路，工作时需外接运算（求和）放大器，其 DA 转换电路如图 8.16 所示。

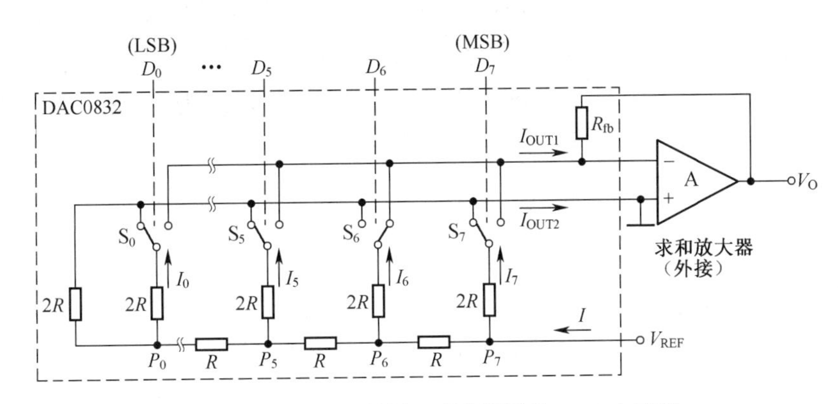

图 8.16　DAC0832 是倒 T 型电阻网络 DAC 电路图

工作原理和前述倒 T 型电阻网络 DAC 电路相同，其参数可以根据下式计算：

$$I_{\mathrm{OUT1}}+I_{\mathrm{OUT2}}=I=\frac{U_{\mathrm{REF}}}{R}$$

4. 工作方式

（1）双缓冲工作方式。

两个 8 位锁存器均处于受控锁存工作状态。多路同步输出，必须采用双缓冲同步方式。

$$I_{\mathrm{OUT2}}=\frac{I}{2^8}\sum_{i=0}^{7}(\overline{D}_i\times 2^i+1)$$

（2）单缓冲工作方式。

两个锁存器中，一个直通状态，而另一个处于受控锁存状态。在实际应用中，如果只有一路模拟量输出，或虽是多路模拟量输出但并不要求多路输出同步的情况下，可采用单缓冲方式。

$$V_O=-\frac{V_{REF}}{2^8}\frac{R_{fb}}{R}\sum_{i=0}^{7}D_i\times 2^i=-\frac{V_{REF}}{2^8}\sum_{i=0}^{7}D_i\times 2^i$$

（3）直通工作方式。

两个锁存器均处于直通工作状态，输出随输入变化同步变化。

不同工作方式，DAC0832 各引脚连接方式和工作时序不同，请参见其数据手册。以上都是单极性电压输出。DAC0832 还有双极性电压输出，采用如图 8.17 所示接线图。

$$R=R_{fb}=15\text{k}\Omega$$

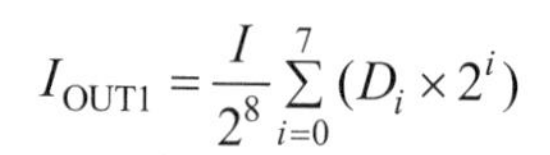

$$I_{OUT1}=\frac{I}{2^8}\sum_{i=0}^{7}(D_i\times 2^i)$$

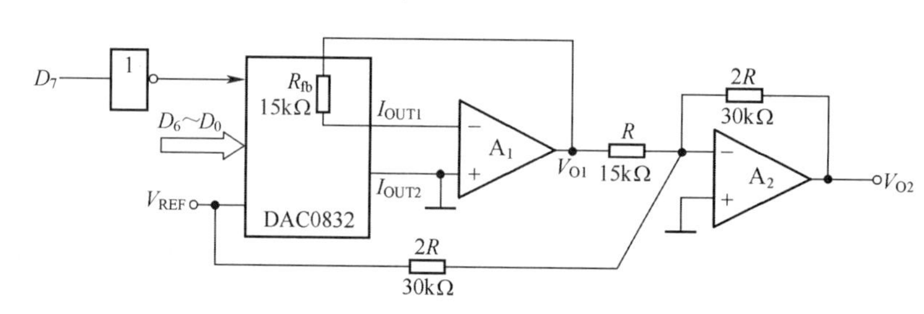

图 8.17　DAC0832 还有双极性电压输出连接电路图

输出电压可用下式计算：$V_{out}=(B-128)\cdot(V_{REF}/128)$。

由上式可知，在选用$+V_{REF}$时，若输入数字量$D_7=1$，则V_{OUT}为正；若输入数字量$D_7=0$，则V_{OUT}为负。在选用$-V_{REF}$时，V_{OUT}与$+V_{REF}$时极性相反。

习题 8

8.1　A/D 转换器有哪些主要参数？通常用什么参数来衡量转换精度？

8.2　常见集成 A/D 转换器按转换方法的不同可分成哪几种类型？各有何特点？

8.3　ADC0809 如何实现对 8 路模拟量输入的选择？画出 ADC0809 与微机连接接口电路，连接时是否要外加三态缓冲器？为什么？

8.4　D/A 转换器有哪些主要参数？通常用什么参数来衡量转换精度？

8.5　DAC0832 由哪几部分组成？可以构成哪几种工作方式？每种方式如何控制？

8.6　常见集成 D/A 转换器有哪几种主要结构？各有何特点？

第 9 章　大规模可编程逻辑器件及边界扫描电路

本章提要：大规模可编程逻辑器件是利用 EDA 技术进行电子系统设计的载体。本章以超大规模可编程逻辑器件的主流器件 FPGA 和 CPLD 为主要对象，详细介绍了 PLD 的发展过程，PLD 的种类及分类方法，常用 FPGA 和 CPLD 的系列、性能指标、标识，典型大规模可编程逻辑器件的基本结构、工作原理，FPGA/CPLD 的内部测试技术和 JTAG 边界测试电路，FPGA/CPLD 的编程与配置电路，FPGA/CPLD 开发应用中的选择方法，最后给出了一个 FPGA 开发板应用实例。

教学建议：本章重点讲授 FPGA/CPLD 的基本结构、工作原理，以及 FPGA/CPLD 的应用技术。建议教学时数：12 学时。

学习要求：了解 PLD 的发展过程；掌握 PLD 的种类及分类方法，常用 FPGA 和 CPLD 的系列、品种、性能指标、标识；掌握 FPGA/CPLD 的基本结构及工作原理，掌握 FPGA/CPLD 的应用技术，对 FPGA/CPLD 开发应用中的选择方法应能简单应用。

关键词：可编程逻辑器件（Programmable Logic Devices，PLD）；现场可编程门阵列（Field Programmable Gate Array，FPGA）；简单可编程逻辑器件（Simple Programmable Logic Device，SPLD）；可擦除可编辑逻辑器件（Erasable Programmable Logic Device，EPLD）；复杂可编程逻辑器件（Complex Programmable Logic Device，CPLD）；FPGA/CPLD 基本结构（FPGA/CPLD Basic Construction）；FPGA/CPLD 测试技术（FPGA/CPLD Test Technology）；边界扫描测试（Board Scan Test）；在系统编程（In-System Programmability，ISP）；在线可重配置（In-Circuit Reconfigurability，ICR）

9.1　可编程逻辑器件概述

9.1.1　PLD 的发展进程

PLD 是可编程逻辑器件（Programmable Logic Devices）的英文缩写，是 EDA 得以实现的硬件基础，通过编程，可灵活方便地构建和修改数字电子系统。

可编程逻辑器件是集成电路技术发展的产物。很早以前，电子工程师们就曾设想设计一种逻辑可再编程的器件，但由于集成电路规模的限制，难以实现。20 世纪 70 年代，集成电路技术迅猛发展，随着集成电路规模的增大，MSI（Medium Scale Integrated Circuit）、LSI（Large Scale Integrated Circuit）出现，可编程逻辑器件才得以诞生和迅速发展。

随着大规模集成电路、超大规模集成电路技术的发展，可编程逻辑器件发展迅速，现在 MSI 器件停产，PLD 已经成了数字电路设计制造的首选器件，从 20 世纪 70 年代至今，其发展大致经过了以下几个阶段：

1. 第一阶段：PLD 诞生及简单 PLD 发展阶段

20 世纪 70 年代，熔丝编程的 PROM（Programmable Read Only Memory）和 PLA

（Programmable Logic Array）的出现，标志着PLD的诞生。可编程逻辑器件最早是根据数字电子系统组成基本单元——门电路可编程来实现的，任何组合电路都可用与门和或门组成，时序电路可用组合电路加上存储单元来实现。早期PLD就是用可编程的与阵列和（或）可编程的或阵列组成的。

PROM是采用固定的与阵列和可编程的或阵列组成的PLD，由于输入变量的增加会引起存储容量的急剧上升，只能用于简单组合电路的编程。PLA是由可编程的与阵列和可编程的或阵列组成的，克服了PROM随着输入变量的增加规模迅速增加的问题，利用率高，但由于与阵列和或阵列都可编程，软件算法复杂，编程后器件运行速度慢，只能在小规模逻辑电路上应用。现在这两种器件在PLD上已不再采用，但PROM作为存储器，PLA作为全定制ASIC设计技术，还在应用。

20世纪70年代末，AMD公司对PLA进行了改进，推出了PAL（Programmable Array Logic）器件，PAL与PLA相似，也由与阵列和或阵列组成，但在编程接点上与PAL不同，而与PROM相似，或阵列是固定的，只有与阵列可编程。或阵列固定与阵列可编程结构，简化了编程算法，运行速度也提高了，适用于中小规模可编程电路。但PAL为适应不同应用的需要，输出I/O结构也要跟着变化，输出I/O结构很多，而一种输出I/O结构方式就有一种PAL器件，给生产、使用带来不便。且PAL器件一般采用熔丝工艺生产，一次可编程，修改电路需要更换整个PAL器件，成本太高。现在，PAL已被GAL所取代。

以上可编程器件，都是乘积项可编程结构，都只解决了组合逻辑电路的可编程问题，对于时序电路，需要另外加上锁存器、触发器来构成，如PAL加上输出寄存器，就可实现时序电路可编程。

2. 第二阶段：乘积项可编程结构PLD发展与成熟阶段

20世纪80年代初，Lattice公司开始研究一种新的乘积项可编程结构PLD。1985年，推出了一种在PAL基础上改进的GAL（Generic Array Logic）器件。GAL器件首次在PLD上采用EEPROM工艺，能够电擦除重复编程，使得修改电路不需更换硬件，可以灵活方便地应用。

在编程结构上，GAL沿用了PAL或阵列固定与阵列可编程结构，而对PAL的输出I/O结构进行了改进，增加了输出逻辑宏单元OLMC（Output Logic Macro Cell），OLMC设有多种组态，使得每个I/O引脚可配置成专用组合输出、组合输出双向口、寄存器输出、寄存器输出双向口、专用输入等多种功能，为电路设计提供了极大的灵活性。同时，也解决了PAL器件一种输出I/O结构方式就有一种器件的问题，具有通用性。而且GAL器件是在PAL器件基础上设计的，与许多PAL器件是兼容的，一种GAL器件可以替换多种PAL器件，因此，GAL器件得到了广泛的应用。目前，GAL器件主要应用在中小规模可编程电路，而且，GAL器件也加上了ISP功能，称为ispGAL器件。现在，在简单应用场合，主要采用Lattice公司的ispGAL22V10，有5V、3.3V、2.5V和1.8V四种电压选择。

20世纪80年代中期，Altera公司推出了EPLD（Erasable Programmable Logic Device）器件，EPLD器件比GAL器件有更高的集成度，采用EPROM工艺或EEPROM工艺，可用紫外线或电擦除，适用于较大规模的可编程电路，也获得了广泛的应用。

3. 第三阶段：复杂可编程器件发展与成熟阶段

20世纪80年代中期，Xilinx（赛灵思）公司提出了现场可编程（Field Programmability）

的概念，并生产出世界上第一片 FPGA 器件，FPGA 是现场可编程门阵列（Field Programmable Gate Array）的英文缩写，现在已经成了大规模可编程逻辑器件中一大类器件的总称。FPGA 器件一般采用 SRAM 工艺，编程结构为可编程的查找表（Look-Up Table，LUT）结构。FPGA 器件的特点是电路规模大，配置灵活，但 SRAM 需掉电保护，或开机后重新配置。

20 世纪 80 年代末，Lattice 公司提出了在系统可编程（In-System Programmability，ISP）的概念，并推出了一系列具有 ISP 功能的 CPLD 器件，将 PLD 的发展推向了一个新的发展时期。CPLD 即复杂可编程逻辑器件（Complex Programmable Logic Device）的英文缩写，Lattice 公司推出 CPLD 器件开创了 PLD 发展的新纪元，即复杂可编程逻辑器件的快速推广与应用。CPLD 器件采用 EEPROM 工艺，编程结构在 GAL 器件基础上进行了扩展和改进，使得 PLD 更加灵活，应用更加广泛。

复杂可编程逻辑器件现在有 FPGA 和 CPLD 两种主要结构，进入二十世纪九十年代后，两种结构都得到了飞速发展，尤其是 FPGA 器件现在已超过 CPLD，走入成熟期，因其规模大，拓展了 PLD 的应用领域。目前，器件的可编程逻辑门数已达上千万，可以内嵌许多种复杂的功能模块，如 CPU 核、DSP 核、PLL（锁相环）、高速传输通道等，可以实现单片可编程系统（System on Programmable Chip，SoPC）。

拓展了的在系统可编程性(ispXP)，是 Lattice 公司集中了非易失单元(E2PROM 或 FLASH）和 SRAM 工艺的最佳特性而推出的一种新的可编程技术。ispXP 兼收并蓄了 E^2PROM 或 FLASH 的非易失单元和 SRAM 的工艺技术，从而在单个芯片上同时实现了瞬时上电和无限可重构性。ispXP 器件上分布的 E^2PROM 阵列储存着器件的组态信息。在器件上电时，这些信息以并行的方式被传递到用于控制器件工作的 SRAM 位。Lattice 公司的 ispXFPGATM FPGA 系列与 ispXPLDTM CPLD 系列均采用了 ispXP 技术。现在，各主流厂商都推出了结合非易失单元和 SRAM 工艺的可编程器件。

第四个阶段：FPGA 全面发展阶段

Xilinx 的产品组合现在已经不包含有 CPLD 产品，现在产品称为融合了 FPGA、SoC 和 3DIC 系列的全可编程（All Programmable）器件，以及全可编程的开发模型，包括软件定义的开发环境等。产品支持 5G 无线、嵌入式视觉、工业物联网和云计算所驱动的各种智能、互连和差异化应用。

2015 年，Altera 被英特尔收购，作为英特尔的新业务部门运营，该部门称为可编程解决方案事业部（PSG），1993 年推出的 Altera MAX® CPLD 系列，从 MAX II 开始采用集中了非易失单元（E^2PROM 或 FLASH）和 SRAM 工艺的新结构，提供 CPLD 式的解决方案，其技术和 Lattice 公司的 ispXP 技术类似，实际上集中了非易失单元（E^2PROM 或 FLASH）和 SRAM 工艺的最佳特性而推出的一种新的可编程技术，本质上是 FPGA，最新推出的 MAX 10 已经称为 FPGA。

除了数字可编程器件外，模拟可编程器件也曾受到了大家的重视，Lattice 公司提供有 ispPAC 系列产品供选用。

9.1.2 PLD 的种类及分类方法

PLD 的种类繁多，各生产厂家命名不一，一般可按以下几种方法进行分类。

1. 从集成度来区分

（1）简单 PLD，逻辑门数 500 门以下，包括 PROM、PLA、PAL、GAL 等器件。

（2）复杂PLD，芯片集成度高，逻辑门数500门以上，或以GAL22V10作参照，集成度大于GAL22V10，包括EPLD、CPLD、FPGA等器件。

2. 从编程结构来区分

（1）乘积项结构PLD，包括PROM、PLA、PAL、GAL、EPLD、CPLD等器件。

（2）查找表结构PLD，FPGA属此类器件。

3. 从互连结构来区分

（1）确定型PLD。确定型PLD提供的互连结构，每次用相同的互连线布线，其时间特性可以预知（如由数据手册查出），是固定的，如CPLD。

（2）统计型PLD。统计型结构是指设计系统时，其时间特性是不可以预知的，每次执行相同的功能时，却有不同的布线模式，因而无法预知线路的延时，如Xilinx公司的FPGA器件。

4. 从编程工艺来区分

（1）熔丝型PLD，如早期的PROM器件。编程过程就是根据设计的熔丝图来烧断对应的熔丝，获得所需的电路。

（2）反熔丝型PLD，如OTP型FPGA器件。其编程过程与熔丝型PLD类似，但结果相反，在编程处击穿漏层使两点之间导通，而不是断开。

OTP是一次可编程（One Time Programming）的英文缩写，以上两类都是OTP器件。

（3）EPROM型PLD，EPROM是可擦可编程只读存储器（Erasable PROM）的英文缩写，EPROM型PLD采用紫外线擦除，电可编程，但编程电压一般较高，编程后，下次编程前要用紫外线擦除上次编程内容。

在制造EPROM型PLD时，如果不留用于紫外线擦除的石英窗口，也就成了OTP器件。

（4）EEPROM型PLD，EEPROM是电可擦可编程只读存储器（Electrically Erasable PROM）的英文缩写，与EPROM型PLD相比，不用紫外线擦除，可直接用电擦除，使用更方便，GAL器件和大部分EPLD、CPLD器件都是EEPROM型PLD。

（5）FLASH型PLD，如ACTEL公司的FPGA器件。

（6）SRAM型PLD，SRAM是静态随机存取存储器（Static Radom Access Memory）的英文缩写，可方便快速地编程（也叫配置），但掉电后，其内容即丢失，再次上电需要重新配置，或加掉电保护装置以防掉电。大部分FPGA器件都是SRAM型PLD。

（7）复合型PLD，现在的非易失性FPGA，主要是采用非易失单元和SRAM相结合的工艺技术实现。如Lattice公司的MachXO系列、LatticeXP系列、LatticeXP2系列和ispXPGA系列FPGA，Intel PSG的MAX II系列都采用了这种工艺。

9.1.3 常用CPLD /FPGA简介

CPLD/FPGA的生产厂家较多，其名称又不规范一致，因此，在使用前必须加以详细了解。本节主要介绍几个主要厂家的几个典型产品，包括系列、品种、性能指标，常用CPLD见表2-2，常用FPGA见表2-3。这些公司的详细产品介绍可登陆其公司网站查看，Xilinx、Lattice、Intel公司的网站如下：

https://china.xilinx.com/

http://www.latticesemi.com/

https://www.intel.cn/

1. Lattice 公司的 CPLD 器件系列和 FPGA 器件系列

Lattice 公司始建于 1983 年，是最早推出 PLD 的公司之一，GAL 器件是其成功推出并得到广泛应用的 PLD 产品。20 世纪 80 年代末，Lattice 公司提出了 ISP（在系统可编程）的概念，并首次推出了 CPLD 器件，其后，将 ISP 与其拥有的先进的 EECMOS 技术相结合，推出了一系列具有 ISP 功能的 CPLD 器件，使 CPLD 器件的应用领域又有了巨大的扩展。所谓 ISP 技术，就是不用从系统上取下 PLD 芯片，就可进行编程的技术。ISP 技术大大缩短了新产品研制周期，降低了开发风险和成本。因而推出后得到了广泛的应用，几乎成了 CPLD 的标准。

Lattice 公司的 CPLD 器件主要有 ispLSI 系列（已停产）、MACH 系列、XP 系列、ICE 系列和 ECP 系列。ispLSI 系列是 Lattice 公司于 20 世纪 90 年代以来推出的，有 ispLSI1000 系列、ispLSI2000 系列、ispLSI3000 系列、ispLSI4000 系列、ispLSI5000 系列、ispLSI8000 系列六个系列，分别适用于不同场合，前三个系列是基本型，后三个系列是 1996 年后推出的。ispLSI 系列集成度 1000 门至 60000 门，引脚到引脚之间（Pin to Pin）延时最小 3ns，工作速度可达 300MHz，支持 ISP 和 JTAG 边界扫描测试功能，原来广泛应用于通信设备、计算机、DSP 系统和仪器仪表中，但现在已逐渐退出历史舞台，被 MACH 系列和 XP 系列替代。

Lattice 公司的 FPGA 器件主要有 MachXO 系列、XP2 系列、ECP 系列、SC/M 系列和 ICE 系列。其中，XP 系列是最早采用 ispXP 技术的 FPGA 器件，ECP 是经济型 FPGA 器件，XP2 系列是将 ECP2 系列 FPGA 和低成本的 130 纳米/90 纳米 Flash 技术合成在单个芯片上的非易失性 FPGA。SC/M 系列是其高性能 FPGA 产品，该系列根据当今基于连结的高速系统的要求而设计，推出了针对诸如以太网、PCI Express、SPI4.2以及高速存储控制器等高吞吐量标准的最佳解决方案。

另外，Lattice 公司原来还推出过集成 ASIC 宏单元和FPGA门于同一片芯片的产品，该技术称为单片现场可编程系统（FPSC）。与带有嵌入式 FPGA 门的 ASIC 相比，FPSC 器件具有更广泛的应用范围。嵌入式宏单元拥有工业标准 IP 核，诸如 PCI、高速线接口和高速收发器。当这些宏单元与成千上万的可编程门结合起来时，它们可应用在各种不同的高级系统设计中。

下面主要介绍 MACH4000 系列 CPLD，以及具有特色的 XP2 系列、MachXO 系列 FPGA。

（1）ispMACH4000 系列 CPLD。

ispMACH4000 系列是 Lattice 公司的主流 CPLD。其宏单元数高达 512（ZE 系列为 256），支持单个时钟的重置和预置，以及时钟使能控制，工作频率可高达 SuperFAST™ 400 MHz（ZE 系列 260MHz）。ispMACH4000 系列外观如图 9.1 所示，包括 ispMACH4000V/B/C/Z/ZE 等品种，主要是供电电压不同，ispMACH4000V、ispMACH4000B 和 ispMACH4000C 器件系列供电电压分别为 3.3V、2.5V 和 1.8V，Lattice 公司还基于 ispMACH4000 的器件结构开发出了低静态功耗的 CPLD 系列——ispMACH4000Z 和超低功耗的 CPLD 系列——ispMACH4000ZE。

图 9.1 ispMACH4000 系列外观图

ispMACH 4000 系列产品提供 SuperFAST（400MHz，超快）的 CPLD 解决方案。ispMACH 4000V 和 ispMACH 4000Z 均支持车用温度范围：–40℃～130℃（Tj）。ispMACH 4000 系列支持介于 3.3V 和 1.8V 之间的 I/O 标准，既有业界领先的速度性能，又能提供最低的动态功耗。

ispMACH 4000V/B/C 系列器件的宏单元个数从 32 到 512 不等，速度最大达到 400MHz（对应引脚至引脚之间的传输延迟 tPD 为 9.5ns）。ispMACH 系列提供 44 到 256 引脚/球、具有多种密度 I/O 组合的 TQFP、fpBGA 和 caBGA 封装。

ispMACH 4000Z 的宏单元数为 32 到 256，速度最大达到 267MHz（对应 tPD 为 3.5ns），供电电压为 1.8V，可提供很低的动态功率。1.8V 的 ispMACH 4000Z 器件系列适用于 1.8V、3.3V、9.5V 的宽泛围 I/O 标准，在使用 LVCMOS 3.3V 接口时，它还可以兼容 5V 的电压。该系列有商用、工业用和车用等不同的温度范围。ispMACH 4000ZE 是 ispMACH 4000Z 器件系列的第二代，非常适用于超低功耗、大批量便携式的应用。在典型情况下，ispMACH 4000ZE 提供低至 10μA 的待机电流。经过成本优化且功能繁多的 ispMACH 4000ZE 器件提供超小的、节省面积的芯片级球栅阵列（csBGA）封装、一种能够实现超低系统功耗的新的 Power Guard ™ 特性，以及包含片上用户振荡器和定时器的新的系统集成功能。ispMACH 4000ZE 器件采用 1.8V 核心电压并提供高层次的功能和低系统功耗。ispMACH 4000ZE 系列支持 3.3V、9.5V、1.8V 和 1.5V 的 I/O 标准，并且当采用 LVCMOS 3.3 接口时，具有兼容 5V 的 I/O 性能。此外，所有输入和 I/O 都是 5V 兼容的。

（2）XP2 系列 FPGA

LatticeXP2 器件结合高达 40K LUT 与非易失性闪存，可实现瞬时启动，还拥有适用于大批量、低成本应用的诸多特性。

FlashBAKTM 备份功能：根据指令将嵌入式 RAM 块中的数据备份至闪存，可防止在系统断电时丢失数据。

配置和重配置：LatticeXP2 产品系列具备 TransFRTM 现场更新技术、128 位 AES 位流加密以及双引导技术。

外观如图 9.2 所示，其中包括 LA-XP2-5/8/17/30/40 等品种。

图 9.2　LA-XP 系列外观图

XP（eXpanded Programmable Logic Devices）器件系列采用 sysCLOCK^{TM} PLL 电路简化了时钟管理，为每个器件提供多达 4 个模拟 PLL，可实现时钟倍频、分频和相移。

XP2 器件将 PLD 出色的灵活性与 sysIO^{TM} 接口结合了起来，能够支持预置的源同步 I/O 支持速率高达 200 MHz 的 DDR/DDR2 以及速率高达 600 Mbps 的 7:1 LVDS 接口。XP2 器件采用了拓展了的在系统编程技术，也就是 ispXP 技术，因而具有非易失性和无限可重构性。

（3）MachXO 系列 FPGA

MachXO 系列非易失性无限重构可编程逻辑器件（PLD）是专门为传统上用 CPLD 或低密

度的 FPGA 实现的应用而设计的。广泛采用需要通用 I/O 扩展、接口桥接和电源管理功能的应用，通过提供嵌入式存储器、内置的 PLL、高性能的 LVDS I/O、远程现场升级（TransFRTM 技术）和一个低功耗的睡眠模式，MachXO 可编程逻辑器件拥有提升系统集成度的优点，所有这些功能都集成在单片器件之中。

MachXO 可编程逻辑器件系列专为广泛的低密度应用而设计，它被用于各种终端市场，包括汽车、通信、计算机、工业和医疗。

MachXO 系列外观如图 9.3 所示。

图 9.3 MachXO 系列外观图

2. Xilinx 公司的 CPLD 器件系列

Xilinx 公司以其提出现场可编程的概念和 1985 年生产出世界上首片 FPGA 而著名，原来也提供 CPLD 产品，但现在已经停产。

Xilinx 公司的 CPLD 器件系列主要有 XC7200 系列、XC7300 系列、XC9500 系列、CoolRunner 系列。

下面主要介绍常用的 XC9500 系列和 CoolRunner 系列。

（1）XC9500 系列。

XC9500 系列有 XC9500、9500XV、9500XL 等品种，主要是芯核电压不同，分别为 5V、9.5V、3.3V。

XC9500 系列采用快闪（Fast Flash）存储技术，能够重复编程万次以上，比 ultraMOS 工艺速度更快，功耗更低，引脚到引脚之间的延时最小 4ns，宏单元数可达 288 个（6400 门），系统时钟 200MHz，支持 PCI 总线规范，支持 ISP 和 JTAG 边界扫描测试功能。

该系列器件的最大特点是引脚作为输入可以接受 1.5V、1.8V、3.3V、9.5V 等多种电压标准，作为输出可配置成 1.8V、3.3V、9.5V 等多种电压标准，工作电压低、适应范围广、功耗低，编程内容可保持 20 年。

（2）CoolRunner 系列。

CoolRunner 系列是 Xilinx 公司继 XC9500 系列于 2002 年推出的，现在常用的是适用于 1.8V 应用的 CoolRunner II 系列，支持 1.5～3.3V I/O，宏单元数可达 512 个，最快速度 323 MHz（对应 tPD 为 3.8ns）。

3. Altera 公司的 CPLD 器件系列

Altera 公司是著名的 PLD 生产厂家，它既不是 FPGA 的首创者，也不是 CPLD 的开拓者，但在这两个领域都有非常强的实力，多年来一直占据行业领先地位。其 CPLD 器件系列主要有 FLASHlogic 系列、Classic 系列和 MAX（Multiple Array Matrix）。

下面主要介绍常用的 MAX 系列。

MAX 系列包括 MAX3000/5000/7000/9000 等品种，集成度在几百门至数万门之间，采用 EPROM 和 EEPROM 工艺，所有 MAX7000/9000 系列器件都支持 ISP 和 JTAG 边界扫描测试功能。

MAX7000 宏单元数可达 256 个（12000 门），价格便宜，使用方便。E、S 系列工作电压为 5V，A、AE 系列工作电压为 3.3V 混合电压，B 系列为 9.5V 混合电压。

MAX9000 系列是 MAX7000 的有效宏单元和 FLEX8000 的高性能、可预测快速通道互连相结合的产物，具有 6000～12000 个可用门（12000～24000 个有效门）。

MAX 系列的最大特点是采用 EEPROM 工艺，编程电压与逻辑电压一致，编程界面与 FPGA 统一，简单方便，在低端应用领域有优势。从 MAX Ⅱ 开始 MAX 系列其实已不是 CPLD，而是 FPGA，MAX 系列特性见表 9.1。

表 9.1　MAX 系列特性表

	Mature CPLD Families	MAX II CPLD	MAX IIZ CPLD	MAX V CPLD	MAX 10 FPGA
推出年份	1995－2002	2004	2007	2010	2014
工艺技术	0.50～0.30 μm	180 nm	180 nm	180 nm	55 nm
关键特性	5.0 V I/Os	High I/O count（高 I/O 数）	Low static power（低静态功耗）	Low cost and power（低成本低功耗）	Non-volatile integration（非易失性集成）

4. Xilinx 公司的 FPGA 器件系列

Xilinx 公司是最早推出 FPGA 器件的公司，1985 年首次推出 FPGA 器件，原有 XC2000/3000/3100/4000/5000/6200/8100、Virtex 系列、Spartan 系列等 FPGA。

下面主要介绍现在主推的 Virtex 器件系列和 Spartan 器件系列。

（1）Virtex 器件系列 FPGA

Virtex 器件系列，原来包括 Virtex、Virtex E、Virtex Ⅱ、Virtex Ⅱ E、Virtex Ⅱ Pro、Virtex-4、Virtex-4Q、Virtex-4QV、Virtex-5、Virtex-5Q、Virtex-6、Virtex-7、Virtex UltraScale+等系列 FPGA，现在主流产品是 Virtex-7、Virtex UltraScale+系列。

Virtex®-7 系列是高速、高密度的 FPGA，采用 28nm、多层金属布线的 CMOS 工艺制造，工作电压 1.8V。该系列的主要特点是：内部结构灵活，内置时钟管理电路，支持多级存储结构；采用 Select I/O 技术，支持 20 种接口标准和多种接口电压，支持 ISC 和 JTAG 边界扫描测试功能；针对 28nm 系统性能与集成进行了优化，可为设计带来业界最佳的功耗性能比架构、DSP 性能以及 I/O 带宽。该系列可用于 10G 至 100G 联网、便携式雷达以及 ASIC 原型设计等各种应用。

（3）Spartan 器件系列 FPGA

Spartan 器件系列 FPGA 是在 Virtex 器件结构的基础上发展起来的，包括 Spartan、Spartan XL、Spartan Ⅱ、Spartan Ⅱ E、Spartan-3/3A/3AN/3A DSP/3E/3L、Spartan-6、Spartan-7 等系列。现在主流产品是 Spartan-6、Spartan-7 系列。

Spartan-6 系列是成本和功耗双低的 FPGA，为成本敏感型应用提供了低风险、低成本、低功耗和高性能均衡。产品基于公认的低功耗 45nm、9-金属铜层、双栅极氧化层工艺技术，提供了高级功耗管理技术、150000 个逻辑单元、集成式 PCI Express®模块、高级存储器支持、250 MHz DSP slice 和 3.125Gbps 低功耗收发器。本系列分为 LX 型和 LXT 型，其中 LX 型不包含收发器和 PCI Express 端点模块。

5. Intel PSG（Altera）的 FPGA 器件系列

Altera 公司的 FPGA 器件系列产品按推出的先后顺序有 FLEX（Flexible Logic Element Matrix）系列、APEX（Advanced Logic Element Matrix）系列、ACEX（Advanced Communication Logic Element Matrix）系列和 Stratix 系列、Cyclone 系列、Arria 系列。现在的主流产品是低档的 Cyclone 系列、中档的 Arria 系列和高档的 Stratix 系列，此外，还有一款用于替代 CPLD 应用的 MAX II 系列及后续产品，下面分别予以介绍。

（1）MAX II 系列 FPGA。

MAX®II 器件属于非易失、瞬时接通可编程逻辑系列，主要用于以前用 CPLD 实现的场合。由于采用了LUT 体系结构，大大降低了系统功耗、体积和成本。1.8V 内核电压，动态功耗，只有以前 MAX CPLD 的十分之一，使用高达 300 MHz 的内部时钟频率。MAXII 器件提供 8 Kbits 用户可访问 Flash 存储器，可用于片内串行或并行非易失存储。支持用户在器件工作时对闪存配置进行更新。支持多种单端 I/O 接口标准，例如 LVTTL、LVCMOS 和 PCI。含有 JTAG 模块，可以利用并行 Flash 加载宏功能来配置非 JTAG 兼容器件，例如分立闪存器件等。

MAX II 系列与 Lattice 公司的 MachXO 系列结构相似，虽然 ALTERA 公司把它列在 CPLD 产品之列，但它却是 FPGA，而不是 CPLD。

MAX®II 系列有 MAX II、MAX IIG、MAX IIZ 三种型号，其中 MAX II 电源电压 3.3V 或 9.5V，MAX IIG、MAX IIZ 电源电压 1.8V，内核电压都是 1.8V。

（2）Cyclone 器件系列 FPGA。

Cyclone FPGA 是 Altera 公司低成本、高性价比的 FPGA，综合考虑了逻辑、存储器、锁相环（PLL）和高级 I/O 接口，但是却是针对低成本进行设计的，这些低成本器件具有专业应用特性，例如嵌入式存储器、外部存储器接口和时钟管理电路等。Cyclone 系列 FPGA 是成本敏感的大批量应用的首选。

Cyclone® FPGA 工作电压 1.5V，采用 0.13μm 全铜 SRAM 工艺，具有多达 20060 个 LEs 和高达 288 Kbits RAM。如果需要进一步进行系统集成，可以考虑密度更高的Cyclone II FPGA 和Cyclone IIIFPGA，目前已到 Cyclone10。

（3）Arria 器件系列 FPGA。

Arria 器件系列 FPGA 包括 Arria GX 和 Arria II GX 器件，分别采用 90 纳米和 40 纳米工艺制造，片内收发器的支持 FPGA 串行数据在高频下的输入输出。Arria GX 系列 FPGA 是 Altera 公司带收发器的高性价比 FPGA 系列。其收发器速率达到 3.125 Gbps，可以连接现有的模块和器件，支持 PCI Express、千兆以太网、Serial RapidIO®、SDI、XAUI 等协议。Arria GX FPGA 采用的是 Altera 成熟可靠的收发器技术，能够确保设计具有优异的信号完整性。

Arria II GX 系列比 Arria GX 系列器件集成度更高，性能更好。具有多达 256500 个 Les，612 个用户 I/O，RAM 总容量高达 8,550Kbits。

（4）Stratix 器件系列 FPGA。

Altera 公司自从 2002 年推出 Stratix 器件系列 FPGA 以来，几乎每年推出一个新系列，包括 Stratix、StratixGX、Stratix II 、Stratix II GX、StratixIII、StratixIV等品种，现在 Stratix 器件系列常用的是 Stratix II 、Stratix II GX、StratixIII、StratixIV。

Stratix 器件系列的特点是：内部结构灵活，增强的时钟管理和锁相环（PLL），支持 3 级存储结构；内嵌三级存储单元，可配置为移位寄存器的 512bit RAM，4Kbit 的标准 RAM 和 512Kbit 带奇偶校验位的大容量 RAM；内嵌乘加结构的 DSP 块；增加片内终端匹配电阻，简化 PCB 布线；增加配置错误纠正电路；增强远程升级能力；采用全新的布线结构。Stratix、StratixGX 采用 0.13μm 全铜工艺制造，集成度可达数百万门以上，工作电压 1.5V。

最新的 StratixⅣ采用 40nm 工艺制造，多达 681100 个 Les，高达 31491 Kbits RAM，是 Altera 公司所提供产品中密度最高、性能最好的产品，内嵌 Nios 处理器，有最好的 DSP 处理模块，大容量存储器，高速 I/O、存储器接口，11.3 Gbp 收发器。Stratix IV FPGA 系列提供增强型（E）和带有收发器（GX 和 GT）的增强型器件，满足了无线和固网通信、军事、广播等众多市场和应用的需求。

Stratix 器件系列是 Altera 公司可与 Xilinx 公司推出的 Virtex 系列相媲美的 FPGA 产品。

（5）宏功能模块及 IP 核。

为了方便用户开发与应用超大规模的 FPGA 芯片，生产厂家都提供有预先设计好的器件模块供设计人员调用，Intel PSG（Altera）通过两种方式提供这些模块：AMPP 和 MegaCore。前者是宏功能模块和 IP 核开发伙伴组织，通过该组织提供基于器件优化的宏功能模块及 IP 核。后者称为兆（宏）功能模块，由厂家自行开发完成，拥有高度灵活性和一些固定功能器件达不到的性能，提供的宏功能模块有：数字信号处理类模块，包括快速加法器、快速乘法器、FIR 滤波器和 FFT 等；图像处理类模块，包括离散余弦变换和 JPEG 压缩等；通信类模块；接口类模块和处理器及外围功能模块等。

现今，Intel PSG（Altera）推出的主要产品延续了 Altera 的发展思路，主推替代 CPLD 的 MAX 系列 FPGA、低成本高性价比的 Cyclone 器件系列 FPGA、均衡成本功耗性能的 Arria 器件系列 FPGA 和高性能的 Stratix 器件系列 FPGA。

除了以上 3 家公司的 FPGA/CPLD 产品外，还有 ACTEL 公司、ATMEL 公司、AMD 公司、AT&T 公司、TI 公司、Motorola 公司、Cypress 公司、Quicklogic 公司等都提供各自带有不同特点的产品供选用，它们有的价格低，有的与主流厂家产品兼容，可上网查阅相关资料或查阅这些公司的数据手册（Data Book、Data sheet），在此不再介绍。

9.1.4 常用 CPLD/FPGA 标识的含义

CPLD/FPGA 生产厂家多，系列、品种更多，各生产厂家命名、分类不一，给 CPLD/FPGA 的应用带来了一定的困难，但其标识也是有一定的规律的。

下面对常用 CPLD/FPGA 标识进行说明。

1. CPLD/FPGA 标识概述

CPLD/FPGA 产品上的标识大概可分为以下几类：

（1）用于说明生产厂家的，如：Intel PSG（Altera）、Lattice、Xilinx 是其公司名称。

（2）注册商标，如：MAX 是为 Intel PSG（Altera）公司为其 CPLD 产品 MAX 系列注册的商标。

（3）产品型号，如 10M16DAU484I7G，是 Intel PSG（Altera 公司的一种 CPLD 型的 FPGA 型号，是需要重点掌握的。

（4）产品序列号，是说明产品生产过程中的编号，是产品身份的标志，相当于人的身份证。

（5）产地与其他说明，由于跨国公司跨国经营，世界日益全球化，有些产品还有产地说明，如 Made in China（中国制造）。

2. CPLD/FPGA 产品型号标识组成

CPLD/FPGA 产品型号标识通常由以下几部分组成：

（1）产品系列代码：如 Intel PSG（Altera）公司的 MAX10 器件系列代码为 10M。

（2）品种代码：如 Altera 公司的 FLEX10K，10K 即是其品种代码。

（3）特征代码：也即集成度，CPLD 产品一般以逻辑宏单元数描述，而 FPGA 一般以有效逻辑门来描述。如 Altera 公司的 EPF10K10 中后一个 10，代表典型产品集成度是 10K。要注意有效门与可用门不同。

（4）封装代码：如 Altera 公司的 EPM7128SLC84 中的 LC，表示采用 PLCC 封装（Plastic Leaded Chip Carrier，塑料方形扁平封装）。PLD 封装除 PLCC 外，还有 BGA（Ball Grid Array，球形网状阵列）、C/JLCC（Ceramic/J-leaded Chip Carrier）、C/M/P/TQFP（Ceramic/Metal/Plastic/Thin Quard Flat Package）、PDIP/DIP（Plastic Double In line Package）、PGA（Ceramic Pin Grid Array）等多以其缩写来描述，但要注意各公司稍有差别，如 PLCC，Altera 公司用 LC 描述，Xilinx 公司用 PC 描述，Lattice 公司用 J 来描述。

（5）参数说明：如 Altera 公司的 EPM7128SLC84 中的 LC84-15，84 代表有 84 个引脚，15 代表速度等级为 15（ns），注意该等级的含义各公司有所不同。也有的产品直接用系统频率来表示速度，如 ispLSI1016-60，60 代表最大频率 60MHz。

（6）改进型描述：一般产品设计都在后续进行改进设计，改进设计型号一般在原型号后用字母表示，如 A、B、C 等按先后顺序编号，有些不从 A、B、C 按先后顺序编号，则有特定的含义，如 D 表示低成本型（Down）、E 表示增强型（Ehanced）、L 表示低功耗型（Low）、H 表示高引脚型（High）、X 表示扩展型（eXtended）等。

（7）适用的环境等级描述：一般在型号最后以字母描述，C（Commercial）表示商用级（0℃～85℃），I（Industrial）表示工业级（–40℃～100℃），M（Material）表示军工级（–55℃～125℃）。

（8）附加后缀：如 ES：Engineering Sample，N：Lead-free Devices。

3. 几种典型产品型号

（1）Altera 公司的 CPLD 产品和 FPGA 产品。

Altera 公司的产品一般以 EP 开头，代表可重复编程。

1）Altera 公司的 MAX 系列 CPLD 产品和 MAXⅡFPGA 产品，系列代码为 EPM，典型产品型号含义如下：

EPM240GT100C3ES：MAXⅡG 系列 FPGA 产品，逻辑单元数 240，TQFP 封装，100 个引脚，速度等级为 3 级，适用温度范围为商用级（0℃～85℃），ES 表示是工程样品（Engineering Sample）。

10M16DAU484I7G：MAX10 系列 FPGA 产品，逻辑单元数 16K，双电源模拟特性，UBGA 封装，484 个引脚，适用温度范围为工业级（–40℃～100℃），速度等级为 7 级，RoHS6 型。

2）Altera 公司的 FPGA 产品系列代码为 EP 或 EPF，典型产品型号含义如下：

EPF10K10：FLEX10K 系列 FPGA，典型逻辑规模是 10K 有效逻辑门。

EPF20K200E：APEX20KE 系列 FPGA，逻辑规模是 EPF10K10 的 20 倍。

EP1K30：ACEX1K 系列 FPGA，逻辑规模是 EPF10K10 的 3 倍。

EP1S30：STRATIX 系列 FPGA，逻辑规模是 EPF10K10 的 3 倍。

EP3C25F324C7N：CYCLONEIII系列 FPGA，逻辑单元数 25K，FBGA 封装，324 个引脚，速度等级为 7 级，适用温度范围为商用级（0℃～85℃），无铅（Lead-free Devices）。

EP4SGX230KF40C2ES：Stratix IV GX 系列 FPGA，逻辑单元数 230K，带 36 个收发器，FBGA 封装，1517 个引脚，速度等级为 2 级，适用温度范围为商用级（0℃～85℃），工程样品。

EP1AGX20CF484C6N：Arria GX 系列 FPGA，逻辑单元数 20K，带 4 个收发器，FBGA 封装，484 个引脚，速度等级为 6 级，适用温度范围为商用级（0℃～85℃），无铅。

3）Altera 公司的 FPGA 配置器件系列代码为 EPC，典型产品型号含义如下：

EPC1：为 1 型 FPGA 配置器件。

（2）Xilinx 公司的 CPLD 和 FPGA 器件系列。

Xilinx 公司的产品一般以 XC 开头，代表 Xilinx 公司的产品。典型产品型号含义如下：

XC95108-7PQ160C：XC9500 系列 CPLD，逻辑宏单元数 108，引脚间延时为 7ns，采用 PQFP 封装，160 个引脚，商用。

XCS10：Spartan 系列 FPGA，典型逻辑规模是 10K。

XCS30：Spartan 系列 FPGA，典型逻辑规模是 XCS10 的 3 倍。

XC3S50A-4FT256C：Spartan 3A 系列 FPGA，典型逻辑规模是 XCS10 的 5 倍，速度等级为 4 级，采用 FTBGA256 脚封装，适用温度范围为商用级（0℃～85℃）。

XC6VLX240T-1FFG1156C：Virtex-6 LX 系列 FPGA，典型逻辑规模是 240K，速度等级为 1 级，采用 1156 脚封装，适用温度范围为商用级（0℃～85℃）。

（3）Lattice 公司 CPLD 和 FPGA 器件系列产品。

Lattice 公司的 CPLD 产品原以其发明的 isp 开头，系列有 ispLSI、ispMACH、ispPAC，其中 ispPAC 为模拟可编程器件，除 ispLSI、ispMACH4A 系列外，型号编排时 CPLD 产品以 LC 开头，FPGA 产品以 LF 开头（MachXO 系列除外），现在以 LA 开头，如 LA-XP 等，SC 系列以 LFSC 开头，如 EC 系列以 EC 开头，典型产品型号含义如下：

ispLSI1016-60：ispLSI1000 系列 CPLD，通用逻辑块 GLB 数（只 1000 系列以此为特征）为 16 个，工作频率最大 60MHz。

M4A5-256/128-7YC：5V ispMACH4A 系列 CPLD，逻辑宏单元数 256 个，引脚间延迟为 7.5ns，PQFP208 封装，适用温度范围为商用级（0℃～+70℃）。

LC4032ZE-4TN100C: ispMACH4000ZE 系列 CPLD，逻辑宏单元数 32 个，引脚间延迟为 4.4ns，无铅 TQFP100 封装，适用温度范围为商用级（0℃～85℃）。

LC5256MC-4F256C：ispXPLD 5000MC 系列 CPLD，逻辑宏单元数 256 个，存储器型，1.8 伏供电电压，引脚间延迟为 4.0ns，fpBGA256 封装，适用温度范围为商用级（0℃～85℃）。

LCMXO640E-4FT256CES：MachXO 系列 FPGA，640 LUTs，1.2V 供电电压，速度等级为 4 级，FTBGA256 封装，适用温度范围为商用级（0℃～85℃），工程样品。

LFSC3GA25E-6F900C：SC 系列 FPGA，SERDES 速度 3.8G，25K LUTs，1.2V 供电电压，速度等级为 6 级，FPBGA900 封装，适用温度范围为商用级（0℃～85℃）。

LFX1200EC-03F900I：ispXPGA1200E 系列 FPGA，典型逻辑规模是 1.25M 系统门，1.8V，速度等级为 3 级（注意 Lattice 公司的速度等级数越小，速度越慢），FPBGA900 封装, 适用温度范围为工业级（–40℃～100℃）。

LFXP10E-4F256C：XP 系列 FPGA，10K LUTs，1.2V 供电电压，速度等级为 4 级，FPBGA256 封装，适用温度范围为商用级（0℃～85℃）。

LFEC20E-4F484C：EC 系列 FPGA，20K LUTs，1.2V 供电电压，速度等级为 4 级，FPBGA484 封装，适用温度范围为商用级（0℃～85℃）。

LFE2-50E-7F672C：ECP2 系列 FPGA，50K LUTs，1.2V 供电电压，速度等级为 7 级，FPBGA672 封装，适用温度范围为商用级（0℃～85℃）。

9.2　CPLD 和 FPGA 的基本结构

简单 PLD 除 GAL 还应用在中小规模可编程领域外，现在已全部淘汰。目前，PLD 的主流产品全部是以超大规模集成电路工艺制造的 CPLD 器件和 FPGA 器件，下面对这两种器件的基本结构和工作原理分别进行讨论。在介绍之前，先对描述 PLD 内部结构的专用电路符号做一个简单的说明。

接入 PLD 内部的与或阵列输入缓冲器电路一般采用互补结构，电路符号如图 9.4 所示，等效于图 9.5 所示的输入。

PLD 内部的与阵列用如图 9.6 所示的简化电路符号来描述，或阵列用如图 9.7 所示的简化电路符号来描述，阵列线连接关系用如图 9.8 所示的简化电路符号来描述。

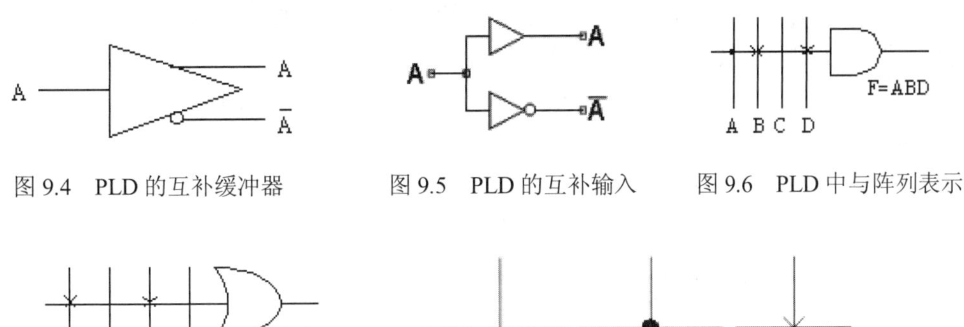

图 9.4　PLD 的互补缓冲器　　图 9.5　PLD 的互补输入　　图 9.6　PLD 中与阵列表示

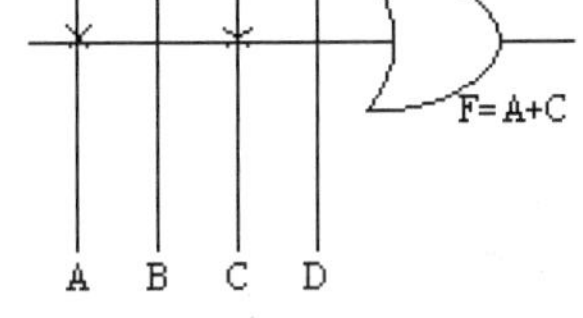

图 9.7　PLD 中或阵列的表示

图 9.8　阵列线连接表示

9.2.1　CPLD 的基本结构

CPLD 是采用乘积项结构的大规模可编程器件的统称，在结构上有许多的相似之处，但也有一定的差别。下面介绍几种典型产品的基本结构和工作原理。

1. Altera 公司的 MAX 系列 CPLD 的基本结构

Altera 公司的 MAX 系列 CPLD 逻辑结构主要由四部分组成：逻辑阵列块（Logic Array

Block，LAB）、扩展乘积项（eXtended Product Term，XPT）、可编程连线阵列（Programmable Interconnect Array，PIA）和I/O控制块，MAX7128S的内部结构如图9.9所示。

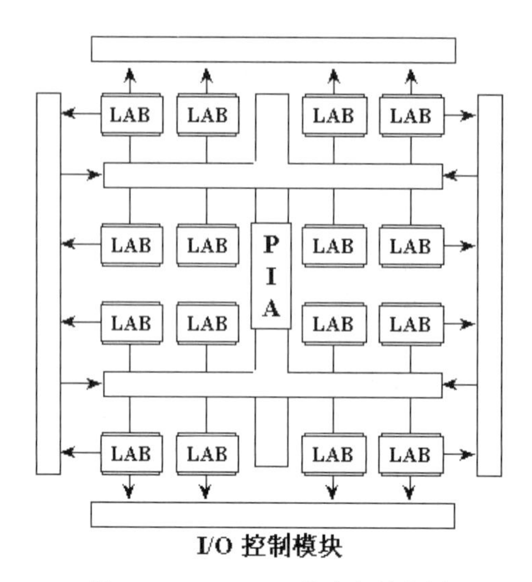

图9.9　MAX7128S的内部结构图

（1）逻辑阵列块LAB

MAX系列CPLD的内部结构主要是由若干个通过PIA互连的逻辑阵列块LAB组成，LAB不仅通过PIA互连，而且还通过PIA和全局总线连接起来，全局总线又和PLD的所有专用输入引脚、I/O引脚及宏单元馈入信号相连，这样，LAB就和输入信号、I/O引脚及反馈信号连接在一起。对于MAX7128S而言，每个LAB的输入信号有：通用逻辑输入信号32个，全局控制信号，从I/O引脚到寄存器的直接输入。

每个逻辑阵列块LAB又是由16个逻辑宏单元组成的阵列，MAX7128S宏单元的结构如图9.10所示。

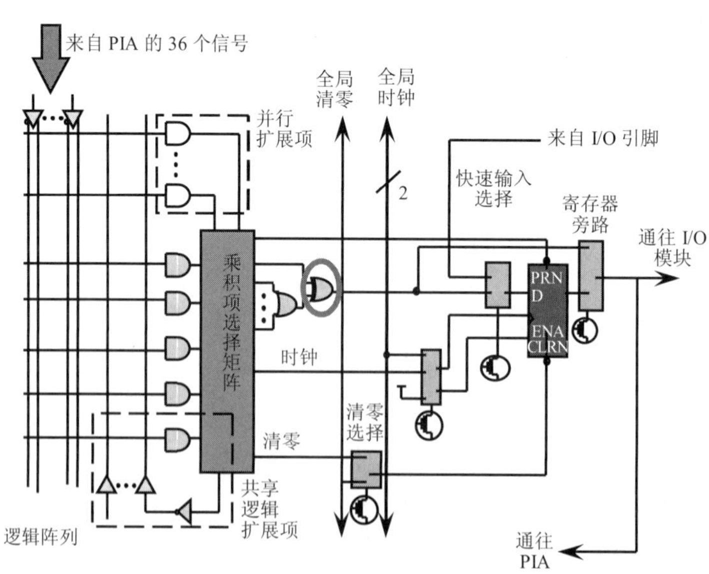

图9.10　MAX7128S宏单元结构图

MAX7128S 的逻辑宏单元是 PLD 的基本组成结构，由逻辑阵列、乘积项选择矩阵和可编程寄存器三部分组成，可编程实现组合逻辑和时序逻辑。

逻辑阵列用于实现组合逻辑，为宏单元提供 5 个乘积项。每个宏单元中有一组共享扩展乘积项，经非门后反馈到逻辑阵列中；还有一组并行扩展乘积项，从邻近宏单元输入。

乘积项选择矩阵把逻辑阵列提供的乘积项有选择地提供给“或门”和“异或门”作为输入，实现组合逻辑函数；或作为可编程寄存器的辅助输入，用于清零、置位、时钟、时钟使能控制。

可编程寄存器用于实现时序逻辑，可配置为带可编程时钟的 D、T、JK、SR 触发器，或被旁路掉实现组合逻辑。触发器有三种时钟输入模式：

全局时钟模式，全局时钟输入直接和寄存器的 CLK 端相连，实现最快的输出。

全局时钟带高电平有效时钟使能信号模式，使用全局时钟，但由乘积项提供的高电平有效的时钟使能信号控制，输出速度较快。

乘积项时钟模式，时钟来自 I/O 引脚或隐埋的宏单元，输出速度较慢。

寄存器支持异步清零和异步置位，由乘积项驱动的异步清零和异步置位信号高电平有效。

寄存器的复位端由低电平有效的全局复位专用引脚 GCLRn 信号来驱动。

（2）扩展乘积项 XPT。

MAX7128S 中，有共享扩展乘积项和并行扩展乘积项，用于复杂逻辑函数的构造。

每个 LAB 有 16 个共享扩展乘积项，共享扩展项由每个宏单元提供一个单独的乘积项，经非门后反馈到逻辑阵列中，LAB 的宏单元都能共享这些乘积项。但采用共享扩展乘积项后有附加延时。

并行扩展乘积项是宏单元中一些没有使用的乘积项被分配到邻近的宏单元。使用并行扩展乘积项后，允许最多 20 个乘积项送入宏单元的“或门”。

（3）可编程连线阵列 PIA。

PIA 是实现布线的，LAB 通过 PIA 相互连接，实现所需的逻辑功能。通过全局总线，器件中的任何信号可达器件中的任意一个地方。

（4）I/O 控制块。

I/O 控制块把每个引脚单独配置成所需工作方式，包括输入、输出和双向三种工作方式。

所有 I/O 引脚的 I/O 控制都是由一个三态缓冲器来实现的，三态缓冲器的控制信号来自一个多路选择器，可以用全局输出使能信号（如 MAX7128S 的 OE1、OE2 等）来控制或接 GND，或接 V_{CC}。

三态缓冲器的控制端接 GND 时，其输出为高阻态，I/O 引脚可作为专用输入引脚使用；三态缓冲器的控制端接 V_{CC} 时，表示是输出使能，I/O 引脚可作为专用输出引脚使用；三态缓冲器的控制端接全局输出使能信号时，通过高低电平的控制，可实现输入输出双向工作方式。

2. Lattice 公司的 CPLD 的基本结构

Lattice 公司的 CPLD 是在 GAL 器件的基础上开发的，其结构与 Altera 公司的 MAX 系列 CPLD 基本类似，主要包括以下几个部分：通用逻辑块（Generic Logic Block，GLB）、全局布线区（Global Routing Pool，GRP）、输出布线区（Output Routing Pool，ORP）、输入输出单元（Input/Output Cell，IOC）、时钟分配单元和加密单元，典型结构如图 9.11 所示。

（1）通用逻辑块 GLB。

通用逻辑块 GLB 是 ispLSI 器件结构的基本单元和关键部分，图 9.11 中用 A0…D7 来标示，

GLB 与 ATERA 公司的 LAB 结构差不多。

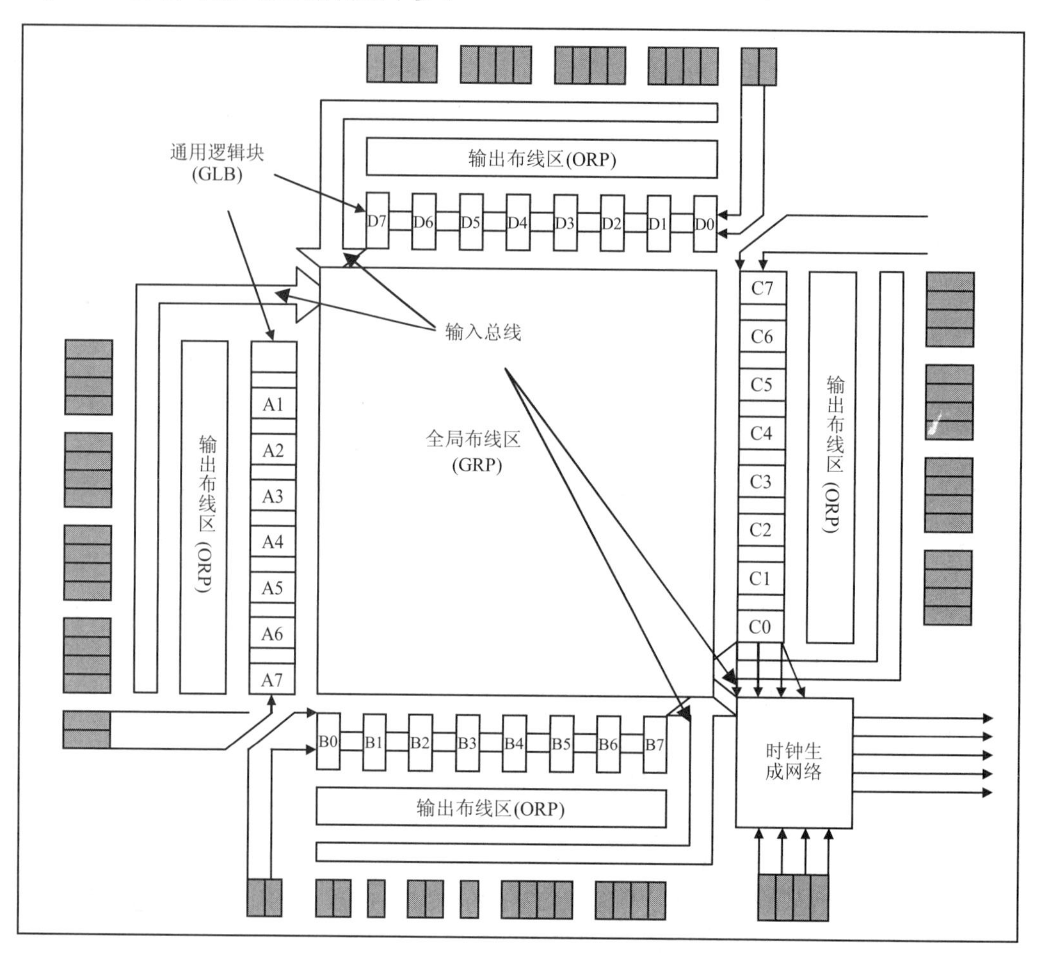

图 9.11　ispLSI1032E 结构图

GLB 的典型结构如图 9.12 所示。

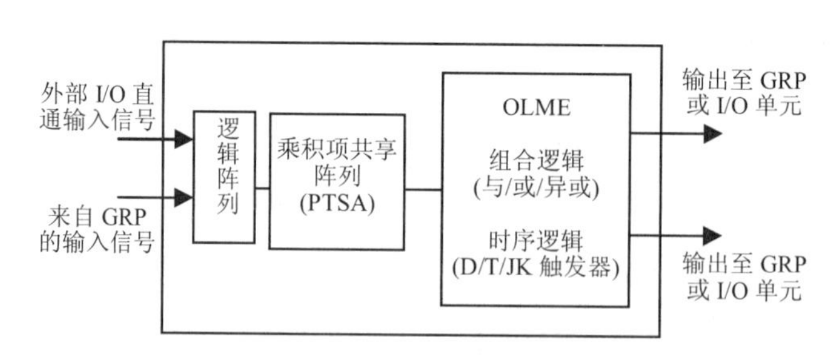

图 9.12　ispLSI1032E GLB 结构图

GLB 的内部逻辑由与阵列、乘积项共享阵列、可配置寄存器（OLMC）和控制部分组成。

GLB 的与阵列（And Array）接受来自全局布线区 GRP 的输入信号，这些信号可以来自反馈信号，也可以来自外部 I/O 输入。与阵列用于组合逻辑中，产生乘积项。与 ALTRA 的 MAX 系列中的逻辑阵列相同。

乘积项共享阵列（Product Term Sharing Array，PTSA），允许来自与阵列的任意乘积项被任意的GLB输出共享，可消除相同乘积项组。PTSA与ALTRA的MAX系列中的乘积项选择矩阵相通。

输出逻辑宏单元（Output Logic Macro Cell，OLMC）接受来自PTSA的全部输出，OLMC包含一个带有异或门输入的D型触发器，允许每个GLB输出配置成组合型（与或、异或）或寄存器型（D、T、JK触发器）。OLMC也就是ALTRA的MAX系列中可编程寄存器。

全局同步时钟信号或内部产生的异步乘积项时钟信号用于GLB，使得GLB更加灵活。

在ispLSI1000系列器件中，8个GLB，16个I/O单元，2个专用输入和1个ORP连接在一起，构成一个巨块。8个 GLB的输出通过ORP和16个一组的通用I/O单元连接在一起。ispLSI1032E有4个这样的巨块。

在ispLSI3000系列器件中，4个双GLB构成一个巨块，任一巨块设有专用输入。对于单I/O系列器件，设有一个输出布线区ORP，总共32个输出只有16个馈送到I/O单元，16个作为反馈输入；对于双I/O系列器件，设有两个输出布线区ORP，总共32个输出馈送到I/O单元，每个GLB输出有一个I/O单元。

（2）全局布线区GRP。

全局布线区GRP位于结构的中央，通过它连接所有的内部逻辑。GRP具有可预测的固定的延迟，提供完全的互连特性。与ALTRA的MAX系列中可编程连线阵列PIA的全局总线相似。

（3）输出布线区ORP。

ORP提供GLB输出与器件引脚之间的灵活连接，可在不改变外部引脚输出的条件下，实现设计变化。与ALTRA的MAX系列中可编程连线阵列PIA相似。

（4）输入输出单元IOC。

ispLSI系列器件的I/O单元主要由扫描寄存器（输出使能电路和输出三态缓冲器）组成，输出使能电路能够由全局使能信号（OE）和乘积项驱动，还能由测试输出使能信号（TOE）驱动。每个I/O单元可独立编程配置为组合输入、寄存器输入、输出或双向三态I/O控制。

ispLSI1032E有64个I/O单元，每个I/O单元直接和一个I/O引脚相连，支持摆率控制以减少整体开关输出噪声。

每个I/O单元都只有一个边界扫描寄存器。

（5）时钟结构。

CPLD时钟由全局时钟GCLK、专用时钟（如I/O寄存器专用时钟）和乘积项时钟组成。1000E系列中还设有GLB全局时钟生成网络。

（6）加密单元。

加密单元用于防止阵列单元的非法复制，该单元编程后，禁止读出片内功能数据，但重新编程可擦除它。

（7）死锁保护。

ispLSI 器件片内电荷驱动能力能够防止输入负脉冲引起的内部电路阻塞，输出设计成N沟道上拉，消除了SCR引起的锁定，因此，具有良好的死锁保护功能。

9.2.2 FPGA的基本结构

FPGA是采用查找表(LUT)结构的可编程逻辑器件的统称，大部分FPGA采用基于SRAM

的查找表逻辑结构形式，但不同公司的产品结构也有差异。下面首先介绍 SRAM 的查找表的原理，然后介绍几种典型产品的基本结构和工作原理。

1. SRAM 查找表

SRAM 查找表是通过存储方式，把输入与输出关系保存起来，通过输入查找到对应输出的。一个 N 个输入的查找表要实现 N 个输入的逻辑功能，需要 2^N 位存储单元。如果 N 很大时，存储容量将象 PROM 器件一样增大，因此，N 很大时，要采用几个查找表分开实现。一般采用 4 输入查找表逻辑符号，如图 9.13 所示。

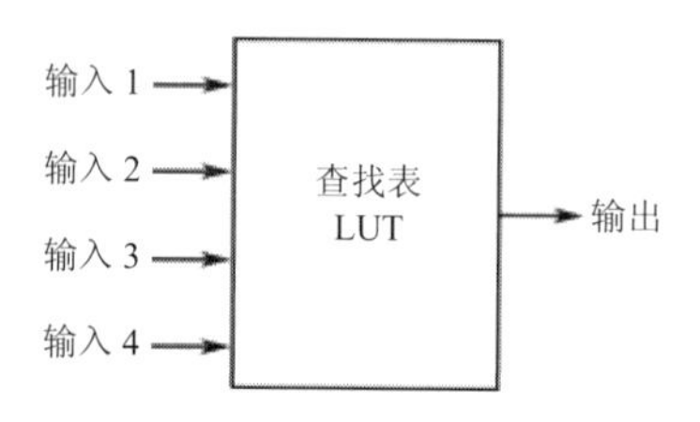

图 9.13　4 输入查找表单元

单元内部结构是通过多路选择器实现的，如图 9.14 所示。

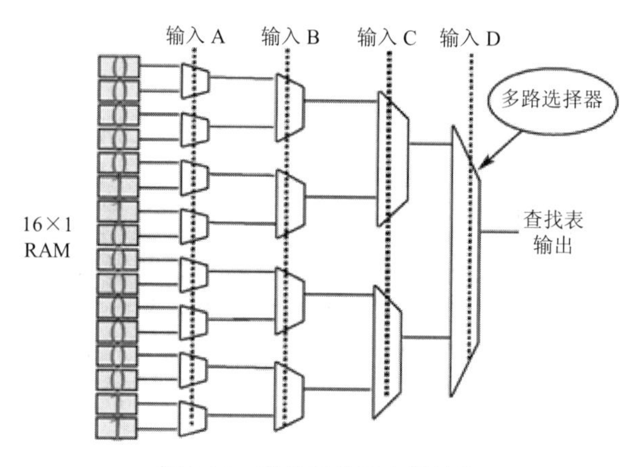

图 9.14　查找表单元内部结构

2. Altera 公司 FPGA 的基本结构

Altera 公司的 FPGA 都采用基于 SRAM 的查找表逻辑结构形式，主要由嵌入式阵列块（Embedded Array Logic，EAB）、逻辑阵列块（LAB）、快通道互连（FastTrack，FT）和 I/O 单元（Input/Output cell，IOC）四部分组成，典型结构如图 9.15 所示。

（1）嵌入式阵列块 EAB

嵌入式阵列块 EAB 是在输入输出口上的 RAM 块，在实现存储功能时，每个 EAB 提供 2048 个位，可以单独使用，或组合起来使用。EAB 可以非常方便地构造成一些小规模的 RAM、双口 RAM、FIFO RAM 和 ROM。也可以实现计数器、地址译码器等较复杂的逻辑时，作为 100～600 个等效门来用。

（2）逻辑阵列块 LAB

与 MAX 系列 CPLD 相似，逻辑阵列块 LAB 是 FPGA 内部的主要组成部分，LAB 通过快通道互连 FT 相互连接，典型结构如图 9.16 所示。

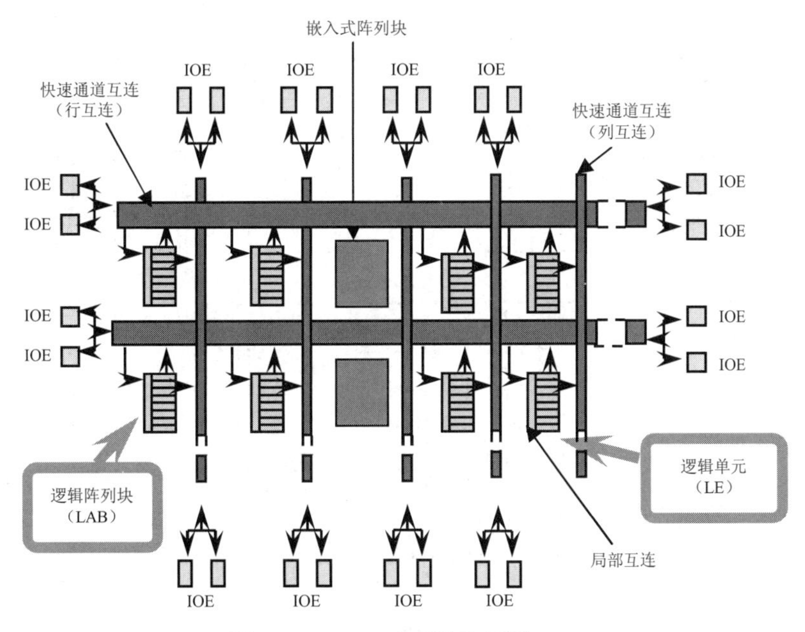

图 9.15　FPGA 内部结构框图

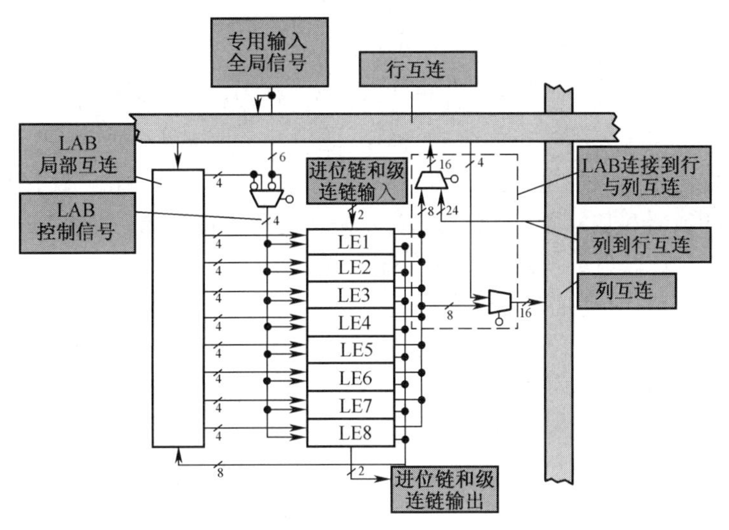

图 9.16　ACEX 1K LAB 结构图

图 9.16 中注意两点：FPGA 器件从行互连到局部互连信号个数，一般为 22 到 26 个。还有及时 FPGA 器件局部互连通道个数，一般为 30 到 34 个。LAB 局部互连实现 LAB 的 LE 与行互连之间的连接及 LE 输出的反馈等。

LAB 是由若干个逻辑单元（Logic Element，LE）再加上相连的进位链和级连链输入输出以及 LAB 控制信号、LAB 局部互连等构成的，如 FLEX10K 的 LAB 有 8 个 LE，加上相连的进位链和级连链输入输出以及 LAB 控制信号、LAB 局部互连等构成了 LAB。

逻辑单元 LE 是 FPGA 的基本结构单元，主要由一个 4 输入 LUT、一个进位链（Carry-In）、一个级连链（Cascade-In）和一个带同步使能的寄存器组成，可编程实现各种逻辑功能。每个 LE 有 2 个输出，分别驱动局部互连和快通道互连。Cyclone 的 LE 结构一般如图 9.17 所示。

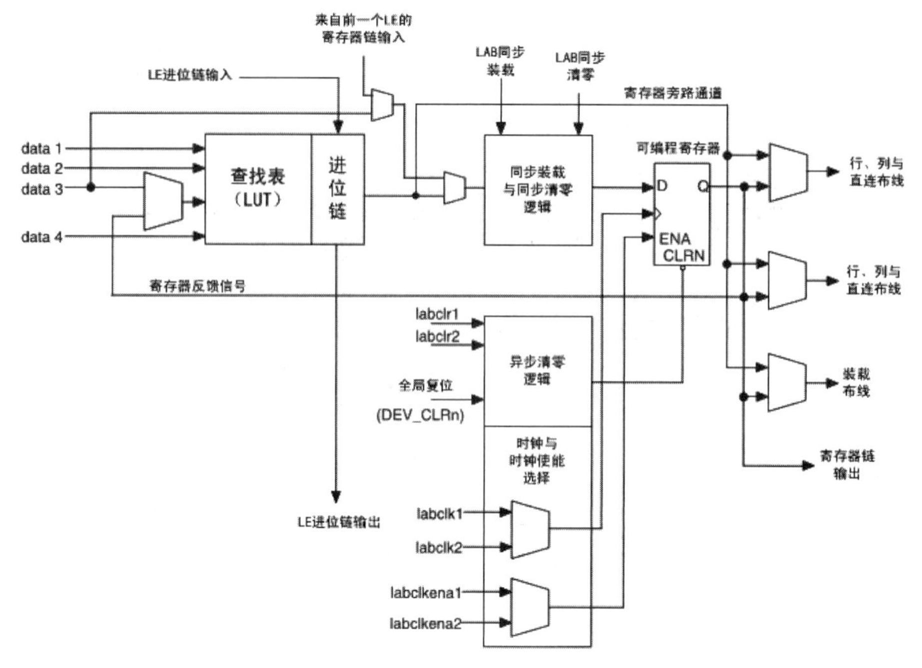

图 9.17　Cyclone 的 LE 结构

逻辑单元 LE 中的 LUT 用于组合逻辑，实现逻辑函数。逻辑单元 LE 中的可编程寄存器用于时序逻辑，可通过编程配置为带可编程时钟的 D、T、JK、SR 触发器或被旁路实现组合逻辑。寄存器的时钟、清零、置位可由全局信号、通用 I/O 引脚或任何内部逻辑驱动。

进位链和级连链是专用高速数据通道，用于不通过局部互连通路，连接相邻的 LE。进位链用于支持高速计数器和加法器，提供 LE 之间快速向前进位功能，可使 FPGA 适用于高速计数器、加法器或宽位比较器、级连链实现多输入逻辑函数。

LE 的两个输出分别驱动局部互连和快通道互连。这两个输出可以独立控制，如 LUT 驱动一个，寄存器驱动另外一个。

LE 可以有多种工作方式，如：Cyclone 的 LE 有普通模式、动态算术模式等，具体参见各芯片的数据手册。

（3）快通道互连 FT。

快通道互连 FT 用于 LE 和器件 I/O 引脚间的连接，快通道互连与 CPLD 的 PIA 相似，是一系列水平（行互连）和垂直（列互连）走向的连续式布线通道。行互连可以驱动 I/O 引脚，或馈送到其他 LAB；列互连连接各行，也能驱动 I/O 引脚。

（4）I/O 单元 IOE（或 IOC）。

FPGA 的 I/O 引脚由 I/O 单元驱动，I/O 单元位于快通道的行或列的末端，相当于 CPLD 中的 I/O 控制单元，由一个双向三态缓冲器和一个寄存器组成，可编程配置成输入、输出或输入输出双向口。

I/O 单元的清零、时钟、时钟使能和输出使能控制均由 I/O 控制信号网络采用高速驱动。

FPGA 的 I/O 单元支持 JTAG 编程、摆率控制、三态缓冲和漏级开路输出。

（5）专用输入引脚。

专用输入引脚用于驱动 I/O 单元寄存器的控制端，其中 4 个还可用于驱动全局信号（内部逻辑也可驱动），为了高速驱动，使用了专用布线通道。

3．Xilinx 公司 FPGA 的基本结构

Xilinx 公司的 FPGA 产品结构与 ATERA 公司的 FPGA 有较大差异，其内部结构为逻辑单元阵列（Logic Cell Array，LCA），主要由可配置逻辑块（Configurable Logic Block，CLB）或可配置逻辑单元（Configurable Logic Cell）、各模块互连资源和输入输出模块（Input/Output Block，IOB）组成。LCA 利用已编程的查找表实现模块逻辑，程序控制的多路复用器实现功能选择，程序控制的开关晶体管连接金属断片，实现模块间互连。典型结构如图 9.18 所示。

（1）可配置逻辑块 CLB。

可配置逻辑块 CLB 是 Xilinx 公司 FPGA 内部结构的主要组成部分，各系列的结构有一定差异。

CLB 主要由组合逻辑功能发生器、D 触发器（2 个）和内控部分组成。

组合逻辑功能发生器有 5 个逻辑变量输入端 A、B、C、D、E，和 QX、QY 俩个反馈输入端，可作为查找表的输入，两个输出端 F、G。因此，组合逻辑功能发生器可配置成一个 32×1 的查找表，或 16×2 的查找表。

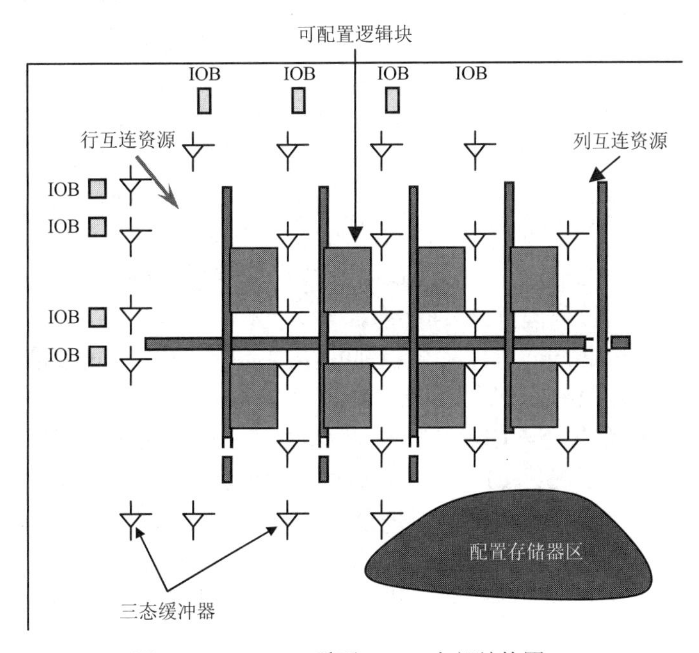

图 9.18　XC3000 系列 FPGA 内部结构图

组合逻辑功能发生器的工作模式有：

F 模式：为 32×1 的查找表，生成一个 5 变量函数，5 个变量为 A、D、E 以及 B、C、QX 和 QY 中的任意两个的组合，两个输出端 F、G 的输出是相同的。

FG 模式：为 16×2 的查找表，生成两个 4 变量的独立函数，A 为共同输入，B、C、QX、QY 任选 2 个，D、E 任选 1 个，其输出 F 和 G 是相互独立的。

FGM 模式：是两个独立函数的分时工作模式，为 16×2 的查找表，生成允许变量 E 来选择的两个 4 变量函数之一，A、D 为共同输入，其余在 B、C、QX、QY 中任选 2 个，E=0 为 G 端输出，E=1 为 F 端输出。FGM 模式利用了所有 7 个输入。

每个 CLB 有 2 个 D 触发器，共享一个触发时钟 K（可设置为上升沿触发或下降沿触发），

每个触发器的数据输入端可从直接数据输入端及组合逻辑输出端共 3 个信号中选择，输出端可驱动 CLB 输出（X、Y），也可反馈给组合逻辑作为输入（QX、QY）。D 触发器的复位由全局复位信号或 RD 输入信号驱动。

（2）输入/输出模块 IOB。

输入/输出模块 IOB 为外部封装引脚与内部逻辑之间提供一个可编程的接口。与前述的 I/O 控制块、IOE 或 IOC 相类似。

IOB 主要由两个触发器、三态输出缓冲器，及一组程序控制的存储单元组成。

每个 IOB 包含寄存器输入和直接输入通路，在输入电路中带有输入箝位二极管，及防止输入电流引起自锁的保护电路。输入缓冲器（IBUF）带有阈值检测功能，可将引脚上的外部信号转换为内部逻辑电平，且阈值可编程设置为 TTL 或 CMOS 电平。

三态输出缓冲器可由寄存器或直接输出信号驱动，编程配置为反向输出、可转换速率和高阻上拉。

（3）配置存储单元。

基本的存储单元由两个 CMOS 反相器和一个用于读写数据的开关晶体管组成。正常工作模式，开关晶体管处于 OFF。该存储单元具有高可靠性和抗干扰能力。

（4）可编程互连（Programmable Interconnect）。

可编程互连的功能与 PIA 或 FT 相类似，是连接各模块的通道，将 CLB、IOB 连接起来形成功能电路。但与前面的各种连续互连不同，采用的是分段互连，布线是通过两层金属线段网和可编程开关单元[转接矩阵（Switch Matrix）和可编程互连点（Programmable Interconnection Points）]完成的。互连线有三种：

通用互连（General Purpose Interconnect，GPI），是夹在 CLB 之间的 5 根金属连线，有横线和纵线，相交处有转接矩阵，可编程互连。

直接互连（Direct Interconnect），提供相邻 CLB 之间或 CLB 与 IOB 之间的直接连接。CLB 的 X 输出可连接到左边 CLB 的 C 输入和右边 CLB 的 B 输入；Y 输出可连接到上一 CLB 的 D 输入和下一 CLB 的 A 输入。当 CLB 与 IOB 相邻时，CLB 与 IOB 之间也有直接互接。

长线（Longlines），是夹在 CLB 之间不通过转接矩阵的连续金属连线，与 IOB 相邻时还有附加的长线。水平长线带有上拉电阻，每根长线输入端带有隔离缓冲器，在需要连接时自动使能。长线可由逻辑块或 IOB 的输出按列驱动。芯片左上角有一全局缓冲器，与一专用长线相连，可用于 CLB 或 IOB 的时钟输入，芯片右下角有一辅助缓冲器，可驱动水平长线，转接后也可驱动垂直长线，驱动所有 CLB。

分段互连使逻辑布线简单方便，芯片利用率高，但通过转接矩阵连接，延时增长且难以预测。

9.3 FPGA/CPLD 的测试技术

在 FPGA/CPLD 的应用技术中，FPGA/CPLD 的测试是很重要的一个方面，测试包括逻辑设计的正确性验证、引脚的连接、I/O 功能的测试等。

9.3.1 内部逻辑测试

FPGA/CPLD 的内部逻辑测试是为了保证设计的正确性和可靠性。由于设计时总有可能考虑不周，在设计完成后，必须经过测试，而为了对复杂逻辑进行测试，在设计时就必须考虑用于测试的逻辑电路，称为可测性设计（Design For Test，DFT）。

可测性设计可以通过硬件电路来实现，如 ASIC 设计中的扫描寄存器，测试时可把 ASIC 中关键逻辑部分用测试扫描寄存器来代替从而对其逻辑的正确性进行分析。而 FPGA/CPLD 中采用这种方式，有其特殊性，也即如何在可编程逻辑中设置这些扫描寄存器。

有的 FPGA/CPLD 产品采取软硬结合的方法，在 FPGA/CPLD 器件内部嵌入某种逻辑，再与 EDA 软件相配合，可变成嵌入式逻辑分析仪，帮助设计人员完成测试。

当然，设计人员也可自己利用 FPGA/CPLD 设计测试逻辑，也即用软件方式来完成测试逻辑的设计，但这需要设计人员有一定经验，也很费时。

在内部逻辑测试时，应注意测试的覆盖率，覆盖率越高越好，当不能保证必要的覆盖率时，就需要采取别的办法。

9.3.2 JTAG 边界测试技术

JTAG 边界测试技术是 20 世纪 80 年代由联合行动测试组（Joint Test Action Group，JTAG）开发的 IEEE 1149.1－1990 规范中定义的测试技术，是一种边界扫描测试（Board Scan Test，BST）方法，该方法提供了一个串行扫描路径，能够捕获器件中核心逻辑的内容，也可测试器件引脚之间的连接情况。

该规范推出后，简化了测试程序，受到用户的热烈欢迎，自规范推出后，主流的 FPGA/CPLD 产品都支持它。

IEEE 1149.1－1990 规范中定义了 5 个引脚用于 JTAG 边界测试，引脚定义如下：

TCK（Test Clock Input）：测试时钟输入引脚，作为 BST 信号的时钟信号。

TDI（Test Data Input）：测试信号输入引脚，测试指令和测试数据在 TCK 上升沿到来时输入 BST。

TDO（Test Data Output）：测试信号输出引脚，测试指令和测试数据在 TCK 下降沿到来时从 BST 输出。

TMS（Test Mode Select）：测试模式选择引脚，控制信号由此输入，负责 TAP 控制器的转换。

TRST（Test Reset Input）：测试复位输入引脚，可选，在低电平时有效。

为了实现边界扫描测试，芯片内还必须有 BST 电路，JTAG BST 电路由 TAP 控制器和寄存器组组成，内部结构如图 9.19 所示。

TAP 控制器是一个 16 位的状态机，它的作用是接收 TCK、TMS、TRST 输入的信号，产生 UPDATEIR、CLOCKIR、SHIFTIR、UPDATEDR、CLOCKDR、SHIFTDR 等控制信号，控制内部寄存器组完成指定的操作。

内部寄存器组包括以下寄存器：

（1）指令寄存器（Instruction Register）。

指令寄存器用于控制数据寄存器的访问以及测试操作。指令寄存器接收 TAP 控制器产生的 UPDATEIR、CLOCKIR、SHIFTIR 信号，产生控制指令经译码器输出给数据寄存器组。

（2）旁路寄存器（Bypass Register）。

旁路寄存器是个 1 位的寄存器，是用于 TDI 引脚和 TDO 引脚之间的旁路通道。

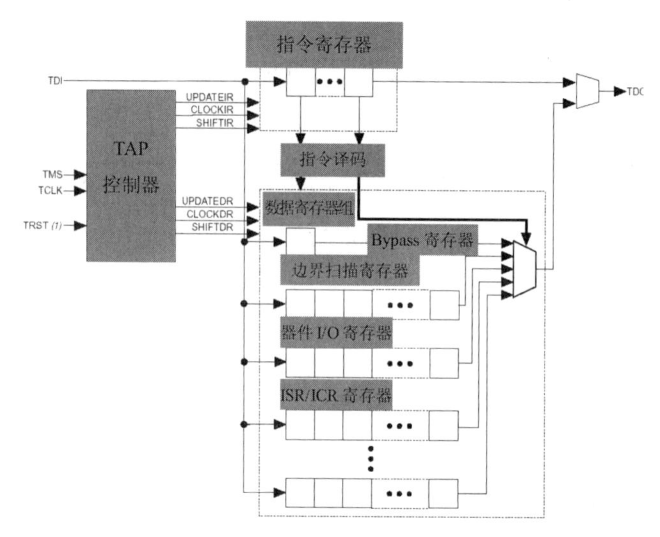

图 9.19　JTAG BST 电路内部结构图

（3）边界扫描寄存器（Board Scan Register）。

边界扫描寄存器是一个串行移位寄存器，由所有边界扫描单元构成，利用 TDI 引脚作输入，TDO 引脚作输出。

设计者可以用它来测试外部引脚的连接，也可以在器件运行时利用它捕获内部数据。

（4）器件 ID 寄存器。

（5）ISP/ICR 寄存器。

（6）其他寄存器。

上电后，TAP 控制器处于复位状态，指令寄存器初始化，BST 电路无效，器件正常工作。利用 TMS 引脚输入控制信号，TAP 控制器可完成状态转换，当 TAP 控制器前进到 SHIFT-IR 状态时，由 TDI 输入相应指令，进入 TAP 控制器的相应命令模式，并以 SAMPLE/PRELOAD、EXTEST、BYPASS 三种模式之一进行测试数据的串行移位。TAP 控制器这三种命令模式的含义如下：

（1）BYPASS 模式：BYPASS 模式是 TAP 控制器缺省的测试数据的串行移位模式，数据信号在 TCK 上升沿进入，通过 Bypass 寄存器，在 TCK 下降沿输出。

（2）EXTEST 模式：用于器件外部引脚的测试。

（3）SAMPLE/PRELOAD 模式：用于在不中断器件正常工作状态的情况下捕获器件内部数据。

9.4　CPLD 和 FPGA 的编程与配置

可编程逻辑器件在利用开发工具设计好应用电路后，要将该应用电路写入 PLD 芯片，将应用电路写入 PLD 芯片的过程就称为编程，而对 FPGA 器件来讲，由于其内容在断电后即丢失，因此称为配置，但把应用电路写入 FPGA 的专用配置 ROM 仍称为配置。由于编程或配置一般是把数据由计算机写入 PLD 芯片，因此也叫下载。要把数据由计算机写入 PLD 芯片，首先要把计算机的通信接口和 PLD 的编程或配置引脚连接起来。一般是通过下载线和下载接口来实现的，也有专用的编程器。

CPLD 的编程主要要考虑编程下载接口及其连接，而 FPGA 的配置除了考虑编程下载接口及其连接外，还要考虑配置器件问题。

9.4.1　CPLD 和 FPGA 的下载接口

目前可用的下载接口有专用接口和通用接口，串行接口和并行接口之分。专用接口如 Lattice 早期的 ISP 接口（ispLSI1000 系列），Altera 的 PS 接口等，通用接口如 JTAG 接口。串行接口和并行接口不仅针对 PC 机而言，对 PLD 也是这样，显然，JTAG 接口是串行接口。但在 PLD 内部，数据都是串行写入的，使用并行接口在 PLD 内部数据有一个并行格式转串行格式的过程，故串行接口和并行接口速度基本相同。

Altera 的 ByteBlaster 接口是一个 10 芯的混合接口，有 PS 和 JTAG 二种模式，都是串行接口。接口信号排列如图 9.20 所示，名称如表 9.2 所示。

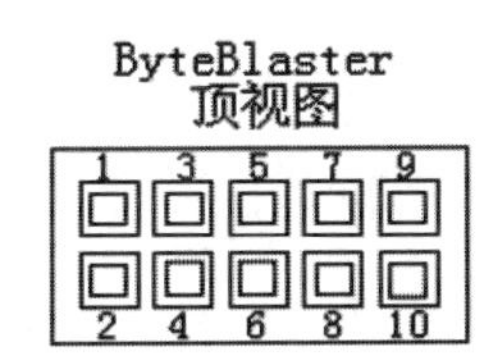

图 9.20　ByteBlaster 接口信号排列图

表 9.2　ByteBlaster 接口信号名称表

引脚号 模式	1	2	3	4	5	6	7	8	9	10
PS 模式	DCK	GND	CONF DONE	VCC	CONFIG	NA	nSTATUS	NA	DATA0	GND
JTAG 模式	TCK	GND	TDO	VCC	TMS	NA	NA	NA	TDI	GND

PLD 芯片，尤其是 FPGA 芯片，其下载模式有多种，分别对应于不同格式的数据文件，不同的配置模式又要有不同的接口，如 Xilinx 公司的 FPGA 器件有 8 种配置模式，Altera 的 FPGA 器件有 6 种配置模式。配置模式的选择是通过 FPGA 器件上的模式选择引脚来实现的，Xilinx 公司的 FPGA 器件有 M0、M1、M2 三只配置引脚，Altera 的 FPGA 器件有 MSEL0、MSEL1 两只配置引脚。但各系列也有差别，设计时要查阅相关数据手册。

9.4.2　CPLD 器件的下载接口及其连接

现在的 CPLD 器件基本上都采用 ISP 编程，大都可以利用 JTAG 接口下载。JTAG 接口原是为 BST 设计的，后用于编程接口，形成了 IEEE1532，对 JTAG 编程进行了标准化。JTAG 编程接口减少了系统引出线，便于编程接口的统一。

JTAG 编程接口使用 JTAG 引脚中的 TCK、TMS、TDI、TDO 来实现。ALTERA 公司 CPLD 器件采用 ByteBlaster 接口用 JTAG 方式下载，连接电路如图 9.21 所示。

图中，ByteBlaster 接口通过并口线与计算机的并口相连。

采用 JTAG 编程接口还可使用 JTAG 链接一次对多个 CPLD 器件进行编程。所谓 JTAG 链接实际上是把一个器件的 TDO 接在后一个器件的 TDI 上，实现同时编程。

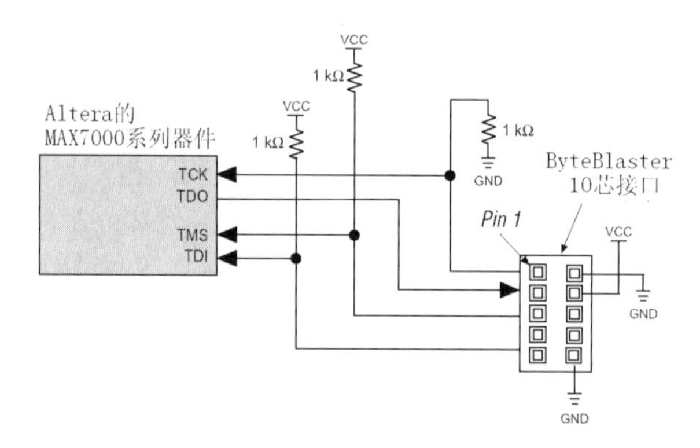

图 9.21　ALTERA 公司 CPLD 编程下载连接图

Lattice 早期的 ISP 接口（ispLSI1000 系列）也支持多器件下载。以上具体连接电路请查阅相关公司的数据手册。

9.4.3　FPGA 器件的配置模式

FPGA 器件的下载接口有串口和并口之分，有多种下载模式可选。

1. Altera 的 FPGA 器件配置

Altera 的 FPGA 器件有 6 种配置模式：

（1）PS（Passive Serial）模式：PS 模式即被动串行模式，用 MSEL1=0，MSEL0=0 选定，可直接利用 PC 机，通过 10 芯的 ByteBlaster 下载电缆对 FPGA 进行配置。该模式使用的是 ByteBlaster 混合接口（理论上也可作成 PS 专用接口），连接电路如图 9.22 所示。PS 模式也支持多个器件同时下载，如图 9.23 所示。

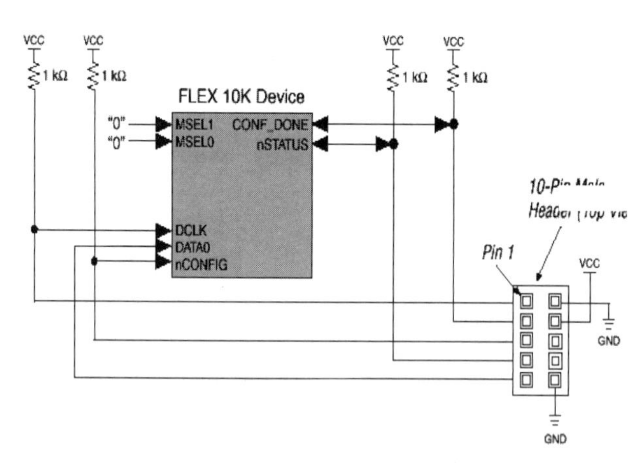

图 9.22　ALTERA 公司 FPGA 下载连接图

（2）PPS（Passive Parallel Synchronous）模式。PPS 模式即被动并行同步模式，用 MSEL1=1，MSEL0=0 选定。

（3）PPA（Passive Parallel Asynchronous）模式。PPA 模式即被动并行异步模式，用 MSEL1=1，MSEL0=1 选定。

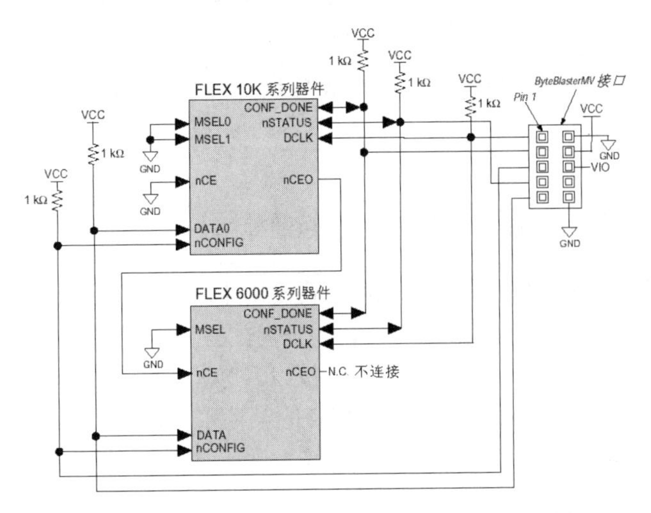

图 9.23　ALTERA 公司多个 FPGA 器件同时下载连接图

（4）PSA（Passive Serial Asynchronous）模式。PSA 模式即被动串行异步模式，用 MSEL1=0，MSEL0=1 选定。

（5）JTAG 模式。JTAG 模式其实也是被动串行模式的一种，也用 MSEL1=0，MSEL0=0 选定。与 PS 模式一样，也可直接利用 PC 机，通过如图 9.21 的方法，方便地对 FPGA 实行配置。JTAG 模式与 PS 模式的区别在于使用的引脚和信号不同。

（6）配置器件配置。使用配置器件配置实际上是一种上电自动重配置，不是计算机下载配置。

使用二位模式选择位，实际上只有 4 种模式，其他都是通过其他方式加以区分的。

2. Xilinx 公司的 FPGA 器件配置

Xilinx 公司的 FPGA 器件有 M0、M1、M2 三只配置引脚，可区分 8 种模式：

（1）主串（Master Serial）模式。主串模式输出 CCLK 信号，并以串行方式从配置器件如 EPROM 中接收配置数据。该模式一般用 M0=M1=M2=0 来选择。

（2）主并升（Master Parallel Up）模式。与主串模式不同点在于从配置器件是并行读入数据，然后在内部变成串行的数据格式，主并升模式 0000H 开始由低到高读数据。该模式一般用 M0=M1=0 和 M2=1 来选择。

（3）主并降（Master Parallel Down）模式。与主并升模式不同点在于从高地址开始由高到低读入数据，一般用 M0=0 和 M1=M2=1 来选择。

（4）从串（Slave Serial）模式。该模式在 CCLK 输入的上升沿接收串行数据，再在 CCLK 的下降沿输出，同时配置的多个从属器件用并行的 DIN 输入连接，可同时配置多个器件。该模式一般用 M0=M1=M2=1 来选择。

以上几种模式都不是计算机下载配置。

（5）外设同步（Peripheral Synchronous）模式。外设模式把 FPGA 器件当成是 PC 机的外设来加载，同步模式由外部输入时钟 CCLK 来使并行数据串行化。该模式一般用 M0=M1=1 和 M2=0 来选择。

（6）外设异步（Peripheral Asynchronous）模式。外设异步模式与外设同步模式的不同点在于 FPGA 器件输出 CCLK 信号使并行数据串行化。该模式一般用 M0=M2=1 和 M1=0 来选择。

以上两种模式都是计算机下载配置模式。

（7）菊花链（Daisy Chained）模式。菊花链模式不用进行设置，是任何模式都支持的一种多器件同时加载的方法。

（8）现在的 FPGA 都支持 JTAG 配置。

9.4.4 使用配置器件配置（重配置）FPGA 器件

通过如图 9.22 的方法，使用 PC 机也可方便地对 FPGA 实行配置，但每次上电都要重新配置，很费时，且有时是不可能的。这时，需要使用配置器件配置（重配置）FPGA 器件。配置器件可以是 PROM 等存储器件（大都为串行接口），如 PROM、EPROM、EEPROM 等，如英特尔®（Altera）FPGA 配置器件用于支持特定的英特尔 FPGA 系列产品，也可用单片机等对 FPGA 器件进行配置。

英特尔最新配置器件系列见表 9.3。

表 9.3 英特尔最新配置器件系列表

配置器件系列	串行配置器件	容量	封装	电压	FPGA 产品系列兼容性
EPCQ-L	EPCQL256(2)	256 Mb	24-ball BGA	1.8 V	Stratix 10、Arria 10 和 Cyclone 10 GX FPGA
	EPCQL512(2)	512 Mb	24-ball BGA	1.8 V	
	EPCQL1024(2)	1024 Mb	24-ball BGA	1.8 V	
EPCQ	EPCQ16(1)	16 Mb	8-pin SOIC	3.3 V	Stratix V、Arria V、Cyclone V、Cyclone 10 LP 以及早期的 FPGA 系列
	EPCQ32(1)	32 Mb	8-pin SOIC	3.3 V	
	EPCQ64(1)	64 Mb	16-pin SOIC	3.3 V	
	EPCQ128(1)	128 Mb	16-pin SOIC	3.3 V	
	EPCQ256(2)	256 Mb	16-pin SOIC	3.3 V	
	EPCQ512/A(2)	512 Mb	16-pin SOIC	3.3 V	
EPCS	EPCS1(1)	1 Mb	8-pin SOIC	3.3 V	兼容 Stratix IV、Arria II、Cyclone 10 LP 和更早的 FPGA 系列 对于新设计，建议使用 EPCQ 系列（Asx1 模式）
	EPCS4(1)	4 Mb	8-pin SOIC	3.3 V	
	EPCS16(1)	16 Mb	8-pin SOIC	3.3 V	
	EPCS64(1)	64 Mb	16-pin SOIC	3.3 V	
	EPCS128(1)	128 Mb	16-pin SOIC	3.3 V	
EPCQ-A	EPCQ4A	4 Mb	8-pin SOIC	3.3 V	兼容 Stratix IV、Arria II、Cyclone 10 LP 和更早的 FPGA 系列
	EPCQ16A	16 Mb	8-pin SOIC	3.3 V	
	EPCQ32A	32 Mb	8-pin SOIC	3.3 V	
	EPCQ64A	64 Mb	16-pin SOIC	3.3 V	
	EPCQ128A	128 Mb	16-pin SOIC	3.3 V	

备注：① PDN 1708英特尔®可编程解决方案组已于 2018 年停产 EPC 标准（不包括 EPC2），EPC 增强型 EPCS 和 EPCQ（≤128Mb）配置设备产品系列；② PDN 1802英特尔可编程解决方案集团（以下简称“英特尔 PSG”，原 Altera）正在停产 EPCQ（≥256Mb）和 EPCQ-L 配置器件产品系列；③ 从 Quartus(R)Prime Standard 17.1 开始支持 EPCQ-A 系列。对于未包含在版本 17.1 中的产品家族对传统产品的支持，需提出服务请求。

下面对常见的5种方法进行介绍和比较：

（1）用OTP配置器件配置。只适用于工业化大生产。图9.24是使用英特尔®（Altera）专用ECP1配置芯片配置FPGA的连接电路图。

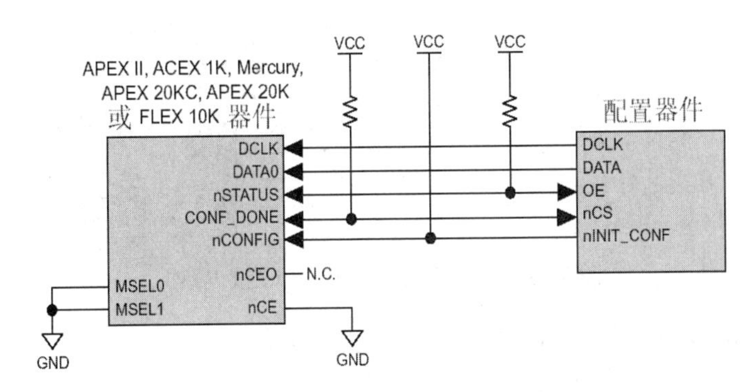

图9.24 用ECP1配置芯片配置FPGA的连接电路图

（2）使用具备ISP功能的专用芯片配置。编程次数有限，成本较高，只适合科研等场合。图9.25是使用Altera专用ECP2配置芯片配置FPGA的连接电路图。

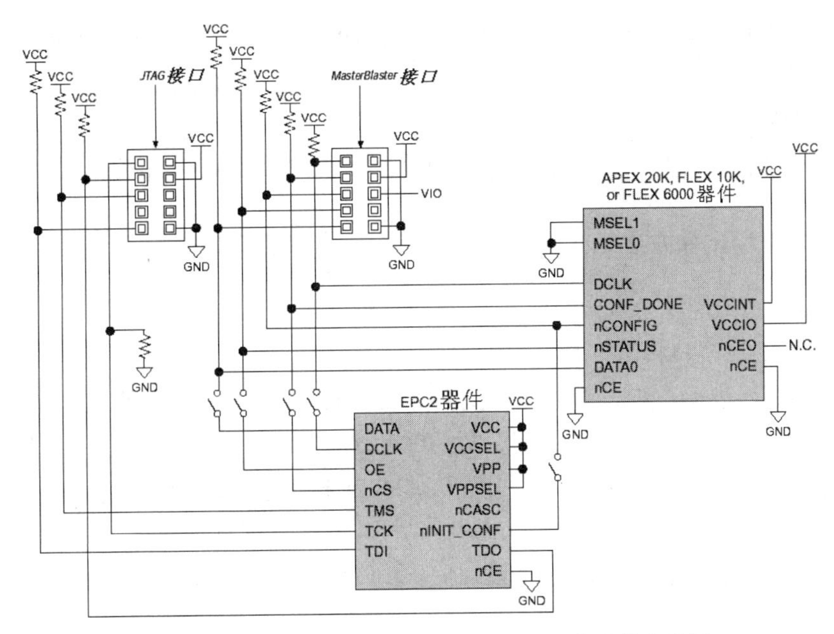

图9.25 使用ECP2配置芯片配置FPGA的连接电路图

（3）使用AS模式可多次编程的专用芯片。可无限次编程，但品种有限。如ALTERA公司的CYCLONE、CYCLONE II系列可使用EPCS通过AS模式和JTAG间接编程对芯片进行配置。

（4）使用单片机配置。可用配置模式多，配置灵活，同时可解决设计的保密与可升级问题，但容量有限，可靠性不高。适用于科研等可靠性要求不高的场合。图9.26是使用单片机配置FPGA的连接电路图。

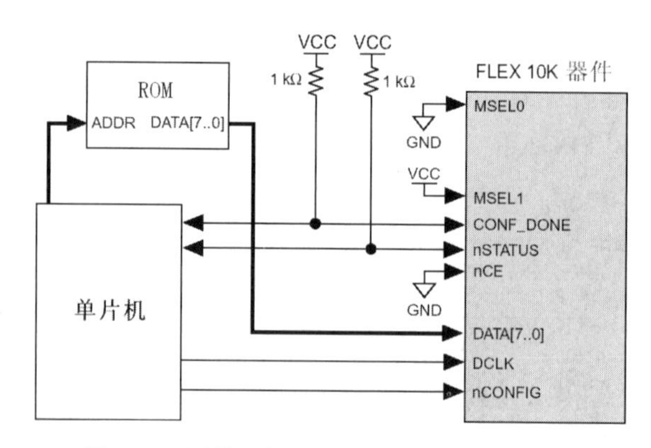

图 9.26　用单片机配置 FPGA 连接电路图

（5）使用 ASIC 芯片配置，是目前较好的一种选择。

其他公司 FPGA 配置电路参见有关专著和数据手册。

9.5　FPGA 和 CPLD 的开发应用选择

通过前面几节的介绍，对 FPGA 和 CPLD 的结构、性能等已有了比较全面的了解，但 FPGA 和 CPLD 生产厂家多，系列品种更是数不胜数，在 FPGA 和 CPLD 的开发应用中怎样来选择合适的型号产品呢？

下面就选择方法和三大厂家的选择做一简单的介绍，具体需要在工作中积累经验。

9.5.1　开发应用选择方法

在 FPGA 和 CPLD 的开发应用中选型，必须从以下几个方面来考虑：

1．*应用需要的逻辑规模*

应用需要的逻辑规模，首先可以用于选择 CPLD 器件还是 FPGA 器件。CPLD 器件的规模在 10 万门级以下，而 FPGA 器件的规模已达 1000 万门级，两者差异巨大。10 万门级以上，不用考虑，只有选择 FPGA 器件；在万门以下，CPLD 器件是首选，因为它不需配置器件，应用方便，成本低，结构简单，可靠性高；在上万门级，CPLD 器件和 FPGA 器件逻辑规模都可用的情况下，需要考虑其他因数，在 CPLD 器件和 FPGA 器件之间作出权衡，如速度、加密、芯片利用率、价格等。

其次，可用于器件系列和品种的选择。从前面 9.1.3 常用 CPLD/FPGA 简介已知，典型厂家的系列和品种规模各有不同，应用的逻辑规模一定，对应的器件系列和品种也就大致有了范围，再结合其他参数和性能要求，就可筛选确定器件系列和品种。

2．*应用的速度要求*

速度是 PLD 的一个很重要的性能指标，各机种都有一个典型的速度指标，每个型号都有一个最高工作速度，在选用前，都必须了解清楚。设计要求的速度要低于其最高工作速度，尤其是 Xilinx 公司的 FPGA 器件，由于其采用统计型互连结构，时延不确定性，设计要求的速度要低于其最高工作速度的三分之二。

3. 功耗

功耗通常由电压也可反应出来，功耗越低，电压也越低，一般来说，要选用低功耗、低电压的产品。

4. 可靠性

可靠性是产品最关键的特性之一，结构简单，质量水平高，可靠性就高。CPLD器件构造的系统，不用配置器件，具有较高的可靠性；质量等级高的产品，具有较高的可靠性；环境等级高的型号产品，如军用（M级）产品具有较高的可靠性。

5. 价格

要尽量选用价格低廉，易于购得的产品。

6. 开发环境和开发人员熟悉程度

应选择开发软件成熟，界面良好，开发人员熟悉的产品。

9.5.2 三大厂家的选择

本章介绍的三大厂家的系列产品，是PLD行业最具代表性的，也是目前市面上销售量最大、最易购买到的产品，三家产品各有自己的特点，同时又互相学习，取长补短，总体来说，有以下差异：

1. 各有所长

Lattice公司长于CPLD，不论是在逻辑规模还是在速度等指标上都处于领先位置。

Xilinx公司长于FPGA，Xilinx公司的FPGA产品，不论是在逻辑规模还是在速度等指标上都是最好的，且器件性能稳定、功耗小，用户I/O利用率高，适宜于设计时序多、相位差小的产品。

英特尔®PSG（Altera）公司长于能提供CPLD/FPGA全系列优秀产品供用户选用，同时，提供了先进、实用、方便的开发工具。

Lattice公司的产品和AlteraA公司的产品具有连续互连的结构特征，适合于多输入、等延迟的场合。同时，都具有加密功能可防止非法复制。

Xilinx公司的产品和Altera公司的产品设计灵活，器件利用率高，品种和封装形式丰富。

2. 各有所短

Lattice公司新开发的XP系列FPGA产品市场占有率不高，目前在三家公司中经营情况较差。CPLD适用范围有限，且器件中的三态门和触发器数量少。

Xilinx公司的产品采用分段式互连的结构，时延长，又无法预知，不适合等时延场合。

Altera公司的产品没有特别突出的特性，没有CPLD、FPGA器件中性能最好的产品，但这一点对学校教学和科研的影响不大。

总之，三家各有短长，在长期的发展过程中又不断改进，互相学习，推出的系列产品，大都覆盖了PLD的各个应用领域，可以相互替代。应用时，主要要注意充分利用各种器件的优势，取长补短，设计出器件利用率高、价格适中、综合性能高的产品。

9.6 应用电路举例

课题：EDA实验开发系统设计。该系统的主要任务是完成学习EDA课程时基本实验项目，系统组成框图如图9.27所示。

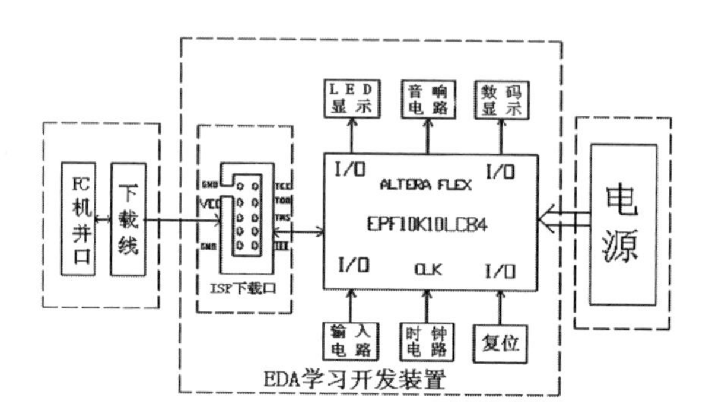

图9.27　EDA学习开发系统组成框图

该系统采用ALTERA公司的FLEX EPF10K10FPGA芯片，其引脚封装图如图9.28所示。

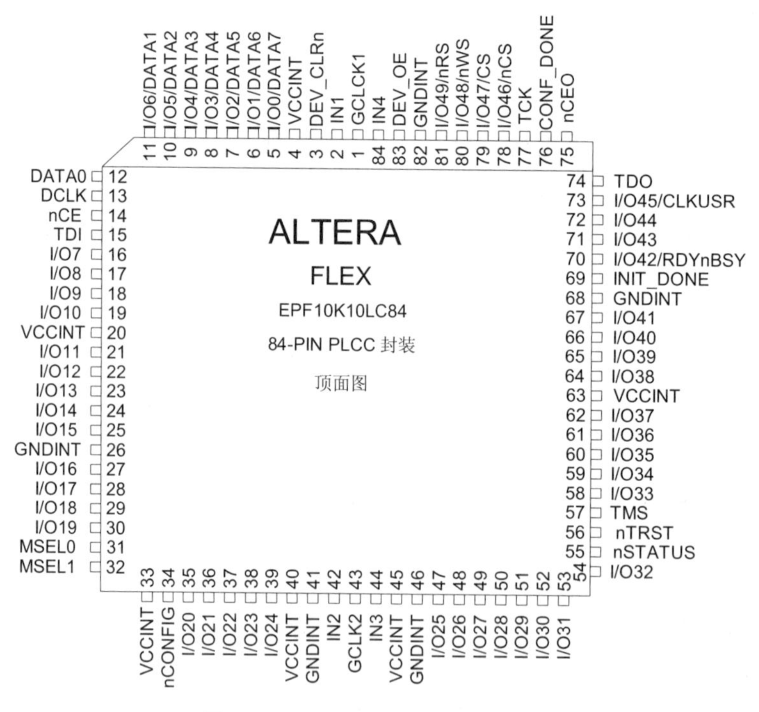

图9.28　EPF10K10LC84引脚封装图

整个系统由电源与复位电路、时钟电路、输入电路、LED显示电路、数码显示电路、音响电路、编程与下载电路组成，可完成1位全加器、2选1多路选择器、D触发器、8位硬件加法器、3—8译码器、7段数码显示译码器、含异步清零和同步时钟使能的4位加法计数器、用状态机实现序列检测器、两位十进制频率计、4位十进制频率计、数控分频器、数字钟、移位相加 4 位硬件乘法器、波形发生与扫频信号发生器等实验，其原理图如图 9.28 所示。

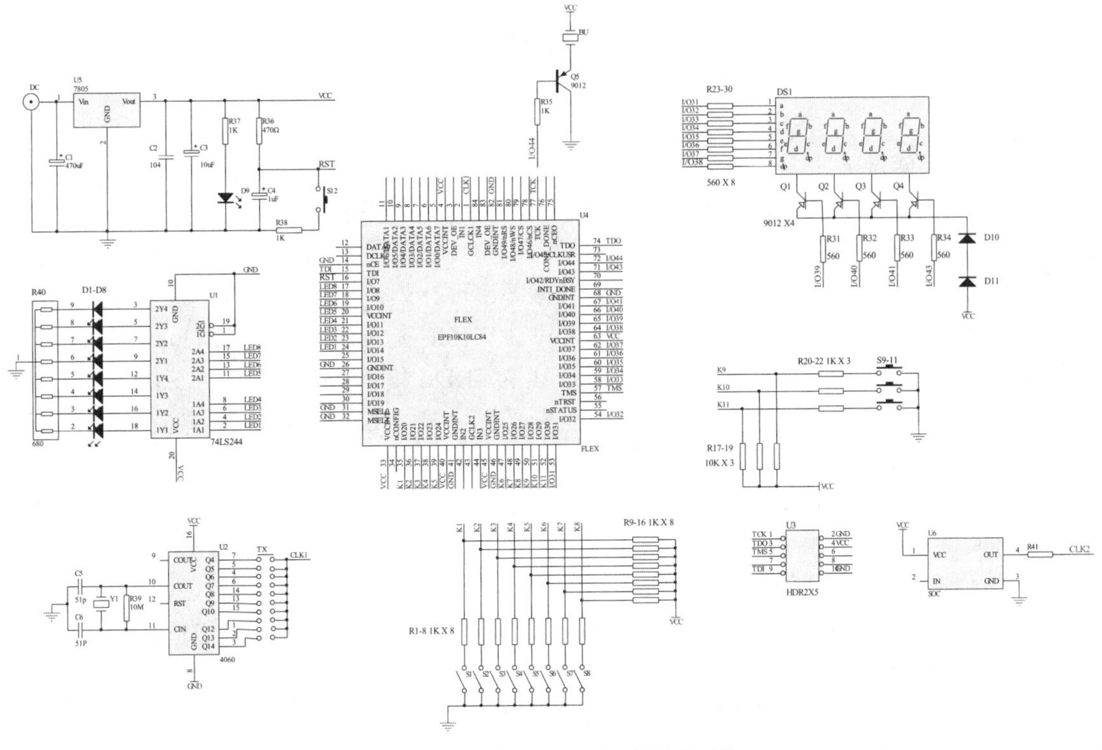

图 9.28　EDA 学习开发系统原理图

习题 9

9.1　简述 CPLD 和 FPGA 的工作原理，并说明它们各有什么优缺点，各适用在什么场合？

9.2　Altera 的 FPGA 中一般都设置有 EAB，它有何作用？

9.3　Xilinx 的 FPGA 采用的是什么互连方式，与 Altera 的 FPGA 有什么不同的特点？

9.4　简述边界扫描测试的原理，并说明它有何优点？

9.5　Altera 公司、Xilinx 公司、Lattice 有哪些器件系列？各有些什么性能指标？并阐述主要性能指标的含义。

9.6　选用 PLD 时应考虑那些方面的问题？

第 10 章　VHDL 编程

本章提要：随着半导体工艺的快速发展，FPGA、CPLD 等大规模可编程器件在数字系统的设计过程中得到了越来越广泛的应用，设计规模和功能变得庞大而复杂，传统的电路图设计方法已不适用系统设计要求，因此便于传递、交流、保存、修改、设计灵活的硬件描述语言得到了设计工程师们的广泛使用，大大提高了设计效率。现在硬件描述语言的种类有很多，例如 VHDL（VHSIC Hardware Description Language，其中 VHSIC 是 Very High Speed Integrated Circuit 的缩写）、Verilog HDL、AHDL、System C 等，其中 VHDL 和 Verilog HDL 的应用比较广泛。

本节根据课堂教学和实验教学的要求，以提高实际工程设计能力为目标，首先对 VHDL 程序结构、语言要素进行详细阐述；在此基础上，用 VHDL 语言的顺序语句和并行语句对数字电路的时序逻辑功能电路和组合逻辑功能电路进行描述，结合实例，使读者能迅速地了解并掌握 VHDL 的描述与逻辑电路之间的基本关系；然后介绍 Quartus II 软件的使用和 Quartus II 提供的资源 LPM 宏，设计更大数字电路。本节中仿真结果图采用 Quartus II 9.0 版本仿真得出，Altera 公司已将 Quartus II 10.0 及以后的版本中的门级仿真器移除，并推荐使用接口于 Quartus II 的 ModelSim-Altera 仿真器。

教学建议：本章重点讲授 VHDL 编程，包括设计方法、语法、要素、数据类型、语句；在此基础上分别讲授组合逻辑电路和时序逻辑电路的 VHDL 描述，比较二者的差异；再教授 QuartusII 软件的使用方法。建议教学时数：22 学时。

学习要求：了解硬件描述语言的概念及设计方法；掌握 VHDL 语言的语法、要素；掌握 VHDL 语言的数据类型、并行语句顺序的类型；掌握 Quartus II 软件输入、编译、仿真、下载调试的方法；掌握 Quartus II 软件的 LPM 宏的使用及调用宏设计数字系统的方法。

关键词：VHDL；Quartus II；VHDL 语法；VHDL 要素；Process 语句；顺序语句；并行语句；LPM 宏；有限状态机。

10.1　VHDL 语言的程序结构

VHDL 程序结构如图 10.1 所示，它由库与程序包、实体和结构体三部分组成。

```
library ieee;
use ieee.std_logic_1164.all;
entity h_adder is
        port( A,B:in std_locic;
                SO,Co:out std_logic);
end h_adder;
architecture hf of h_adder is
        Begin
    SO<=A XOR B;
        CO<=A AND B;
end hf;
```

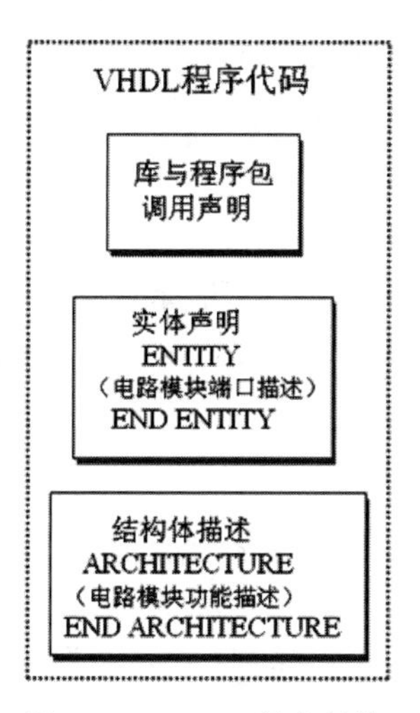

图 10.1　VHDL 程序结构

10.1.1　库与程序包

1. VHDL 库的种类

在利用 VHDL 进行工程设计中，为了提高设计效率以及使设计遵循某些统一的语言标注或数据格式，有必要将一些有用的信息汇集在一个或几个库中以供调用。这些信息可以是预先设计好的数据类型、子程序等设计单元的集合体，或预先设计好的各种设计实体，因此可以把库看成是一种用来存储预先完成的程序包、数据集合体和元件的仓库。通常，库中放置不同数量的程序包，而程序包中又可放置不同数量的子程序，子程序中又包含函数、过程和设计实体。VHDL 语言的库分为两类：一类是设计库，如在具体设计项目中用户设定的文件目录所对应的 WORK 库；另一类是资源库，是常规元件和标准模块存放的库。

（1）IEEE 库。IEEE 库是 VHDL 设计中最为常用的库，它包含有 IEEE 标准的程序包和其他一些工业标准的程序包，其中 STD_LOGIC_1164 程序包是最重要和最常用的，它定义了 STD_LOGIC 数据类型。此外，还有一些程序包虽非 IEEE 标准，但由于其已成为事实上的工业标准，也并入了 IEEE 库，最常用的是 Synopsys 公司的 STD_LOGIC_ARITH、STD_LOGIC_UNSIGNED 和 STD_LOGIC_SIGNED 程序包。

一般基于 FPGA 的开发，IEEE 库中的四个程序包 STD_LOGIC_1164. STD_LOGIC_ARITH、STD_LOGIC_UNSIGNED 和 STD_LOGIC_SIGNED 已经足够使用，同时在 VHDL 设计中必须以显示的形式打开 IEEE 库和程序包。

（2）STD 库。VHDL 语言标准定义了两个标准程序包，即 STANDARD 和 TEXTIO 程序包（文件输入/输出程序包），被收入在 STD 库中。只要在 VHDL 应用环境中，即可随时调用这两个程序包中的所有内容。由于 STD 库符合 VHDL 语言标准，在 VHDL 应用中不必显式表达出来。

（3）WORK 库。WORK 库是用户的 VHDL 设计的现行工作库，综合器将设计工程文件夹默认为 WORD 库，用于存放用户设计和定义的一些设计单元和程序包，因而是用户自己的仓库，用户设计项目的成品、半成品模块，以及先期已设计好的元件都放在其中。VHDL 标准规定 WORK 库总是可见的，因此在实际调用中，不必以显式预先说明。

（4）VITAL 库。使用 VITAL 库，可以提高 VHDL 门级时序模拟的精度，因而只在 VHDL 仿真器中使用。库中程序包括 VITAL_TIMING 和 VITAL_PRIMITIVES。但实际上，由于各 FPGA 生产厂商的适配工具都为各自的芯片生成带时序信息的 VHDL 门级网表，用 VHDL 仿真器仿真该网表可以得到精确的时序仿真结果，因此，在 FPGA 开发中一般不需要 VITAL 库中的程序包。

2. 库的用法

打开库用关键字 library，使用库用关键字 use，例如打开 ieee 库，使用 ieee 库中 std_logic_1164 程序包：

```
library ieee;
use ieee.std_logic_1164.all;
```

3. 程序包

定义程序包的一般语句结构如下：

```
    PACKAGE  程序包名  IS                    --  程序包首
        程序包首说明部分
     END  程序包名;
     PACKAGE BODY  程序包名  IS              --  程序包体
         程序包体说明部分以及包体内
     END  程序包名;
```

程序包首说明部分：常数说明、VHDL 数据类型说明、元件定义和子程序。

```
PACKAGE pacl IS                                      -- 程序包首开始
     TYPE byte IS RANGE 0 TO 255;                    -- 定义数据类型 byte
          SUBTYPE nibble IS byte RANGE 0 TO 15;      -- 定义子类型 nibble
          CONSTANT byte_ff: byte:=255 ;              -- 定义常数 byte_ff
          SIGNAL addend: nibble;                     -- 定义信号 addend
          COMPONENT byte_adder                       -- 定义元件
          PORT( a, b : IN byte;
                  c : OUT byte;
                overflow: OUT BOOLEAN ) ;
      END COMPONENT;
           FUNCTION my_function (a : IN byte) Return byte;      -- 定义函数
          END pacl;                                             -- 程序包首结束
程序包体
```

10.1.2 实体语句结构

实体中定义了该设计所需要的输入/输出信号，信号的输入/输出类型被称为端口模式，同时，实体中还定义了它们的数据类型。

实体说明单元的一般语句结构：

```
     ENTITY  实体名  IS
```

[GENERIC (参数名: 数据类型);]
[PORT (端口表);]
END ENTITY 实体名;

1. 端口说明语句

PORT (端口名: 端口模式 数据类型;
{ 端口名: 端口模式 数据类型});

端口模式有四种 in、out、inout 和 buffer，其模型图如图 10.2 所示。

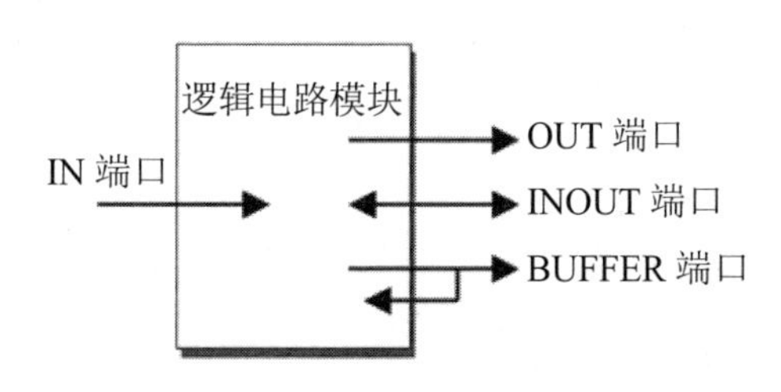

图 10.2 端口模式

IN：输入端口，一般放在模块的左边，规定数据只能由此端口被读入实体中。

OUT：输出端口，一般放在模块的右边，规定数据只能通过此端口从实体向外流出，或者说可以将实体的数据向此端口赋值。

INOUT：双向端口，一般放在模块的右边，从外部看，信号既可以由此端口流出，也可以向此端口输入信号，如 RAM 的数据端口。使用此端口，需要由控制信号电平指定输入还是输出，因此可以理解为两根线连接到同一端口上，在做输入端口时，要把输出端口配置为高阻态，避免线与产生错误逻辑。

BUFFER：缓冲端口，功能与 INOUT 类似，区别在于做输入时，只允许内部回读输出信号，即 BUFFFER 回读的信号不是由外部输入的，而是由内部产生、向外部输出的信号。

2. 参数传递说明语句

参数传递说明语句（GENERIC 语句）是一种常数参量的端口界面，常以一种说明的形式放在实体 PORT 语句前面，参数传递说明语句为所说明的环境提供了静态信息通道。被传递的参数，称为类属参数，与普通的常数不同。常数只能从设计实体内部得到赋值，且不能再改变，而类属参数可以由设计体外部提供。因此，设计者可以从外面通过参数传递说明语句中类属参量的重新设定，十分方便地改变一个设计实体或一个元件内部电路结构和规模。

参数传递说明语句的一般书写格式如下：

GENERIC([常数名 : 数据类型 [: 设定值]
{ ;常数名 : 数据类型 [: 设定值] });

（1）待例化元件。

```
LIBRARY IEEE;
    USE IEEE.STD_LOGIC_1164.ALL;
    ENTITY andn IS
      GENERIC (   n : INTEGER );        --定义类属参量及其数据类型
      PORT(a : IN STD_LOGIC_VECTOR(n-1 DOWNTO 0);
--用类属参量限制矢量长度
```

```
        c : OUT STD_LOGIC);
    END;
    ARCHITECTURE behav OF andn IS
       BEGIN
         PROCESS (a)
             VARIABLE int : STD_LOGIC;
         BEGIN
            int := '1';
               FOR i IN a'LENGTH - 1 DOWNTO 0 LOOP    --循环语句
                 IF a(i)='0' THEN      int := '0';
                 END IF;
               END LOOP;
                 c <=int ;
         END PROCESS;
    END;
```

（2）顶层设计，类参数传递。

```
    LIBRARY IEEE;
     USE IEEE.STD_LOGIC_1164.ALL;
     ENTITY exn IS
        PORT(d1,d2,d3,d4,d5,d6,d7 : IN STD_LOGIC;
             q1,q2    : OUT STD_LOGIC);
     END;
      ARCHITECTURE exn_behav OF exn IS
          COMPONENT andn                       --调用例 10.1 的元件调用声明
              GENERIC (    n : INTEGER);
              PORT(a : IN STD_LOGIC_VECTOR(n-1 DOWNTO 0);
                     C : OUT STD_LOGIC);
            END COMPONENT ;
      BEGIN
        u1: andn GENERIC MAP (n =>2)
-- 参数传递映射语句，定义类属变量，n 赋值为 2
             PORT MAP (a(0)=>d1,a(1)=>d2,c=>q1);
        u2: andn GENERIC MAP (n =>5)          -- 定义类属变量，n 赋值为 5
             PORT MAP (a(0)=>d3,a(1)=>d4,a(2)=>d5,
                        a(3)=>d6,a(4)=>d7, c=>q2);
         END;
```

10.1.3 结构体

结构体具体指明了系统内部的结构和行为，定义了设计实体的功能，规定了所设计实体的数据流，指明了实体内部元件的连接关系，每个实体都有一个或一个以上的结构体。

结构体的语句格式如下：

ARCHITECTURE 结构体名 OF 实体名 IS

[说明语句]

BEGIN

[功能描述语句]

END ARCHITECTURE 结构体名;

（1）结构体说明语句是对数据类型、常数、信号、子程序和元件等元素的说明部分。

（2）功能描述语句是描述实体逻辑行为的、以各种不同的描述风格表达的语句，描述以元件例化语句为特征的外部元件（设计实体）端口间的连接。功能描述语句有进程语句、信号赋值语句、子程序调用语句和元件例化语句。

结构体的三种描述方式：

（1）行为描述。表示输入与输出信号之间的转换行为，不含电路结构方面的信息，只强调电路的行为和功能。其特点是行为描述主要是对设计对象进行数学建模，描述程序大量采用算术运算、关系运算、惯性延时、传输延时等语句；结构体中的进程语句（process 语句）属于典型的行为描述；VHDL 语言具有较强的行为仿真和综合能力，是 EDA 技术发展的基础。

（2）数据流描述。以并行赋值语句为基础，当语句中的任一输入信号值发生变化时，激活赋值语句，使信息从所描述的结构中“流出”。这种描述方式称为数据流方式，又称为寄存器转换层次描述（RTL）。其特点是以规定设计中的各种寄存器形式为特征，并在各寄存器之间插入组合逻辑，能描述组合逻辑和时序逻辑，既可以用功能描述的 RTL 方式，也可用与硬件一一对应的方式，基于并行赋值语句实现。

（3）结构描述。调用低层设计模块或门级电路，通过端口连接实现设计要求。类似于实际的硬件电路连接，其特点是主要应用 VHDL 中的例化语句和生成语句，完成各种简单电路到复杂电路的演变。

10.2 VHDL 语言要素

10.2.1 VHDL 文字规则

1. 数字

数字包括十进制整数、实数和用数制基数表示的数。十进制整数直接书写，整数后面的零写成指数形式，数字之间可加间隔符以提高可读性；实数也是十进制数，但带小数点。

（1）整数：5，678，0，156E2（=15600），45_234_287（=45234287）。

（2）实数：1.335，88_670_551.453_909（=88670551.453909），1.0，44.99E-2（=0.4499）。

（3）以数制基数表示的文字。

用数制基数表示的数由五部分组成，即用十进制数表示的数制基数、分隔符#、数、指数隔离符#、指数部分（是 0 则省略）。例如，254 表示成十六进制数是 16#FE#，表示成二进制数是 2#1111_1110#，表示成八进制数是 8#376#，表示成十进制数是 10#254#。

SIGNAL d1,d2,d3,d4,d5, : INTEGER RANGE 0 TO 255;

d1 <= 10#170#　　　　--（十进制表示，等于 170）

```
d2 <= 16#FE#            -- （十六进制表示，等于 254）
d3 <= 2#1111_1110#      -- （二进制表示，等于 254）
d4 <= 8#376#            -- （八进制表示，等于 254）
d5 <= 16#E#E1           -- （十六进制表示，等于 2#1110000#，等于 224）
```

（4）物理量文字（VHDL 综合器不接受此类文字）。60s（60 秒），100m（100 米），kΩ（千欧姆），177A（177 安培）。

2. 字符串

字符是用单引号括起来的 ASCII，可以是数值，也可以是符号或字母；字符串是一位的字符数组，需要放在双引号中。字符串有两种类型：文字字符串和数字字符串。

（1）文字字符串："ERROR"，"Both S and Q equal to 1"，"X"，"BB$CC"。

（2）数位字符串字符也称位矢量，是预定义的数据类型 BIT 的一维数组，代表的是二进制、八进制或十六进制的数组。它们所代表的位矢量的长度即为等值的二进制的位数，数组字符串的表示首先要有计算基数，然后将该基数表示的值放在双引号中，基数符以“B”、“O”、和“X”表示，并放在字符串的前面。

其中“B”是二进制基数符，表示二进制位 0 或 1，在字符串中的每位表示 1 位；“O”是八进制基数符，在字符串中的每一个数代表一个八进制，即代表一个 3 位的二进制数；“X”是十六进制基数符号（0～F），代表一个十六进制数，即一个 4 位的二进制数。

例如：

```
data1 <= B"1_1101_1110"         -- 二进制数数组，位矢数组长度是 9
data2 <= O"15"                  -- 八进制数数组，位矢数组长度是 6
data3 <= X"AD0"                 -- 十六进制数数组，位矢数组长度是 12
data4 <= B"101_010_101_010"     -- 二进制数数组，位矢数组长度是 12
data5 <= "101_010_101_010"      -- 表达错误，缺 B
data6 <= "0AD0"                 -- 表达错误，缺 X
```

3. 标识符

标识符是最常用的操作符，标识符可以是常数、变量、信号、端口、子程序或参数的名字，VHDL 基本标识符的书写遵循如下规则：

（1）有效字符：包括 26 个大小写英文字母，数字 0～9 以及下划线“_”。

（2）任何标识符必须以英文字母开头。

（3）可以是单一下划线“_”，且前后都必须有英文字母或数字。

（4）标识符中英文字母不分大小写。

合法的标识符：Decoder_1，FFT，Sig_N，Not_Ack，State0，Idle。

非法的标识符：

```
_Decoder_1          -- 起始为非英文字母
2FFT                -- 起始为数字
Sig_#N              -- 符号“#”不能成为标识符的构成
```

```
Not-Ack          -- 符号“-”不能成为标识符的构成
RyY_RST_         -- 标识符的最后不能是下划线“_”
data__BUS        -- 标识符中不能有双下划线
return           -- 关键词
```

4. 下标名

下标名用于指示数组型变量或信号中的某一元素。下标段名则用于指示数组型变量或信号的某一段元素，其格式如下：

标识符(表达式)

其中“标识符”必须是数组型的变量或信号的名字，“表达式”所代表的值必须是数组下标范围中的一个值，这个值将对应数组中的一个元素，如果这个表达式是一个可计算的值，则此操作很容易地进行综合。

```
SIGNAL  a，b: BIT_VECTOR (0 TO 3);
SIGNAL  m  : INTEGER  RANGE 0 TO 3;
SIGNAL  y，z: BIT;
y <= a(m);              -- 不可计算型下标表示
z <= b(3);              -- 可计算型下标表示
```

10.2.2　数据类型

1. 预定义数据类型

（1）整数类 Integer。包括正整数、负整数和 0，其中正整数和 0 又叫自然数；能使用预定义的操作符，如“+”、“-”、“*”、“/”等进行算术运算，但不能用于逻辑运算；取值范围是 $-(2^{31}-1)$至$+(2^{31}-1)$，并要求用 Range 子句规定限定范围。

（2）实数类 Real。包括整数、小数和 0，取值范围为-1.0E38 至 +1.0E38，VHDL 的仿真器能支持实数类型，但综合器不支持。

（3）字符类 Character。用字母和符号表示的数据类型，书写时加单引号，一般不分大小写，但加引号后的大小写有区别，如'A'不同于'a'；将多个字符组合则为字符串，书写时加双引号，加引号后的大小写有区别。

（4）布尔类 Boolean。布尔类数据有 False 和 Ture 两种状态，在 VHDL 综合中则变为 1 和 0；不属于数值，不能用于运算，只能通过关系运算符获得。

（5）位类型 Bit。表示取值为 1 和 0 的数据对象，如变量、信号等，位类型数据可参予逻辑运算。

（6）位矢量 Bit_Vector。位类型数据的一维数组，使用时应注明位宽，如 SIGNAL a: BIT_VECTOR(7 TO 0)。

（7）逻辑位 STD_LOGIC。由 IEEE 标准的 STD_LOGIC_1164 程序包定义，应用时必须用 USE 语句打开此程序包。位数据类型 Bit 的扩展共定义了 9 种逻辑状态，编程时应注意除 0 和 1 外的其他七种逻辑值对程序功能的影响。

（8）逻辑位矢量。标准逻辑位矢量记为 STD_LOGIC_VECTOR，是标准逻辑位的一维数组，使用时应注意位宽。

2. 自定义数据类型

（1）枚举类型（Enumerated）。用文字、符号表示的一组实际的二进制数，如定义数据名为 ST 的数据是 ST0、ST1、ST2、ST3，其编码默认为 00、01、10、11。

定义格式：

TYPE 类型名 IS(元素…);

例如：

```
TYPE   st   IS (st0, st1, st2, st3);
```

（2）整数与实数型（Integer、Real）。与普通代数的整数、实数相同，预定义程序包中也有这两种类型，根据需要重新定义并限定其取值范围，以便能被综合器接受以提高 PLD 的利用率。

定义格式：

TYPE 类型名 IS 类型定义范围;

例如：

```
TYPE digit IS INTEGER RANGE 0 TO 9;
```

（3）数组型（Array）。将相同数据类型的元素集合为一维数组或多维数组，但综合器只支持一维数组。若定义语句的范围一项缺省，则为整数类型。

定义格式：

TYPE 类型名 IS ARRY 范围 OF 原类型名;

例如：

```
TYPE word IS ARRY (1 TO 8) OF STD_LOGIC;
```

即 word 有 8 个元素分别为 word(1)～word(8)。

（4）时间类型（Time）。表示时间的数据类型，定义语句中指明基本时间单位为“fs”，以及由“fs”向上的各单元之间的换算关系。除时间外，其他物理量如电压、电容、电阻等也可以根据定义时间的格式进行定义。

格式：

TYPE 数据类型 IS 范围;

UNITS 基本单位;

单位;

END UNITS;

例如：

```
   TYPE time IS RANGE 0 TO 10000;
      UNITS    fs;
      ps=1000fs;
      ns=1000ps;
      us=1000ns;
END UNITS;
```

3. 数据类型转换

由于 VHDL 的数据类型较多，除了预定义数据类型外，还有用户自定义数据类型，当数据类型不一致时，需要转换一致后才能给信号赋值或完成各种运算操作。VHDL 综合器的 IEEE 标准库里的程序包中定义了许多类型转换函数，见表 10.1，设计者可以直接调用这些函数进行类型转换。

表 10.1　IEEE 库数据类型转换函数表

函数名	功能
所在程序包：STD_LOGIC_1164	
to_stdlogicvector(A)	由 bit_vector 类型转换为 std_logic_vector
to_bitvector(A)	由 std_logic_vector 转换为 bit_vector
to_stdlogic(A)	由 bit 转换成 std_logic
to_bit(A)	由 std_logic 类型转换成 bit 类型
所在程序包：STD_LOGIC_ARITH	
conv_std_logic_vector(A，位长)	将 integer 转换成 std_logic_vector 类型，A 是整数
conv_integer(A)	将 std_logic_vector 转换成 integer
conv_unsigned(A，位长)	将 unsigned、signed、integer 类型转换为指定位长的 unsigned 类型
conv_signed(A,位长)	将 unsigned、signed、integer 类型转换为指定位长的 signed 类型
所在程序包：STD_LOGIC_UNSIGNED	
conv_integer(A)	由 std_logic_vector 转换成 integer

例如：用转换函数 CONV_INTEGER()完成 3-8 译码器的程序设计。

```
LIBRARY IEEE;
USE IEEE.STD_LOGIC_1164.ALL;
USE IEEE.STD_LOGIC_UNSIGNED.AL;
ENTITY decoder3to8 IS
PORT(input:IN STD_LOGIC_VECTOR(2 DOWNTO 0);
      output:OUT STD_LOGIC_VECTOR(7 DOWNTO 0));
END decoder3to8;
ARCHITECTURE behave    OF decoder3to8 IS
   BEGIN
   PROCESS(input)
       BEGIN
       output<=(OTHERS=>'0');
       output(CONV_INTEGER（input）)<='1';
   END PROCESS;
END behave;
```

10.2.3　VHDL 的数据对象

VHDL 的数据对象分为三类：常量（constant）、变量（variable）和信号（signal）。总体来说，三者都用于传递数据或接受数据赋值，在最终实现的硬件电路中，信号和变量相当于连线及连线上的数据值。

1. 常量

常量是一个固定不变的数据值，如 VCC、GND 等。常量只能取一个值，信号和变量却可以取多个不同的值。

常量定义的一般表达格式是：

CONSTANT 常数名: 数据类型　:= 表达式;

例如：

CONSTANT data: STD_LOGIC_VECTOR:="0110"

上式的意思是 data 是常数 0110，其数据类型为标准位矢量型。常量语句定义的适应范围有实体、结构体、程序包、块、进程和子程序。如果在一个设计实体中定义，则有效范围是这个设计实体的结构体；如果在设计实体的某一部分定义，则有效范围只是所定义的这部分电路，例如在一个进程语句中定义，则有效范围只在这个进程中。

2. 变量

在 VHDL 语法规则中，变量是局部量，只能在进程和子程序中使用，变量不能将信息带出任何它作定义的当前结构。变量赋值是一种理想化的数据传输，是立即发生的，不存在任何延迟行为。变量的主要作用是在进程（process 语句）中作临时的数据存储单元。

定义变量的一般表述：VARIABLE 变量名: 数据类型:= 初始值;

变量赋值的一般表述：目标变量名: =表达式;

变量的赋值符是“:=”，变量数值的改变是通过变量赋值来实现的，要求表达式和“目标变量名”具有相同的数据类型，通过赋值操作，新的变量值的获得是立即发生的。变量赋值语句左边的目标变量可以是单值变量，也可以是矢量。

3. 信号

信号是描述硬件系统的基本数据对象，可以作为设计实体中并行语句模块间的信息交流通道。信号作为一种数值的容器，不但可以容纳当前值，也可以保持历史值，这一属性与触发器的记忆功能有很好的对应关系，不必注明信号上数据流动的方向。

定义格式：

SIGNAL 信号名: 数据类型:= 初始值;

初始值的设置不是必需的，只在 VHDL 行为仿真中有效，与变量初始值赋值符号相同“:=”。信号具有全局特征，若在某一设计实体中定义，则该设计实体的任何结构体均能获得该信号的赋值；若在某一结构体中定义，赋值能在本结构中的各模块之间（例如各进程之间）传递信息。信号赋值具有延时性，即信号赋值不是立即发生，而是发生在一个进程的结束；信号用作电路的数据连接通道，综合后与硬件结构对应。信号和端口概念是一致的，但无方向说明，在实体、结构体和程序包中均可定义。

信号赋值语句表达式：

目标信号<=表达式;

这里的表达式可以是一个运算表达式，也可以是数据对象（信号、变量或常数），数据的传入可以设置延迟，即使是零延迟也需要一个特定的延迟，即仿真延迟 δ。因此，符号“<=”两边的数据不总是一致的。

4. 进程中信号与变量赋值

准确理解和把握一个进程中的信号和变量赋值行为的特点以及它们功能上的异同点，对利用 VHDL 正确地进行设计电路十分重要。一般地，从硬件电路系统来看，变量和信号相当于逻辑电路系统中的连线和连线上的信号值；常量相当于电路中的恒定电平，如 GND 或 VCC 接口。信号和变量赋值的行为特性上区别是在进程的最后才对信号赋值，有延迟；而变量立即赋值，无延迟，以下通过示例来说明。

示例 1

```
architecture bhv of dff is
begin
process(clk)

variable Q1 :std_logic;
 begin
    if clk' event and clk='1'
       then Q1:=D; end if;
       Q:=Q1;
    end process; end;
```

示例 2

```
architecture bhv of dff is
   signal Q1:std_logic;
   begin

   process(clk)
      begin
         if clk' event and clk='1'
            then Q1<=D; end if;
                   end process;
         Q<=Q1; end;
```

以上两段 VHDL 代码，综合后的结果相同，都是典型的 D 触发器的描述。从示例可以看出，变量不能带出进程，只能在所定义的进程中使用，而信号在结构体中定义，可以在整个结构体内任何地方适用。

示例 3

```
ARCHITECTURE bhv OF DFF1 IS
SIGNAL A, B: STD LOGIC;
BEGIN
PROCESS (CLK) BEGIN
IF CLK' EVENT AND CLK='1' THEN
A<=D;
B<=A;
Q<=B;
END IF;
END PROCESS;
END;
```

示例 4

```
ARCHITECTURE bhv OF DFF1 IS
BEGIN
PROCESS (CLK)
VARIABLE A, B: STD_LOGIC;
BEGIN
A:=D;
B:=A;
Q<=B;
END IF;
END PROCESS;
END;
```

以上两段 VHDL 代码唯一的区别是对进程中的 A 和 B 定义了不同的数据对象，前者定义为信号而后者定义为变量，然而综合的结构却有很大不同：前者是三个 D 触发器级联，如图 10.3 所示，而后者是单个 D 触发器，如图 10.4 所示。

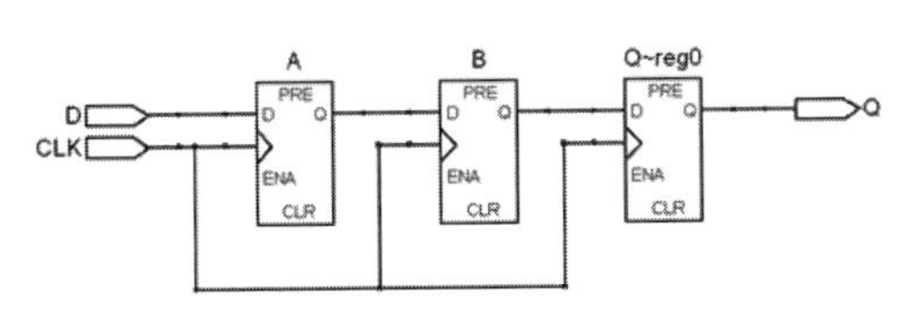

图 10.3　的 RTL 电路图

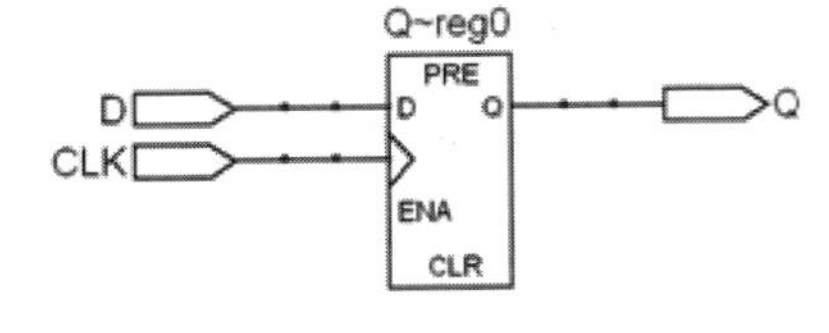

图 10.4　D 触发器电路

因此，对进程中信号赋值行为应该注意以下三点：

（1）信号赋值需要有一个 δ 延迟，当示例 3 中表达式 A<=D 时，D 向 A 的赋值是在一个 δ 延迟后发生的，此时 A 并没有得到更新。δ 延时时间是进程从开始到结束的时间，故进程中敏感信号 CLK 要产生 3 个上升沿，D 信号才能赋值给 Q 信号，即需要三个 D 触发器串联；而变量没有延迟，立即赋值，故示例 4 综合后就是个 D 触发器。

（2）在一个进程中，所有的赋值语句，包括信号赋值和变量赋值，都必须在一个 δ 延迟内完成（变量在 δ 延迟前已完成赋值），因此，在 VHDL 信号赋值有两个阶段：执行赋值和完成赋值。执行赋值是在进程中的所有信号赋值语句在进程启动的一瞬间立即顺序启动各自的延迟为δ的定时器，在顺序执行到 END PROCESS 语句时，δ延迟才结束；完成赋值是语句执行到 END PROCESS 语句时，进程中的顺序语句时以并行的方式“同时”完成的。

（3）当进程中同一信号有多个赋值源，即对同一信号发生多次赋值时，实际完成的赋值，即赋值对象的值发生更新的信号是最接近 END PROCESS 语句的信号。

10.3 VHDL 顺序语句

顺序语句的特点与传统的计算机编程语句类似，是按程序书写的顺序自上而下、一条一条地执行，顺序语句只能出现在进程（PROCESS）、过程（PROCEDURE）和函数（FUNCTION）子程序语句中，利用顺序语句可以描述数字逻辑系统中的组合逻辑电路和时序逻辑电路，VHDL 有六类基本顺序语句：赋值语句、流程控制语句、等待语句、子程序调用语句、返还语句和空操作语句。

10.3.1 赋值语句

1. 变量赋值语句

格式：目标变量名:=赋值源（表达式）

例如：x:=4.0;

2. 信号赋值语句

格式：目标变量名<=赋值源;

例如：y<=a;

说明：该语句若出现在进程和子程序中则是顺序语句，若出现在结构体中则是并行语句。

3. 数组元素赋值

```
signal a,b:std_logic_vector(0 to 3);
    a<="1101";
  a(0 to 1)<= "10";
  a(2 to 3)<=b(0 to 1);
```

10.3.2 流程控制语句

1. if 语句

```
格式 1：if   条件句  then
            顺序语句;
            end if;
格式 2：if 条件句  then
            顺序语句;
            else
            顺序语句;
            end if;
格式 3：if 条件句  then
            顺序语句;
```

```
        elsif 条件句 then
          顺序句;
          …
          else
           顺序语句;
          end if;
格式 4：if 条件句 1   then
              if 条件句 2 then
                  if  条件句 3 then
                  …
                  end if;
              end if;
         end if;
```

例 10.1 2 选 1 数据选择器的 VHDL 描述。

在数字电路中，2 选 1 多路选择器具备了组合逻辑电路的简单性和典型性的特征，首先确定电路实体，即电路模型或元件图，如图 10.5 所示，图中 a、b 是 2 个数据通道输入端口；s 是通道选择控制端，y 为数据输出端。当 s 取值分别为 1 和 0 时，输出端 y 将分别输出来自输入端口 a 和 b 的数据，其逻辑行为用时序波形图表示，如图 10.6 所示，图中 a 和 b 两个输入端口分别输入不同频率信号时，针对选通控制端 s 上所加不同的电平，输出端 y 将有对应的信号输出。当 s 为高电平时，y 端输出了来自 a 端的较高频率的时钟信号；反之，当 s 为低电平时，y 端输出了来自 b 端的较低频率的时钟信号，以下是其 VHDL 行为描述。

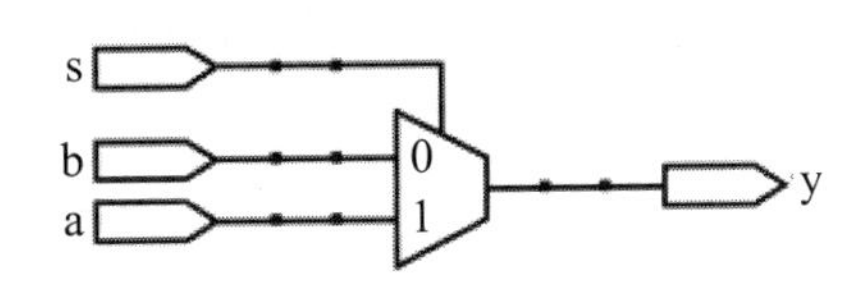

图 10.5 2 选 1 电路模型图

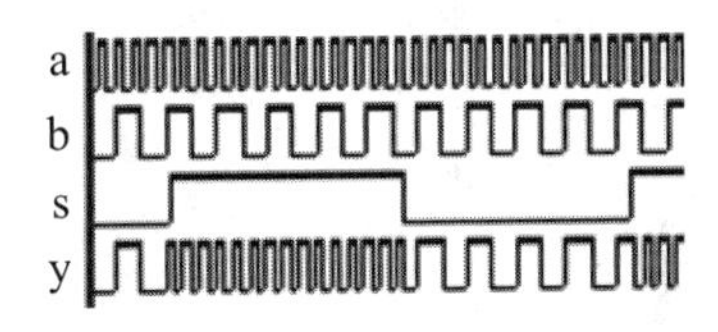

图 10.6 时序波形图

```
entity mux21a is
        port(a,b,s:in bit;
                        y :out bit);
end mux21a;
architecture bhv of mux21a is
        begin
                process(a,b,s)
                        begin
                        if(s='1') then    y<=a;
                        else y<=b;
                end process;
  end architecture bhv;
```

例 10.2 8 线-3 线优先编码器的设计。

if 语句中具有各条件向上逻辑与的功能，可以十分简洁地描述一个 8 线-3 线优先级编码器的设计。组合逻辑电路 8 线-3 线优先编码器功能描述采用真值表来描述，见表 10.2。

表 10.2 8 线-3 线优先编码器真值表（表中的“×”为任意）

输入								输出		
din0	din1	din2	din3	din4	din5	din6	din7	output0	output1	output2
×	×	×	×	×	×	×	0	0	0	0
×	×	×	×	×	×	0	1	1	0	0
×	×	×	×	×	0	1	1	0	1	0
×	×	×	×	0	1	1	1	1	1	0
×	×	×	0	1	1	1	1	0	0	1
×	×	0	1	1	1	1	1	1	0	1
×	0	1	1	1	1	1	1	0	1	1
0	1	1	1	1	1	1	1	1	1	1

```
library ieee;
use ieee.std_logic_1164.all;
entity coder is
    port(din:in std_logic_vector(0 to 7);
           output:out std_logic_vector(0 to 2));
end coder;
architecture behave of coder is
begin
  process(din)
    begin
      if(din(7)= '0') then output<="000";
        elsif(din(6)= '0')then output<="100";
        elsif(din(5)= '0')then output<="010";
      elsif(din(4)= '0')then output<="110";
      elsif(din(3)= '0')then output<="001";
      elsif(din(2)= '0')then output<="101";
      elsif(din(1)= '0')then output<="011";
      else output<="111";
    end process;
end behave;
```

显然，程序的最后一项赋值语句 output<="111"的执行条件是：(din(7)='1') and(din(6)= '1') and (din(5)= '1') and (din(4)= '1') and (din(3)= '1') and (din(2)= '1') and (din(1)= '1') and (din(0)= '0')。这恰好与真值表最后一行一致。

例 10.3 时序电路 D 触发器的 VHDL 描述。

基本时序元件主要包括不同结构功能和不同用途的触发器和锁存器，它们是时序逻辑电路，乃至实用数字系统构建的最基本单元。最简单、最常用、最具有代表性的时序元件是 D 触发器，它是现代数字系统设计中最基本的底层时序。D 触发器的描述包含了 VHDL 对时序电路的最基本和典型的表达方式，同时也包含了 VHDL 最具有特色的语言现象。其行为特点从图 10.7 中可以看出，只有当时钟上升沿到来时，其输出 Q 的数值才会随输入口 D 的数据而改变，这里称之为更新。VHDL 描述的步骤如下：

（1）根据电路功能，确定电路行为工作原理。

（2）定电路实体，其电路图如图 10.8 所示。

（3）采用 VHDL 顺序语句描述 D 触发器行为，其时序波形如图 10.7 所示。

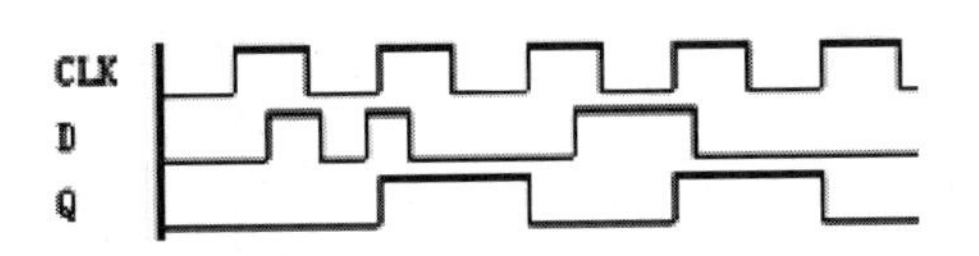

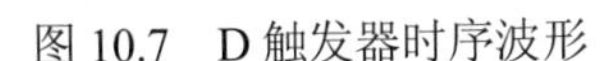
图 10.7　D 触发器时序波形

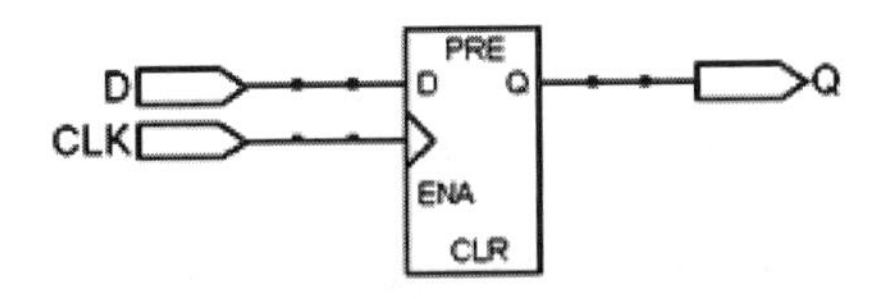

图 10.8　D 触发器模块

```
library ieee;
use ieee.std_logic_1164.all;
entity dff1 if
        port(clk,D:in std_logic;
                Q :out std_logic);
end dff1;
architecture bhv of dff1 is
signal Q1:std_logic;
        begin
        process(clk,Q1)
                begin
            if clk’ event and clk='1' then
                            Q1<=D;
                end if;
      end process;
         Q<=Q1;
End bhv;
```

（1）时钟上升沿检测表达式和信号属性函数 EVENT。

条件语句的判断表达式“clk’ event and clk='1'”是用于检测时钟信号的上升沿，称为边沿敏感表述，当检测到 clk 的上升沿，表达式为布尔值 TRUE。

关键词 EVENT 是信号属性函数，即用来获得信号行为信息的函数，包含在 IEEE 库的 STD_LOGIC_1164 程序包中。“clk’ event”是对 clk 标识符的信号在当前的一个极小的时间段 δ 内发生事件的情况进行检测。所谓发生事件，就是 clk 在其数据类型的取值范围内发生变化，从一种取值转变到另一种取值，如 clk 的数据类型为 STD_LOGIC，则在 δ 时间段内，clk 从其数据类型允许的 9 种值中的任何一个值向另一个值跳变，于是表达式输出为布尔值 TRUE，否则为布尔值 FLASE。

那么语句“clk’ event and clk='1'”则表示一旦“clk’ event”在 δ 时间内测得 clk 有一个跳变，而此时小时间段内 δ 之后又测得 clk 信号为高电平'1'即满足“clk='1'”，于是二者逻辑相与后逻辑输出为 TRUE，从而 if 语句判断 clk 在此刻有了一个上升沿。

（2）不完整条件语句综合称时序电路。

采用不完整条件语句“IF_THEN _END_IF”构成时序电路的方式是 VHDL 描述时序电路的重要的途径。而完整的条件语句“IF_THEN_ELSE _END IF;”只能构成组合逻辑电路。

然而必须注意，在利用条件语句进行纯组合电路设计时，如果没有充分考虑电路中所有课程出现的条件，即没有列全所有的条件及其对应的处理方法，将导致不完整的条件语句出现，从而综合出设计者并不希望的组合和时序电路的混合体。

例 10.4 综合后由组合逻辑电路变成时序逻辑电路的原因是条件语句中没有考虑到“a=b”的条件，即构成了不完整的条件语句，从而综合出不希望的组合和时序电路的混合体，如图 10.9 所示。

```
Entity comp_bad is
Port(a,b:IN bit;q:OUT BIT);
END;
ARCHITECTURE one OF COMP_BAD IS
BEGIN
PROCESS(a,b)   BEGIN
IF a>b THEN q<'1';
ELSIF a<b THEN q<='0';
END IF; END PROCESS;
END;
```

如果把条件语句写成 IF a>b THEN q<='1'；ELSE q<='0'；END IF;，那么就构成了一个完整的条件语句，其 RTL 电路图如图 10.10 所示。

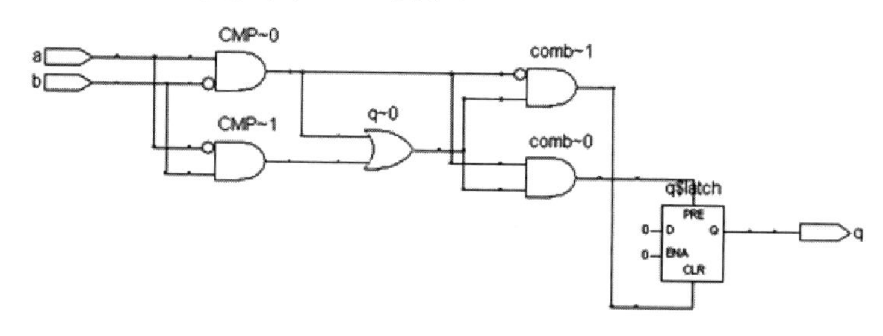

图 10.9 综合后 RTL 电路图

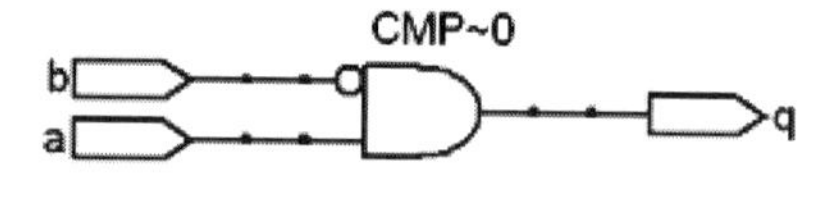

图 10.10 RTL 综合图

例 10.5 含异步复位和时钟使能的 D 触发器的 VHDL 描述。

实用 D 触发器除了数据端 D、时钟端 CLK 和输出端 Q 外，还有两个控制端，即异步复位 RST 和时钟使能 EN，其电路图如图 10.11 所示。所谓“异步”是指独立于时钟控制的复位控制端，即在任何时刻，只要 RST 信号有效，D 触发器的输出端即刻被清 0，与时钟状态无关。而时钟使能的功能是，只有当 EN='1'时，时钟上升沿才能导致触发器输出数据的更新，可以认为 EN 信号的功能对时钟 CLK 有效性进行控制，即 EN 是时钟的同步信号，即只有在时钟信号有上升沿时，EN 才会发生作用。描述其行为的波形图如图 10.12 所示，其 VHDL 代码描述为：

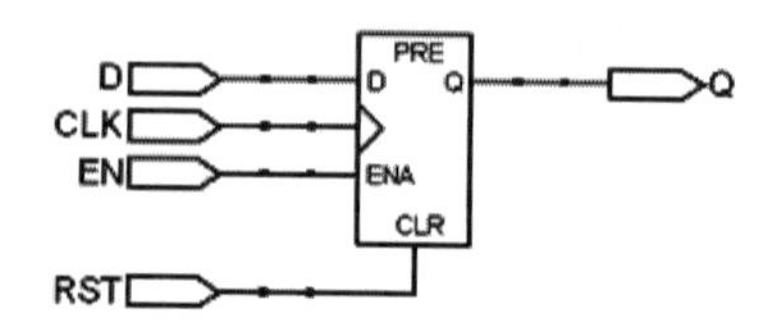

图 10.11 含使能和复位控制的 D 触发器

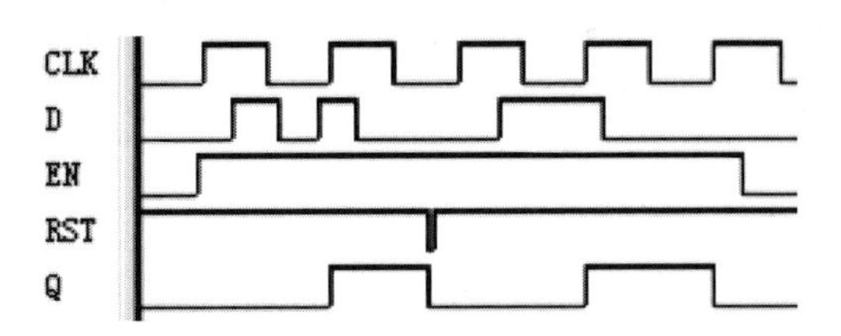

图 10.12　异步复位时钟使能时序图

```
library ieee;
use ieee.std_logic_1164.all;
entity dff2 if
        port(clk,rst,en,D:in std_logic;
                Q :out std_logic);
end dff2;
architecture bhv of dff2 is
signal Q1:std_logic;
        begin
        process(clk,Q1,rst,en)
                begin
              if rst='1' then Q1<='0' then
              elsif clk='event and clk='1' then
                    if en='1' then
                                Q1<=D;
                    end if;
                end if;
     end process;
       Q<=Q1;
End bhv;
```

在 VHDL 描述时序模块中有这样的规律：异步控制信号都放在时钟边沿测试表述 clk='event and clk='1'为条件语句的 if 语句以上，而同步控制信号放在边沿测试表述以下。

上述代码中出现两条嵌套的 if 语句，内层 if 语句是不完整的条件语句，综合后电路为时序电路。

例 10.6　4 位二进制加计数器的 VHDL 描述。

```
library ieee;
use ieee.std_logic_1164.all;
use ieee.std_logic_unsigned.all;
entity cnt4 if
        port(clk:in std_logic;
                Q :out std_logic_vector(3 downto 0));
end dff1;
architecture bhv of dff1 is
signal Q1: std_logic_vector(3 downto 0));
        begin
        process(clk)
                begin
              if clk’ event and clk='1' then
                            Q1<=Q1+1;
                end if;
     end process;
```

```
    Q<=Q1;
End bhv;
```

程序分析：

VHDL 不允许在不同数据类型的操作数之间进行直接操作或运算，代码语句 Q1<=Q1+1 中数据传输符<=右边加号的两个操作数的数据类型左边是位矢量，右边是整数，因此必须调用运算符的重载。所谓运算符重载是对同一运算符两边的数据类型进行多次定义，VHDL 中对运算的重载的定义在 IEEE 库中的程序包 STD_LOGIC_UNSIGNED 中，故使用时要打开这个程序包。

综合结果：

综合后的 4 位加计数器器的 RTL 电路如图 10.13 所示。

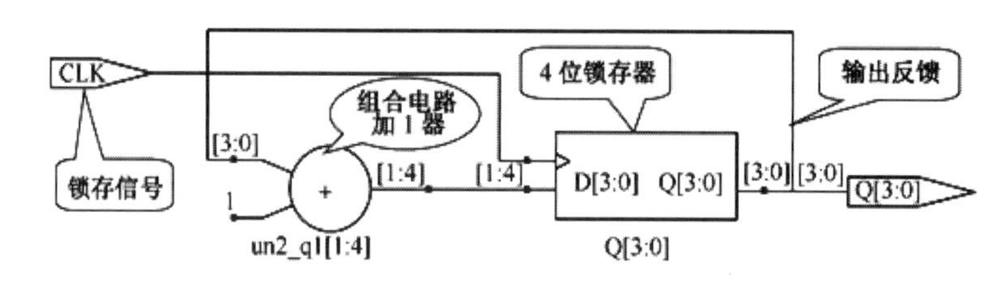

图 10.13　4 位加计数器器的 RTL 电路

（1）完成加 1 操作的纯组合电路加法器，它的右端输出始终比左端多 1，从这个角度看，此加法器等同于一个译码器，它完成的是一个二进制码的转换功能。

（2）4 位锁存器是四个边沿触发器，为纯时序电路，它一方面将数据向外输出，另一方面将此数反馈回加 1 器，以作为下一次累加器的基数。

从计数器的表面功能，计数器对 clk 的脉冲进行计数，但电路结构却显示了 clk 的真实功能只是帮助锁存数据，而真正完成加法操作的是组合电路加 1 器。

仿真结果：

四位加计数器工作时序图仿真结果如图 10.14 所示，计数器对 clk 的脉冲进行计数，Q 显示的波形是以总线的方式表达的，其数据的格式是 16 进制，它是由 Q(3)、Q(2)、Q(1)、Q(0) 波形叠加而成的。

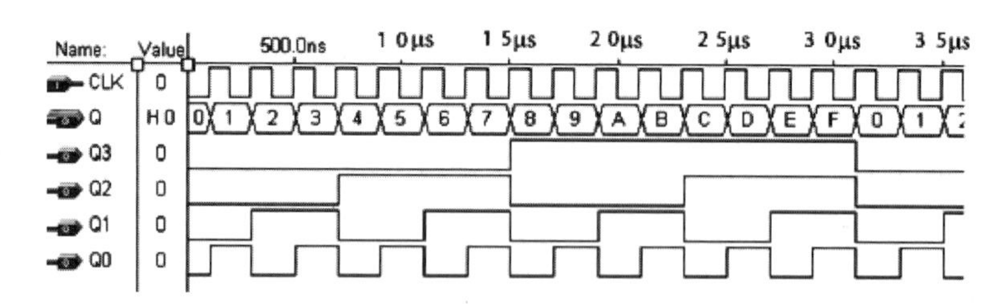

图 10.14　四位加计数器工作时序图

例 10.7　实用 10 进制加计数器的 VHDL 设计。

本例给出了的是一个带有异步复位和同步加载功能的十进制加法计数器。

```
    library ieee;
use ieee.std_logic_1164.all;
use ieee.std_logic_unsigned.all;
```

```
entity cnt10 if
    port( clk，rst,en,load:in std_logic;
            data:in std_logic_vector(3 downto 0);
        dout:out std_logic_vector(3 downto 0);
        cout:out std_logic);
end dff1;
architecture bhv of dff1 is
    begin
    process(clk，rst，en，load)
        variable Q: std_logic_vector(3 downto 0);
            begin
            if rst='0' then Q:=(OTHERS=>'0');
            elsif clk’event and clk='1' then
                if en='1' then
                    if(load='0') then Q:=data;
                    else
                        if Q<9 then Q:=Q+1;
                        else Q:=(OTHERS=>'0');
                            end if;
                    end if;
                end if;
            end if;

if Q="1001" then cout<='1';
else cout<='0';
end if;
dout<=Q;
end process;
End bhv;
```

程序分析：

进程语句中包含两个独立的 if 语句。第一个 if 语句嵌套了多个 if 语句，其中含有不完整的条件语句，因而产生计数器时序电路；第二个 if 语句条件叙述完整，故产生一个纯组合电路；一般在一个进程语句只包含一个独立的 if 语句，如果有多个的话，就应用多个进程来表述。

程序的功能是这样的：当时钟信号 clk、复位信号 rst、时钟使能信号 en 或加载信号 load 中任一信号发生变化，都将启动进程语句 process。此时如果 rst 为'0'，将对计数器清 0，即复位，属于异步复位行为；如果 rst 为'1'，则看是否有时钟上升沿。如果此时有 clk 信号，且又测得 en='1'，接下去是判断加载控制信号 load 的电平。如果 load 为低电平，则允许将输入口的 4 位加载数据置入计数寄存器中，以便计数器在此数基础上累加计数。若 load 信号为高电平，则允许计数器计数；此时若满足计数值小于 9，即 Q<9，计数器将正常计数，即执行语句“Q:=Q+1;”，否则对计数器清 0。如果测得 en='0'，则跳出 if 语句，使 Q 保持原值，并将计数值向端口输出：“dout<=Q;”。

第二个 if 语句的功能是当计数器 Q 的计数值达到 9 时，由端口 cout 输出高电平，作为十进制计数溢出的进位信号，而当 Q 为其他值时，输出低电平'0'。

由于 if 的条件语句 Q<9 的比较符号两边的数据类型不同，在综合中只能通过自动调用程序包的 std_logic_unsigned 中的运算符重载函数解决。

RTL 电路图是利用 QuartusII 软件对上面代码综合的结果，如图 10.15 所示，电路中包含小于比较器、等于比较器，加 1 器、四位锁存器各一个，二选一多路选择器两个，它们分别与程序代码对应。

（1）小于比较器对应条件语句 if Q<9 then。

（2）等于比较器对应条件语句 if Q="1001" then。

（3）加 1 器对应条件语句 Q:=Q+1。

（4）四位锁存器对应条件语句 if rst='0' then Q:=(OTHERS=>'0') end if;。

（5）二选一多路选择器对应条件语句 if(load='0') then Q:=data; else end if;。

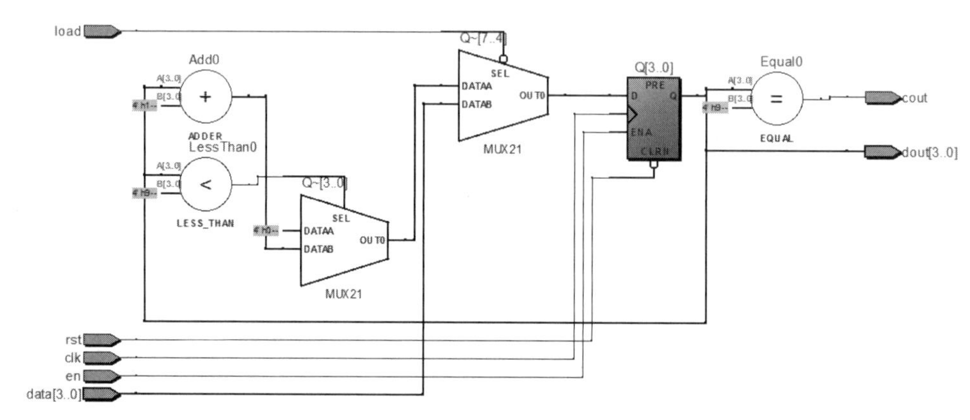

图 10.15　RTL 电路图

时序仿真：

分析程序所描述的功能与仿真波形图是否一致，由波形图如图 10.16 分析得：

（1）当计数使能信号 en 为高电平时允许计数；rst 信号为低电平时计数器被异步清 0。

（2）图中加载 load 信号是同步加载控制信号，第一个负脉冲恰好加在 clk 的上升沿，故将 5 加载于计数器，此后从 5 到 9 计数，出现第一个进位脉冲；由于第二个 load 信号没有在 clk 的上升沿处，故没有发生加载操作；而第 3 和第 4 个 load 信号都出现了加载操作，因为它们都处于 clk 信号的上升沿处。

（3）从图中还发现，凡是从 7 到 8 时都有一毛刺信号，因为 7（0111）到 8（1000）的逻辑变化最大，容易出现冒险而产生毛刺。

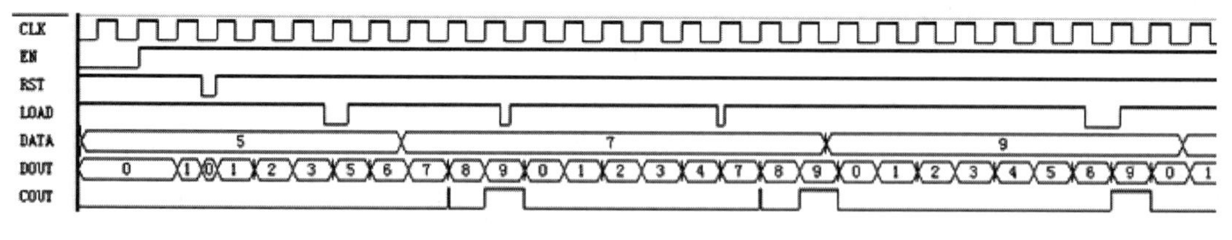

图 10.16　时序仿真波形图

2. CASE 语句

格式：case 表达式 is

When 选择值=>顺序语句;

When 选择值=>顺序语句;

…

When OHERS=>顺序语句;

END CASE;

说明："=>"不是运算符，相当于"then"。

CASE 语句的特点：

（1）CASE 语句是当条件选择值与条件表达式的值相同时，决定执行的顺序语句中的哪一项。条件表达式的值为整数或枚举型的值以及相应的数组形式。

（2）CASE 语句只能放在进程语句中应用。

（3）CASE 语句中的条件语句无顺序之分，是相互独立的。

（4）CASE 语句的每一条件选择值不能超出条件表达式的范围，每个选择值只能出现一次，即不能有相同选择值的条件语句。

（5）若 CASE 语句中的选择值不能覆盖条件表达式的值，则用"OTHERS"作为最后一个条件取值。"OTHERS"的选择值只能出现一次。

（6）每次执行中必须选中而且只能选中条件语句中的一条。

（7）CASE 语句的执行过程中，各条件句是独立的，更接近于并行方式，不像 if 语句那样是将条件按顺序逐项比较。综合后的硬件电路比 if 语句所耗的资源要多。

例 10.8　用 CASE 语句描述 4 选 1 数据选择器。

4 选 1 多路选择器的模型如图 10.17 所示，图中 a、b、c、d 是四个输入端口；s1 个 s0 为通道选择控制信号，y 为输入端口。当 s1 和 s0 取值分别为 00、01、10、11 时，输出端 y 分别输出来自输入口 a、b、c、d 的数据。图 10.18 为此波形仿真的波形图，图中显示 a、b、c、d 是四个输入端口，分别输入不同频率的信号，针对选通控制端 s1 和 s0 的不同电平选择，则输出端 y 有对应的信号输出。图中 s 选通信号是 s1 和 s2 的矢量或者总线信号。

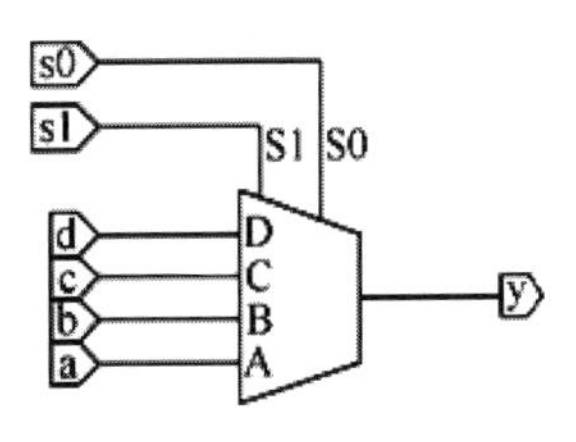

图 10.17　四选一多路选择器

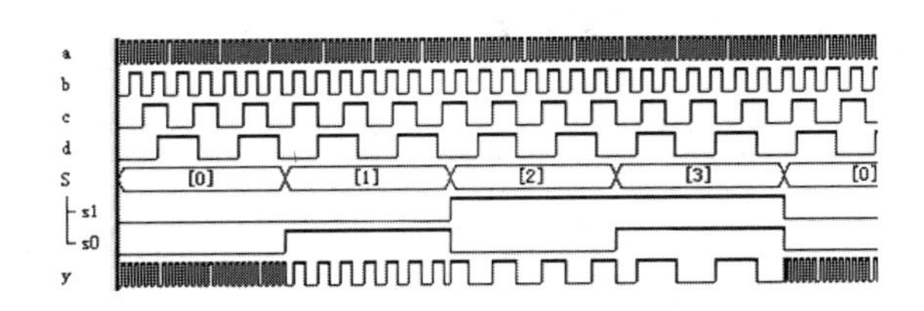

图 10.18　四选一多路选择器时序波形图

```
library ieee;
use ieee.std_logic_1164.all;
entity mux41a is
port(a,b,c,d,s0,s1:in std_logic;
        y:out std_logic);
end mux41a;
architecture bhv of mux41a is
signal s:std_logic_vector(1 downto 0);
begin
s<=s1&s0;
process(s1,s0)
   begin
   case (s) is
   when "00"=>y<=a;
```

```
    when "01"=>y<=b;
    when "10"=>y<=c;
    when "11"=>y<=d;
    when OTHERS=>NULL;
  end case;
end process;
end bhv;
```

语法分析：示例中操作符&表示将信号或数字合并起来形成新的数组矢量。例如'0'&'1'&'1'的结果为"011"。

显然语句 s<=s1&s0 的作用是令 s(1)<=s1; s(0)<=s0。

利用并置符可以有多种方式来建立新的数组。例如可以将一个单元并置于一个数的左端或右端形成更长的数组，或将两个数组并置成一个新数组，以下是并置操作示例。

```
SIGNAL a: STD_LOGIC_VECTOR(3 DOWNTO 0);      -- 首先定义 a 为 4 元素标准矢量
SIGNAL d: STD_LOGIC_VECTOR(1 DOWNTO 0);      -- 定义 d 为 2 元素标准矢量
    …
    A <= '1' & '0' & d(1) & '1';             --元素与数值并置，并置后的数组长度为 4
    …
    IF (a & d= "101011") THEN …              --在 IF 条件句中可以使用并置符
```

例 10.9　7 段数码显示译码器设计。

7 段数码译码器是纯组合电路，通常的小规模专用 IC，如 74 或 4000 系列的器件只能作十进制 BCD 码译码，然而数字系统中的数据处理和运算都是二进制的，所以输出表达都是十六进制的。为了满足十六进制数的译码显示，最方便的方法就是利用 VHDL 译码程序在 FPGA 或 CPLD 中实现。根据表 10.3 的 7 段译码器真值表设计一段程序，设输入的 4 位码为 A[3:0]，输出信号 LED7S 的 7 位分别接如图 10.19 所示的数码管的 7 个段，高位在左，低位在右。例如当 LED7S 输出为"1101101"时，数码管的 7 个段 g、f、e、d、c、b、a 分别接 1、1、0、1、1、0、1，接有高电平的段发亮，于是数码管显示“5”。

表 10.3　7 段译码器真值表

输入码	输出码	代表数据
0000	0111111	0
0001	0000110	1
0010	1011011	2
0011	1001111	3
0100	1100110	4
0101	1101101	5
0110	1111101	6
0111	0000111	7
1000	1111111	8
1001	1101111	9
1010	1110111	A
1011	1111100	B
1100	0111001	C
1101	1011110	D
1110	1111001	E
1111	1110001	F

```
LIBRARY IEEE ;
USE IEEE.STD_LOGIC_1164.ALL ;
ENTITY DecL7S IS
    PORT ( A       : IN   STD_LOGIC_VECTOR(3 DOWNTO 0) ;
           LED7S : OUT STD_LOGIC_VECTOR(6 DOWNTO 0)   ) ;
 END ;
 ARCHITECTURE one OF DecL7S IS
 BEGIN
    PROCESS( A )
    BEGIN
        CASE   A(3 DOWNTO 0)   IS
          WHEN "0000" =>   LED7S <= "0111111" ; -- X "3F"→0
          WHEN "0001" =>   LED7S <= "0000110" ; -- X "06"→1
          WHEN "0010" =>   LED7S <= "1011011" ; -- X "5B"→2
          WHEN "0011" =>   LED7S <= "1001111" ; -- X "4F"→3
          WHEN "0100" =>   LED7S <= "1100110" ; -- X "66"→4
          WHEN "0101" =>   LED7S <= "1101101" ; -- X "6D"→5
          WHEN "0110" =>   LED7S <= "1111101" ; -- X "7D"→6
          WHEN "0111" =>   LED7S <= "0000111" ; -- X "07"→7
          WHEN "1000" =>   LED7S <= "1111111" ; -- X "7F"→8
          WHEN "1001" =>   LED7S <= "1101111" ; -- X "6F"→9
          WHEN "1010" =>   LED7S <= "1110111" ; -- X "77"→10
          WHEN "1011" =>   LED7S <= "1111100" ; -- X "7C"→11
          WHEN "1100" =>   LED7S <= "0111001" ; -- X "39"→12
          WHEN "1101" =>   LED7S <= "1011110" ; -- X "5E"→13
          WHEN "1110" =>   LED7S <= "1111001" ; -- X "79"→14
          WHEN "1111" =>   LED7S <= "1110001" ; -- X "71"→15
          WHEN OTHERS =>   NULL ;
        END CASE ;
    END PROCESS ;
 END ;
```

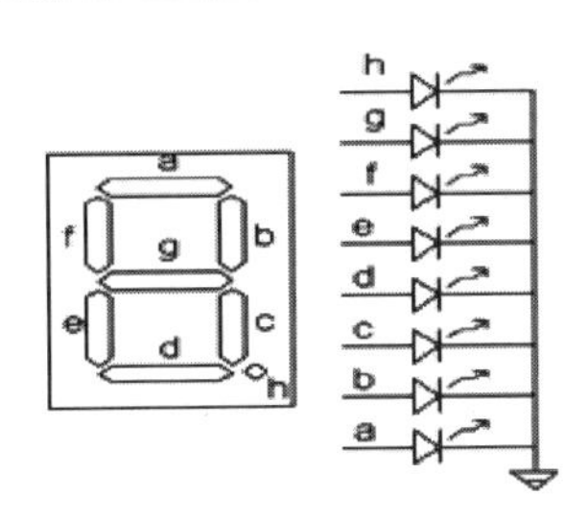

图 10.19 共阴极数码管

3. for loop 语句

循环语句的功能是将其所包含的一组顺序语句循环执行，执行次数由循环参数决定。循环语句根据设定的循环变量或条件，多次循环执行一组顺序语句，语句中的循环变量属于一个临时变量，由 loop 语句自动定义，不能与语句中的其他标识符同名。

格式 1：

[标号:]for 循环变量 in 初值 to 终值 loop

顺序语句;

end loop[标号];

格式 2：

标号：WHILE 条件 LOOP

顺序语句;

END LOOP 标号;

格式 1 中循环次数从初值开始，每执行一次则增加 1，直到循环次数范围指定的最大值。格式 2 是条件循环语句，条件成立则循环执行顺序语句，不成立则结束 Loop 语句。

例 10.10 用 VHDL 描述的 8 位奇偶校验电路。

```
LIBRARY IEEE;
USE IEEE.STD_LOGIC_1164.ALL;
ENTITY p_check IS
  PORT (a: IN STD_LOGIC_VECTOR (7 DOWNTO 0);
        y: OUT STD_LOGIC);
 END p_check;

ARCHITECTURE opt OF p_check IS
      SIGNAL tmp: STD_LOGIC;
      BEGIN
      PROCESS (a)
      BEGIN
      tmp<='0';
      FOR n IN 0 TO 7   LOOP   --循环语句，循环变量为 n，次数是 0～7
                               --此循环语句作为进程语句中的顺序语句使用
      tmp <= tmp XOR a(n);
      END LOOP;
      y <= tmp
      END PROCESS;
      END opt;
```

4. 循环控制语句（NEXT）

循环控制语句 NEXT 一般嵌套在 LOOP 语句中，控制程序执行顺序有条件或无条件的转向。

（1）NEXT 语句的格式如下：

格式 1：

NEXT 标号 WHEN 条件;

如果条件成立，则执行 NEXT 语句，跳转到标号指定语句，否则继续向下执行。

格式 2：

NEXT;

执行到 NEXT 语句时，无条件终止向下执行，跳转到 LOOP 语句外开始执行。

格式 3：

NEXT LOOP 标号;

执行到 NEXT 语句时，终止向下执行，跳转到 LOOP 标号语句处开始下一次循环。

（2）NEXT 语句的特点：NEXT 语句常嵌套在 LOOP 语句的顺序语句中，NEXT 语句的功能是控制 LOOP 语句中的顺序语句终止往下执行而跳转到 LOOP 语句的起始位置。而这种终止是有条件的，WHEN 后紧跟的是条件句。

NEXT 语句应用示例：

```
L1：FOR cet IN 1 TO 8 LOOP      --循环变量 cet ,循环次数是 1~8
S1：a(cet):='0'
NEXT WHEN (b=c);                --条件转向控制语句，若 b=c 则跳转到 L1 语句将
                                --cet 加 1 后再执行 S1 语句，否则执行 S2 语句
S2：a(cet+8) := '0';
END LOOP L1;
```

5. 循环控制语句（EXIT）

EXIT 语句也是嵌套在 LOOP 语句中用于控制 LOOP 语句的转向，其语句格式和功能都十分相似。

EXIT 也有三种格式：

- EXIT　　　　　　　　　　　　　--格式 1
- EXIT　LOOP 标号　　　　　　　--格式 2
- EXIT　LOOP 标号　条件表达式　--格式 3

EXIT 语句和 NEXT 语句，在功能上有何差别？

NEXT 语句的跳转方向是 LOOP 标号指定的语句，在没有 LOOP 标号时则跳转到当前 LOOP 语句的循环起点；EXIT 语句的跳转方向则不同，当执行到 EXIT 语句时会完全跳出循环，即跳转到 LOOP 循环语句的结束处。

可见，这两种跳转控制语句的差别在于跳转的方向不一样，NEXT 语句是跳转至 LOOP 语句起点，而 EXIT 是跳转至 LOOP 语句的终点。

6. 等待语句（WAIT）

（1）等待语句的四种不同格式：

- WAIT;　　　　　　　　　　--格式 1，无限等待
- WAIT ON 信号表;　　　　　--格式 2，直至敏感信号变化
- WAIT UNTIL 条件表达式;　--格式 3，直至条件满足
- WAIT FOR 时间表达式;　　--格式 4，直至时间到

（2）等待语句 WAIT 特点：

WAIT 语句应用在进程或过程语句中；当执行到 WAIT 语句时，程序执行被终止，直至此语句设置的等待结束条件满足才重新启动执行；对于已列出敏感信号的进程语句不能使用等待语句。若进程中设置 WAIT 语句则不列敏感信号，一个进程中使用了等待语句，一般在综合后的电路为时序电路。

一般地，只有 WAIT_UNTIL 格式的等待语句可以被综合器接受（其余语句格式只能在 VHDL 仿真器中使用），WAIT_UNTIL 语句有以下三种表达方式：

- WAIT UNTIL　信号=Value;
- WAIT UNTIL　信号’EVENT AND 信号=Value;
- WAIT UNTIL NOT 信号’STABLE AND 信号=Value;

以下四条 WAIT 语句所设的进程启动条件都是时钟上跳沿，所以它们对应的硬件结构是一样的：

- WAIT UNTIL clock ='1';
- WAIT UNTIL rising_edge(clock);

- WAIT UNTIL NOT clock’STABLE AND clock ='1';
- WAIT UNTIL clock ='1' AND clock’EVENT;

7. 子程序调用语句（SUBPROGRAM CALLS）

子程序是一种具有某种特殊功能的相对独立的 VHDL 模块，通过对子程序的调用能更有效地完成一些重复性的工作。子程序具有两种不同的类型：

- 函数（FUNTION）
- 过程（PROCEDURE）

过程语句中的参数可以是输入、输出和双向，而且这些参数在定义时都在“过程名”后面的括号中列出。如果没有特别说明，“IN”将作为常数使用，“OUT”、“INOUT”将作为变量使用。如果主程序要将输入输出参数作为信号使用，则应在过程定义中指明为信号。

（1）语句格式。

函数定义格式：

```
FUNCTION 函数名(参数表)RETURN  数据类型              --函数首
FUNCTION 函数名(参数表)RETURN  数据类型   IS         --函数体
BEGIN
顺序语句;
END FUNCTION  函数名;
```

过程定义格式：

```
PROCEDURE  过程名  (参数表)                          --过程首
PROCEDURE 过程名  (参数表)IS                         --过程体
BEGIN      顺序语句;
END    PROCEDURE       过程名;
```

（2）子程序调用

调用语句格式：

过程名(形参名=>实参表达式，形参名=>实参表达式);

形参名即对被调用过程（函数）已作说明的参数名，实参表达式是一个标识符或具体数值，是当前调用中形参的接受体。两者的对应关系分为位置关联和名字关联两种，而位置关联法可省去形参名。

（3）返回。

RETURN;--无条件返回，只能用于过程

RETURN 表达式; --只能用函数，返回时给出一个函数返回值

（4）子程序特点说明。

子程序的定义只能放在 VHDL 的程序包、结构体和进程中。子程序定义包括“首”和“体”两部分，进程或结构体中定义的子程序不需定义“首”。

VHDL 中有自定义函数和程序库中各种具有专用功能的预定义函数，如决断函数、数据类型转换函数等，函数的定义要指出返回值的数据类型。过程是另一种形式的子程序，过程参数可以是常量、变量和信号。过程本身是顺序语句，但可以由顺序语句和并行语句调用。

在综合后的目标器件中，一个子程序对应一个相应的电路模块，每次调用都会在硬件结构中产生同样的电路模块。

在 VHDL 综合中，调用子程序会产生一个相应的硬件电路，类似于元件例化语句的作用，但元件例化产生的是一个新的设计层次，而子程序调用产生的电路只是当前层次的一部分。

调用语句的执行完成下述三个功能：①将实参值赋给被调用子程序的形参；②执行过程或函数；③将过程中的形参值返回给对应的实参。

10.4 VHDL 并行语句

10.4.1 概述

1．并行语句特征

并行语句，又称为并发语句，具有以下特征：

（1）结构体中各并行语句是同步执行的，与语句在结构体中书写的顺序位置无关。

（2）同一结构体中的各并行语句之间可以是相互独立的，也可以相互发生信息交流。

（3）在一条并行语句内部可能嵌套几条其他语句，这些嵌套的语句可能并行执行，也可能顺序执行。

2．并行语句种类

结构体中的并行语句主要有七种：

（1）并行信号赋值语句（Concurrent Signal Assignments）。

（2）进程语句（Process Statements）。

（3）块语句（Block Statements）。

（4）条件信号赋值语句（Selected Signal Assignments）。

（5）元件例化语句（Component Instantiations），其中包括类属配置语句。

（6）生成语句（Generate Statements）。

（7）并行过程调用语句（Concurrent Procedure Calls）。

10.4.2 并行信号赋值语句

1．并行信号赋值语句特点

（1）赋值目标必须是信号而不是变量。

（2）每条并行赋值语句都相当于缩写的进程语句，其中涉及的信号都相当于敏感信号，一旦发生变化则启动赋值语句的执行，而且这种启动是独立于其他语句的。

（3）并行赋值语句可以直接出现在结构体中。

2．并行赋值语句的三种不同格式

（1）简单信号赋值语句：

赋值目标 <= 表达式

简单赋值语句可作为并行语句单独出现在结构体中，也可以作为顺序语句出现在进程语句中；语句的执行由表达式中的信号变化启动。

（2）条件信号赋值语句：

```
赋值目标 <= 表达式 WHEN 赋值条件 ELSE
            表达式 WHEN 赋值条件 ELSE
```

... 表达式

根据不同的条件选择表达式中的一个赋给目标信号，满足条件则立即赋值。可见，测试条件带有顺序优先级；最后一句不带条件，即前述条件均不满足时执行最后一句；语句功能与 IF 语句类似，不同之处是语句一定要用到 ELSE，而 IF 语句可采用多个条件语句嵌套；由条件句中的信号变化启动程序执行，条件不能重叠；该语句不能用在进程语句中。

（3）选择信号赋值语句：

```
WITH 选择表达式 SELECT
赋值目标信号 <=表达式 WHEN 选择值,
                表达式 WHEN 选择值,
                 ...
                表达式 WHEN 选择值;
```

以同一表达式的不同取值为条件将多个表达式的值赋给目标信号，功能类似 CASE 语句；语句的执行由 WITH 引出的选择表达式的值发生变化启动语句执行；对各子句条件的测试是同时进行的，不像条件赋值语句那样按书写顺序测试；不允许有条件涵盖不全和重叠现象；每一子句后面均有逗号，最后一句是分号。

例 10.11 用 VHDL 设计一个四选一的数据选择器，当条件 sel 为代码 00 时，将 d0 的值赋给 q；当条件 sel 为 01 时，将 d1 的值赋给 q……如果 sel 的值不满足所有的值，则将 q 置为高阻态。

（1）用条件信号赋值语句实现上述功能的四选一数据选择器。

```
LIBRARY IEEE;
USE IEEE.STD_LOGIC_1164.ALL;
ENTITY mux4 IS
  PORT (d0，d1，d2，d3，a，b：IN STD_LOGIC;
              q: OUT STD_LOGIC);
END mux4;
ARCHITECTURE rtl OF mux4 IS
SIGNAL sel: STD_LOGIC_VECTOR (1 DOWNTO 0);
BEGIN
  sel <= b&a;                          --将 a、b 并置为赋值条件 sel
  q <= d0   WHEN sel="00" ELSE         --当赋值条件为"00"时，d0 赋给 q
        d1 WHEN sel="01" ELSE
        d2 WHEN sel="10" ELSE
        d3 WHEN sel="11" ELSE
        'z';                           --当赋值条件不是上述四种情况时将 q 置为'z'
   END rtl;
```

（2）用选择信号赋值语句实现上述功能的四选一数据选择器。

```
LIBRARY IEEE;
USE IEEE.STD_LOGIC_1164.ALL;
ENTITY mux4 IS
  PORT (d0，d1，d2，d3，a，b：IN STD_LOGIC;
q: OUT STD_LOGIC);
END mux4;
ARCHITECTURE behave OF mux4 IS
SIGNAL sel: STD-LOGIC-UECTORY(1 DOWNTO 0);
```

```
BEGIN
  sel<=b&a - WITH sel SELECT                    --选择信号代入语句
      q<=d0 WHEN "00",
         d1 WHEN "01",
         d2 WHEN "10",
         d3 WHEN "11",
         'z'; WHEN OTHERS;
  END behave;
```

10.4.3 进程语句

在一个结构体中，允许放置任意多个进程语句结构，它们之间是并行语句，而每一个进程的内部是由一系列顺序语句构成的。PROCESS 语句结构包含了一个代表着设计实体中部分逻辑行为的、独立的顺序语句描述的进程，既可以由时序逻辑的描述，也可以由组合逻辑的描述，它们都可以用顺序语句来表达。

1. 语句格式

PROCESS 语句结构的一般表达格式为：

```
进程标号：PROCESS（敏感信号表）IS
说明部分
BEGIN
顺序语句;
END PROCESS 进程标号;            --其中，标号可省去
```

2. 进程语句特点

由 PROCESS 引导，END PROCESS 结束，中间为顺序语句，描述相对独立的行为；同一结构体中，可含有多个进程语句，各进程语句为并行关系，而每个进程语句本身包含顺序语句；VHDL 的所有合法顺序语句都应放在进程语句中使用；进程必须设有敏感信号，由敏感信号的变化启动进程执行，执行完一遍后进入等待状态，由下一次敏感信号的变化才会再次启动执行；每一进程均可存、取实体和本结构体中所定义的信号，各进程之间也通过信号传送数据。

3. 进程语句的组成

进程语句结构是由三个部分组成的，即集成说明部分、顺序描述语句部分、和敏感信号参数表，如图 10.20 所示。

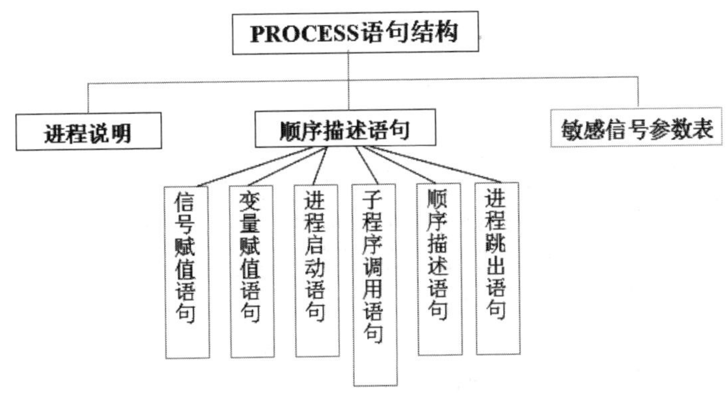

图 10.20　进程语句组成

（1）进程说明部分主要定义一些局部量，可包括数据类型、常数、变量、属性、子程序等。但需要注意，在进程说明部分不允许定义信号和共享变量。

（2）敏感信号参数表，多数 VHDL 综合器要求敏感信号表必须列出本进程中所有输入信号名。

（3）顺序描述语句部分可分为赋值语句、进程启动语句、子程序调用语句、顺序描述语句和进程跳出语句等，它们包括：

信号赋值语句：在进程中将计算或处理的结果向信号赋值。

变量赋值语句：在进程中以变量的形式存储计算的中间值。

进程启动语句：当进程的敏感信号参数表中没有列出任何敏感信号时，进程的启动只能通过进程启动语句 WAIT。

子程序调用语句：对已定义的过程和函数进行调用并参与计算。

顺序描述语句：包括 IF 语句、CASE 语句、LOOP 语句等。

进程跳出语句：包括 NEXT 语句、EXIT 语句，用于控制进程运行方向。

10.4.4 块语句

BLOCK 语句是 VHDL 中具有的一种划分机制功能的语句，这种机制允许设计者合理地将一个模块分为数个区域，在每个块中都能对其局部信号、数据类型和常量加以描述和定义。任何能在结构体的说明部分进行说明的对象都能在 BLOCK 说明部分中进行说明。BLOCK 语句应用只是一种将结构体中的并行语句进行组合的方法，它的主要目的是改善并行语句及其结构的可读性，或利用 BLOCK 的保护表达式关闭某些信号。例如复杂的设计实体，程序长，阅读不便，可利用块语句将设计实体划分成几个模块；某些模块仍然复杂，可进行下一层次的分块，即用块结构嵌套；块语句的使用不影响综合结果，也就是说，块语句是不执行的。

1. BLOCK 语句格式

```
块标号：Block
        说明部分(接口、类属说明)
         BEGIN
         并发处理语句;
      END BLOCK   标号名;
```

*结尾的标号不是必须有的

2. BLOCK 语句特点

（1）BLOCK 为并行语句，结构体中的各 BLOCK 语句是并行的，每个 BLOCK 语句中包含的语句也是并行的。

（2）块说明部分主要用于信号的映射和参数的定义，常用的语句是 GENERIC 语句、GENERIC MAP 语句、PORT 语句和 PORT MAP 语句。

（3）每个块都可以像一个独立的设计实体那样定义局部信号，如定义、常数、元件、类属、数据类型、子程序等。这种定义只对当前块有效。

示例如下：

```
B1: BLOCK                    --定义块 B1
    SIGNAL s1: BIT;          --在块 B1 中定义 s1
```

```
      BEGIN
      s1<=a AND b;                 --向 B1 中的 s1 赋值
      B2: BLOCK                    --定义块 B2 嵌套于块 B1 中
      SIGNAL s2: BIT;              --在块 B2 中定义 s2
       BEGIN
       s2   <=    c AND d;         --向 B2 中的 s2 赋值
           B3: BLOCK
           BEGIN
           z <=   s2;              --s2 来自块 B2
           END BLOCK B3;
        END BLOCK B2;
       y<=s1;                      --s1 来自块 B1
    END BLOCK B1;
```

BLOCK 语句进行了三重嵌套。各 BLOCK 语句都设置了信号说明。在不同层次的块中定义了同名字的信号，这时，内层块能使用外层块所定义的信号，而外层块却不能使用内层块中定义的信号。阅读本程序可以清楚地显示出信号的有效范围。

10.4.5　元件例化语句

元件例化语句能将已设计好的下层设计实体（元件）连接成更大规模的上层设计实体。元件例化语句是实现 VHDL 自上而下或自下而上的层次化设计的重要途径。元件例化语句分成两部分：

第一部分是元件定义，即说明被调用元件的端口名表、类属参数表，相当于一个芯片的外引线说明。它的最简表达式如下：

```
COMPONENT 元件名
   GENERIC （类属表）;        -- 元件定义语句
   PORT   （端口名表）;
END COMPONENT 文件名;
```

对于需要调用的元件，只需将该元件对应的 VHDL 程序实体描述直接复制过来即可，然后将 ENTITY 改写成 COMPONENT。元件定义语句放在结构体的 ARCHITECTURE 和 BEGIN 之间或定义在程序包首里。

第二部分是例化部分，说明被调用元件与当前设计实体如何连接，类似于集成芯片引脚如何与插座的插孔对号入座，表达式如下：

```
例化名 ：元件名 PORT MAP (      -- 元件例化语句
         [端口名 =>] 连接端口名, ...);
```

连接方式分为两种：

名字关联：这种方式中，元件端口名和关联符号都必须存在，每条连线用关联符指明，关联符=>的左边是元件端口名，右边是对应的连接端口名。

位置关联：这种方式中，元件端口名和关联符均可省略，只要在 PORT MAP 子句中列出当前系统的连接端口名即可，但连接端口中各端口的名字与元件端口中的名字应一一对应。

例 10.12　1 位全加器 VHDL 文本输入设计。

全加器可以由两个半加器和一个或门连接而成，其经典的电路结构如图 10.21 所示，此图右侧是全加器实体模块，它显示了全加器的端口情况。设计全加器之前，首先设计好半加器和或门电路，把它们作为全加器内的元件，然后再按照全加器的电路结构连接起来，最后获得的全加器电路可称为顶层电路。

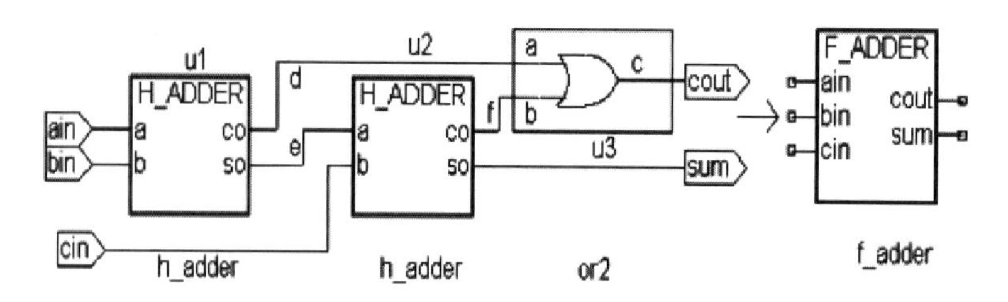

图 10.21　全加器电路图及其实体模块

（1）或门逻辑描述。

```
LIBRARY IEEE;
USE IEEE.STD_LOGIC_1164.ALL;
ENTITY or2a IS
PORT (a, b :IN STD_LOGIC;
   c : OUT STD_LOGIC );
END ENTITY or2a;
ARCHITECTURE one OF or2a IS
BEGIN
  c <= a OR b;
END ARCHITECTURE one;
```

（2）半加器描述。

```
LIBRARY IEEE;
USE IEEE.STD_LOGIC_1164.ALL;
ENTITY h_adder IS
PORT (a, b: IN STD_LOGIC;
           co, so : OUT STD_LOGIC);
END ENTITY h_adder;
ARCHITECTURE fh1 OF adder    is
BEGIN
so <= NOT(a XOR (NOT b));
co <= a AND b ;
END ARCHITECTURE fh1;
```

（3）1 位二进制全加器顶层设计描述。

```
LIBRARY    IEEE;
 USE IEEE.STD_LOGIC_1164.ALL;
 ENTITY f_adder IS
 PORT (ain，bin，cin    : IN STD_LOGIC;
           cout，sum     : OUT STD_LOGIC );
 END ENTITY f_adder;
 ARCHITECTURE fd1 OF f_adder IS
 COMPONENT h_adder
 PORT (    a，b :    IN STD_LOGIC;
                  co，so :    OUT STD_LOGIC);
 END COMPONENT   ;
COMPONENT or2a
        PORT (a，b : IN STD_LOGIC;
```

```
            c : OUT STD_LOGIC);
  END COMPONENT;
SIGNAL d， e， f   :   STD_LOGIC;
  BEGIN
u1 : h_adder PORT MAP(a=>ain， b=>bin，
co=>d， so=>e);
  u2 : h_adder PORT MAP(a=>e，   b=>cin，
co=>f， so=>sum);
u3 : or2a PORT MAP(a=>d，   b=>f， c=>cout);
END ARCHITECTURE fd1 ;
```

10.4.6　生成语句

生成语句可以简化有规则设计结构的逻辑描述，生成语句有一种复制作用，在设计中只要根据某些条件，设定好某一元件或设计单元，就可以利用生成语句复制一组完全相同的并行元件或设计单元电路结构。例如将 8 个 D 触发器连接成 8 位数据寄存器 74LS273，VHDL 的生成语句就是解决类似的问题的，利用 Generate 语句能大大简化 VHDL 程序代码。

1. 生成语句格式

生成语句格式有两种形式：

（1）[标号：] FOR 循环变量 IN 取值范围 GENERATE
　　说明
　　BEGIN
　　并行语句
　　END GENERATE [标号];

其中取值范围如下：

- 表达式　TO　表达式;　　--递增方式，如 1 TO 5
- 表达式 DOWNTO 表达式; --递减方式，如 5 DOWNTO 1

（2）[标号：] IF 条件 GENERATE
　　说明
　　Begin
　　并行语句
　　END GENERATE [标号];

2. 生成语句特点

（1）生成语句分两种格式，两种格式仅第一子句不相同，即表示两种不同的生成方式，其中一种是 FOR 语句，另一种是 IF 语句。

（2）第二子句为说明部分，对元件的数据类型、数据对象、子程序作局部说明。若将元件例化语句作生成语句中的“并行语句”部分，则例化语句中的元件说明部分就是生成语句的说明部分。

（3）FOR 型生成语句主要用在那些由多个完全相同结构组成的电路，IF 型生成语句主要用在那些由相同元件组成但相互连接有差异的情况。若多个相同元件有规则连接但电路前端和后端不规则的可采用两种形式组合应用。

（4）并行语句部分实现基本单元的复制和相互连接，常用的语句有元件例化语句、进程

语句、块语句、并行过程调用和赋值语句，还可用生成语句嵌套。

（5）程序执行时，生成语句中的循环变量在取值范围里自动递增或递减，类似于 LOOP 语句，可见生成语句具有顺序性，但综合后的电路却是并行的。

例 10.13 生成语句产生 8 个相同的电路模块，部分程序代码如下：

```
COMPONENT COMP
     PORT(x:in std_logic;
          y: out std_logic);
END COMPONENT      --例化要生成的元件
SIGNAL a：STD_LOGIC_VECTOR(0 TO 7);
SIGNAL b：STD_LOGIC_VECTOR(0 TO 7);
…
gen: FOR i IN a’RANGE GENERATE
u1:COMP PORT MAP(x=>a(i),y=>b(i));
END GENERATE;
```

利用数组属性语句 a’RANGE 作为生产语句的取值范围，进行重复元件例化过程，从而产生了一组并列的电路结构，如图 10.22 所示。

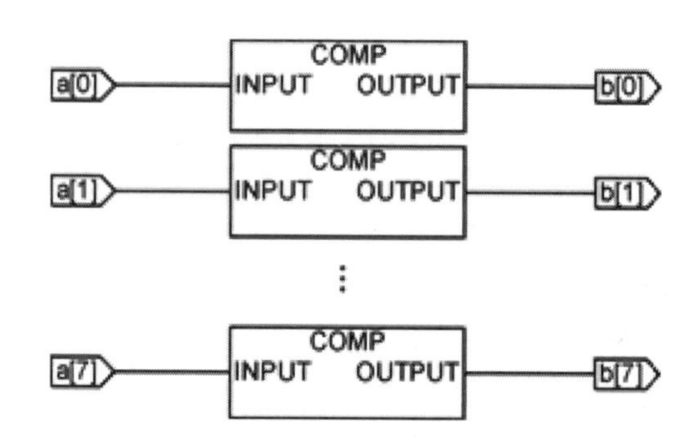

图 10.22 生成语句产生 8 个相同的电路模块

10.4.7 并行过程调用语句

（1）格式：过程名(关联参数);。

（2）特点：①并行过程调用语句由过程语句和调用语句两部分组成。其中，过程语句由 procedure 引导，调用语句由“过程名”引导。②并行过程调用语句能作为并行语句直接用在结构体、块语句中，常用来产生几个并行工作的、实现相同功能的电路，这样得到的程序结构简练。

例 10.14 下面的一段程序简要说明了并行调用过程语句的用法。首先定义了一个具有半加器功能的过程。然后在并行语句以及进程语句中分别调用这个过程。

```
…
SIGNAL sum: OUT STD_LOGIC;--过程定义，过程名为 adder
     adder (a1, b1, sum1);     --并行过程调用
…                              --a1. b1. sum1 为对应于 a、b、sum 的关联参量名
PROCESS (c1, c2);              --进程语句，其中的顺序语句应用过程调用
BEGIN
Adder (c1, c2, s1);            --顺序过程调用，c1. c2. s1 为对应于 a、b、sum 的关联参量名
END PROCESS;
```

10.5　Quartus II 时序仿真与硬件实现

本节通过实例详细介绍基于 Quartus II 的 VHDL 代码文本输入流程，包括设计输入、综合、适配、仿真测试和编程下载等重要方法；然后介绍原理图输入设计流程，掌握自顶向下的设计方法，原理图顶层电路的设计；最后介绍时序电路中的 SignalTap 嵌入式逻辑分析仪的使用。

10.5.1　VHDL 程序输入与仿真测试

在 EDA 工具的设计环境中，可借助多种方法来完成目标电路系统的表达和输入，如 HDL 文本输入方式、原理图输入方式、状态图输入方式、以及混合输入方式。相比之下，HDL 文本输入方式最基本、最直接、也最常用，以下以“四位二进制计数器”为例，详细介绍 Quartus II 的设计流程和测试流程，这里选用的 FPGA 为 Cyclone III 系列的 EP3C10E144C8 作为硬件测试平台。

1. 建立工作库文件夹和编辑设计文件

任何一项设计都是一项工程（Project），都必须首先为此工程建立一个放置与此工程相关的所有设计文件的文件夹。此文件夹将被 EDA 软件默认为工作库（Work Library）。一般不同的设计项目最好放在不同的文件夹中，而同一工程的所有文件都必须放在同一文件夹中。在建立了文件夹后就可以将设计文件通过 Quartus II 的文本编辑器编辑并存盘，步骤如下：

（1）新建一个文件夹。这里假设本项设计的文件夹取名为 CNT4b，在 D 盘中，路径为 D:\cnt4b。注意，文件夹名不能用中文，也最好不要用数字。

（2）输入源程序。打开 Quartus II，选择 File→New 命令。在 New 窗口中的 Design Files 中选择编译文件的语言类型，这里选择 VHDL File，如图 10.23 所示。然后在 VHDL 文本编译窗中输入 VHDL 示例程序。

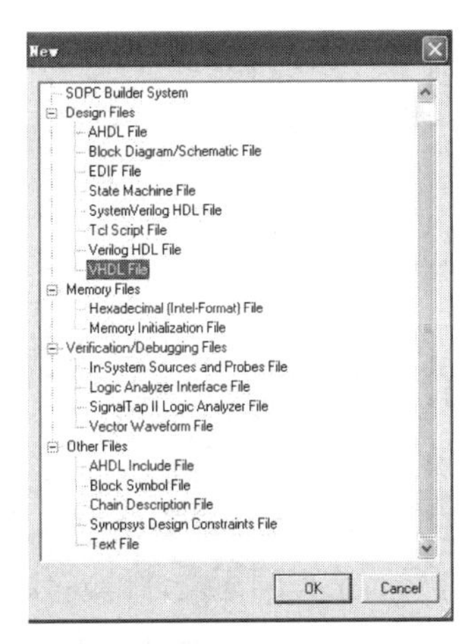

图 10.23　选择编辑文件的语言类型

```
LIBRARY IEEE;
USE IEEE.STD_LOGIC_1164.ALL;
USE IEEE.STD_LOGIC_UNSIGNED.ALL;
ENTITY CNT4B IS
```

```
    PORT ( CLK,RST    : IN STD_LOGIC;
                DOUT : OUT STD_LOGIC_VECTOR (3 DOWNTO 0) );
END;
ARCHITECTURE DACC OF CNT4B IS
  SIGNAL Q1 : STD_LOGIC_VECTOR (3 DOWNTO 0);      --设定内部节点作为地址计数器
    BEGIN
PROCESS(CLK,RST )
BEGIN
IF RST = '0' THEN Q1<="0000";
ELSIF CLK'EVENT AND CLK = '1' THEN
Q1<=Q1+1;
END IF;
END PROCESS;
DOUT<=Q1 ;
END;
```

（3）文件存盘。选择 File→Save As 命令，找到已设立的文件夹 D:\cnt4b，存盘文件名应该与实体名一致，即 cnt4B.vhd。当出现问句“Do you want to create…”时，若单击“是”按钮，则直接进入创建工程流程。若单击“否”按钮，可按以下的方法进入创建工程流程。

2. 创建工程

使用 New Project Wizard 可以为工程指定工作目录、分配工程名称以及指定最高层设计实体的名称，还可以指定要在工程中使用的设计文件、其他源文件、用户库和 EDA 工具，以及目标器件系列和具体器件等。

（1）打开建立新工程管理窗。选择 File→New Preject Wizard 命令，即可弹出“工程设置”对话框，如图 10.24 所示。

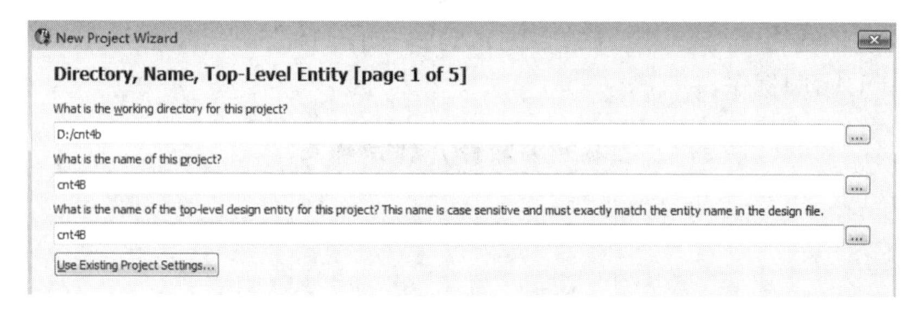

图 10.24　利用 New Project Wizard 创建工程 cnt4B

单击此对话框最上一栏右侧的“…”按钮，找到文件夹 D:\cnt4b，选中已存盘的文件 cnt4B.vhd（一般应该设顶层设计文件为工程），再单击“打开”按钮，即出现如图 10.24 所示的设置情况。其中第一行的 D:\cnt4b 表示工程所在的工作库文件夹；第二行的 cnt4B 表示此项工程的工程名，工程名可以取任何其他的名，也可直接用顶层文件的实体名作为工程名，在此就是按这种方式取的名；第三行是当前工程顶层文件的实体名，这里即为 cnt4B。

（2）将设计文件加入工程中。单击下方的 Next 按钮，在弹出的对话框中单击 File 栏的按钮，将与工程相关的所有 VHDL 文件（如果有的话）加入进此工程，即得到如图 10.25 所示的情况。此工程文件加入的方法有两种：第 1 种是单击 Add All 按钮，将设定的工程目录中的所有 VHDL 文件加入到工程文件栏中；第 2 种方法是单击“Add …”按钮，从工程目录中选出相关的 VHDL 文件。

（3）选择仿真器和综合器类型。单击图 10.25 所示的 Next 按钮，这时弹出的窗口是选择仿真器和综合器类型，如果都选默认的“NONE”，表示都选 Quartus II 中自带的仿真器和综合器。在此都选择默认项“NONE”（不作任何打勾选择）。

（4）选择目标芯片。单击 Next 按钮，选择目标芯片。首先在 Family 栏选芯片系列，在此选 Cyclone III 系列，并在此栏下单击 Yes 按钮，即选择一确定目标器件。再次单击 Next 按钮，选择此系列的具体芯片 EP3C10E144C8。这里 EP3C10 表示 Cyclone III 系列及此器件的规模；T 表示 TQFP 封装；C8 表示速度级别。便捷的方法是通过图 10.26 所示窗口右边的 3 个“Filters”窗口过滤选择，分别设置 Package 为 PQFP，Pin 为 144 和 Speed 为 8。

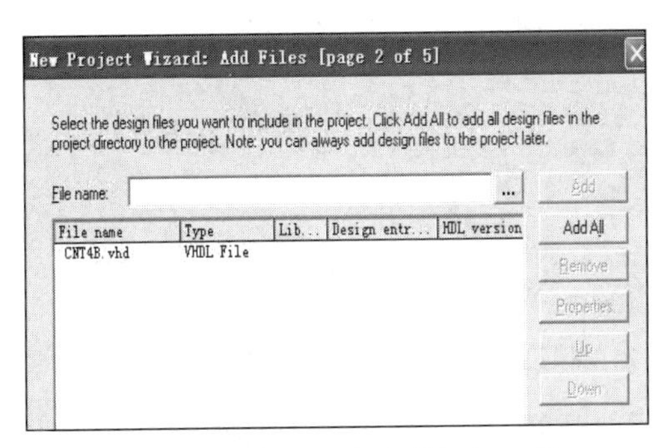

图 10.25　将相关的文件加入工程

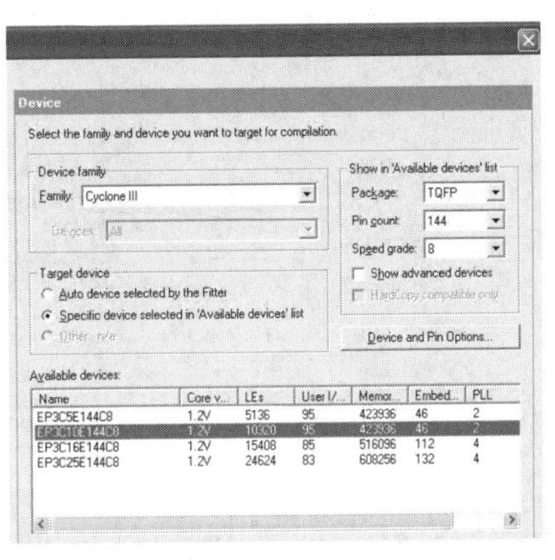

图 10.26　选择目标器件 EP3C10E144C8

3. 编译前设置

（1）选择 FPGA 目标芯片。目标芯片的选择也可以这样来实现：选择 Assignmemts 菜单中的 settings 项，在弹出的对话框中，选择 Category 项下的 Device。首先选择目标芯片为 EP3C10E144C8（此芯片已在建立工程时选定了）。

（2）选择配置器件的工作方式。单击图 10.26 中的 Device and Pin Options 按钮，进入选择窗口，将弹出 Device and Pin Options 窗口，首先选择 General 项，在 Configuration 选项页，选择配置器件为 EPCS4，其配置模式可选择 Active Serial。这种方式只对专用的 Flash 技术的配置器件（专用于 Cyclone 系列 FPGA 的 EPCS4 和 EPCS1 等）进行编程。注意，PC 机对 FPGA 的直接配置方式都是 JTAG 方式，而对于 FPGA 进行所谓“掉电保护式”编程通常有两种：主动串行模式（AS Mode）和被动串行模式（PS Mode）。对 EPCS1/EPCS4 的编程必须用 AS Mode。

4. 全程编译

Quartus II 编译器是由一系列处理模块构成的，这些模块负责对设计项目的检错，逻辑综合、结构综合、输出结果的编辑配置，以及时序分析。在这一过程中，将设计项目适配到 FPGA/CPLD 目标器中，同时产生多种用途的输出文件，如功能和时序信息文件、器件编程的目标文件等。编译器首先检查出工程设计文件中的可能错误信息，供设计者排除。然后产生一个结构化的以网表文件表达的电路原理图文件。编译前首先选择 Processing 菜单的 Start Compilation 项，启动全程编译。这里所谓的全程编译（Compilation）包括以上提到的 Quartus II 对设计输入的多项处理操作，其中包括排错、数据网表文件提取、逻辑综合、适配、装配文件（仿真文件与编程配置文件）生成，以及基于目标器件的工程时序分析等。编译过程中要注意工程管理窗下方的“Processing”栏中的编译信息。如果工程中的文件有错误，启动编译后在下方的 Processing 处理栏中会显示出来，如图 10.27 所示。对于 Processing 栏显示出的语句格式错误，可双击此条文，即弹出对应的 vhdl 文件，深色标记条处即为文件中的错误，再次进行编译直至排除所有错误。

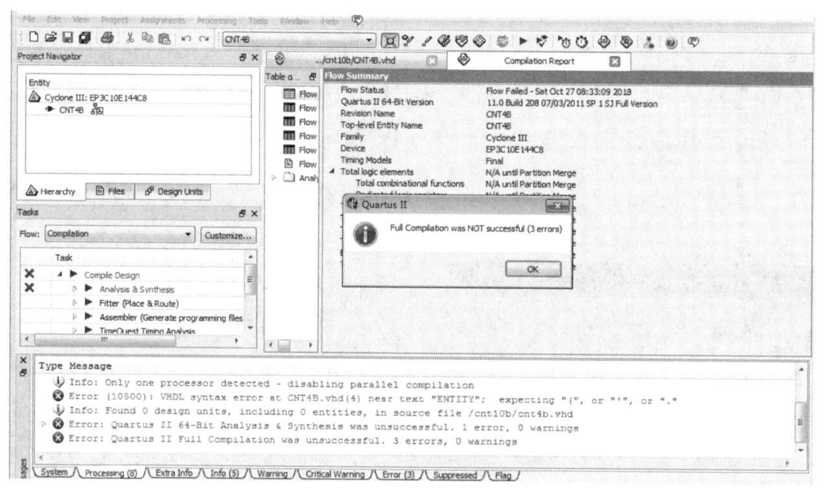

图 10.27　全程编译后出现报错信息

如果编译成功，可以见到如图 10.27 所示的工程管理窗的左上角显示了工程 CNT4B 的层次结构和其中结构模块耗用的逻辑宏单元数（共 5 LCs）；在此栏下是编译处理流程，包括数据网表建立、逻辑综合、适配、配置文件装配和时序分析等。最下栏是编译处理信息；中栏（Compilation Report 栏）是编译报告项目选择菜单，单击其中各项可以详细了解编译与分析结果。

5. 时序仿真

对工程编译通过后，必须对其功能和时序性质进行仿真测试，以了解设计结果是否满足原设计要求。以 VWF 文件方式的仿真流程的详细步骤如下：

（1）打开波形编辑器。选择菜单 File 中的 New 项，在 New 对话框中选择 Verification/Debugging Files 中的 Vector Waveform File，如图 10.28 所示，单击 OK 按钮，即出现空白的波形编辑器（图 10.29），注意将窗口扩大，以利观察。

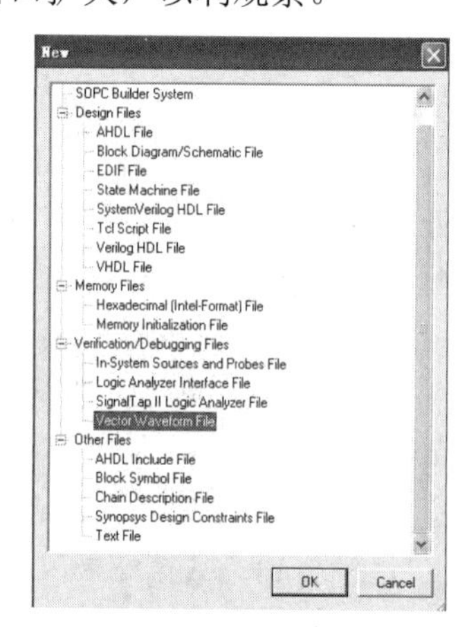

图 10.28　选择编辑矢量波形文件

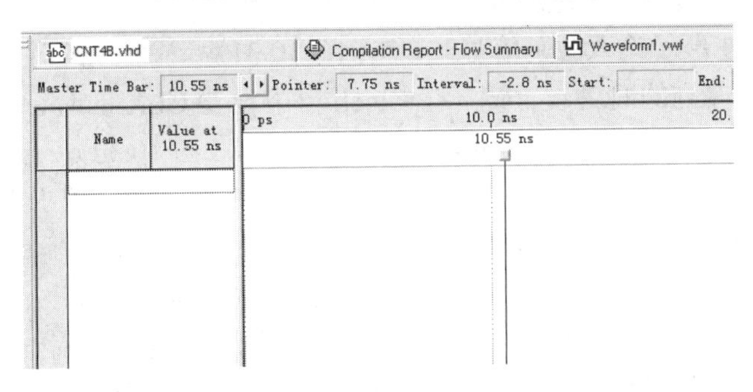

图 10.29　波形编辑器

（2）设置仿真时间区域。对于时序仿真来说，将仿真时间轴设置在一个合理的时间区域上十分重要。通常设置的时间范围在数十微秒间：在 Edit 菜单中选择 End Time 项，在弹出的窗口中的 Time 栏处输入 50，单位选“μs”，整个仿真域的时间即设定为 50μs（图 10.30），单击 OK 按钮，结束设置。

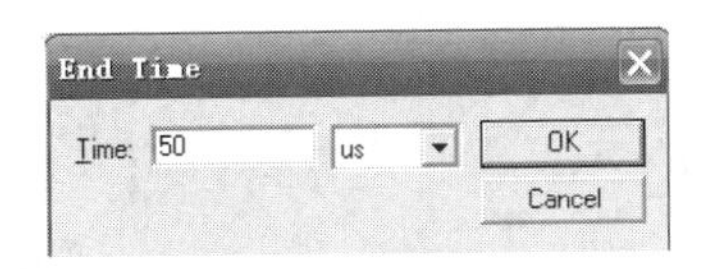

图 10.30　设置仿真时间长度

（3）波形文件存盘。选择 File 中的 Save as，将以默认名为 singt.vwf 的波形文件存入文件夹 D:\cnt4b 中。

（4）将工程 cnt4B 的端口信号节点选入波形编辑器中。首先选择 View 菜单中的 Utility Windows 项的 Node Finder 选项。弹出的对话框如图 10.31 所示，在 Filter 框中选 Pins : all（通常已默认选此项），然后单击 List 按钮，于是在下方的 Nodes Found 窗口中出现设计中的 cnt4B 工程的所有端口引脚名。

注意，如果此对话框中的“List”不显示 cnt4B 工程的端口引脚名，需要重新编译一次，即选择 Processing→Start Compilation，然后再重复以上操作过程。最后，用鼠标将重要的端口节点 CLK、RST 和输出总线信号 Q 分别拖到波形编辑窗，结束后关闭 Nodes Found 窗口。单击波形窗左侧的“全屏显示”按钮，并单击“放大缩小”按钮后，再在波形编辑区域右击，使仿真坐标处于适当位置，如图 10.31 上方所示，这时仿真时间横坐标设定在数十微秒数量级。

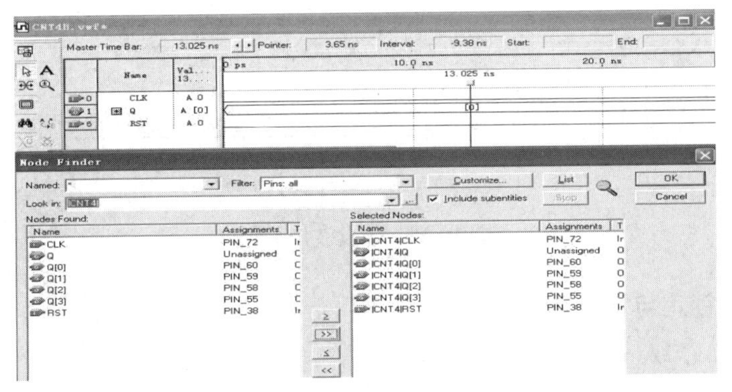

图 10.31　向波形编辑器拖入信号节点

（5）编辑输入波形（输入激励信号）。单击图 10.31 所示窗口的时钟信号名 CLK，使之变成蓝色条，再单击左列的时钟设置键，在 Clock 窗中设置 CLK 的时钟周期为 2μs；Clock 窗口中的 Duty cycle 是占空比，默认为 50，即 50%占空比（图 10.32）。最后设置好的激励信号波形图如图 10.34 所示。单击 RST 右信号线并摁住左键拖黑一段，单击左边“0”按钮，使之低电平复位，再用同样方法高电平开始计数。

（6）总线数据格式设置。单击如图 10.31 所示的输出信号“Q”左旁的“+”，则能展开此总线中的所有信号；如果双击此“+”号左旁的信号标记，将弹出对该信号数据格式设置的对话框(图 10.33)。在该对话框的 Radix 栏有 4 种选择，这里可选择无符号十进制整数 Unsigned Decimal 表达方式。最后对波形文件再次存盘。

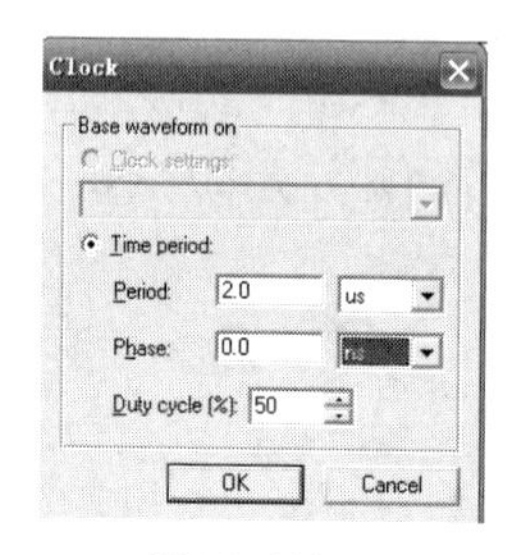

图 10.32 设置时钟 CLK 的周期

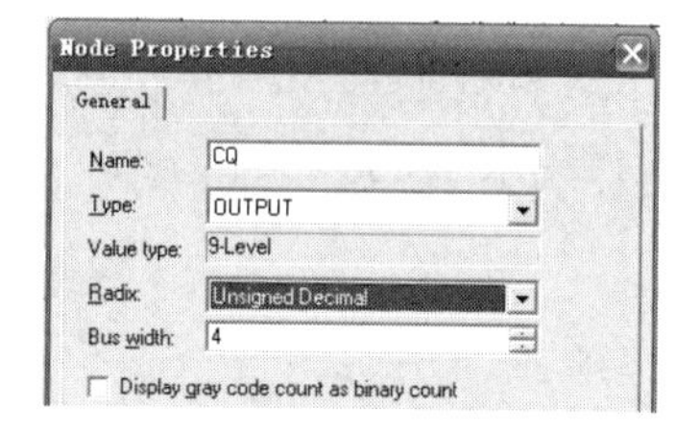

图 10.33 选择总线数据格式

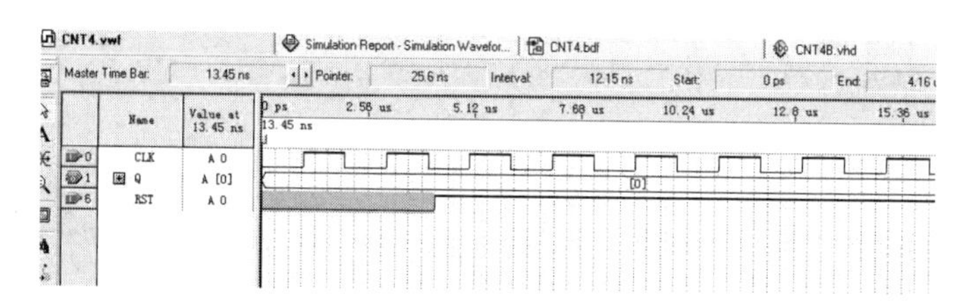

图 10.34 设置好的激励波形图

（7）启动仿真器。现在所有设置进行完毕，在菜单 Processing 项下选择 Start Simulation。

（8）观察仿真结果。仿真波形文件“Simulation Report”通常会自动弹出（图 10.35）。由图 10.35 可看出，随着 CLK 脉冲的出现，输出端 Q 进行 0～15 的计数。

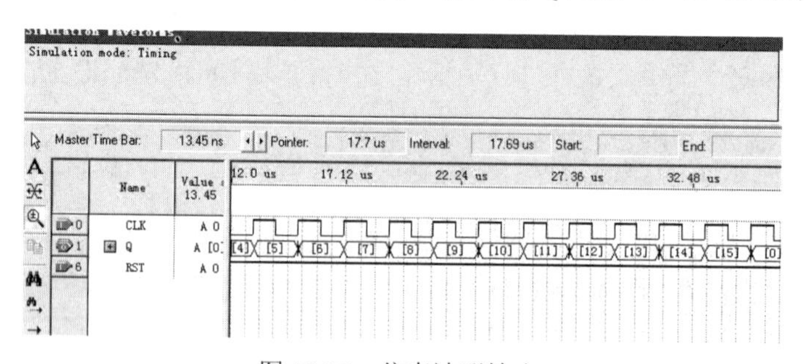

图 10.35 仿真波形输出

10.5.2 引脚锁定与锁定与硬件测试

1. 引脚锁定

为了能对此计数器进行硬件测试，应将其输入输出信号锁定在芯片确定的引脚上，编译后下载。

此实验采用了核心板 3CE10 和带译码器的综合显示板，如图 10.36 所示。核心 FPGA 板所有的 IO 口引脚都以十芯座方式引出，每个十芯座有 8 个 IO 口脚，分别是 JIP1~JP8，中间为 VCC/GND，引脚号在其边上已经标出，下面介绍锁定引脚的方法。

图 10.36 综合实验系统连接方式

（1）选择 Tools 菜单中的 Assignments 项，进入如图 10.37 所示的 Assignment Editor 编辑器窗口。在 Category 栏中选择 Pin，或直接单击右上侧的 Pin 按钮。

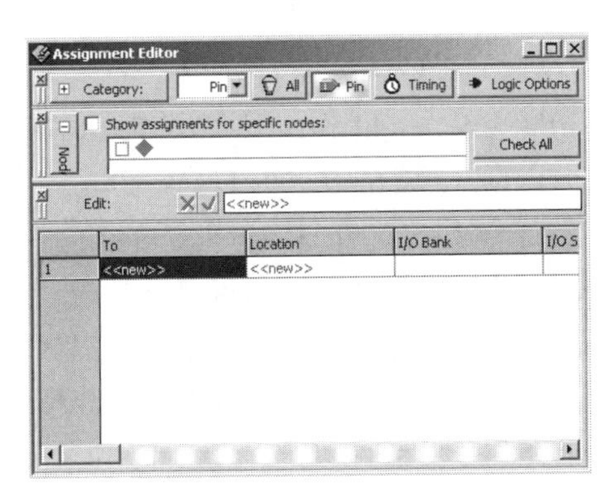

图 10.37 Assignment Editor 编辑器窗口

（2）双击“TO”栏的<<new>>，在出现的如图 10.38 所示的下拉栏中分别选择本工程要锁定的端口信号名，然后双击对应的 Location 栏的<<new>>，在出现的下拉栏中选择对应端口信号名的器件引脚号，双击 Value 下窗口，就可以如对应 Q[3]，选择 P55 脚。

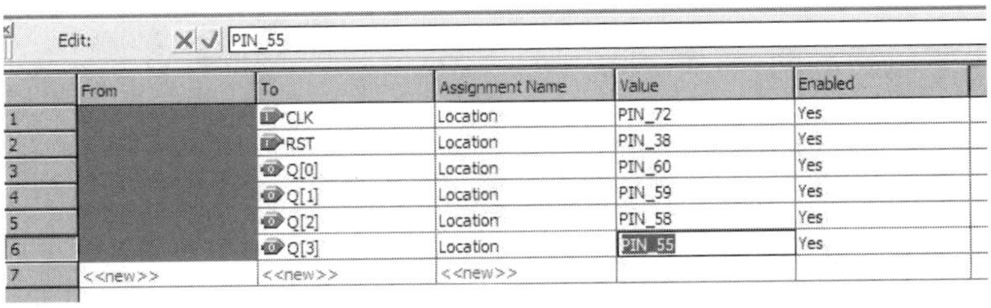

Edit: PIN_55

	From	To	Assignment Name	Value	Enabled
1		CLK	Location	PIN_72	Yes
2		RST	Location	PIN_38	Yes
3		Q[0]	Location	PIN_60	Yes
4		Q[1]	Location	PIN_59	Yes
5		Q[2]	Location	PIN_58	Yes
6		Q[3]	Location	PIN_55	Yes
7	<<new>>	<<new>>	<<new>>		

图 10.38 已将所有引脚锁定完毕

（3）主频时钟 CLK 接 FPGA 板的 JP6 座上 P72 脚，另一端输入信号的接综合显示板靠左边的无抖动按键；RST 接 FPGA 板上按键 P38 脚，Q 输出端 FPGA 端接 JP7 端，Q0 接 P60，

Q1 接 P59，Q2 接 P58，Q3 接 P55，另一端接综合显示板最左边十芯口，用十芯线连接。

（4）最后存储这些引脚锁定的信息后，必须再编译（启动 Start Compilation）一次，才能将引脚锁定信息编译进编程下载文件中。

2. 配置文件下载

将编译产生的 SOF 格式配置文件配置进 FPGA 中，进行硬件测试的步骤如下：

（1）打开编程窗和配置文件。首先将实验系统和并口通信或 USB 线连接好，连接方法是把十芯线一头连接下载器的十芯黑座，另一头连接适配板的 JTGA PORT 十芯（白色）座，打开电源。在菜单 Tool 中选择 Programmer，于是弹出如图 10.39 所示的编程窗。在 Mode 栏中有 4 种编程模式可以选择：JTAG、Passive Serial、Active Serial 和 In-Socket。为了直接对 FPGA 进行配置，在编程窗的编程模式 Mode 中选 JTAG（默认），并选中打勾下载文件右侧的第一个小方框。注意要仔细核对下载文件路径与文件名。如果此文件没有出现或有错，单击左侧 Add File 按钮，手动选择配置文件 cnt4B.sof 。

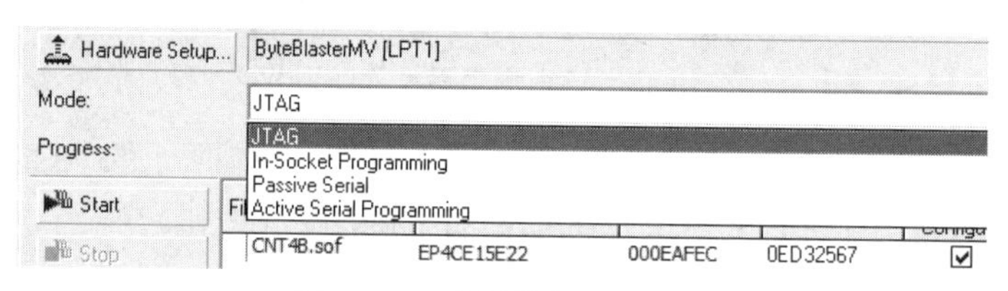

图 10.39　选择编程下载文件

（2）设置编程器。若是初次安装的 Quartus II，在编程前必须进行编程器选择操作。这里准备选择 USB Blaster。单击 Hardware Setup 按钮可设置下载接口方式（图 10.39），在弹出的 Hardware Setup 对话框中（图 10.40），选择 Hardware Settings 标签，再双击此页中的选项 USB-Blaster 之后，单击 Close 按钮，关闭对话框即可。这时应该在编程窗中显示出编程方式：USB-Blaster [USB-0]（图 10.41）。如果打开图 10.40 所示的窗口内"Currently selected hardware"右侧显示 No Hardware，则必须加入下载方式。单击 Add Hardware 按钮，在弹出的窗中单击 OK 按钮，再在图 10.40 所示的窗口中双击 ByteBlaster，使"Currently selected hardware"右侧显示 ByteBlasterMV[LPT1]。

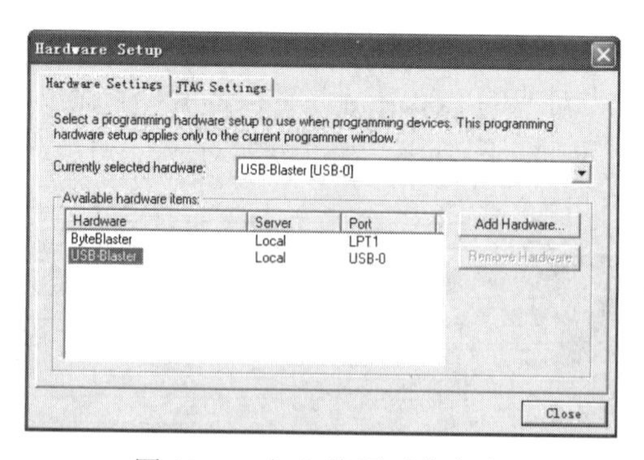

图 10.40　加入编程下载方式

（3）选择编程器。究竟显示哪一种编程方式（ByteBlasterMV 或 ByteBlaster II）取决于 Quartus II 对实验系统上的编程口的测试。以 GW48-EDA 系统为例，若对此系统左侧的"JP5"跳线选择"Others"（如提供单独下载器，直接连接，主系统不需要设置），则当进入 Quartus II 菜单 Tool，打开 Programmer 窗口后，将显示 ByteBlasterMV[LPT1]，如图 10.42 所示；而若对“JP5”跳线选择“ByBt II”，则当进入菜单 Tool，打开 Programmer 窗口后，将显示 ByteBlaster II[LPT1]。注意对 Cyclone 的配置器件编程，必须使用此编程方式。最后单击下载标符 Start 按钮，即进入对目标器件 FPGA 的配置下载操作。当 Progress 显示出 100%时，表示编程成功。

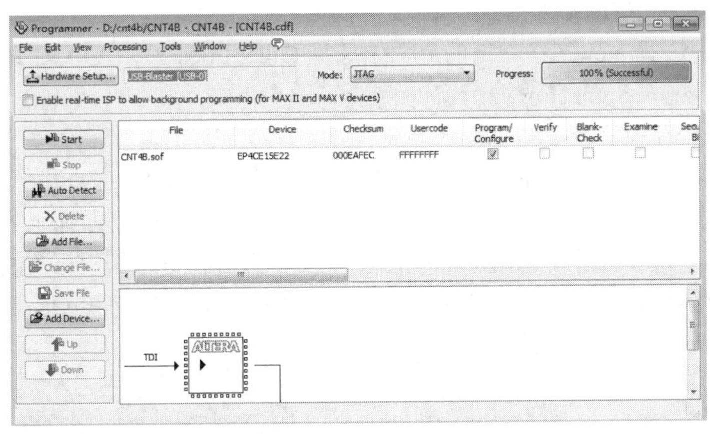

图 10.41　双击选中的编程方式名

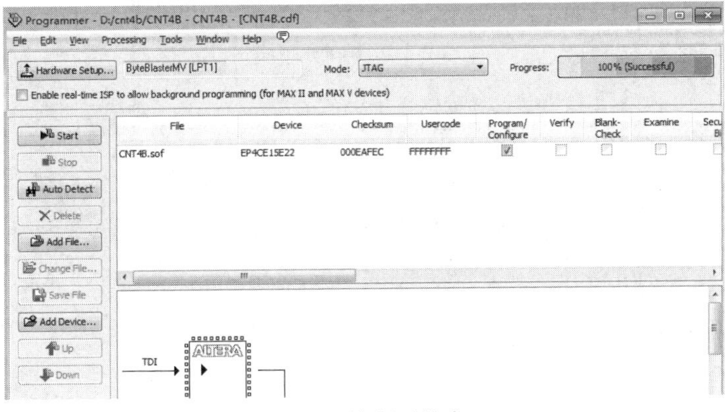

图 10.42　编程下载窗口

（4）硬件测试。成功下载 cnt4B.sof 后，将 CLK 的时钟通过综合显示板右边按键按动一下为一次脉冲信号，FPGA 核心板左边按键为 RST 信号，观察综合显示板左边数码管数据变化情况，每按动一下 CLK 键，是否是在 0～F 循环计数。

10.5.3　SignalTap II 的使用方法

SignalTap II 内置逻辑分析仪是 Quartus II 开发过程中必要的工具，用于抓取工程运行中实际产生的信号。这与 modelsim 不同，modelsim 属于功能验证，是“理论上”的波形，而 SignalTap II 抓取的真实的波形（当然也不能保证全对！）是随着码流烧录进 FPGA，然后综合处一块区域为逻辑分析仪。SignalTap II 获取实时数据的原理是在工程中引入 Megafunction 中的 ELA（Embedded Logic Analyzer），以预先设定的时钟采样实时数据，并存储于 FPGA 片上 RAM 资源中，然后通过 JTAG 传送回 Quartus II 分析。可见 SignalTap II 其实也是在工程额外加入了模块来采集信号，所以使用 SignalTap II 需要一定的代价，首先是 ELA，其次是 RAM。如果工程中剩余的 RAM 资源比较充足，则 SignalTap II 一次可以采集较多的数据，相应地如果 FPGA 资源已被工程耗尽，则无法使用 SignalTap II 调试。

1. 建立工程并编译

首先当然已经完成工程了，以 cnt4B 工程为例，需要对波形进行抓取检测。

2. 创建一个新的 STP 文件

在 File 菜单中选择 New，在弹出的界面中选择 Other Files 一栏，再选择 SignalTap II File，单击 OK 按钮，即进入 SignalTap 编辑窗口。

3. 调入待测信号

首先进入上排 Instance 栏内的 auto_signaltap_0，更名为 CNTS，这是其中一组待测信号名，如图 10.43 所示。为了调入待测信号，在 CNTS 栏下的空白处双击，即弹出 Node Finder 窗口，再于 Filter 栏选择“pin：all”，单击 List 按钮，即在左栏出现与此工程相关的所有信号，选择需要观察的信号有 DATA、DOUT 和 LED，以及进位输出 COUT，单击 OK 按钮后即可将这些信号调入 SignalTap II 信号观察窗口。

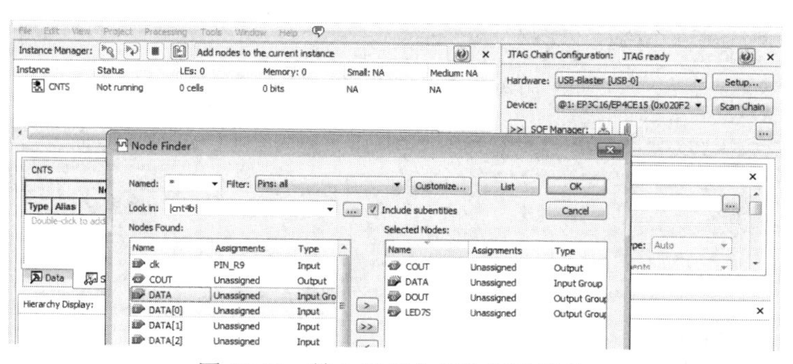

图 10.43　输入逻辑分析仪测试信号

4. SignalTap II 参数设置

单击全屏按钮和窗口左下角的 Setup 选项卡，如图 10.44 所示。

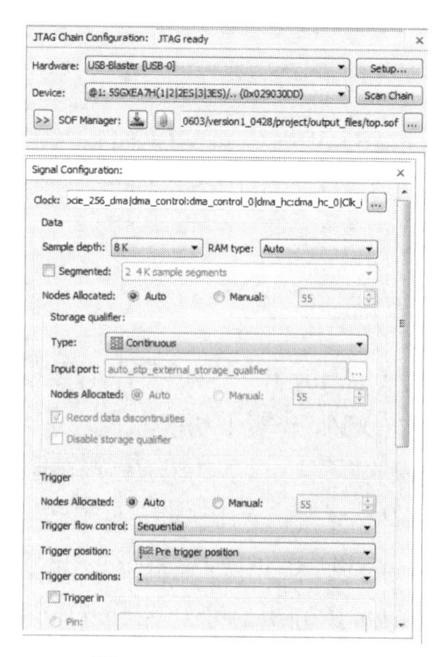

图 10.44　Setup 选项卡

单击上图 Clock 后的...按钮将会弹出与图 10.43 一样的 Noder Finder 窗口，选择好合适的时钟信号，然后设置一些基本的参数：

采样深度（Sample depth）建议选大些，但是不能超过 FPGA 资源，不然在后面的编译会报错。

RAM 类型默认为 auto。Trigger 在初期使用时就选择默认，后期可以根据具体信号波形来设置。

5. 使逻辑分析仪工作

重新编译添加的 SignalTap 工程，在 Quartus II 中一般在上面的步骤都做好后，关闭 SignalTap 窗口（一直单击 OK 按钮就行）。为了确保工程中的确添加了我们刚刚新建的 stp 文件，可以打开工程，选中 Entity 中的顶层，右击 settings，就会将 sof 文件下载到目标板中后，设定控制信号，使逻辑分析仪开始工作。

6. 启动 SignalTap II 进行采样与分析

启动 SignalTap II，单击 Instance 名 CNTS，再单击 Processing 菜单的 Autorun Analysis 按钮，启动 SignalTap II 连续采样。单击左下角的 Data 标签和“全屏控制”按钮。由于按键对应的 EN 为高电平，作为 SignalTap II 采样触发信号，这时就能在 SignalTap II 数据窗口通过 JTAG 口观察来自开发板上 FPGA 内部实时信号，SignalTap II 实时数据采用显示界面如图 10.45 所示。

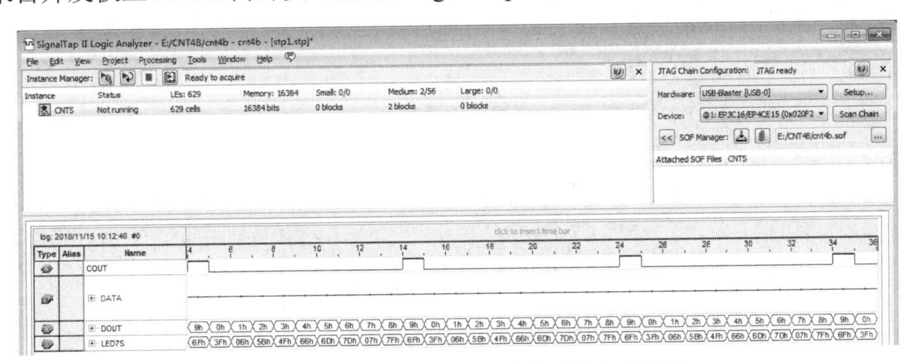

图 10.45　SignalTap II 实时数据采用显示界面

如果希望观察到可形成类似模拟波形的数字信号，可以右击所需要观察的总线信号名（如 DOUT），在弹出的菜单中选择总线显示模式 Bus Display Format 为 Unsigned Line Chart，即可获得如图 10.46 所示的“模拟”信号波形，即锯齿波。SignalTap II 数据窗口显示对硬件系统实时测试采样后的信号波形如图 10.46 所示。

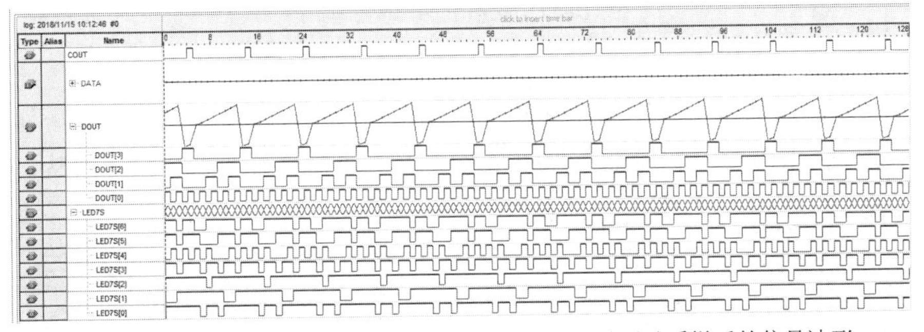

图 10.46　SignalTap II 数据窗口显示对硬件系统实时测试采样后的信号波形

10.6 VHDL 有限状态机设计

10.6.1 VHDL 有限状态机设计具有的优势

状态机根据预先设定的状态顺序运行，循环给出外电路需要的控制功能，与 CPU 相比具有速度快、可靠性高的优势；具有相对固定的语句和程序表达方式，可以采用符号化的枚举型状态，容易编程和修改。

一个单独的状态机以顺序方式完成的运算和控制方面的工作类似于一个 CPU 的功能，而一个 VHDL 设计实体可以适合多个并行的状态机工作，而每个状态机又可由多个进程组成。因此，一个设计实体的功能类似于多个并行工作的 CPU。

用状态机设计的电路属于纯硬件电路，和运行软件的 CPU 相比，不存在软件的缺点，其可靠性要高得多。

用 VHDL 描述的状态机程序结构清晰，易读、易懂、易修改，还便于移植和升级。

状态机的 VHDL 描述有多种不同形式。

10.6.2 状态机的一般结构

状态机按以下方法进行分类。

（1）按程序结构的不同可分为多进程和单进程。

（2）按状态表达方式的不同可分为符号化状态机和编码确定的状态机。

（3）按状态机的信号输出方式不同可分为 Melay 型和 Moore 型。

（4）从状态机编码方式上可分为顺序编码、一位热码编码或其他编码方式状态机。

最一般和最常用的状态机结构通常包含了说明部分、主控时序进程、主控组合进程、辅助进程几个部分，状态机的一般结构图如图 10.47 所示。

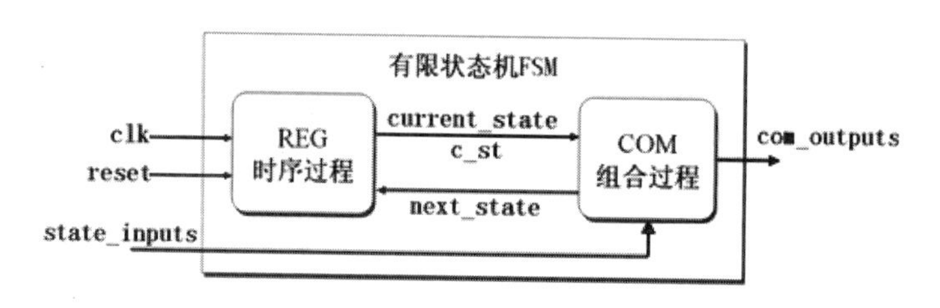

图 10.47 状态机的一般结构图

1. 说明部分

说明部分包括：①使用 TYPE 语句定义新的数据类型；②定义状态变量（如现态和次态）定义为信号，便于传替信息。说明部分一般放在结构体的 ARCHITECTURE 和 BEGIN 之间，如：

```
ARCHITECTURE...IS
TYPE FSM_ST IS (s0, s1, s2, s3);
SIGNAL current_state, next_state: FSM_ST;
BEGIN
```

2. 主控时序进程

指在时钟脉冲的作用下所完成状态转换的进程。时钟信号是完成状态转换的“动力源”，在时钟信号驱动下，状态机不断从现状（current_state）转换到次态（Next_state），周而复始地循环。

3. 主控组合进程

主控组合进程完成两个方面的功能：

（1）根据来自状态机外部的输入控制信号以及现态值（current_state）确定次态（Next_current）的具体内容；

（2）由现态值译码输出外部控制信号以及其他内部组合或时序进程所需的控制信号。可以将主控组合进程分成相对独立的两个组合进程 COM1 和 COM2。

4. 辅助进程

辅助进程配合主控时序进程和主控组合进程工作，完成某种算法、配合主控时序进程工作的其他时序进程等功能。

如果将两个组合进程合并为一个，则分成三个进程。

如果不设辅助进程，并将时序进程和组合进程合并为一个，组成所谓的混合进程，则整个状态机就成为一个进程，称之为单进程状态机。

单进程状态机比较容易避免出现毛刺现象，因为多进程状态机的输出一般由组合电路产生，这时容易出现竞争冒险现象而形成输出信号的毛刺，严重时可使控制对象出现错误操作。

无论将 VHDL 编制成多进程状态机，还是单进程状态机，程序的格式和应用的语句都相对固定。

10.6.3 ADC0809 的采样电路的 VHDL 描述

1. ADC0809 的控制信号要求

ADC0809 是 CMOS 的 8 位 A/D 转换器，片内有 8 路模拟开关，可控制 8 个模拟量中的一个进入转换器中。ADC0809 的分辨率为 8 位，转换时间约 100us，含锁存控制的 8 路多路开关，输出由三态缓冲器控制，单 5V 电源供电。

主要控制信号说明：其工作时序和引脚如图 10.48 所示，START 是转换启动信号，高电平有效；ALE 是 3 位通道选择地址（ADDC、ADDB、ADDA）信号的锁存信号。当模拟量送至某一输入端（如 IN1 或 IN2 等），由 3 位地址信号选择，而地址信号由 ALE 锁存；EOC 是转换情况状态信号，当启动转换约 100us 后，EOC 产生一个高电平以示转换结束；在 EOC 的上升沿后，若使输出使能信号 OE 为高电平，则控制打开三态缓冲器，把转换好的 8 位数据结果输至数据总线。至此，ADC0809 的一次转换结束了。

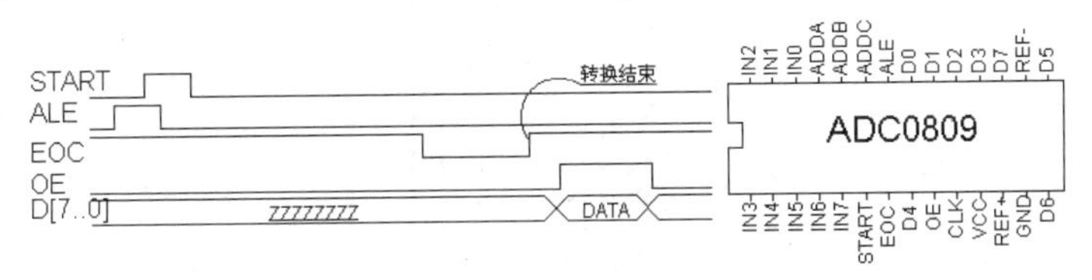

图 10.48　ADC0809 工作时序和引脚图

2. 根据控制要求确定状态图

根据波形图结合表 10.4 确定 ADC0809 具有 5 个工作状态：

表 10.4　ADC0809 逻辑控制真值表

状态	状态编码					功能说明
	START	ALE	OE	LOCK	B	
s0	0	0	0	0	0	初始态
s1	1	1	0	0	0	启动转换
s2	0	0	0	0	1	若测得 EOC=1 时，转下一状态 ST3
s3	0	0	1	0	0	输出转换好的数据
s4	0	0	1	1	0	利用 LOCK 的上升沿将转换好的数据锁存

0 初始状态→①启动 A/D 变换→②采用周期等待→③EOC 变 0 则 A/D 转换结束、数字量输出有效→④给出锁存命令锁存数字量到输出寄存器。由此流程就可以确定 ADC0809 的状态图如图 10.49 所示。

图 10.49　控制 ADC0809 采用状态图

3. 确定采用状态机 VHDL 结构

由状态图 10.49 可以看到，在状态 st2 中需要对工作状态信号 EOC 进行检测。如果为低电平，表示转换尚未结束，仍需停留在 st2 状态中等待，直到变成高电平后才说明转换结束，于是在下一时钟脉冲到来时转向状态 st3。在状态 st3，由状态机向 0809 发出转换好的 8 位数据输出允许命令，这一状态周期同时作为数据输出稳定周期，以便能在下一状态中向锁存器锁入可靠的数据。在状态 st4，由状态机向锁存器发出锁存信号（LOCK 的上升沿），将 0809 输出数据进行锁存。其程序结构如图 10.50 所示。

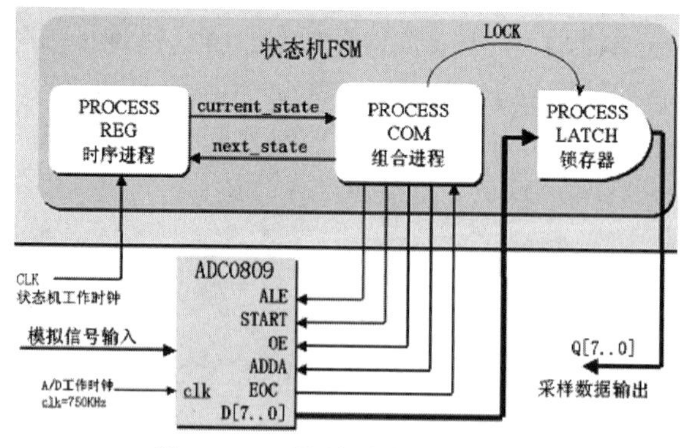

图 10.50　采用状态机结构框图

4. 程序代码

```
LIBRARY IEEE;
USE IEEE.STD_LOGIC_1164.ALL;
```

```
ENTITY ADCINT IS
    PORT ( D    : IN STD_LOGIC_VECTOR(7 DOWNTO 0);          --0809 的 8 位转换数据输出
           CLK ,EOC : IN STD_LOGIC;                           --CLK 是转换工作时钟
           LOCK1, ALE, START, OE, ADDA     : OUT STD_LOGIC;
           Q: OUT STD_LOGIC_VECTOR(7 DOWNTO 0)    );
END ADCINT;
ARCHITECTURE behav OF ADCINT IS
TYPE states IS (st0, st1, st2, st3,st4,st5,st6) ;                   --定义各状态子类型
  SIGNAL current_state, next_state: states :=st0 ;
  SIGNAL REGL            : STD_LOGIC_VECTOR(7 DOWNTO 0);
  SIGNAL LOCK            : STD_LOGIC;                 --转换后数据输出锁存时钟信号
 BEGIN
    ADDA <= '1'; LOCK1 <=LOCK;
  COM: PROCESS(current_state,EOC)   BEGIN          --规定各状态转换方式
  CASE current_state IS
  WHEN st0 => ALE<='0';START<='0';OE<='0';LOCK<='0' ;next_state <= st1;
  WHEN st1 => ALE<='1';START<='0';OE<='0';LOCK<='0' ;next_state <= st2;
  WHEN st2 => ALE<='0';START<='1';OE<='0';LOCK<='0' ;next_state <= st3;
  WHEN st3 => ALE<='0';START<='0';OE<='0';LOCK<='0';
      IF (EOC='1') THEN next_state <= st3;               --测试 EOC 的下降沿
        ELSE next_state <= st4;
      END IF ;
    WHEN st4=> ALE<='0';START<='0';OE<='0';LOCK<='0';
     IF (EOC='0') THEN next_state <= st4;
      --测试 EOC 的上升沿，=1 表明转换结束
        ELSE next_state <= st5;                          --继续等待
      END IF ;
  WHEN st5=> ALE<='0';START<='0';OE<='1';LOCK<='0';next_state <= st6;
  WHEN st6=> ALE<='0';START<='0';OE<='1';LOCK<='1';next_state <= st0;
  WHEN OTHERS => ALE<='0';START<='0';OE<='0';LOCK<='0';
                    next_state <= st0;
   END CASE ;
 END PROCESS PRO ;

 REG:   PROCESS (CLK)
      BEGIN
        IF ( CLK'EVENT AND CLK='1')   THEN
           current_state <= next_state;        --在时钟上升沿，转换至下一状态
        END IF;
   END PROCESS;

 LATCH:  PROCESS (LOCK)                  --在 LOCK 的上升沿，将转换好的数据锁入
         BEGIN
         IF LOCK='1' AND LOCK'EVENT THEN REGL <= D ;
         END IF;
        END PROCESS ;
         Q <= REGL;
END behav;
```

5. 仿真波形

图 10.51 是状态机的工作时序，显示了一个完整的采用周期。复位信号有效后进入状态 st0，第二个时钟上升沿后，状态机进入 st1，由 START、ALE 发出启动采用和地址选通控制信号。之后，EOC 由高电平变为低电平，0809 的 8 位数据输出呈高阻“ZZ”。在状态 st2，等待了数个 CLK 时钟周期之后，EOC 变为高电平，转换结束；进入 st3 状态，在此状态的输出允许 OE 被置为高电平。此时 0809 的数据输出端 D[7..0]即输出已经转换好的数据 5EH。在状态 st4，LOCK_T 发出一个脉冲，其上升沿立即将 D 端口 5E 锁入 Q 和 REGL 中。

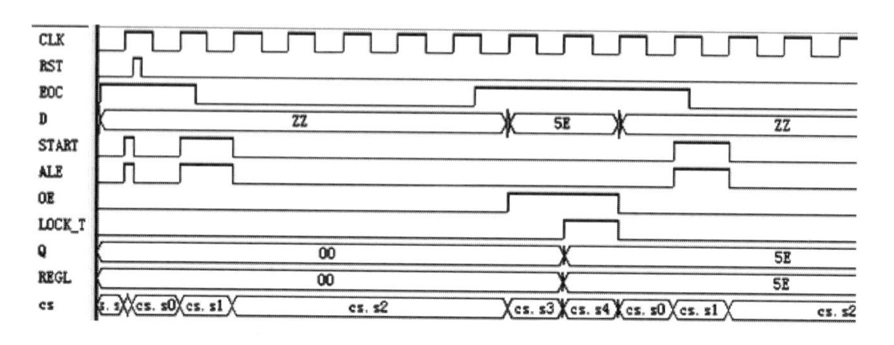

图 10.51　ADC0809 采用状态机工作时序

习题 10

10.1　试分别用 IF_THEN 语句、WHEN_ELSE 和 CASE 语句的表达方式设计 4 选 1 多路选择器的 VHDL 程序，选通控制端有 4 个输入：S0、S1、S2、S3。当且仅当 S0=0 时，Y=A；S1=0 时，Y=B；S2=0 时，Y=C；S3=0 时，Y=D。

10.2　用 VHDL 语言设计一个 3-8 译码器，要求分别用顺序赋值语句、case 语句、if else 语句或移位操作符完成。

10.3　利用 if 语句设计一个全加器。

10.4　用循环语句设计一个 7 人投票表决器。

10.5　表达式 C<=A+B 中，A、B 和 C 的数据类型都是 STD_LOGIC_VECTOR，是否直接进行加法运算？说明原因和解决方法。

10.6　VHDL 中有那三种数据对象？详细说明它们的功能特点以及使用方法，举例说明数据对象与数据类型的关系。

10.7　在 VHDL 设计中，给时序电路清 0 有两种不同方式，它们是什么？如何实现。

10.8　设计一个具有同步置 1，异步清 0 的 D 触发器。

10.9　设计一个含异步清 0 和计数使能的 16 位二进制加减可控计数器的 VHDL 描述。

10.10　归纳 Quartus II 进行 VHDL 时序电路代码文本输入设计的流程：从文件输入一直到 SignalTap II 测试。

第 11 章　数字系统的设计及应用

本章提要：本章主要介绍 VHDL 数字系统设计实例，包括移位相加 8×8 硬件乘法器设计、电子琴电路设计、直流电机综合测控系统设计和交通灯控制系统设计；采用课程设计和毕业设计要求，详细的给出设计的方法和设计步骤。在 VHDL 数字系统设计中，顶层文件的设计由三种方法实现：（1）多进程语句；（2）元件例化语句；（3）原理图。由于元件例化语句构成顶层文件可读性不强，本章移位相加 8×8 硬件乘法器设计和交通灯控制系统设计采用多进程语句设计顶层文件，而电子琴电路设计、直流电机综合测控系统设计采用原理图方式设计。

教学建议：本章重点讲授移位相加 8×8 硬件乘法器设计、电子琴电路设计、直流电机综合测控系统设计和交通灯控制系统设计各个功能块电路与顶层 VHDL 文件的设计。建议教学时数：6 学时。

学习要求：掌握 VHDL 语言顶层电路设计方法；掌握根据具体应用，采用自顶向下的方法，对数字系统进行功能块电路的划分。

关键词：8*8 硬件乘法器；电子琴电路；直流电机综合测控系统；交通灯控制系统。

11.1　移位相加 8×8 位硬件乘法器

1. 系统方案设计

纯组合逻辑构成的乘法器虽然工作速度比较快，但过于占用硬件资源，难以实现宽位乘法器，基于 PLD 器件外接 ROM 九九表的乘法器则无法构成单片系统，也不实用。这里介绍由八位加法器构成的以时序逻辑方式设计的八位乘法器，具有一定的实用价值，而且由 FPGA 构成实验系统后，可以很容易地用 ASIC 大型集成芯片来完成，性价比高，可操作性强。其乘法原理是：乘法通过逐项移位相加原理来实现，从被乘数的最低位开始，若为 1，则乘数左移后与上一次的和相加；若为 0，左移后以全零相加，直至被乘数的最高位。系统总体框图如图 11.1 所示。

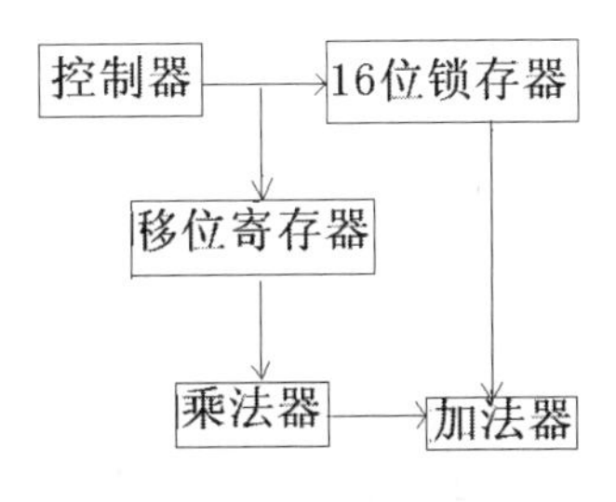

图 11.1　电路的总体框图

此电路由五部分组成，它们分别是控制器、锁存器、寄存器、乘法器、加法器。

（1）控制器是一个乘法器的控制模块，用来接受实验系统上的连续脉冲。

（2）锁存器起锁存的作用，它可以锁存 8 位乘数。

（3）移位寄存器起移位的作用，便于被乘数可以逐位移出。

（4）乘法器功能类似一个特殊的与非门。

（5）加法器用于 8 位乘数和高 8 位相加。

2. 系统顶层电路构建

本乘法器由五个模块组成，其顶层电图如图 11.2 所示，其中 ARICTL 是乘法运算控制电路，它的 START 信号上的上跳沿与高电平有 2 个功能，即 16 位寄存器清零和被乘数 A[7..0]向移位寄存器 SREG8B 加载；它的低电平则作为乘法使能信号，乘法时钟信号从 ARICTL 的 CLK 输入。当被乘数被加载于 8 位右移寄存器 SREG8B 后，随着每一时钟节拍，最低位在前，由低位至高位逐位移出。当 SREG8B 输出 QB 为 1 时，一位乘法器 ANDARITH 打开，8 位乘数 B[7..0]在同一节拍进入 8 位加法器，与上一次锁存在 16 位锁存器 REG16B 中的高 8 位进行相加，其和在下一时钟节拍的上升沿被锁进此锁存器。而当被乘数的移出位为 0 时，一位乘法器全零输出。如此往复，直至 8 个时钟脉冲后，由于 ARICTL 的控制，乘法运算过程自动中止，ARIEND 输出高电平，乘法结束。此时 REG16B 的输出即为最后的乘积。

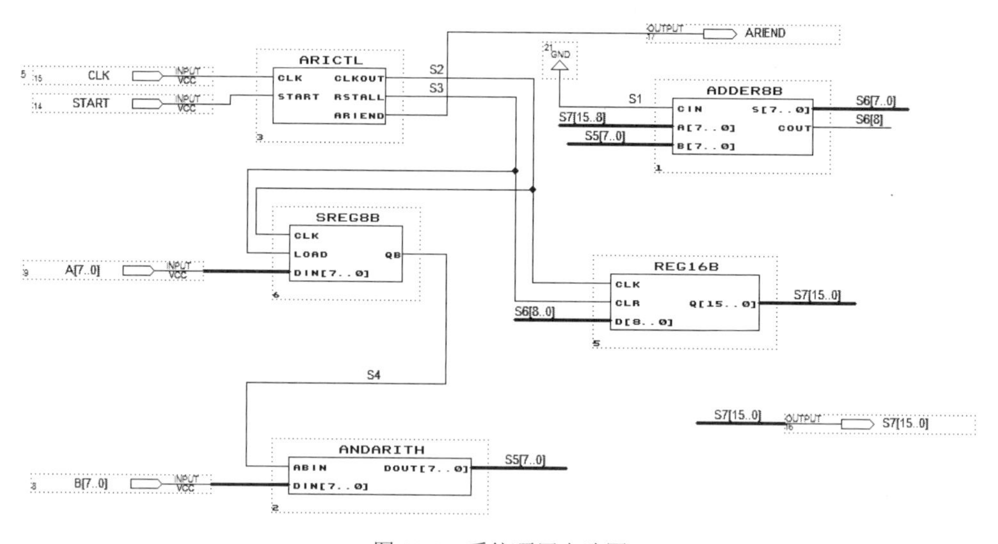

图 11.2　系统顶层电路图

3. 功能模块电路设计

（1）SREG8B 的模块设计。

SREG8B 模块符号如图 11.3 所示，其功能如下：SREG8B 是一个移位寄存器，有三个输入端 CLK、LOAD、DIN[7..0]；当被乘数被加载于 8 位右移寄存器后，随着每一时钟节拍，最低位在前，由低位至高位逐位移出。

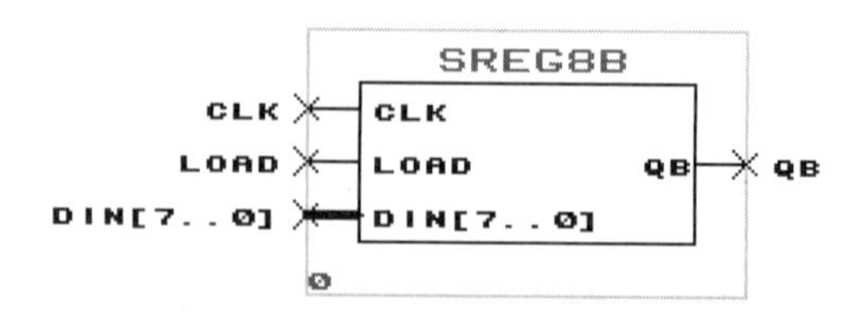

图 11.3　SREG8B 符号图

```
LIBRARY IEEE;
USE IEEE.STD_LOGIC_1164.ALL;
ENTITY SREG8B IS
PORT(CLK,LOAD:IN STD_LOGIC;
          DIN:IN STD_LOGIC_VECTOR(7 DOWNTO 0);
          QB:OUT STD_LOGIC);
END;
ARCHITECTURE behav OF SREG8 IS
SIGNAL REG8:STD_LOGIC_VECTOR(7 DOWNTO 0);
BEGIN
PROCESS(CLK,LOAD)
BEGIN
IF CLK' EVENT AND CLK='1' THEN
IF LOAD='1' THEN REG8<=DIN;
ELSE REG8(6 DOWNTO 0)<=REG8(7 DOWNTO 1);
END IF;
END IF;
END PROCESS;
QB<=REG8(0);
END behave;
```

SREG8B 的仿真波形图如图 11.4 所示。

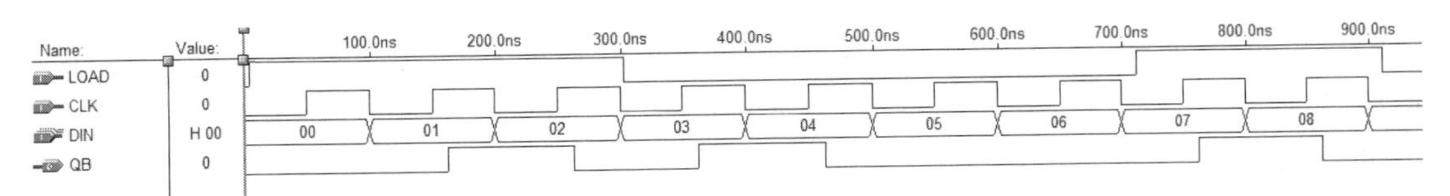

图 11.4 SREG8B 的仿真波形

（2）REG16B 的模块设计。

REG16B 实体符号图如图 11.5 所示，它是一个 16 位锁存器，REG16B 有三个输入端，它们分别是 clk、clr、d[8..0]，其中 CLK 为时钟信号，有一个输出端，它是 q[15..0]。

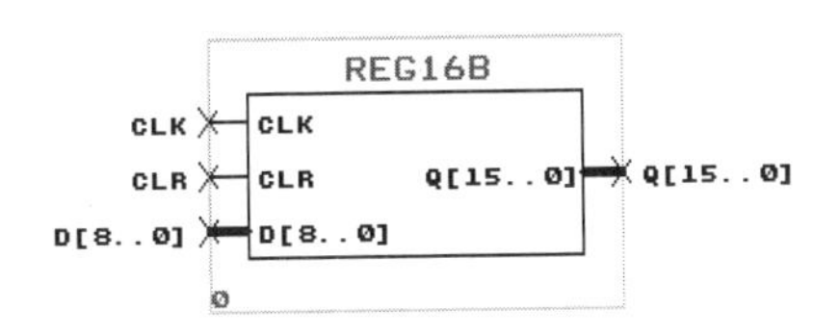

图 11.5　REG16B 符号图

```
LIBRARY IEEE;
USE IEEE.STD_LOGIC_1164.ALL;
ENTITY REG16B IS
PORT(CLK,CLR:IN STD_LOGIC;
          D: IN STD_LOGIC_VECTOR(8 DOWNTO 0);
     Q: OUT STD_LOGIC_VECTOR(15 DOWNTO 0));
END;
ARCHITECTURE behav OF REG16B IS
     SIGNAL R16S: STD_LOGIC_VECTOR(15 DOWNTO 0);
BEGIN
```

```
        PROCESS(CLK,CLR)
        BEGIN
        IF CLR='1' THEN R16S<=(OTHERS=>'0');
        ELSIF CLK' EVENT AND CLK='1' THEN
        R16S(6 DOWNTO 0)<=R16S(7 DOWNTO 1);
        R16S(15 DOWNTO 7)<=D;
    END IF;
    END PROCESS;
    Q<=R16S;
    END behav
```

REG16B 的波形如图 11.6 所示。

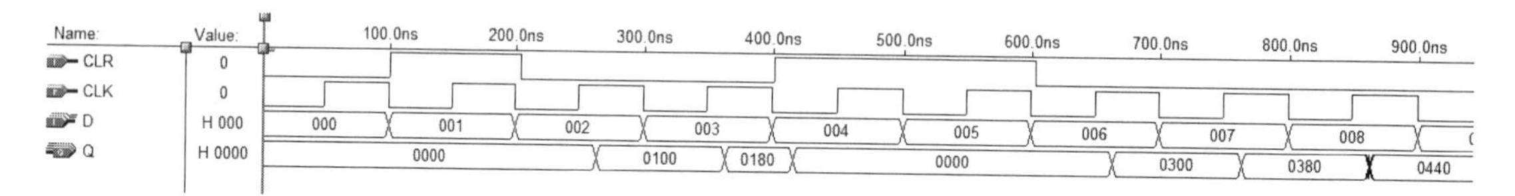

图 11.6　REG16B 仿真波形图

（3）ARICTL 的模块设计。

ARICTL 模块的实体符号图如图 11.7 所示，其功能如下：ARICTL 是一个乘法器的控制模块，为了接受系统外部上的连续脉冲，有两个输入端（CLK、START），其中 START 信号的上跳沿及其高电平有两个功能，即 16 位寄存器清零和被乘数 A[7..0]向移位寄存器 SREG8B 加载；它的低电平则作为乘法使能信号；CLK 为乘法时钟信号；有三个输出（CLKOUT、RSTALL、ARIEND）。

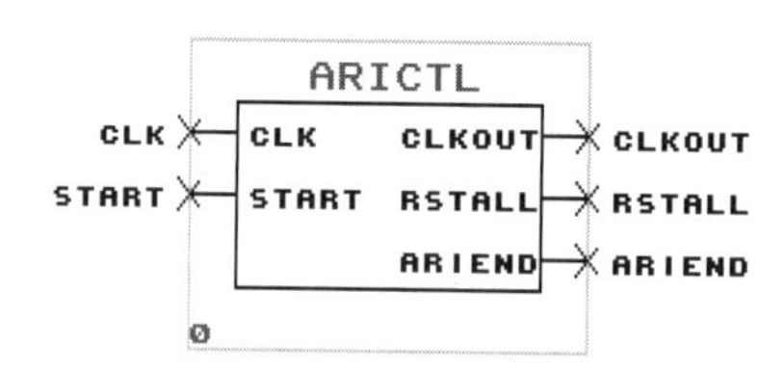

图 11.7　ARICTL 符号图

```
LIBRARY IEEE;
USE IEEE.STD_LOGIC_1164.ALL;
USE IEEE.STD_LOGIC_UNSIGNED.ALL;
ENTITY ARICTL IS
      PORT (CLK, START: IN STD_LOGIC;
                CLKOUT, RSTALL, ARIEDN : OUT STD_LOGIC);
END;
ARCHITECTURE behave OF ARICTL IS
      SIGNAL CNT4B: STD_LOGIC_VECTOR(3 DOWNTO 0);
BEGIN
RSTALL<=START;
PROCESS(CLK, START)
BEGIN
IF START='1' THEN CNT4B<="0000";
      ELSIF CLK' EVENT AND CLK='1' THEN
            IF CNT4B<8 THEN CNT4B<=CNT4B+1;
```

```
        END IF;
    END IF;
    END PROCESS;
        PROCESS(CLK, CNT4B, START)
        BEGIN
        IF START='0' THEN
            IF CNT4B<8 THEN CLKOUT<=CLK, ARIEND<='0';
            ELSE CLKOUT<='0'; ARIEND<='1';
            END IF;
        ELSE CLKOUT<=CLK; ARIEND<='0';
        END IF;
        END PROCESS;
    END behave;
```

ARICTL 的波形图如图 11.8 所示。

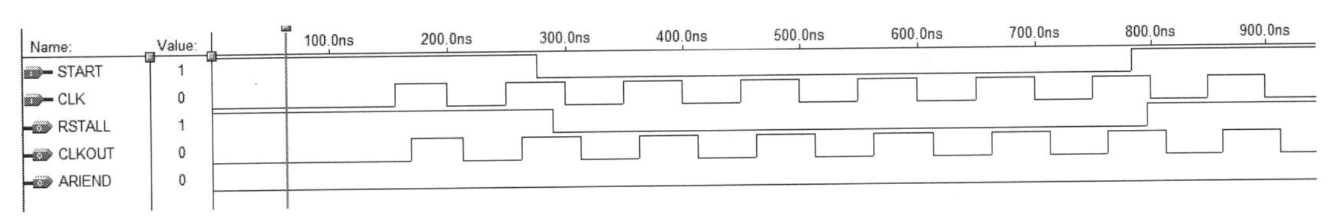

图 11.8　ARICTL 的波形图

（4）ANDARITH 的模块设计。

ANDARITH 模块的实体符号图如图 11.9 所示，其功能如下：ANDARITH 是一个 1 位乘法器。有两个输入端 ABIN、DIN[7..0]，有一个输出端 DOUT[7..0]。ANDARITH 起乘法的作用。它类似于一个特殊的与门，即当 ABIN 为'1'时，DOUT 直接输出 DIN，而当 ABIN 为'0'时，DOUT 输出“00000000”。

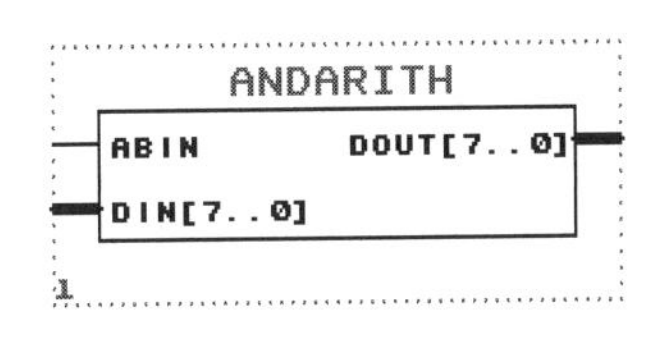

图 11.9　ANDARITH 符号图

```
LIBRARY IEEE;
USE IEEE.STD_LOGIC_1164.ALL;
ENTITY ANDARITH IS
    PORT (ABIN: IN STD_LOGIC;
            DIN: IN STD_LOGIC_VECTOR(7 DOWNTO 0);
            DOUT : OUT STD_LOGIC_VECTOR(7 DOWNTO 0));
END;
ARCHITECTURE behav OF ANDARITH IS
    BEGIN
        PROCESS(ABIN, DIN)
        BEGIN
        FOR I IN 0 TO 7 LOOP
        DOUT(I)<=DIN(I) AND ABIN;
        END LOOP;
```

```
END PROCESS;
END behave;
```

ANDARITH 的波形图如图 11.10 所示。

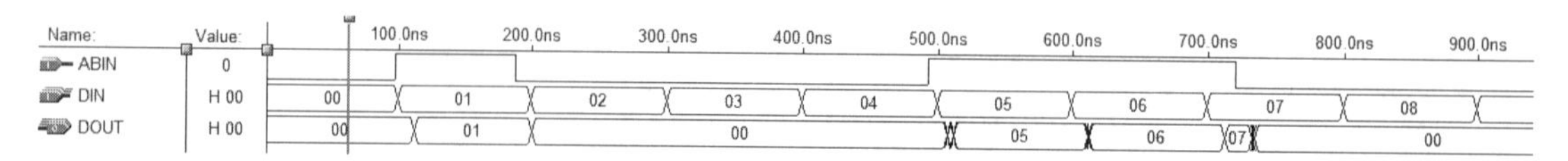

图 11.10　ANDARITH 仿真波形

（5）ADDER8B 的模块图。

ADDER8B 实体符号图如图 11.11 所示，它是一个 8 位加法器，ADDER8B 有三个输入端，它们分别是 cin、a[7..0]、b[7..0]，其中 a[7..0]为被乘数，b[7..0]为乘数；有两个输出端，它们分别是 s[7..0]、cout。

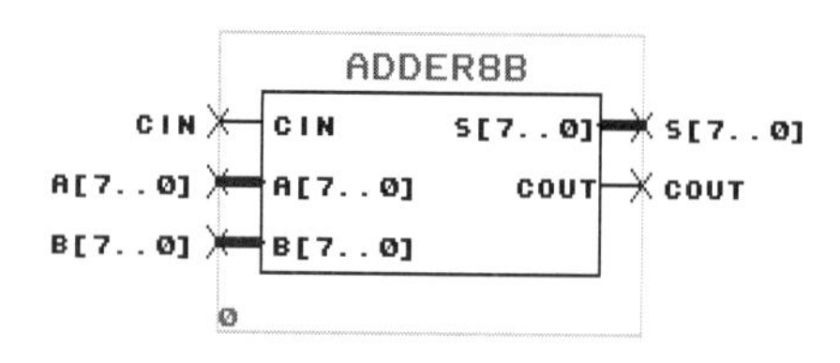

图 11.11　ADDER8B 符号图

```
LIBRARY IEEE;
USE IEEE.STD_LOGIC_1164.ALL;
    USE IEEE.STD_LOGIC_UNSIGNED.ALL;
    ENTITY ADDER8B IS
        PORT(CIN: IN STD_LOGIC;
                A, B : IN STD_LOGIC_VECTOR(7 DOWNTO 0);
                S: OUT STD_LOGIC_VECTOR(7 DOWNTO 0);
                COUT: OUT STD_LOGIC);
END;
ARCHITECTURE behav   OF ADDER8B IS
SIGNAL SINT, AA, BB : STD_LOGIC_VECTOR(8 DOWNTO 0);
AA<='0'&A; BB<='0'&B;
SINT<=AA+BB+CIN;
S<=SINT(7 DOWNTO 0);
COUT<=SINT(8);
END behav;
```

ADDER8B 的波形图如图 11.12 所示。

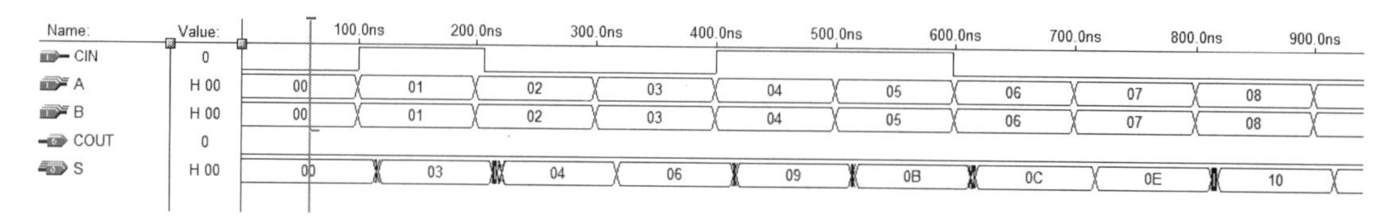

图 11.12　ADDER8B 的波形图

4. 系统仿真与下载验证

（1）顶层设计的仿真。

图 11.13 是 8 位乘法器顶层设计的仿真波形图。

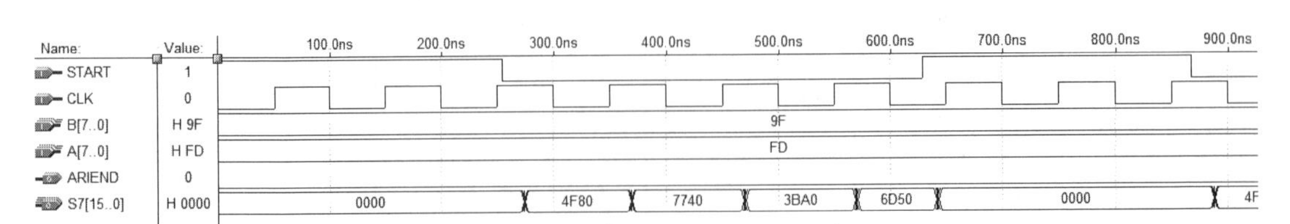

图 11.13　8 位乘法器顶层设计的仿真波形图

从上面的波形图可以看出，当 9FH 和 FDH 相乘时，第 1 个时钟上升沿后，其移位相加的结果（在 REG16B 端口）是 4F80H；第 8 个上升沿后，最终相乘结果是 9D23H。

（2）下载验证。

实验室采用 GW48 系列 EDA 系统平台，根据 GW48 系统和乘法器原理，定义管脚如下：ARIEND 接 PIO39（D8），乘法运算时钟 CLK 接 Clock0，清零及启动运算信号 START 由键 8（PIO38）控制，乘数 B[7..0]接 PIO58-PIO66（由键 2、键 1 输入 8 位二进制数），被乘数 A[7..0]接 PIO47-PIO54（由键 4，键 3 输入 8 位二进制数），乘积输出 DOUT[15..0] 接 PIO31-PIO16。编译、综合后向目标芯片下载适配后的逻辑设计文件。下载适配后，键 8 输入高电平时，乘积锁存器清零，乘数和被乘数值加载；低电平时开始乘法操作，8 个脉冲后乘法结束，乘积显示在数码管 8～5 位，高位在左。例如：我们在乘数和被乘数都输入 08H，键 8 输入低电平，8 个脉冲后在高四个数码管显示 0040H，实验证明成功。

11.2　电子琴电路设计

11.2.1　电子琴设计原理

音乐是由一系列音符组成，如果不借助 EDA 硬件描述语言的强大功能，使用数字逻辑电路的传统技术，即使一个非常简单的弹奏功能也很难实现。为了演奏一首歌，需要确切地控制音乐节奏，也就是全部单个音符的音长。综上所述，每一个音符在音乐频率和持续时间上都是产生音乐的两个关键因素，即可以连续播放音乐。

因此，按照设计的需求以及能达到预想的目标，电子琴主要设计模块在于数控分频器和音乐播放模块。所以在设计的时候要对 FPGA 器件的音乐乐曲频率进行分频，然后用计时器控制输出来获得演奏效果，对此要求找到各个音阶的相对应频率，以及将预先准备好的乐谱存放到 FPGA 芯片中，由按键控制计数器输出分频器分频后的频率信号，从而自动播放音乐，每个音阶相对应的频率见表 11.1。

表 11.1　简谱音名与频率的对应关系

音名	频率/Hz	音名	频率/Hz	音名	频率/Hz
低音 1	261.6	中音 1	523.3	高音 1	1045.5
低音 2	293.7	中音 2	587.3	高音 2	1174.7
低音 3	329.6	中音 3	659.3	高音 3	1318.5

续表

音名	频率/Hz	音名	频率/Hz	音名	频率/Hz
低音 4	349.2	中音 4	698.5	高音 4	1396.9
低音 5	392	中音 5	784	高音 5	1568
低音 6	440	中音 6	880	高音 6	1760
低音 7	493.9	中音 7	987.8	高音 7	1975.5

由于每个音符的音调和音长是决定乐曲播放效果的关键所在，而音频的高低会影响音调的输出，为了操纵频率信号和频率所持续时间输入到蜂鸣器以达到使音乐不会走调的效果，每一个乐谱的音阶对应的音频需要分频器实现分频，因此要求计算出分频系数，并且分频系数只能是整数，而音符频率分频后不一定是整数，所以要对分频后的频率进行四舍五入取得整数。在电子琴中最小的音乐拍子是节拍 1，它所持续的频率时间为 0.25 秒，占百分之五十占空比。本设计开发板板载的是 50MHz 时钟，在 50MHz 时钟频率下，计算出各个音频的分频系数，例如中音 2 对应的频率为 587.3Hz，它的分频系数为：50000000/(2*587.3)=42567。

根据上式得到中音 2 的分频系数为 42567，其他的音符的分频系数可由分频系数计算公式对应，使用本程序时可轻松获得。相应的音乐分频系数名称见表 11.2。

表 11.2　各音阶的音符对应的分频系数

音名	频率/Hz	分频系数	音名	频率/Hz	分频系数
中音 1	523.3	47774	高音 1	1045.5	23912
中音 2	587.3	42567	高音 2	1174.7	21282
中音 3	659.3	37919	高音 3	1318.5	18961
中音 4	698.5	35790	高音 4	1396.9	17897
中音 5	784	31887	高音 5	1568	15944
中音 6	880	28409	高音 6	1760	14205
中音 7	987.8	25308	高音 7	1975.5	12655

11.2.2　硬件设计

1. 系统方法设计

本电子琴设计系统除了控制输入模块和 LED 显示蜂鸣器模块外，其余模块全部在 FPGA 器件的芯片上实现，系统原理框图如图 11.14 所示。

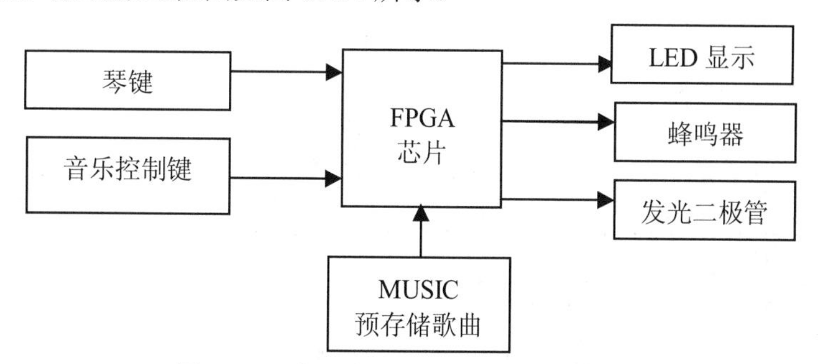

图 11.14　音乐电子琴的系统原理框图

本电子琴设计有 VHDL 编程语言进行编译，硬件系统主要由 FPGA 部分、显示部分、按键部分以及蜂鸣器电路部分组成。系统结构清晰明了、简单直观，并且有很高的灵活性和稳定性。

2. FPGA 中设计模块电路

电子琴乐曲音乐演奏电路顶层设计如图 11.15 所示，由六个模块构成，分别为 CNT138T、乐谱码存储器 ROM、频率译码模块 F_CODE、数控分频器 SPKER、500 分频器和蜂鸣驱动电路。

音符的频率可以由 SPKER 获得，它是一个数控分频器，其输入端 CLK 输入一个较高频率 1MHz 的时钟，经过 SPKER 分解后，经由 D 触发器构成的分频电路，由 SPK_KX 口输出。因为分频器 SPKER 输出的信号是脉宽极窄的信号，为了驱动扬声器，需另加一个 D 触发器，二分频占空比为 50%的蜂鸣驱动电路。

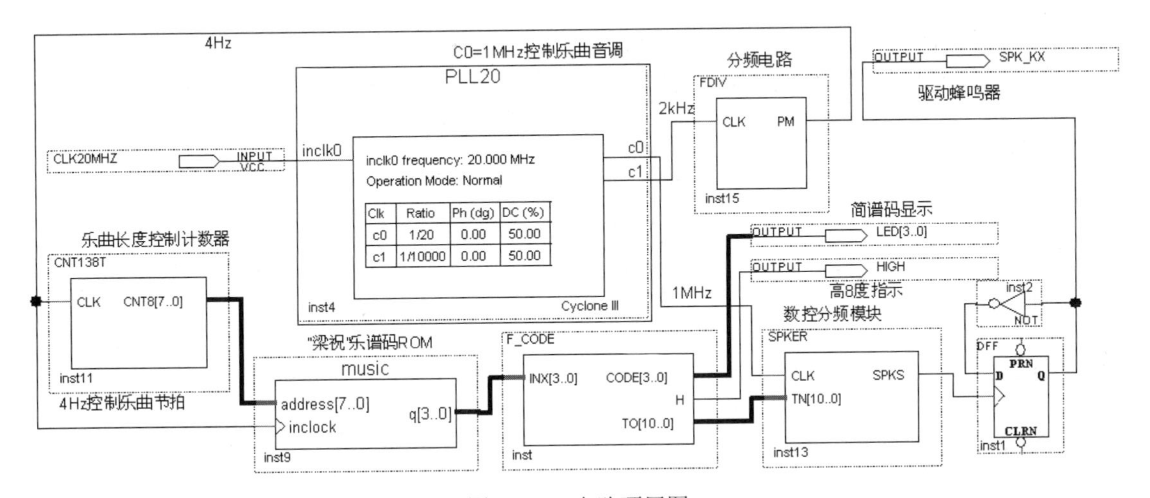

图 11.15　电路顶层图

音符的持续时间需要根据乐曲的速度及每个音符的节拍数来定，模块 F_CODE 为模块 SPKER（11 位数控分频器）提供决定所发音符的分频预置数，而此数在 SPKER 输入口停留的时间即为此音符的节拍长度，模块 F_CODE 为乐曲简谱码对应的分屏置数查表电路，而模块乐谱码 ROM 中保存梁祝全部音符，共 13 个。每一个音符停留的时间则由工作时钟频率 inclock 的频率来决定，此频率为 4Hz，来自 FDIV 分频模块，对 PLL 输出的 2KHz 的频率进行 500 倍分频。

CNT138T 是一个 8 位二进制计数器，内部设置最大值为 139，作为音符数据 ROM 的地址发生器，计数器的频率为 4Hz，即每一个值停留的时间为 0.25 秒，恰为当全音符为 1 秒时，四四拍的 4 分音符持续的时间。

3. 部分内部逻辑电路 VHDL 描述

（1）F_CODE 模块 VHDL 代码如下：

```
LIBARY IEEE;
USE IEEE.STD_LOGIC_1164.ALL;
ENTITY F_CODE IS
    PORT(INX: IN STD_LOGIC_VECTOR(3 DOWNTO 0);
            CODE: OUT STD_LOGIC_VECTOR(3 DOWNTO 0);
            H: OUT STD_LOGIC;
```

```
            TO: OUT STD_LOGIC_VECTOR(10 DOWNTO 0));
END;
ARCHITECTURE one OF F_CODE IS
BEGIN
PROCESS(INX)
BEGIN
CASE INX IS
CASE (INX)              // 译码电路，查表方式，控制音调的预置
WHEN “0000” => TO <= X “7FF”; CODE<= “0000”; H<=0;
WHEN “0001” =>TO <= X “305”; CODE<= “0001”; H<=0;
WHEN “0010” =>TO <= X “390”; CODE<= “0010”; H<=0;
WHEN “0011” => TO <= X “40C”; CODE<= “0011”; H<=0;
WHEN “0101” => TO <= X “45C”; CODE<= “0101”; H<=0;
WHEN “0110” => TO <= X “4AD”; CODE<= “0110”; H<=0;
WHEN “0111” =>TO <= X “50A”; CODE<= “0111”; H<=0;
WHEN “1000” =>TO <= X “582”; CODE<= “1000”; H<=1;
WHEN “1001” =>TO <= X “5C8”; CODE<= “1001”; H<=1;
WHEN “1010” => TO <= X “606”; CODE<= “1010”; H<=1;
WHEN “1100” => TO <= X “640”; CODE<= “1100”; H<=1;
WHEN “1101” =>TO <= X “656”; CODE<= “1101”; H<=1;
WHEN “1111” => TO <= X “684”; CODE<= “1111”; H<=1;
WHEN OTHERS => TO <= X “6C0”; CODE<= “0000”; H<=0;
END CASE;
END PROCESS;
END;
```

（2）SPKER 模块 VHDL 代码如下：

```
LIBRARY IEEE;
USE IEEE.STD_LOGIC_1164.ALL;
USE IEEE.STD_LOGIC_UNSIGNED.ALL;
ENTITY SPKER IS
    PORT (    CLK    : IN STD_LOGIC;
                  TN : IN STD_LOGIC_VECTOR(10 DOWNTO 0);
                SPXS: OUT STD_LOGIC    );
END;
ARCHITECTURE one OF SPKER IS
    SIGNAL     FULL : STD_LOGIC;
BEGIN
PROCESS(CLK)
   VARIABLE CNT11 : STD_LOGIC_VECTOR(10 DOWNTO 0);
   BEGIN
      IF CLK'EVENT AND CLK = '1' THEN
            IF CNT11 = "11111111111" THEN
              CNT11 := TN;          --当 CNT8 计数计满时，输入数据 D 被同步预置给计数器 CNT8
              FULL <= '1';          --同时使溢出标志信号 FULL 输出为高电平
                ELSE     CNT11 := CNT11 + 1;      --否则继续作加 1 计数
                  FULL <= '0';      --且输出溢出标志信号 FULL 为低电平
            END IF;
       END IF;
END PROCESS ;
```

```
SPXS<=FULL;
END one;
```

（3）4×4 阵列键盘键信号检测电路设计。

4×4 阵列键盘十分常用，图 11.16 是次键盘的原理图，A[3:0]和 B[3:0]都有上拉电阻，通常采用扫描法识别按键，即当按下某键后，为了辨别和读取按键信息，向 A 口输入一组分别只含一个 0 的 4 位数据，如 1110、1101. 1011 和 0111。若有键按下，则 B 口一定会输出对应的数据，这时，结合 A、B 口的数据，就能判断出键的位置。如当键 S0 按下，对应输入的 A=1110 时，那么输出 B=0111，于是{B，A}=0111_1110 就成了 S0 的代码。

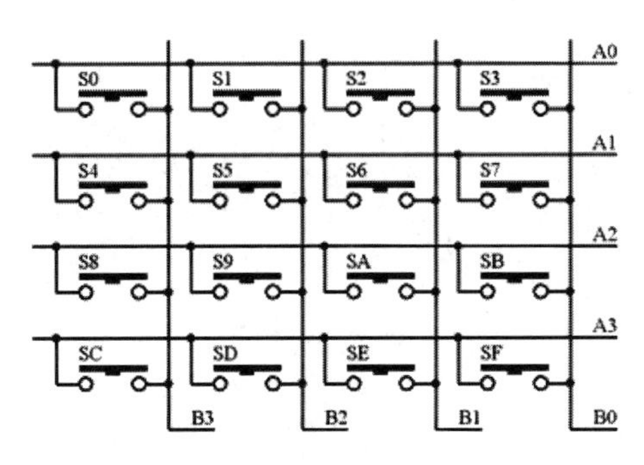

图 11.16　4×4 键盘电路

```
LIBRARY IEEE;
USE IEEE.STD_LOGIC_ARITH.ALL;
USE IEEE.STD_LOGIC_UNSIGNED.ALL;
USE IEEE.STD_LOGIC_1164.ALL;
ENTITY K44 IS
PORT(CLK:IN STD_LOGIC;
        A: IN STD_LOGIC_VECTOR(3 DOWNTO 0);
        B,R: OUT STD_LOGIC_VECTOR(3 DOWNTO 0));
END;
ARCHITECTURE one OF K44 IS
SIGNAL CC: STD_LOGIC_VECTOR(1 DOWNTO 0);
SIGNAL BA: STD_LOGIC_VECTOR(7 DOWNTO 0)
SIGNAL E: STD_LOGIC_VECTOR(3 DOWNTO 0);
BEGIN
BA<=E&A;    B<=E;
PROCESS(A)
BEGIN
IF RISING_EDGE (CLK) THEN C<=C+1;
CASE C IS
WHEN “00”=>E<= “0111”;
WHEN “01”=>E<= “1011”;
WHEN “10”=>E<= “1101”;
WHEN “11”=>E<= “1110”;
WHEN OTHERS=>E<=NULL;
END CASE;
CASE BA IS
WHEN “01111110” =>R<= “0000”; WHEN “01111101” =>R<= “0001”;
WHEN “01111011” =>R<= “0010”; WHEN “01110111” =>R<= “0011”;
```

```
WHEN "10111110" =>R<= "0100"; WHEN "10111101" =>R<= "0101";
WHEN "10111011" =>R<= "0110"; WHEN "10110111" =>R<= "0111";
WHEN "11011110" =>R<= "1000"; WHEN "11011101" =>R<= "1001";
WHEN "11011011" =>R<= "1010"; WHEN "11010111" =>R<= "1011";
WHEN "11101110" =>R<= "1000"; WHEN "11101101" =>R<= "1001";
WHEN "11101011" =>R<= "1010"; WHEN "11100111" =>R<= "1011";
WHEN OTHERS =>NULL;
END CASE;
END IF;
END PROCESS;
END one;
```

（4）music ROM 数据格式如下：

```
WIDTH = 4 ;
DEPTH = 256 ;
ADDRESS_RADIX = DEC ;
DATA_RADIX = DEC ;
CONTENT   BEGIN
00: 3 ; 01: 3 ;02: 3 ;03: 3; 04: 5;05: 5; 06:   5;07: 6; 08: 8;09: 8;10: 8 ; 11: 9 ; 12: 6 ;13: 8;14: 5;15: 5;16: 12;17: 12;18: 12;19:15;20:13 ;21:12 ;22:10 ; 23:12;24: 9;25: 9;26: 9; 27: 9; 28: 9; 29: 9;30: 9 ;31: 0 ; 32: 9 ; 33: 9; 34: 9; 35:10; 36: 7; 37: 7;38: 6;39: 6;40: 5 ; 41: 5 ; 42: 5 ; 43: 6; 44: 8; 45: 8; 46: 9; 47: 9; 48: 3; 49: 3;50: 8 ; 51: 8 ;52: 6 ; 53: 5; 54: 6;55: 8; 56: 5; 57: 5; 58: 5;59: 5; 60: 5 ;61: 5 ; 62: 5 ;63: 5;64:10; 65:10; 66:10; 67:12;68: 7; 69: 7;70: 9 ; 71: 9 ; 72: 6 ; 73: 8; 74: 5; 75: 5; 76: 5;77: 5;78: 5; 79: 5;80: 3 ;81: 5 ;82: 3 ;83: 3; 84: 5; 85: 6; 86: 7; 87: 9; 88: 6;89: 6;90: 6 ; 91: 6 ; 92: 6 ; 93: 6; 94: 5; 95: 6;96: 8; 97: 8;98: 8; 99: 9;100:12 ;101:12 ;102:12 ;103:10;104: 9;105: 9;106:10;107: 9;108: 8;109: 8;110: 6 ;111: 5 ;112: 3 ;113: 3;114: 3;115: 3;116: 8;117: 8;118: 8;119: 8;120: 6 ;121: 8 ;122: 6 ;123: 5;124: 3;125: 5;126: 6;127: 8;128: 5;129: 5;130: 5 ;131: 5 ;132: 5 ;133: 5;134: 5;135: 5;136: 0;137: 0;138: 0;
END ;
```

11.3　直流电机综合测控系统设计

11.3.1　直流电机 PWM 调速原理

脉冲宽度调制是指用改变电机电枢电压接通与断开的时间的占空比来控制电机转速的方法，称为脉冲宽度调制（PWM）。

对于直流电机调速系统，使用 FPGA 进行调速是极为方便的。其方法是通过改变电机电枢电压导通时间与通电时间的比值，即占空比，来控制电机速度。PWM 调速原理如图 11.17 所示。

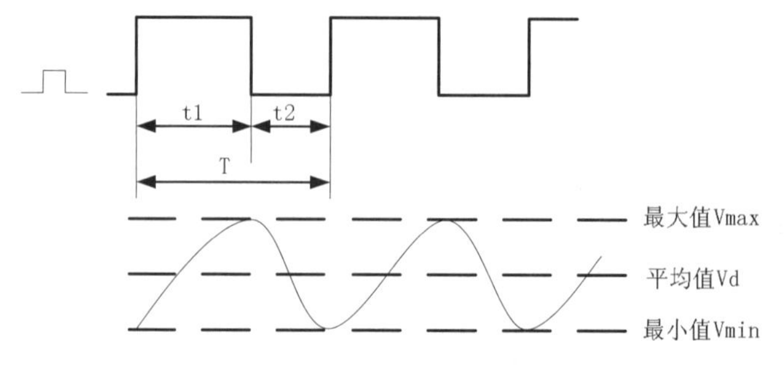

图 11.17　PWM 调速原理

脉冲作用下，当电机通电时，速度增加，电机断电时，速度逐渐减少。只要按一定规律改变通、断电时间，即可让电机转速得到控制。设电机永远接通电源时，其转速最大为 V_{max}，设占空比为 $D = t_1 / T$，则电机的平均速度为

$$V_d = V_{max} \cdot D$$

式中 V_d—电机的平均速度；

V_{max}—电机全通时间的速度（最大）；

$D = t_1 / T$—占空比；

平均速度 V_d 与占空比 D 的函数曲线如图 11.18 所示。

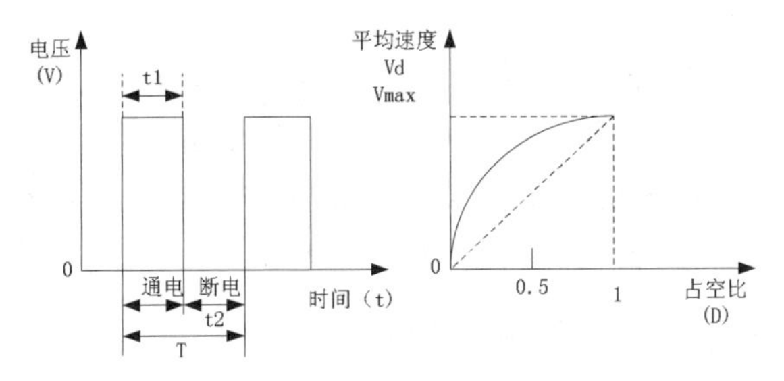

图 11.18 平均速度与占空比的关系

由图 11.18 中可以看出，V_d 与占空比 D 并不是完全线性关系（图中实线），当系统允许时，可以将其近似地看成线性关系（图中虚线）。因此也就可以看成电机电枢电压 U_a 与占空比 D 成正比，改变占空比的大小即可控制电机的速度。

由以上叙述可知：电机的转速与电枢电压成比例，而电机电枢电压与控制波形的占空比成正比，因此电机的速度与占空比成比例，占空比越大，电机转得越快，当占空比 $\alpha = 1$ 时，电机转速最大。

11.3.2 基于 FPGA 的直流电机调速方案

如图 11.19 所示为基于 FPGA 的直流电机调速方案的方框图，FPGA 中的数字 PWM 控制与基于单片机 PWM 控制不同，用 FPGA 产生 PWM 波形，只需要 FPGA 内部资源就可以实现，如数字比较器、锯齿波发生器等均为 FPGA 内部资源，只要直接调用就可以。外部端口 U_D、EN1. Z/F、START 接在键盘电路上，CLK2 和 CLK0 接在外部时钟电路上，所用到的时钟频率为 100MHz 和 50MHz。

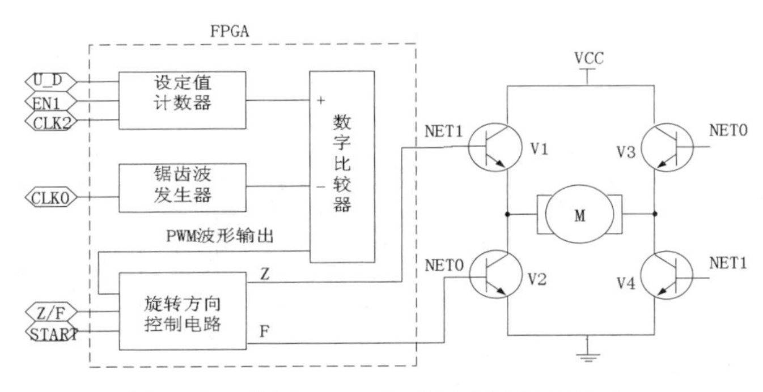

图 11.19 基于 FPGA 的直流电机调速系统

其工作原理是：设定值计数器模块可设置 PWM 的占空比。当 u/d=1 时，输入 CLK2，使设定值计数器的输出值增加，PWM 的占空比增加，电机转速加快；当 u/d=0 时，输入 CLK2，使设定值计数器的输出值减小，PWM 的占空比减小，电机转速变慢。

在 CLK0 的作用下，锯齿波计数器输出周期性线性增加的锯齿波。当计数值小于设定值时，数字比较器输出高电平；当计数值大于设定值时，数字比较器输出低电平，由此产生周期性的 PWM 波形。

旋转方向控制电路控制直流电动机转向和启/停，该电路由两个 2 选 1 的多路选择器组成，Z/F 键控制选择 PWM 波形是从正端 Z 进入 H 桥，还是从负端 F 进入 H 桥，以控制电机的旋转方向。当 Z/F=1 时，PWM 输出波形从正端 Z 进入 H 桥电机正转。当 Z/F =0 时，PWM 输出波形从负端 F 进入 H 桥，电机反转。

START 键通过与门控制 PWM 输出，实现对电机的工作停止/控制。当 START=1 时，与门打开，允许电机工作。当 START=0 时，与门关闭，电机停止转动。

H 桥电路由大功率晶体管组成，PWM 输出波形通过方向控制电路送到 H 桥，经功率放大以后对直流电机实现四象限运行，并由 EN1 信号控制是否允许变速。

11.3.3 直流电机 PWM 调速控制电路设计

如图 11.20 所示，基于 FPGA 的直流电机 PWM 控制电路主要由四部分组成：控制命令输入模块、控制命令处理模块、控制命令输出模块、电源模块。键盘电路、时钟电路是系统的控制命令输入模块，向 FPGA 芯片发送命令，FPGA 芯片是系统控制命令的处理模块，负责接收、处理输入命令并向控制命令输出模块发出 PWM 信号，是系统的控制核心。控制命令输出模块由 H 型桥式直流电机驱动电路组成，它负责接收由 FPGA 芯片发出的 PWM 信号，从而控制直流电机的正反转、加速以及在线调速。电源模块负责给整个电路供电，保证电路能够正常的运行。

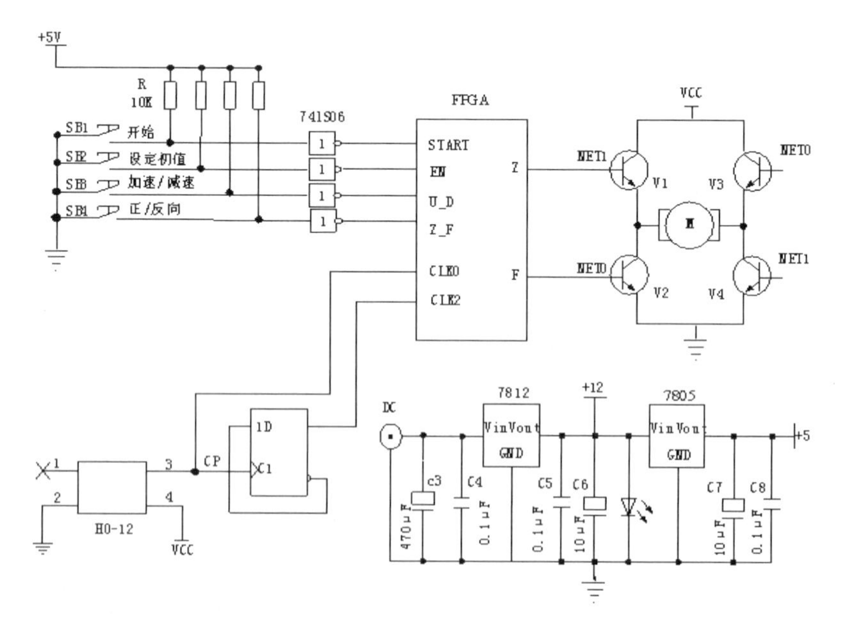

图 11.20 基于 FPGA 的直流电机 PWM 控制电路

START 是电机的开启端，U_D 控制电机加速与减速，EN1 用于设定电机转速的初值，Z_F 是电机的方向端口，选择电机运行的方向。CLK2 和 CLK0 是外部时钟端，其主要作用是向 FPGA 控制系统提供时钟脉冲，控制电机进行运转。

通过键盘设置 PWM 信号的占空比。当 U_D=1 时，表明键 U_D 按下，输入 CLK2 使电机转速加快；当 U/D=0 时，表明键 U_D 松开，输入 CLK2 使电机转速变慢，这样就可以实现电机的加速与减速。

Z_F 键是电机运转的方向按键，当把 Z_F 键按下时，Z_F=1，电机正转；当 Z/F=0 时，电机反转。

START 是电机的开启键，当 START=1，允许电机工作；当 START=0 时，电机停止转动。

H 桥电路由大功率晶体管组成，PWM 输出波形通过由两个二选一电路组成的方向控制电路送到 H 桥，经功率放大以后对直流电机实现四象限运行，并由 EN1 信号控制是否允许变速。

11.3.4 FPGA 内部逻辑电路组成及各个模块的详解

由图 11.21 可以看出电机控制逻辑模块由 PWM 脉宽调制信号产生模块 SQU1、电机转速测试系统和工作时钟发生器组成。

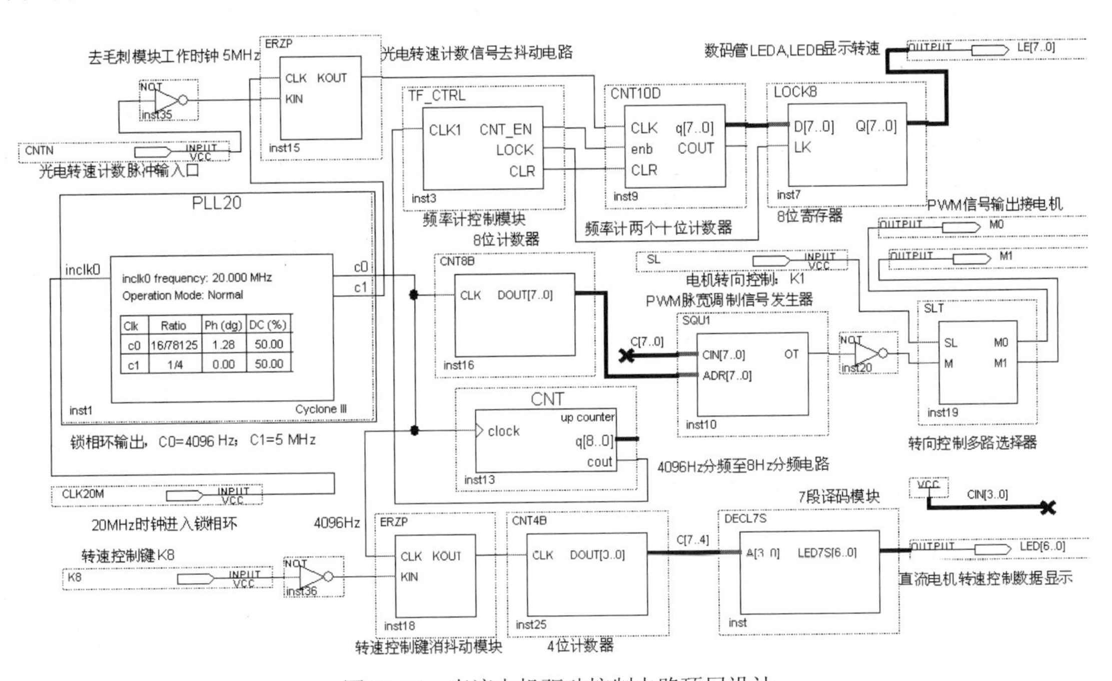

图 11.21　直流电机驱动控制电路顶层设计

1. PWM 脉宽调制信号产生模块 SQU1

该模块输入两个端口 CN[7..0]和 ADR[7..0]和一个输出端口 QT，其中 ADR[7..0]来自 8 位计数器 CNT8B 的输出，CN[7..0]是转速按键 KB 调档计数器的输出，QT 产生不同占空比的 PWM 波形，再由转向控制按键 SL 控制电机转速。

（1）SQU1 的 VHDL 代码如下：

```
LIBRARY IEEE ;
USE IEEE.STD_LOGIC_1164.ALL;
```

```
USE IEEE.STD_LOGIC_UNSIGNED.ALL;
ENTITY SQU IS
 PORT (   CIN    : IN   STD_LOGIC_VECTOR(7 DOWNTO 0);
          ADR    : IN   STD_LOGIC_VECTOR(7 DOWNTO 0);
            OT   : OUT  STD_LOGIC ) ;
END ;
ARCHITECTURE one OF SQU IS
BEGIN
PROCESS(CIN)
   BEGIN
   IF ADR< CIN THEN   OT<='0' ;
     ELSE    OT<='1' ;
  END IF;
  END PROCESS;
 END ;
```

（2）CNT8B 的 VHDL 代码如下：

```
LIBRARY IEEE;
USE IEEE.STD_LOGIC_1164.ALL;
USE IEEE.STD_LOGIC_UNSIGNED.ALL;
ENTITY CNT8B IS
    PORT ( CLK    : IN STD_LOGIC;
           DOUT : OUT STD_LOGIC_VECTOR (7 DOWNTO 0) );
END;
ARCHITECTURE DACC OF CNT8B IS
      SIGNAL Q1 : STD_LOGIC_VECTOR (7 DOWNTO 0);
 BEGIN
PROCESS(CLK )
BEGIN
IF CLK'EVENT AND CLK = '1' THEN
Q1<=Q1+1;
END IF;
END PROCESS;
DOUT<=Q1 ;
END;
```

（3）BRZP 模块控制按键去抖的 VHDL 代码如下：

```
LIBRARY IEEE;
USE IEEE.STD_LOGIC_1164.ALL;
USE IEEE.STD_LOGIC_UNSIGNED.ALL;
ENTITY BRZP IS
    PORT ( CLK，KIN: IN STD_LOGIC;
           KOUT : OUT STD_LOGIC));
END;
ARCHITECTURE DACC OF CNT8B IS
      SIGNAL KL，KH : STD_LOGIC_VECTOR (3 DOWNTO 0);
 BEGIN
PROCESS(CLK ，KIN，KL，KH)
BEGIN
IF CLK'EVENT AND CLK = '1' THEN
IF （KIN='0'） THEN KL<=KL+1;
ELSE KL="000";END IF;
```

```
IF （KIN='1'） THEN KH<=KH+1;
ELSE KH="000";END IF;
IF (KH>"1100") THEN KOUT<='1';
ELSIF(KL>"0111") THEN KOUT<='0';
END IF;
END IF;
```

2. 电机转速测试系统

电机转速的测定很重要，一方面可以直接了解电机转动情况，更重要的是，可以据此构成电机的闭环控制，即可设定电机的某一转速后，确保负载变得仍旧能保持不变转速和恒定输出功率。本设计通过红外光电测定转速，每转一圈光电管发出一个负脉冲，由图 11.21 左上的 CNIN 口进入。由于此方法测转速会附带大量的毛刺脉冲，所以在 CNTN 的信号后必须接入消毛刺模块 ERZP，其工作时钟频率为 5M，ERZP 模块的输出信号进入一个 2 位十进制显示的频率计。模块 CNT10D 是一个双十位计数器，LOCK8 是 8 位锁存器。

3. 工作时钟发生器

由锁相环 PLL20 模块担任。输入频率为 20MHz 输出两个频率：c0=4096Hz，c1=5MHz。

11.4　交通灯控制系统设计

11.4.1　设计任务与要求

一般情况下，十字路口示意图如图 11.22 所示，当汽车行驶至十字交通路口时，有 3 种选择：向前，向左转弯，向右转弯。根据我国的交通规则规定，汽车是靠右行驶，向右拐弯只要走弧形的支干道即可，不需受十字交通灯的束缚。因此，本文主要考虑前行和左转这两种情况。十字路口交通灯负责控制各走向红绿灯的状态及转换，并且各状态之间有一定的时间过渡。同时，东西南北每条干道上都为人行横道设置了红绿灯，提醒行人在安全时刻穿越道路以保证行人安全。

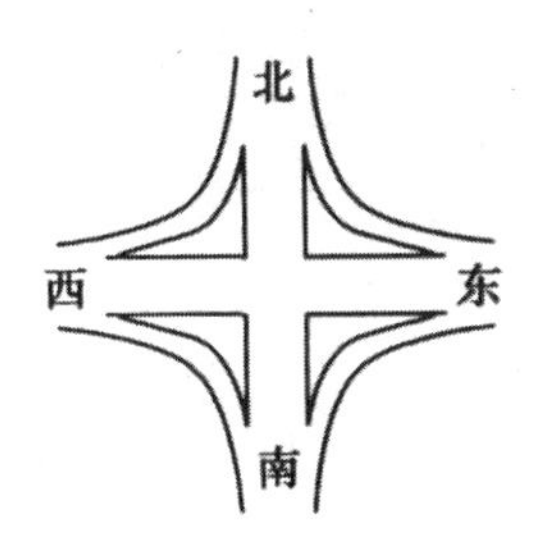

图 11.22　十字路口示意图

设计任务：模拟十字路口交通信号灯的工作过程，利用实验板上的两组红、黄、绿 LED 作为交通信号灯，设计一个交通信号灯控制器。要求：

（1）交通灯从绿变红时，有 4 秒黄灯亮的间隔时间。

（2）交通灯红变绿是直接进行的，没有间隔时间。

（3）主干道上的绿灯时间为 40 秒，支干道的绿灯时间为 20 秒。

（4）在任意时间，显示每个状态到该状态结束所需的时间。

11.4.2 交通灯控制系统的基本组成模块

交通灯控制器原理框图如图 11.23 所示，包括秒脉冲发生电路、配时模块、显示模块，三个部分协同工作缺一不可。

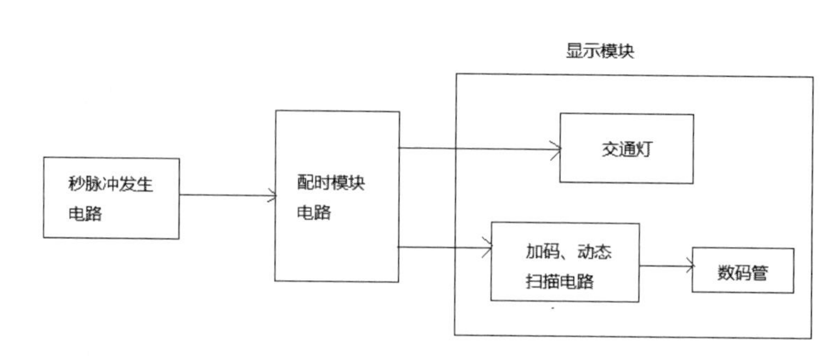

图 11.23 交通灯控制器原理框图

1. 秒脉冲发生电路

在红绿灯交通信号系统中，大多数情况是通过自动控制的方式指挥交通的。因此，为了避免意外事件的发生，电路必须给一个稳定的时钟才能让系统正常运作。此模块由进程 P1 实现。

CLK：外接信号发生器提供 256Hz 的时钟信号。

FOUT：生每秒一个脉冲的信号。

2. 配时模块电路

配时模块电路设计是交通信号灯设计的重点和核心，是整个交通信号灯系统能正常、有效运行的保证。十字路口的交通分为主干道和次干道，其中每个方向有 3 种通行状态，分别是左行、直行和右行，右行与直行合并；因此，主干道和次干道各只需 3 盏灯即可保证交通系统正常运行，它们分别是红灯、黄灯和绿灯。

根据要求，交通灯分四个状态，见表 11.3。

表 11.3 交通灯的四个状态

状态	南北方向（主干道）			东西方向（次干道）		
	绿	红	黄	绿	红	黄
1(st0)（40 秒）	1	0	0	0	1	0
2(st1)（4 秒）	0	0	1	0	1	0
3(st2)（20 秒）	0	1	0	1	0	0
4(st3)（4 秒）	0	1	0	0	0	1

3. 显示模块部分主要是交通灯红绿灯的显示和数码管的显示

南北方向的红、绿、黄灯用 R、G、Y 信号显示，东西方向的红、绿、黄灯用 R1、G1、Y1 信号显示，其值为 1 表示灯亮，每个灯的亮灭的时间都是按照配时模块的部分设置。

数码管显示由 4 个数码管组成，两个一组构成南北和东西方向的时间倒计时显示的十位和个位。电路设计包括加码和动态扫描，首先从配时模块中获得数码管倒计时的十位和个位数据，利用数学运算符“%”求整和“/”求余，分别取路口的两个倒计时的十位和个位。加码电路就是分别将两个路口倒计时的十位与个位的数字转换成数码管可以显示的码型。

动态扫描模块利用时分原理和人类的视觉暂留效应，轮流点亮 4 个数码管，由于每个数码管点亮的时间为 1ms，人眼无法识别，所以看起来即是 4 个数码管同时点亮，即设置行与列扫描的频率为 1kHz。

11.4.3 交通灯控制系统的 VHDL 语言实现

```
LIBRARY IEEE;
USE IEEE.STD_LOGIC_1164.ALL;
USE IEEE.STD_LOGIC_UNSIGNED.ALL;
ENTITY TrafficLight IS
 PORT ( CLK: IN std_logic;
      led7s: OUT std_logic_vector(3 downto 0);
     led7s1: OUT std_logic_vector(3 downto 0);
   R,Y,G,R1,Y1,G1: OUT std_logic);
END;

ARCHITECTURE one OF TrafficLight IS
TYPE dm IS (s0,s1,s2,s3);
     SIGNAL current_state,next_state:dm;
     SIGNAL FOUT: STD_LOGIC;
     SIGNAL tl :STD_LOGIC_VECTOR(6 DOWNTO 0);
     SIGNAL th :STD_LOGIC_VECTOR(1 DOWNTO 0);
     SIGNAL tm :STD_LOGIC_VECTOR(6 DOWNTO 0);
     SIGNAL time :STD_LOGIC_VECTOR(6 DOWNTO 0);

BEGIN
P1: PROCESS(CLK)          --秒脉冲产生电路
 VARIABLE CNT8:STD_LOGIC_VECTOR(7 DOWNTO 0);
 BEGIN
   IF CLK'EVENT AND CLK='1' THEN
     IF CNT8 = "01111111" THEN
        CNT8:="00000000"; FOUT<='1';
     ELSE CNT8 := CNT8+1;
         FOUT <= '0';
     END IF;
   END IF;
END PROCESS P1;

P2:PROCESS(FOUT)
BEGIN
IF FOUT'EVENT AND FOUT='1' THEN
   IF time<"1000011" THEN
     time<=time+1;
   ELSE time <="0000000";
   END IF;
END IF;
END PROCESS P2;
```

```
P3: PROCESS (FOUT,current_state)
 BEGIN
 IF FOUT'EVENT AND FOUT='1' THEN
   current_state<=next_state;
 END IF;
END PROCESS P3;

P4:PROCESS(current_state, time)
BEGIN
CASE current_state IS
WHEN s0=>R<='0';Y<='0';G<='1';  R1<='1';Y1<='0';G1<='0'; tm<=39-time;
     IF  time=39  THEN
       next_state<=s1;
 ELSE next_state<=s0;
END IF;

WHEN s1=>R<='0';Y<='1';G<='0';  R1<='1';Y1<='0';G1<='0'; tm<=43-time;
     IF  time=43 THEN
       next_state<=s2;
     ELSE next_state<=s1;
     END IF;

WHEN s2=>R<='1';Y<='0';G<='0';  R1<='0';Y1<='0';G1<='1'; tm<=63-time;
     IF  time=63 THEN
next_state<=s3;
     ELSE  next_state<=s2;
     END IF;

WHEN s3=>R<='1';Y<='0';G<='0';  R1<='0';Y1<='1';G1<='0'; tm<=67-time;
     IF  time=67 THEN
next_state<=s0;
     ELSE next_state<=s3;
     END IF;
END CASE;
END PROCESS P4;

P5:PROCESS(tm)
BEGIN
IF tm>=30 THEN th<="11";tl<=tm-30;
ELSIF tm>=20 THEN th<="10";tl<=tm-20;
ELSIF tm>=10 THEN th<="01";tl<=tm-10;
ELSE  th<="00";tl<=tm;
END IF;
END PROCESS P5;

P6: PROCESS (th,tl)
BEGIN
CASE th IS
    WHEN "00"=>led7s<="0000";
    WHEN "01"=>led7s<="0001";
```

```
    WHEN "10"=>led7s<="0010";
    WHEN "11"=>led7s<="0011";
    WHEN others=>null;
END CASE;
CASE tl IS
    WHEN "0000000"=>led7s1<="0000";
    WHEN "0000001"=>led7s1<="0001";
    WHEN "0000010"=>led7s1<="0010";
    WHEN "0000011"=>led7s1<="0011";
    WHEN "0000100"=>led7s1<="0100";
    WHEN "0000101"=>led7s1<="0101";
    WHEN "0000110"=>led7s1<="0110";
    WHEN "0000111"=>led7s1<="0111";
    WHEN "0001000"=>led7s1<="1000";
    WHEN "0001001"=>led7s1<="1001";
    WHEN others=>null;
END CASE;
END PROCESS P6;
END;
```

程序说明：

（1）计数电路最主要的功能就是计数，负责显示倒数的计数值，对下一个模块提供状态转换信号，由进程 P2、P3、P4 三部分实现。进程 P2 负责对秒脉冲进行计数，P3 负责当前状态和下一状态的转换，P4 负责各状态下交通灯的显示及时间值的赋值。

FOUT：接收由时钟信号发生器电路提供的 1Hz 的时钟脉冲信号。

time：状态发生器电路的状态转换信号。

tm：状态的时间值。

R,Y,G,R1,Y1,G1：红黄绿三灯的显示状态

（2）交通灯时间值的输出由进程 P5 和 P6 来实现。

tm：时间值。

led7s：秒的十位。

led7s1：秒的个位。

习题 11

11.1　数码扫描显示电路设计。

设计原理：题 11.1 图所示的是 8 位数码扫描显示电路，其中每个数码管的 8 个段 h、g、f、e、d、c、b、a（h 是小数点）都分别连在一起，8 个数码管分别由 8 个选通信号 k1～k8 来选择。被选通的数码管显示数据，其余关闭。如在某一时刻，k3 为高电平，其余选通信号为低电平，这时仅 k3 对应的数码管显示来自段信号端的数据，而其他 7 个数码管呈现关闭状态。根据这种电路状况，如果希望在 8 个数码管显示希望的数据，就必须使得 8 个选通信号 k1～k8 分别被单独选通，同时在段信号输入口加上希望该对应数码管上显示的数据，于是随着选通信号的扫变，就能实现扫描显示的目的。

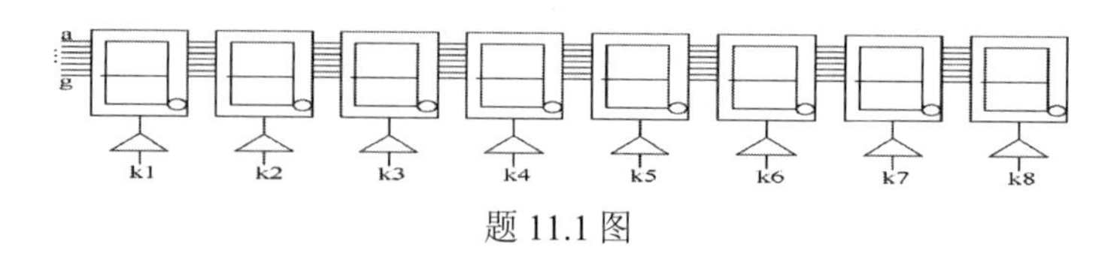

题 11.1 图

11.2　基于 VHDL 代码频率计设计。

设计原理：测定信号的频率必须有一个脉宽为 1s 的脉冲计数允许的信号；1s 计数结束后，计数值被锁入锁存器，计数器清零，为下一测频计数周期做好准备，如题 11.2 图所示。

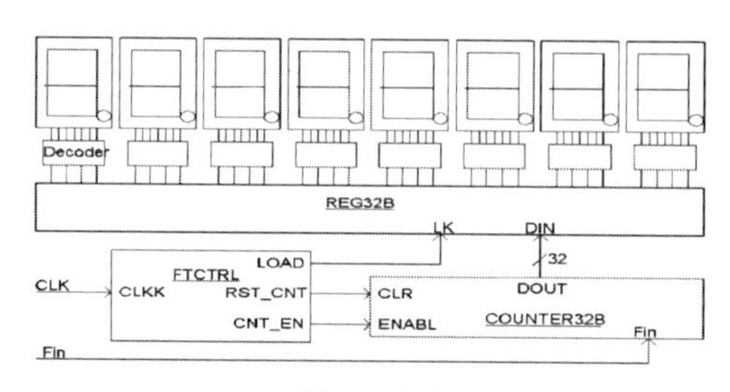

题 11.2 图

11.3　简易正弦信号发生器设计。

设计原理：简易正弦信号发生器的结构由 4 部分组成：计数器或地址发生器；正弦信号数据存储器 ROM；工程顶层原理图设计如题 11.3 图所示；外部 8 位 D/A 转换器。

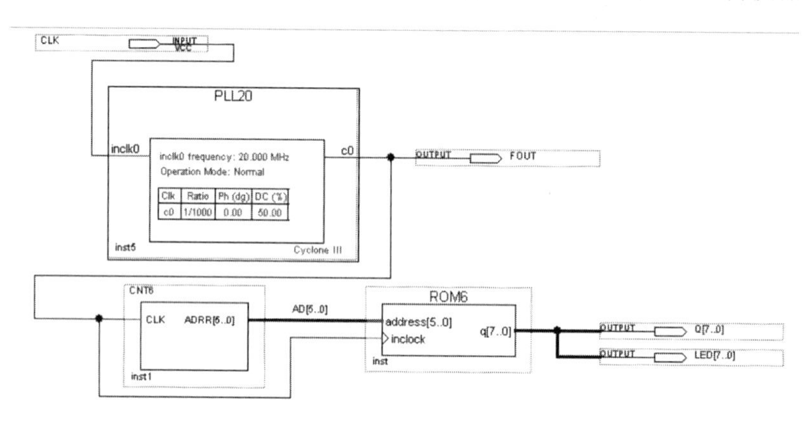

题 11.3 图

11.4　DDS 信号发生器设计。

直接数字频率合成器（Direct Digital Synthesizer）应用了从相位概念出发直接合成所需波形的一种频率合成技术。一个直接数字频率合成器由相位累加器、加法器、波形存储 ROM、D/A 转换器构成。其中 K 为频率控制字、P 为相位控制字、W 为波形控制字、f_c 为参考时钟频率，N 为相位累加器的字长，D 为 ROM 的数据位及 D/A 转换器的字长。相位累加器在时钟 f_c 的控制下以步长 K 作累加，输出的 N 位二进制码与相位控制字 P、波形控制字 W 相加后作为波形 ROM 的地址，对波形 ROM 进行寻址，波形 ROM 输出 D 位的幅度码 S(n)经 D/A 转换器变成阶梯波 S(t)，再经过低通滤波器平滑后就可以得到合成的信号波形。全盛的信号波形取决于波形 ROM 中存放的幅度码，因此用 DDS 可以产生任意波形，原理框图如题 11.4 图 1 所示，系统顶层电路原理图如题 11.4 图 2 所示。

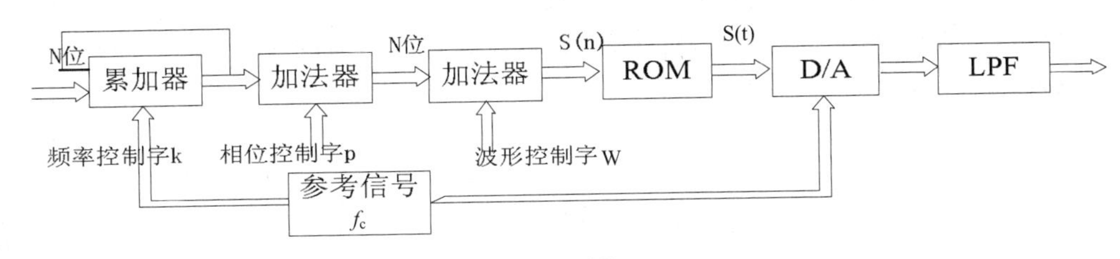

题 11.4 图 1

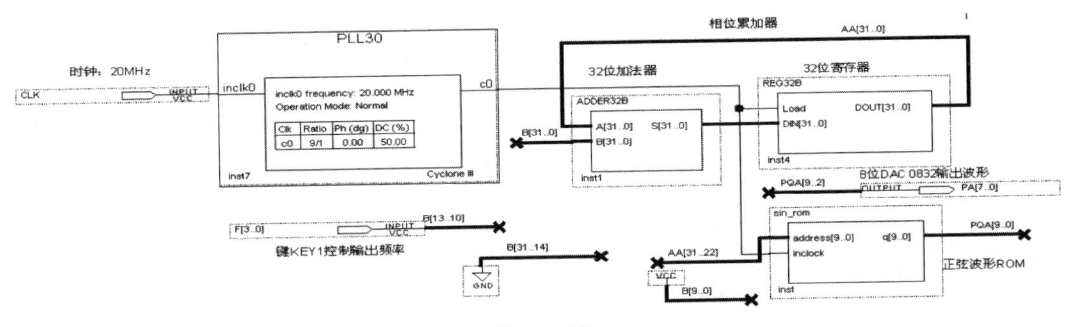

题 11.4 图 2

11.5　VGA 彩条信号显示控制电路设计。

设计原理：题 11.5 图是 VGA 图像显示控制模块顶层设计。其中锁相环输出 25MHz 时钟，imgROM1 是图像数据 ROM，注意其数据线宽为 3，恰好放置 R、G、B 三像素信号数据，因而此图像的每一像素仅能显示 8 种颜色。vgaV 是显示扫描模块。

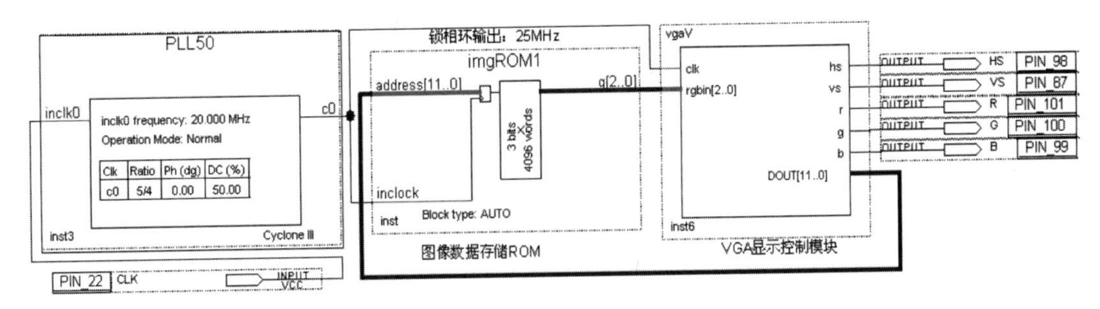

题 11.5 图

11.6　SPWM 脉宽调制控制系统设计。

设计原理：SPWM 波生成原理如题 11.6 图 1 所示。

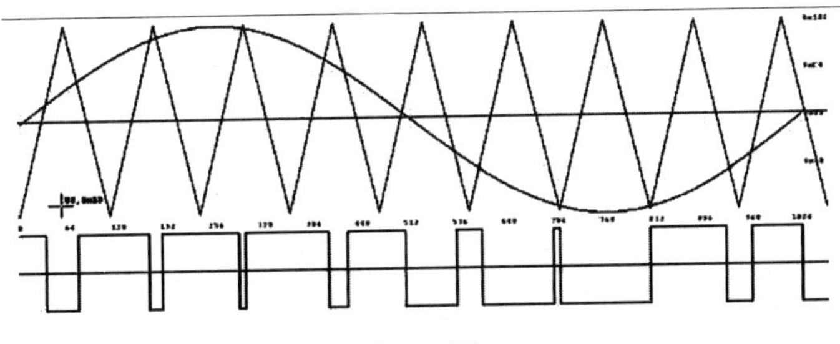

题 11.6 图 1

数字方式产生 SPWM 波的原理如题 11.6 图 1 所示，其中等腰三角波是载波，正弦波是调制波，当这两路信号经过一个数字比较器后输出题 11.6 图 1 下方的脉冲波形，即 SPWM 波。当正弦波大于三角波时，比较器输出 1，反之输出 0。三角波与正弦波的频率比称为载波比；它们的频率如果等比例增减则为同步调制方式，否则就是异步调制方式。载波频率通常为数十 KHz，载波比为数百。

题 11.6 图 2 是基本电路图。其中 PLL20 输出两路时钟，一路 C0 输出 3.6MHz，为三角波信号发生器提供载波时钟；另一路 C1 输出 200kHz，为正弦波调制信号提供时钟。CNT10B 是 10 位计数器，其一为三角波发生模块 TRANG 提供递增数据。另一 CNT10B 是正弦波数据 ROM 的地址发生器。ROM10 模块的数据可用附录 1 的 mif 生成器产生，深度是 1024，数据宽度是 10 位。

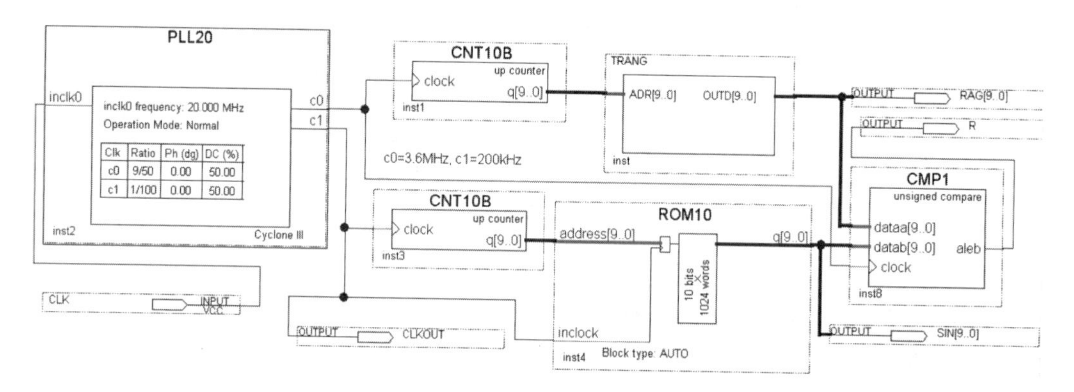

题 11.6 图 2

参考文献

[1] Neil Storey. Electronics-A System Approach[M]. 6TH Edition. Pearson Press，2017.

[2] Barry Wilkinson，Steven Quigley. The Essence of Digital Design[M]（双语教学版）. Prentice Hall Europe. 北京：机械工业出版社，2008.

[3] Charles H.Roth，Jr.Lizy Kurian Jhon. Digital Systems Design with VHDL[M]. 北京：电子工业出版社，2010.

[4] John F.Wakerly. Digital design: Principles and Practices[M]. Fifth Edition with Verilog. Pearson Education，2018.

[5] 李文渊，高翔，安良，等. 数字电路与系统[M]. 北京：高等教育出版社，2017.

[6] 康华光，秦臻，张林. 电子技术基础-数字部分[M]. 6版. 北京：高等教育出版社，2014.

[7] 阎石，王红. 数字电子技术基础. 6版. 北京：高等教育出版社，2016.

[8] 邓元庆，关宇，贾鹏，等. 数字设计基础与应用[M]. 2版. 北京：清华大学出版社，2010.

[9] 潘松，黄继业. EDA技术实用教程-VHDL版[M]. 5版. 北京：科学出版社，2013.

[10] 谭会生，黎福海，余建坤. EDA技术及应用实践[M]. 2版. 长沙：湖南大学出版社，2010.